U0915806

全国生态环境十年变化（2000—2010年）遥感调查与评估工作手册

环境保护部自然生态保护司　编

中国环境出版社・北京

图书在版编目（CIP）数据

全国生态环境十年变化（2000—2010年）遥感调查与评估工作手册/ 环境保护部自然生态保护司编. —北京：中国环境出版社，2015.2

ISBN 978-7-5111-2221-6

Ⅰ. ①全… Ⅱ. ①环… Ⅲ. ①生态环境—环境遥感—环境质量评价—中国—2000—2010 Ⅳ. ①X87

中国版本图书馆 CIP 数据核字（2015）第 016320 号

出 版 人 王新程
策划编辑 付江平
责任校对 尹 芳
封面设计 彭 杉

出版发行 中国环境出版社
（100062 北京市东城区广渠门内大街 16 号）
网 址：http://www.cesp.com.cn
电子邮箱：bjgl@cesp.com.cn
联系电话：010-67112765（编辑管理部）
010-67111484（管理图书出版中心）
发行热线：010-67125803，010-67113405（传真）
印 刷 北京中科印刷有限公司
经 销 各地新华书店
版 次 2015 年2 月第1 版
印 次 2015 年2 月第1 次印刷
开 本 787×1092 1/16
印 张 24.75
字 数 574 千字
定 价 92.00 元

序 言 一

生态环境是人类社会存在、发展的基础和前提，保护生态环境事关国家安全和民族未来。党和国家历来重视生态环境保护，十八大以来，习近平总书记就生态文明建设和生态环境保护提出一系列新理念新思想新战略，指出“像保护眼睛一样保护生态环境，像对待生命一样对待生态环境”“良好生态环境是最公平的公共产品，是最普惠的民生福祉”“绿水青山就是金山银山”，成为生态环境保护的思想指引和行动遵循。党中央、国务院先后印发《关于加快推进生态文明建设的意见》《生态文明体制改革总体方案》，为今后一段时期我国生态文明建设和生态环境保护做出了战略部署和顶层设计。“十三五”规划纲要进一步提出了到2020年加快改善生态环境的重大任务举措。

深入学习贯彻习近平总书记系列重要讲话精神，落实党中央、国务院决策部署，着力解决突出生态环境问题，改善环境质量，扎实推进生态文明建设，使山更绿、水更清、空气更清新，让人民群众在良好的环境中生产、生活，是我们肩负的使命和职责。开展全国生态环境调查与评估，及时了解生态环境状况，发现问题，找到原因，提出对策建议，是环境保护的一项重要基础性工作，也是一次重要的国情调查，对于制定生态保护政策，履行生态环境保护综合监管职责至关重要。

经国务院批准，2012年1月起，环境保护部、中国科学院历时3年，开展了全国生态环境十年变化（2000—2010年）遥感调查与评估。这是建国以来对我国生态环境状况进行的规模最大的全面系统调查，全国139家单位的3000多位技术人员参加。这次调查评估，综合利用卫星遥感和地面观测相结合的“天地一体化”技术手段，获得了一大批重要而珍贵的数据和资料，填补了我国生态环境综合状况信息的空白。调查评估从生态系统构成与分布、质量、服务功能等方面，全面反映了2000—2010年期间我国生态环境状况和动态变化特征，揭示了生态环境变化的主要原因和存在问题，提出了加强新时期我国生态环境保护建议与对策。调查评估成果对于保护和改善我国生态环境，构建国家和区域生态安全格局，提升国家和地方生态环境管理能力和水平，促进经济社会可持续发展具有重要的参考价值和指导意义。

当前，全国环保系统正以改善环境质量为核心，着力实施水、大气、土壤三个行动计划，重点解决突出环境问题。划定并严守生态保护红线，实现自然生态空间用途管制，守住国家生态安全的“底线”，构建国土生态安全格局。强化自然保护区监管，启动实施生物多样性保护重大工程，重点解决生态系统退化和生态保护综合监管问题。按水、大气、土壤污染防治和生态保护几大领域逐步完成顶层设计，制定“路线图”和“施工方案”，尽快抓出成效，将成为今后一个时期环境保护工作的“主旋律”。

调查评估成果来之不易，凝聚着参与人员的智慧和心血，既是一个基础信息的积累，也是一个问题发现和解决方案的汇总和凝炼，值得进一步挖掘和利用。国务院领导同志对调查评估工作和成果给予肯定，要求高度重视调查评估结果反映的问题，落实党中央、国务院关于加快推进生态文明建设的部署，努力建设美丽中国。我部已将调查评估成果印送相关部门和各省级环境保护部门，将为生态文明建设和生态环境保护宏观决策提供宝贵的科学依据，并已在“十三五”生态环境保护规划制定、全国生态保护红线划定以及全国生态功能区划修编等工作中得到应用。希望调查评估成果的正式出版，能够带动更多的部门和单位深挖成果的潜在价值，切实把项目成果用好用足。同时，我们还要尽快启动实施2011—2015年全国生态状况调查评估，争取早出成果。

此次调查评估的顺利实施，得益于各相关部门的大力支持，得益于环境保护部、中国科学院和相关研究单位的通力合作，得益于项目组成员的努力付出和辛勤劳动。在成果正式出版之际，我谨代表环境保护部向参加和支持调查评估工作的相关单位、专家和各级环境保护部门的同志表示衷心感谢。

是为序。

环境保护部部长 陈吉宁

序 言 二

生态环境脆弱、自然资源分布不均是我国的基本国情。近年来我国经济快速发展，生态环境变化加剧，生态环境保护面临更加严峻的挑战。党的十八大以来，把生态文明建设放在突出的地位，全面了解我国生态环境现状和的变化发展趋势，已成为当前加强生态环境监管、实现国家治理现代化的迫切需求。

经国务院批准，环境保护部与中国科学院于 2012 年联合启动了“全国生态环境十年变化（2000—2010 年）遥感调查与评估”项目，历时三年完成。项目系统准确地获取了 2000—2010 年我国生态环境及其变化的基本信息，全面掌握了十年来全国生态环境变化的的特点和规律，并构建了可视化强、便于管理的“全国生态环境十年变化一张图系统”，取得了丰硕成果。研究成果得到了国务院领导同志高度评价，为我国生态功能区划修编、生态国情调查、生态红线划定等提供了基础数据、参照系和方法论，为我国新时期生态环境保护战略决策提供了强有力的科技支撑。

项目联合了中国科学院和环境保护部相关院所优势研究力量，集成攻关。中国科学院充分利用野外台站等平台长期科学监测数据，以及遥感、生态、环境、地理等学科积累优势，在遥感解析、科学评估等方面发挥了科技引领作用。环境保护部充分发挥各省（自治区、直辖市）环境监测部门的行业优势，在开展全国生态环境监测方面做出了突出贡献，为项目提供了组织实施保障。院部通力合作，确保了全国生态环境十年变化遥感调查评估任务的圆满完成。项目实施过程中，项目组克服了任务重、时间紧、数据获取难、协调任务重等诸多困难，我谨代表中国科学院表示衷心感谢。

绿色发展是全球可持续发展的大趋势，生态环境保护已成为各国追求可持续发展的重要内容，是国际竞争的重要手段，我国生态环境保护任重道远。中国科学院作为国立科研机构，将继续加强与行业部门及地方政府等的交流合作，加强科技供给，服务社会经济发展主战场，为深入实施创新驱动发展战略、建设美丽中国做出更大创新贡献。

中国科学院院长 

前 言

全国生态环境十年变化（2000—2010 年）调查评估是我国开展的第二次全国生态状况综合调查评估。2000—2010 年，我国经济持续快速增长、城镇化进程不断加快、生态保护力度显著提升的十年，是资源开发强度不断增大、气候变化胁迫加剧、生态环境受到严重冲击的十年。为摸清十年间全国生态状况及其动态变化，综合评估全国生态系统质量与功能，提出新时期我国生态环境保护对策建议，经国务院批准，环境保护部、中国科学院联合组织开展了这次调查评估工作。

调查评估以 2000 年为基准年、2010 年为现状年，从国家、省域和区域三个尺度，全面掌握了 2000—2010 年间我国生态系统状况及其动态变化，系统摸清了我国生态系统类型构成与格局、生态系统质量、生态服务功能的时空特征与变化趋势，深刻揭示了我国生态系统问题及主要驱动力，研究提出了新时期我国生态环境保护对策与建议，在生态遥感调查评估关键技术攻关、业务体系构建、时空特征规律发现、成果集成与应用等方面取得了系统性创新。调查评估采用遥感数据和地面调查与核查相结合、面上与重点分析相结合、现状与变化评估相结合的思路，建立了遥感数据和地面调查与核查相结合的“天地一体化”生态系统调查技术体系，构建了“格局—质量—功能—问题—胁迫”评估框架，构建了多源数据驱动的遥感调查评估模型方法体系，形成了多尺度多专题相结合的调查评估模式。

环境保护部和中国科学院对该项工作给予了高度重视，联合成立了领导小组、组织协调组和实施管理组。环境保护部相关直属单位、中国科学院相关研究所（中心）、各省环保科研技术单位，以及高等院校等 139 个国家级、省级科研技术单位，3000 多名技术人员参加调查评估工作，实现了摸清家底、发现问题、找出原因、提出对策的调查评估目标，体现了部院合作、天地一体、全程质控、科学严谨特色，是国家生态环境综合调查评估的范例。调查评估取得的优秀成果，已经在生态文明体制改革和生态保护红线划定等国家重大战略任务中发挥出了重要作用，这些珍贵资料必将在提升国家生态环境管理水平、推进生态文明建设和支撑社会可持续发展等诸多方面发挥出重要作用，科学意义与应用价值重大。

项目组基于调查评估主要成果，整理编写了《全国生态环境十年变化（2000—2010 年）遥感调查与评估》《全国生态环境十年变化（2000—2010 年）遥感调查与评估图集》《全国生态环境十年变化（2000—2010 年）遥感调查与评估工作手册》等，供相关领域的专家、学者和技术人员参考使用。由于此次调查评估是一项业务工作，全书编写过程参考了相关部委、科研院所和科技工作者大量研究成果和著作文献，没有一一列出相关参考文献。项目实施过程中还邀请了中国科学院、中国工程院、高等院校以及发改、国土、农业、水利、林业、气象等部门的专家对调查评估的技术方法、调查评估成果进行了咨询、论证和审查，由于篇幅所限未能一一列出，在此表示感谢。

全国生态环境十年变化（2000-2010 年）遥感调查与评估项目国家实施机构名单

领导小组

组　长：周生贤　白春礼

副组长：李干杰　丁仲礼

成　员：庄国泰　范蔚茗　翟　青　赵英民　朱建平　吴国增　曲久辉

组织协调组

组　长：李干杰　丁仲礼

副组长：庄国泰　范蔚茗

成　员：侯代军　冯仁国　尤艳馨　刘志全　胡克梅　孟　伟　罗　毅　高吉喜　李　远　洪亚雄　吴国增　曲久辉

（下设协调办公室，庄国泰、范蔚茗为办公室主任，侯代军、冯仁国为办公室副主任，相关司局相关处室负责人为成员。）

实施管理组

组　长：吴国增　曲久辉

副组长(首席科学家)：王　桥　欧阳志云

成　员：于贵瑞　王业耀　吴炳方　张　峰　李　远　李京荣　陆　军　郑　华　高吉喜　舒俭民

技术总体组

组长(首席科学家)：王　桥　欧阳志云

成　员：于贵瑞　王昌佐　申文明　刘高焕　何立环　吴炳方　张　峰　张林波　张惠远　李京荣　邵全琴　陈利顶　陈保冬　周伟奇　林　奎　郑　华　侯　鹏　徐海根　傅伯杰　蒋明康

全国生态环境十年变化（2000—2010年）
遥感调查与评估项目工作手册
编写委员会

目 录

卫星遥感数据处理

1.1 概述

针对低、中、中高、高分辨率卫星遥感数据，开展大气纠正、几何纠正、正射纠正等处理，为土地覆盖产品生产和生态参数反演提供数据源。

1.2 遥感数据收集

数据类型包括光学到雷达、低分辨率到高分辨率，时间从 2000—2010 年，从生长季到全年。具体遥感数据见表 1-1。

表 1-1 遥感数据列表

<table>
<tr><th>分辨率/卫星</th><th>时间（年-月）</th><th>覆盖范围（行政区划/经纬度/矢量）</th><th>面积统计（景数/km^2）</th><th>产品类型</th><th>产品级别</th><th>建议数据</th></tr>
<tr><td>低分辨率数据（≤250 m）TERRA/AQUA（MODIS）</td><td>2000-01—2010-12 每 16 天合成数据</td><td>全国</td><td></td><td>多光谱（250 m/500 m/1 km）NDVI/EVI/NPP/LAI A13 植被指数 8 天合成反射率产品</td><td>辐射校正几何校正</td><td></td></tr>
<tr><td>中分辨率数据（30～10 m）HJ-1、Landsat TM/ETM、CBERS、IRS-P6、ASTER</td><td>2000、2005、2010 每年 4 月—10 月</td><td>全国</td><td>Landsat 全国约 550 景 HJ-1 全国约 200 景</td><td>30 m 多光谱</td><td>正射校正</td><td>2000 年、2005 年采用 Landsat 数据；2010 年采用 HJ-1 数据</td></tr>
<tr><td rowspan="5">中高分辨率数据（10～1 m）SPOT-4、SPOT-5、ALOS、RapidEye、IRS-P5（全色）、IRS-P6、福卫-2、Kompsat-2、EROS-B（全色）</td><td>2008-04—2010-10</td><td>全国经纬度交叉点</td><td>全国 960 幅，约 9.6 万 km^2</td><td rowspan="5">2.5 m 全色
10 m 多光谱</td><td rowspan="5">正射校正</td><td rowspan="5">SPOT-5
ALOS</td></tr>
<tr><td rowspan="2">2000、2005、2010，每年 4—10 月</td><td>七大流域</td><td>约 436.57 万 km^2</td></tr>
<tr><td>城市建成区</td><td>约 9 000 km^2</td></tr>
<tr><td>2000、2005、2010，每年 8 月</td><td>各省重要矿区 各省重要生态功能区</td><td>按需</td></tr>
<tr><td>2010 年前后</td><td>319 个国家级自然保护区</td><td>92.67 万 km^2</td></tr>
</table>

分辨率/卫星	时间（年-月）	覆盖范围（行政区划/经纬度/矢量）	面积统计（景数/km^2）	产品类型	产品级别	建议数据
高分辨率数据（亚米）IKONOS、QuickBird、GeoEye-1、OrbView-3、WorldView-1、WorldView-2、EROS-B	按需	按需	按需	按需	按需	按需
雷达数据 EnviSat-ASAR、ERS-1/2、RadarSat-1、RadarSat-2、JERS	2000、2005、2010 每年5—8月	全国	960万km^2	30 m HH/VV/HV 多极化数据	Level 1B 产品	数据延续性比较好、分辨率较高
其他（航片等）	按需	按需	按需	按需	按需	按需

1.2.1 低分辨率卫星影像

以MODIS为主，覆盖全国2000—2010年数据。数据类型主要为250 m分辨率的16天合成的NDVI数据（MOD13Q1）。

1.2.2 中分辨率卫星影像

中分辨率遥感卫星数据包括2000年、2005年和2010年，范围为覆盖全国。其中，2000年和2005年以Landsat TM/ETM数据为主，2010年以HJ-1卫星CCD数据为主，数据有缺失的地区以同等分辨率同一时间的数据作为补充。

1.2.3 中高分辨率卫星影像

中高分辨率数据以SPOT-5 2.5 m全色和10 m多光谱数据为主，辅助以ALOS、RapidEye、福卫-2、CBERS-02B HR等数据。范围为覆盖国家级自然保护区和部分重要生态功能区，约500万km^2。

1.2.4 亚米级高分辨率卫星影像

以QuickBird、IKONOS数据为主，辅助以GeoEye-1、WorldView-1、WorldView-2等数据。按需要订购，范围为覆盖重要点位。

1.2.5 雷达数据

以EnviSat-ASAR、ERS-1/、ERS/2数据为主，辅助以RadarSat-1、RadarSat-2、JERS等数据。范围为覆盖全国。

1.3 遥感数据检查

全国生态环境遥感调查主要是以中低分辨率遥感数据为主，主要包括覆盖全国2000—2010年的MODIS、2000年和2005年的Landsat TM/ETM数据以及2010年的HJ-1卫星CCD数据，在对遥感数据进行土地覆盖信息提取及其生态参量估算时要对影像的时相、云量、波段、噪声、变形、条带、像元大小等进行检查。

1.3.1 时相

选择调查年份6—9月数据，用于土地覆盖的遥感数据可选用调查年份的1月、11月、12月数据，在受人为干扰影响比较小的不易发生变化的区域，时相可适当放宽；对用于估算生态参量的遥感数据要求选择6—9月生长季遥感数据。

1.3.2 云量要求

单景影像平均云量小于10%，但受人为干扰影响比较小的不易发生变化的区域，可适当放宽；同时受人为干扰影响比较大易发生态变化的区域要求尽量没有云覆盖。

1.3.3 噪声

单景影像噪声面积小于10%。

1.3.4 变形、条带

在拍摄过程中可能受到传感器拍摄角度、飞机旋转速度、地面接收等的影响，致使影像变形、有条带，情况严重，不符合质量要求。

1.4 遥感数据处理

遥感数据处理包括大气校正、几何校正、影像融合、影像镶嵌、彩色增强、投影变换、精度检验、影像分幅等，生成正射影像产品集、融合影像产品集、镶嵌影像产品集、多种分幅影像产品集。

1.4.1 低分辨率卫星遥感数据处理

通过美国地质勘探局（United States Geological Survey，USGS）网站直接下载MODIS的16天合成NDVI数据。进入参数反演模型前，不需处理。

1.4.2 中分辨率卫星遥感数据处理

中分辨率卫星遥感数据处理包括大气校正、正射校正和几何校正等，为规范中分辨率卫星遥感数据投影信息，将中分辨率卫星遥感数据的地理投影参考定义为：

大地基准 2000国家大地坐标系；

投影方式 全国采用 Albers 投影，区域采用高斯－克里格投影；
中央经线 110°；
原点纬度 10°；
标准纬线 北纬 25°、北纬 47°；
高程基准 1985 国家高程基准。

1.4.2.1 大气校正

根据专题参数反演的需要，可以对部分中分辨率卫星数据进行大气校正。大气校正应以基于辐射传输模型的校正方法为主。

HJ-CCD 及 Landsat TM 等影像采用 6S 模型进行大气纠正，这种模式考虑了目标高程、表面的非朗伯体特性、新的吸收分子种类的影响（CO、N_2O 等），适用于可见光和近红外的多角度数据。

该模型需要输入的参数：

（1）几何参数：太阳天顶角、卫星天顶角、太阳方位角、卫星方位角、观测时间，也可以通过输入卫星轨道与时间参数代替。

（2）大气模式：大气组分参数，包括水汽、灰尘颗粒度等参数，若缺乏精确的实况数据，可以根据卫星数据的地理位置和时间，选用 6S 提供的标准模型来替代。

（3）气溶胶模式：气溶胶组分参数，包括水分含量以及烟尘、灰尘等在空气中的百分比等参数，若缺乏精确的实况数据，可以选用 6S 提供的标准模型来代替。

（4）气溶胶浓度：气溶胶的大气路径长度，一般可用当地的能见度参数表示，可以输入波长为 550 nm 处的光学厚度和气象能见度。

（5）高度：观测目标的海拔高度及遥感器高度，地面以上都是负值，地基观测为 0。

（6）探测器的光谱条件：光谱条件可以直接输入光谱波段范围，也可以将遥感器波段作为输入条件。

（7）地表反射率：定义了地表反射率模型，采用 6S 的基于朗伯体地面的大气校正反演模式。

1.4.2.2 几何校正

在对影像进行大气校正与正射校正后，需对影像进行几何校正，为保证中分辨率卫星数据几何校正精度，需要注意以下几点：

（1）数据基础。用于控制点选取的参考数据为：①高精度参考影像库；②高精度控制点库；③1∶50 000 比例尺的地形图 DRG 库；④野外高精度 GPS 点。

（2）控制点选取。控制点选取原则：①地面控制点一般选择在图像和地形图上都容易识别定位的明显地物点，如道路、河流等交叉点，田块拐角，桥头等。②地面控制点的地物应不随时间的变化而变化，尽量选择地物不易变化的控制点；③控制点要有一定的数量，要求在影像范围内尽量均匀分布。

在影像放大 2～3 倍的条件下完成控制点选取。

根据纠正模型和地形情况等条件确定控制点个数：TM、CBERS、IRS-P6、ASTER 一景不少于 16 个，环境卫星影像一景不少于 40 个。

（3）校正模型。校正模型采用多项式纠正法进行校正。

（4）控制点残差要求。正射纠正所选控制点须均匀分布，其残差应满足表 1-2 的要求。

表 1-2 控制点残差

数据类型	控制点残差（影像分辨率）	
	平原和丘陵	山地
待纠正影像	≤1 倍	≤2 倍

对明显地物点稀疏的山区、沙漠、沼泽等，精度可放宽至原有精度的 2 倍。

（5）重采样方式。正射影像采用原影像分辨率，重采样方法为双线性内插。

（6）校正精度要求。正射纠正结果影像上的同名地物点相对于实地同名地物点的误差（表 1-3）。

表 1-3 校正精度

地形类型	平原和丘陵	山地
点位中误差（影像分辨率）	≤2 倍	≤3 倍

1.4.2.3 正射校正

为保证中分辨率卫星数据正射校正精度，需要注意以下几点：

（1）数据基础。用于控制点选取的参考数据为：①高精度参考影像库；②高精度控制点库；③1∶50 000 比例尺的地形图 DRG 库；④野外高精度 GPS 点。

DEM 数据用于中分辨率遥感数据正射校正的 DEM 数据，分辨率应不低于 90 m。

（2）控制点选取。控制点选取原则：①地面控制点一般选择在图像和地形图上都容易识别定位的明显地物点，如道路、河流等交叉点、田块拐角、桥头等；②地面控制点的地物应不随时间的变化而变化，尽量选择地物不易变化的控制点；③控制点要有一定的数量，要求在影像范围内尽量均匀分布。

在影像放大 2～3 倍的条件下完成控制点选取。

根据纠正模型和地形情况等条件确定控制点个数：TM、CBERS、IRS-P6、ASTER 一景不少于 16 个，环境卫星影像一景不少于 40 个。

（3）校正模型。校正模型有理函数模型（Rational Function Model）进行校正。

（4）控制点残差要求。正射纠正所选控制点须均匀分布，其残差应满足表 1-4 的要求。

表 1-4 控制点残差

数据类型	控制点残差（影像分辨率）	
	平原和丘陵	山地
待纠正影像	≤1 倍	≤2 倍

对明显地物点稀疏的山区、沙漠、沼泽等，精度可放宽至原有精度的 2 倍。

（5）重采样方式。正射影像采用原影像分辨率，重采样方法为双线性内插。

（6）校正精度要求。正射纠正结果影像上的同名地物点相对于实地同名地物点的误差（表 1-5）。

表 1-5 校正精度

地形类型	平原和丘陵	山地
点位中误差（影像分辨率）	≤2 倍	≤3 倍

1.4.3 中高分辨率遥感数据处理

中高分辨率遥感数据处理以 SPOT5 和 ALOS 数据为主。对这类数据（含全色波段和多光谱波段）的处理，首先进行大气校正与几何校正，之后进行正射影像、融合影像同时进行生产。

1.4.3.1 大气纠正

中高分辨率多光谱数据采用 FLAASH 模型校正。FLAASH 模型中输入的图像须经过辐射定标后的辐射亮度图像，格式为 BIL 或 BIP。

采用 FLAASH 模型需设置如下参数：

（1）影像辐射能量值：如果影像数据记录是 DN（Digital Number）值，则需要把 DN 值转为辐射亮度值，其计算公式如下：

$$辐射亮度值=gain\times DN+offset$$

式中，gain 是增益，offset 是偏差。

BSQ 格式转换：在进行大气校正前，需将 BSQ（波段顺序格式）转为 BIL（波段逐行交叉顺序）或 BIP（波段逐像元交叉顺序）格式文件。

（2）尺度转换因子：FLAASH 模块中，在输入辐射能量数据时，同时要求输入尺度转换因子。

（3）图像中心点坐标：可以从相应的 HDF 文件中找到，也可以直接读取影像的中心坐标。

（4）传感器类型：当选择影像相应的传感器类型，若没有相应类型的传感器，则需要额外设置一些参数。

（5）海拔高度：海拔高度为校正影像的平均海拔。

（6）数据获取日期和卫星过境时间：卫星过境时间为格林尼治时间，可以从相应的 HDF 文件中找到。

（7）大气模型：为了获取校正的最佳质量，选择一个合适的大气校正模型（热带、中纬度夏季、中纬度冬季、极地夏季、极地冬季和美国标准大气模型），每个模型对应一定的大气水汽含量，如果没有获取大气水汽含量，也可以通过地表大气温度来确定相应的模型，因为一定的温度和一定的大气水汽含量相关，如果地表大气温度未知，可以通过数据获取时间和地点选择相应的大气模型。

（8）水气反演：可选择三个波段区间水气。

（9）气溶胶模型：可选择的气溶胶模型有无气溶胶、城市气溶胶、乡村气溶胶、海洋气溶胶和对流层气溶胶模型。

1.4.3.2 几何纠正

中高分辨率遥感数据几何纠正模型、流程及精度控制要求参考中空间分辨率影像几何纠正一节。

1.4.3.3 正射纠正及影像融合

具体流程如图 1-1 所示（以 2.5 m 和 10 m 正射校正和融合为例）：

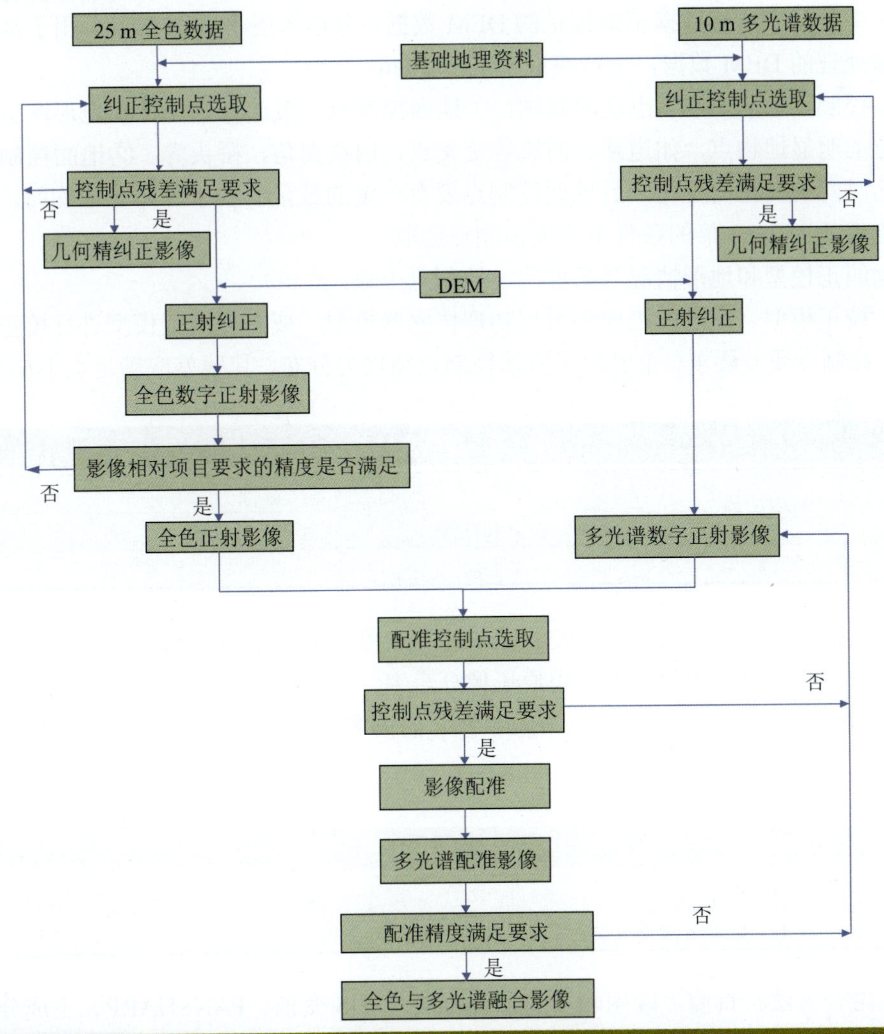

图 1-1 中高分辨率正射校正流程

正射校正精度是一个重要指标，为保证卫星数据处理几何精度，需要注意以下几点：

（1）数据基础。本次项目拟采用的数学基础为：

大地基准 2000 国家大地坐标系；

投影方式 全国采用 Albers 投影，区域采用高斯—克里格投影；

中央经线 110°；

原点纬度 10°；

标准纬线 北纬 25°、北纬 47°；

高程基准 1985 国家高程基准；

控制资料：

用于控制点选取的参考数据为①高精度参考影像库；②高精度控制点库；③1∶50 000 比例尺的地形图 DRG 库；④野外高精度 GPS 点。

DEM 数据：

用于中分辨率遥感数据正射校正的 DEM 数据，分辨率应不低于 90 m，用于高分辨率遥感图像处理的 DEM 数据，分辨率应不低于 30 m。

（2）控制点选取。控制点选取原则：①地面控制点一般选择在图像和地形图上都容易识别定位的明显地物点，如道路、河流等交叉点，田块拐角，桥头等。②地面控制点的地物应不随时间的变化而变化，且地面控制点要有一定的数量，要求分布比较均匀。

在影像放大 2～3 倍的条件下完成控制点选取。

根据纠正模型和地形情况等条件确定控制点个数。

（3）校正模型。正射校正模型采用物理传感器模型，或有理函数模型进行校正。

（4）控制点残差要求。正射纠正所选控制点须均匀分布，其残差应满足表 1-6 的要求。

表 1-6 控制点残差

数据类型	控制点残差（影像分辨率）	
	平原和丘陵	山地
待纠正影像	≤1 倍	≤2 倍

对明显地物点稀疏的山区、沙漠、沼泽等，精度可放宽至原有精度的 2 倍。

（5）重采样方式。正射影像采用原影像分辨率，重采样方法为双线性内插。

（6）校正精度要求。正射纠正结果影像上的同名地物点相对于实地同名地物点误差（表 1-7）。

表 1-7 校正精度

地形类型	平原和丘陵	山地
点位中误差（影像分辨率）	≤2 倍	≤5 倍

（7）融合方法。目前，应用较多的融合方法有 IHS 变换、PANSHARP、主成分分析、Brovey（颜色归一化）变换、小波变换以及合成变量比值变换，对于不同的卫星数据源，它们的融合效果往往差别很大，可根据具体情况选择上述之一的方法。

1.4.4 高分辨率遥感数据处理

高分辨率遥感数据处理以 QB 和 WV 为主。对于这类数据（含全色波段和多光谱波段）的处理，需进行大气校正、几何校正、正射影像和影像融合等处理。

1.4.4.1 大气校正

采用 FLAASH 辐射传输模型对高分辨率遥感影像进行大气校正，具体过程参考见上节。

1.4.4.2 几何校正

高分辨率遥感数据几何纠正模型、流程及精度控制要求参考中空间分辨率影像几何纠正一节。

1.4.4.3 正射校正及影像融合

1）数据基础

本次项目拟采用的数据地理基础为：

大地基准　2000 国家大地坐标系；

投影方式　全国采用 Albers 投影，区域采用高斯—克里格投影；

中央经线　110°；

原点纬度　10°；

标准纬线　北纬 25°、北纬 47°；

高程基准　1985 国家高程基准；

控制资料：

用于控制点选取的参考数据为①高精度参考影像库；②高精度控制点库；③野外高精度 GPS 点。

DEM 数据：

用于高分辨率遥感图像处理的 DEM 数据，分辨率应不低于 30 m。

具体流程如图 1-2 所示。

2）控制点选取

控制点选取原则：①地面控制点一般选择在图像和地形图上都容易识别定位的明显地物点，如道路、河流等交叉点，田块拐角，桥头等。②地面控制点的地物应不随时间的变化而变化，且地面控制点要有一定的数量，要求分布比较均匀。

在影像放大 2～3 倍的条件下完成控制点选取。根据纠正模型和地形情况等条件确定控制点个数。

3）校正模型

校正模型采用有理函数模型进行校正。

4）控制点残差要求

正射纠正所选控制点须均匀分布，其残差应满足表 1-8 的要求。

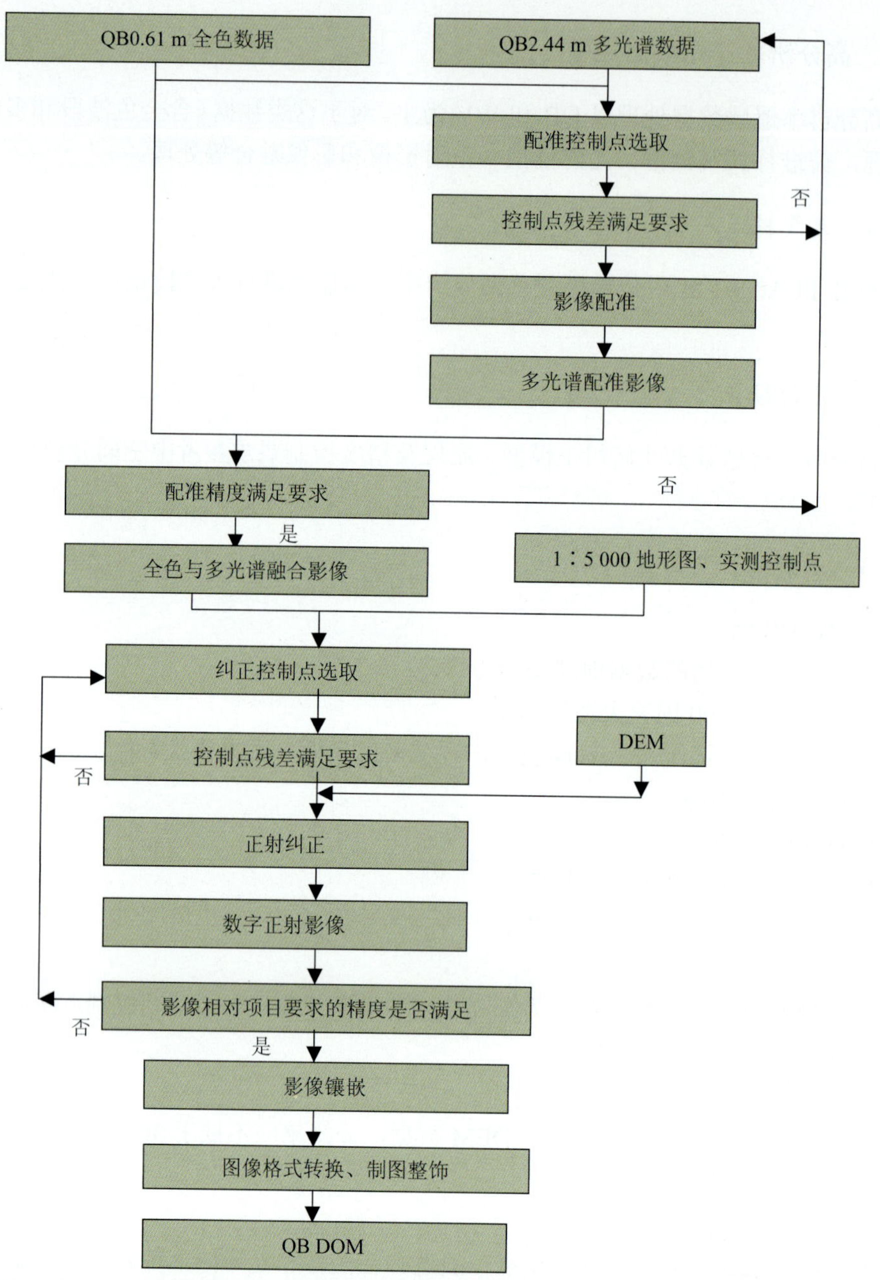

图 1-2 高分辨率正射校正流程

表 1-8 控制点残差

数据类型	控制点残差（影像分辨率）	
	平原和丘陵	山地
待纠正影像	≤1 倍	≤3 倍

对明显地物点稀疏的山区、沙漠、沼泽等，精度可放宽至原有精度的 2 倍。

5）重采样方式

正射影像采用原影像分辨率，重采样方法为双线性内插。

6）校正精度要求

正射纠正结果影像上的同名地物点相对于实地同名地物点的误差（表 1-9）。

表 1-9 校正精度

地形类型	平原和丘陵	山地
点位中误差（影像分辨率）	≤2 倍	≤10 倍

7）融合方法

目前，应用较多的融合方法有 IHS 变换、PANSHARP、主成分分析、Brovey（颜色归一化）变换、小波变换以及合成变量比值变换等，对于不同的卫星数据源，它们的融合效果往往差别很大，可根据具体情况进行选择。

1.4.5 雷达数据处理

雷达数据以 ENVISAT-ASAR 数据为主，定义其采用的投影信息如下：

大地基准 2000 国家大地坐标系；

投影方式 全国采用 Albers 投影，区域采用高斯—克里格投影；

中央经线 110°；

原点纬度 10°；

标准纬线 北纬 25°、北纬 47°；

高程基准 1985 国家高程基准；

雷达数据处理包括几何纠正与正射校正。

1.4.5.1 几何校正

对雷达数据进行处理采用距离—多普勒定位模型，通过选取控制点，进行雷达数据几何校正，流程见图 1-3。

为保证雷达数据几何校正精度，需要注意以下几点：

（1）控制点选取。控制点选取原则：①地面控制点一般选择在图像和地形图上都容易识别定位的明显地物点，如道路、河流等交叉点，田块拐角，桥头等；②地面控制点的地物应不随时间的变化而变化，尽量选择地物不易变化的控制点；③控制点要有一定的数量，要求在影像范围内尽量均匀分布。

需要在影像放大 2～3 倍的条件下完成控制点选取。

根据纠正模型和地形情况等条件确定控制点个数：ENVISAT-ASAR 不少于 20 个，ERS-1/2、JERE 不少于 16 个，RadarSat-1、RadarSat-2 不少于 25 个。

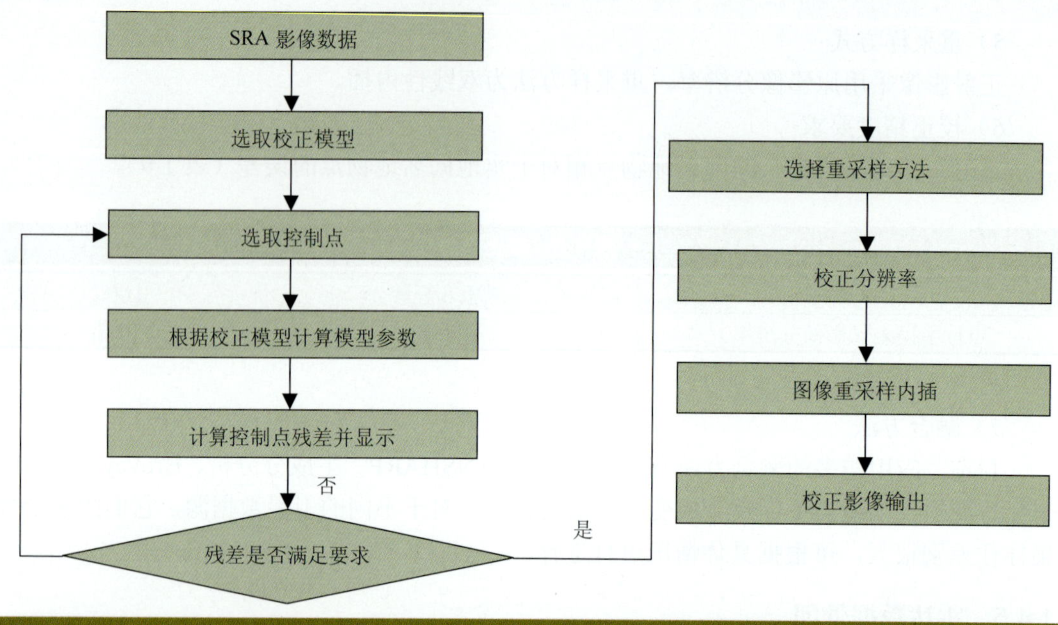

图 1-3 雷达影像几何校正

（2）控制点残差要求。正射纠正所选控制点须均匀分布，其残差应满足表 1-10 要求。

表 1-10 控制点残差

数据类型	控制点残差（影像分辨率）	
	平原和丘陵	山地
待纠正影像	≤1 倍	≤2 倍

对明显地物点稀疏的山区、沙漠、沼泽等，精度可放宽至原有精度的 2 倍。

（3）重采样方式。正射影像采用原影像分辨率，重采样方法为双线性内插。

（4）校正精度要求。正射纠正结果影像上的同名地物点相对于实地同名地物点的误差（表 1-11）。

表 1-11 校正精度

地形类型	平原和丘陵	山地
点位中误差（影像分辨率）	≤1 倍	≤3 倍

1.4.5.2 正射校正

利用卫星参数进行后向散射系数计算以及正射校正。另外，由于雷达图像噪声较大，需要对图像进行滤波，见图 1-4。

1）数据基础

控制资料：

用于控制点选取的参考数据为①高精度参考影像库；②高精度控制点库；③1∶50 000

比例尺的地形图 DRG 库；④野外高精度 GPS 点。

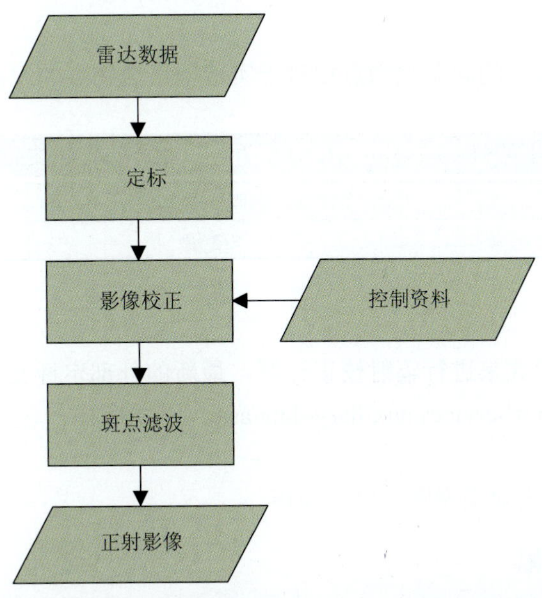

图 1-4 雷达数据处理流程

DEM 数据：

用于中分辨率遥感数据正射校正的 DEM 数据，分辨率应不低于 90 m，用于高分辨率遥感图像处理的 DEM 数据，分辨率应不低于 30 m。

2）控制点选取

控制点选取原则：①地面控制点一般选择在图像和地形图上都容易识别定位的明显地物点，如道路、河流等交叉点，田块拐角，桥头等；②地面控制点的地物应不随时间的变化而变化；③地面控制点要有一定的数量，要求分布比较均匀。

在影像放大 2～3 倍的条件下完成控制点选取。

根据纠正模型和地形情况等条件确定控制点个数。

3）校正模型

校正模型应采用 ENVISAT-ASAR 相应模式的物理成像模型进行校正。

4）控制点残差要求

正射纠正所选控制点须均匀分布，其残差应满足表 1-12 要求。

表 1-12 控制点残差

数据类型	控制点残差（影像分辨率）	
	平原和丘陵	山地
待纠正影像	≤2 倍	≤4 倍

对明显地物点稀疏的山区、沙漠、沼泽等，精度可放宽至原有精度的 2 倍。

5）重采样方式

正射影像采用原影像分辨率，重采样方法为双线性内插。

6）校正精度要求

正射纠正结果影像上的同名地物点相对于实地同名地物点的误差（表 1-13）。

表 1-13 校正精度

地形类型	平原和丘陵	山地
点位中误差（影像分辨率）	≤2 倍	≤4 倍

7）定标方式

使用最新的天线模式来进行辐射校正计算，最新的外部定标文件（后缀名为 XCA）可从 http：//earth. esa. int/services/auxiliary-data/asar/下载得到。

8）斑点滤波

使用 Gamma 滤波去除强度图中斑点噪声。

1.4.6 数据镶嵌与分幅

1.4.6.1 数据镶嵌

正射影像镶嵌主要过程如图 1-5 所示。

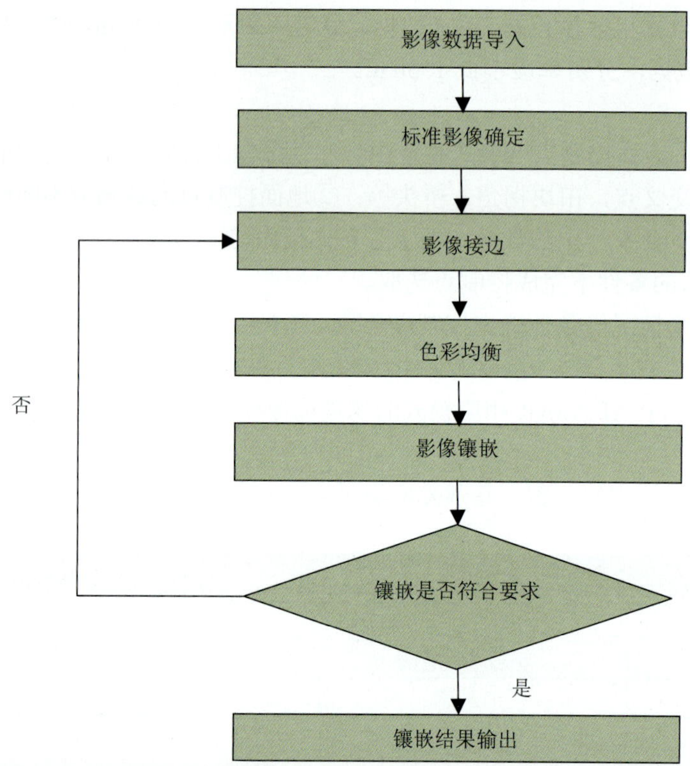

图 1-5 正射影像镶嵌流程

1）影像导入

导入进行镶嵌的影像。

2）标准影像确定

为确保影像镶嵌质量，首先应在进行影像镶嵌的数据中选取一幅影像作为标准影像，标准影像往往选择处于研究区中央的影像。

3）影像接边

当调查区涉及多景数据时，须对重叠带进行严格配准，确保配准误差满足要求。按分辨率不同，影像数据接边精度应满足表 1-14～表 1-16 的要求。

表 1-14 中分辨率遥感图像接边限差

地形类别	接边限差（影像分辨率）
平原、丘陵	≤2 倍
山地	≤3 倍

表 1-15 中高分辨率遥感图像接边限差

地形类别	接边限差（影像分辨率）
平原、丘陵	≤3 倍
山地	≤7.5 倍

表 1-16 高分辨率遥感图像接边限差

地形类别	接边限差（影像分辨率）
平原、丘陵	≤3 倍
山地	≤15 倍

不同分辨率影像接边时，以低分辨率计算。侧视角相差较大、地形复杂地区同名地物不存在错误。

4）色彩均衡

使其整体色调基本一致。

5）影像镶嵌

须保证整体色调均匀，色调均匀采用直方图法，接边重叠带无模糊或重影现象。为保证接边自然，接边影像保证有 10～50 个像素的重叠。镶嵌后的影像同一地类色彩统一、无模糊现象，边界清晰、无明显错位。

6）影像镶嵌质量检查

进行影像接边及颜色等方面的检查。

1.4.6.2 区域分幅产品生成

在正射影像和无缝镶嵌遥感影像产品基础上，按行政区划（全国、省/自治区/直辖市）、五大战略环评区、重要城市化区域、重点流域、重点生态脆弱区、矿产资源开发区、重要湿地区、国家级自然保护区、生物多样性保护优先区、国家生态安全屏障等区域进行分幅。

其流程见图 1-6。

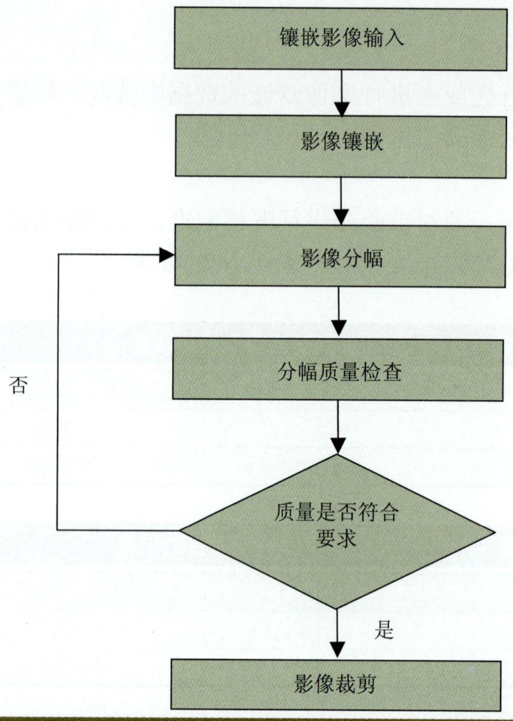

图 1-6　按区域分幅流程

（1）数据调入：调入分块镶嵌影像。

（2）影像镶嵌：按照省、自治区或直辖市等调查区域边界范围，挑选分块镶嵌影像，并进行镶嵌。

（3）影像重采样：按照省、自治区或直辖市等调查区域边界范围，挑选分块镶嵌影像，并进行重采样。

（4）影像分幅质量检查：进行影像接边及色调、色彩、对比度的检查。

（5）影像裁切：按照省、自治区或直辖市等调查区域边界范围裁切镶嵌影像。

遥感数据土地覆盖分类信息提取

2.1 概述

建立我国生态系统类型分类体系，采用基于面向对象的分类方法，对遥感影像分类解译，获得2000年、2005年和2010年全国土地覆盖分类数据。

2.2 遥感土地覆盖分类数据源

为完成2000年、2005年、2010年土地覆盖分类需要收集的数据包括遥感影像、辅助数据及相关资料，遥感影像和辅助数据需求列表分别见表2-1和表2-2。

表2-1 遥感数据列表

<table>
<tr><th>卫星种类</th><th>传感器</th><th>分辨率/m</th><th>时间</th><th>范围</th></tr>
<tr><td>HJ-1</td><td>CCD</td><td>30</td><td>2010年（生长季、非生长季）</td><td rowspan="2">全国</td></tr>
<tr><td>Landsat</td><td>TM
ETM+</td><td>30</td><td>2000年、2005年、2010年
（生长季、非生长季）</td></tr>
<tr><td>SPOT5</td><td></td><td>5/2.5</td><td>2010年</td><td>选用SPOT5（2.5 m），分布位置为以经纬度的交叉点（以1°为间隔）为中心，面积为 10 km×10 km，全国总计 960个点</td></tr>
<tr><td>ENVISAT
ASAR
ERS 1/2</td><td>Radar</td><td>30</td><td>2000年、2005年、2010年</td><td>全国</td></tr>
</table>

表2-2 辅助数据列表

<table>
<tr><th>基础数据</th><th>覆盖范围</th><th>数据时间</th><th>数据格式</th><th>投影格式</th><th>比例尺
（分辨率）</th></tr>
<tr><td rowspan="2">数字高程
（DEM）</td><td>全国</td><td>最新</td><td>栅格
.grid</td><td>国家2000或WGS84</td><td>1∶25万
1∶5万</td></tr>
<tr><td>全国</td><td>最新</td><td>栅格
.tif</td><td>国家2000或WGS84</td><td>30 m和
90 mSTER数据</td></tr>
<tr><td>行政边界</td><td>全国县级、
市级、省级</td><td>最新</td><td>矢量
.shp</td><td>国家2000或WGS84</td><td>1∶100万</td></tr>
</table>

<table>
<tr><th colspan="2">基础数据</th><th>覆盖范围</th><th>数据时间</th><th>数据格式</th><th>投影格式</th><th>比例尺（分辨率）</th></tr>
<tr><td colspan="2">气象数据</td><td>全国观测站</td><td>2000—2010年</td><td>txt</td><td></td><td></td></tr>
<tr><td colspan="2">流域分区</td><td>全国</td><td>最新</td><td>矢量
.shp</td><td>国家2000或WGS84</td><td>1∶25万
1∶5万</td></tr>
<tr><td colspan="2">河网</td><td>全国，一、二、三、四、五级河流</td><td>最新</td><td>矢量
.shp</td><td>国家2000或WGS84</td><td>1∶25万</td></tr>
<tr><td colspan="2">植被类型</td><td>全国，森林、草原</td><td>最新</td><td>矢量
.shp</td><td>国家2000或WGS84</td><td>1∶100万</td></tr>
<tr><td colspan="2">生态系统类型分布</td><td>全国</td><td>最新</td><td>矢量
.shp</td><td>国家2000或WGS84</td><td>1∶100万</td></tr>
<tr><td colspan="2">土地利用数据</td><td>重点城市区域</td><td>2000—2010年</td><td>矢量
.shp</td><td>国家2000或WGS84</td><td>1∶10万</td></tr>
<tr><td colspan="2">土壤类型</td><td>全国</td><td>最新</td><td>矢量
.shp</td><td>国家2000或WGS84</td><td>1∶100万</td></tr>
<tr><td rowspan="8">功能区划</td><td>主体功能区</td><td>全国</td><td>最新</td><td>国家2000或WGS84</td><td>国家2000或WGS84</td><td>1∶100万</td></tr>
<tr><td>生态建设区</td><td>全国</td><td>最新</td><td>国家2000或WGS84</td><td>国家2000或WGS84</td><td>1∶100万</td></tr>
<tr><td>环境功能</td><td>全国</td><td>最新</td><td>国家2000或WGS84</td><td>国家2000或WGS84</td><td>1∶100万</td></tr>
<tr><td>环境功能区</td><td>全国</td><td>最新</td><td>国家2000或WGS84</td><td>国家2000或WGS84</td><td>1∶100万</td></tr>
<tr><td>脆弱区</td><td>全国</td><td>最新</td><td>国家2000或WGS84</td><td>国家2000或WGS84</td><td>1∶100万</td></tr>
<tr><td>水功能区</td><td>全国</td><td>最新</td><td>国家2000或WGS84</td><td>国家2000或WGS84</td><td>1∶100万</td></tr>
<tr><td>自然保护区</td><td>全国，省级，地市级</td><td>最新</td><td>国家2000或WGS84</td><td>国家2000或WGS84</td><td>1∶100万</td></tr>
<tr><td>水源地保护区</td><td>全国，省级，地市级</td><td>最新</td><td>国家2000或WGS84</td><td>国家2000或WGS84</td><td>1∶100万</td></tr>
</table>

2.3 遥感土地覆盖分类体系

全国尺度的土地覆盖类型满足生态环境保护与管理的需要，以生态系统为对象，考虑植被类型特征，设计土地覆盖分类体系，从而能够反映全国生态系统类型的动态监测，提炼生态系统结构的重要指标，评价生态系统功能与服务。本要求设计的遥感土地覆盖分类系统如表2-3所示。

采用土地覆盖分类体系一级为7类，二级为30类（表2-3），详细解释见Ⅰ、Ⅱ级定义。

表 2-3 全国土地覆盖分类体系（全国生态十年土地覆被Ⅰ、Ⅱ级分类系统）

序号	Ⅰ级分类	代码	Ⅱ级分类	指标
1	林地	101	常绿阔叶林	自然或半自然植被，H=3～30 m，C>20%，不落叶，阔叶
		102	落叶阔叶林	自然或半自然植被，H=3～30 m，C>20%，落叶，阔叶
		103	常绿针叶林	自然或半自然植被，H=3～30 m，C>20%，不落叶，针叶
		104	落叶针叶林	自然或半自然植被，H=3～30 m，C>20%，落叶，针叶
		105	针阔混交林	自然或半自然植被，H=3～30 m，C>20%，25%<F<75%
		106	常绿阔叶灌木林	自然或半自然植被，H=0.3～5 m，C>20%，不落叶，阔叶
		107	落叶阔叶灌木林	自然或半自然植被，H=0.3～5 m，C>20%，落叶，阔叶
		108	常绿针叶灌木林	自然或半自然植被，H=0.3～5 m，C>20%，不落叶，针叶
		109	乔木园地	人工植被，H=3～30 m，C>20%
		110	灌木园地	人工植被，H=0.3～5 m，C>20%
		111	乔木绿地	人工植被，人工表面周围，H=3～30 m，C>20%
		112	灌木绿地	人工植被，人工表面周围，H=0.3～5 m，C>20%
2	草地	21	草甸	自然或半自然植被，K>1.5，土壤水饱和，H=0.03～3 m，C>20%
		22	草原	自然或半自然植被，K=0.9～1.5，H=0.03～3 m，C>20%
		23	草丛	自然或半自然植被，K>1.5，H=0.03～3 m，C>20%
		24	草本绿地	人工植被，人工表面周围，H=0.03～3 m，C>20%
3	湿地	31	森林沼泽	自然或半自然植被，T>2 或湿土，H=3～30 m，C>20%
		32	灌丛沼泽	自然或半自然植被，T>2 或湿土，H=0.3～5 m，C>20%
		33	草本沼泽	自然或半自然植被，T>2 或湿土，H=0.03～3 m，C>20%
		34	湖泊	自然水面，静止
		35	水库/坑塘	人工水面，静止
		36	河流	自然水面，流动
		37	运河/水渠	人工水面，流动
4	耕地	41	水田	人工植被，土地扰动，水生作物，收割过程
		42	旱地	人工植被，土地扰动，旱生作物，收割过程
5	人工表面	51	居住地	人工硬表面，居住建筑
		52	工业用地	人工硬表面，生产建筑
		53	交通用地	人工硬表面，线状特征
		54	采矿场	人工挖掘表面
6	其他	61	稀疏林	自然或半自然植被，H=3～30 m，C=4%～20%
		62	稀疏灌木林	自然或半自然植被，H=0.3～5 m，C=4%～20%
		63	稀疏草地	自然或半自然植被，H=0.03～3 m，C=4%～20%
		64	苔藓/地衣	自然，微生物覆盖
		65	裸岩	自然，坚硬表面
		66	裸土	自然，松散表面，壤质
		67	沙漠/沙地	自然，松散表面，沙质
		68	盐碱地	自然，松散表面，高盐分
		69	冰川/永久积雪	自然，水的固态

注：C—覆盖度/郁闭度，%；F—针阔比率，%；H—植被高度，m；T—水一年覆盖时间，月；K—湿润指数。

2.3.1 Ⅰ、Ⅱ级类型定义

1 林地：木本为主的植物群落。其郁闭度不低于 20%，高度在 0.3 m 以上。包括自然、半自然植被，及集约化经营和管理的人工木本植被。

101 常绿阔叶林：双子叶、被子植被的乔木林，叶型扁平、较宽；一年没有落叶或少量落叶时期的物候特征。乔木林中阔叶占乔木比例大于 75%，常绿阔叶林占阔叶林 50%以上，高度在 3 m 以上。半自然林属于此类，该植被可以恢复到与达到其非干扰状态的物种组成、环境和生态过程无法辨别的程度，如绿化造林、用材林、城外的行道树等。

102 落叶阔叶林：双子叶、被子植被的乔木林，叶型扁平、较宽；一年中因气候不适应、有明显落叶时期的物候特征。乔木林中阔叶占乔木比例大于 75%，落叶阔叶林占阔叶林 50%以上，高度在 3 m 以上，包括半自然林。

103 常绿针叶林：裸子植物的乔木林，具有典型的针状叶；一年没有落叶或少量落叶时期的物候特征。乔木林中针叶占乔木比例大于 75%，常绿针叶林占针叶林 50%以上，高度在 3 m 以上，包括半自然林。

104 落叶针叶林：裸子植物的乔木林，具有典型的针状叶；一年中因气候不适应、有明显落叶时期的物候特征。乔木林中针叶占乔木比例大于 75%，落叶针叶林占针叶林 50%以上，高度在 3 m 以上，包括半自然林。

105 针阔混交林：针叶林与阔叶林各自的比例分别在 25%～75%，高度在 3 m 以上，包括半自然林。

106 常绿阔叶灌木林：叶面保持绿色的被子灌木群落。具有持久稳固的木本的茎干，没有一个可确定的主干。生长的习性可以是直立的、伸展的或伏倒的。半自然灌木属于此类，该植被可以恢复到与达到其非干扰状态的物种组成、环境和生态过程无法辨别的程度。部分幼林属于此类（根据高度与盖度）。

107 落叶阔叶灌木林：叶面有落叶特征的被子灌木群落。一年中因气候不适应、有明显落叶时期的物候特征，包括半自然灌木，也包括部分幼林（根据高度与盖度）。

108 常绿针叶灌木林：叶面保持绿色的裸子灌木群落。具有典型的针状叶，包括半自然灌木，也包括部分幼林（根据高度与盖度）。

109 乔木园地：指种植以采集果、叶、根、干、茎、汁等为主的集约经营的多年乔木植被的土地。包括果园、桑树、橡胶、乔木苗圃等园地。高度在 3 m 以上。

110 灌木园地：指种植以采集果、叶、根、干、茎、汁等为主的集约经营的多年生灌木、木质藤本植被的土地。包括茶园、灌木苗圃、葡萄园等。高度在 0.3～5 m。

111 乔木绿地：分布居住区内的人工栽培的乔木林，包括郊外人工栽培的休闲地，不包括城镇内自然形成的、人为扰动少的乔木林。

112 灌木绿地：分布居住区内的人工栽培的灌木林、乔木与草地混合绿地，包括郊外人工栽培的休闲地，不包括城镇内自然形成的、人为扰动少的灌木林。

2 草地：一年或多年生的草本植被为主的植物群落，茎多汁、较柔软，在气候不适应季节，地面植被全部死亡。草地覆盖度大于 20%以上，高度在 3 m 以下。乔木林和灌木林的覆盖度分别在 20%以下。包括人类对草原保护、放牧、收割等管理状态的土地。

21 草甸：生长在低温、中度湿润条件下的多年生草本植被，属中生植物，也包括旱中生植物，属非地带性植被。

22 草原：温带半干旱气候下的有旱生草本植物组成的植被，植被类型单一。属地带性植被，分布于我国北方、青藏高原地区。

23 草丛：中生和旱生中生多年草本植物群落。属地带性植被，多分布于我国东部、南方地区。

24 草本绿地：居住区内的人工栽培的草地，包括郊外人工栽培的休闲地、运动场地。

3 湿地：一年中水面覆盖在植被区超过 2 个月或长期在饱和水状态下、在非植被区超过 1 个月的表面。包括人工的、自然的表面；永久性的、季节性的水面；植被覆盖与非植被覆盖的表面。

31 森林沼泽：乔木植物为主的湿地。乔木郁闭度不低于 20%。

32 灌丛沼泽：灌木植物为主的湿地。灌木覆盖度不低于 20%。

33 草本沼泽：以喜湿苔草及禾本科植物占优势、多年生植物。植被覆盖度不低于 20%。

34 湖泊：天然、相对静止的水面。

35 水库/坑塘：人工建造的静止水面，包括鱼塘、盐场。

36 河流：天然流动、线状水面。包括一年洪水位以下的滩地，不包括干旱区径流时间很短的干河谷。

37 运河/水渠：人工建造的、大于 30 m 宽的流动的线状水面。

4 耕地：人工种植草本植物，1 年内至少播种一次，以收获为目的、有耕犁活动的植被覆盖表面。

41 水田：有水源保证和灌溉设施，筑有田埂（坎），可以蓄水，一般年份能正常灌溉，用于种植水稻或水生作物的耕地，包括莲藕等。在多类作物轮作中，只要有一季节为水稻或水生作物，则视为水田。

42 旱地：种植旱季作物的耕地，包括有固定灌溉设施与灌溉设施的耕地。包括种植旱生作物、菜地、药材、草本果园（如西瓜）等土地，也包括人工种植和经营的饲料、草皮等土地，不包括草原上的割草地。

5 人工表面：人工建造的陆地表面，用于城乡居民点、工矿、交通等，不包括期间的水面和植被。由于人工表面常与绿地交叉，在制图单元内，人工表面占到 50%以上面积属于该类。

51 居住地：城市、镇、村等聚居区。

52 工业用地：独立于城镇居住区外的，或主体为工业和服务功能的区域，包括独立工厂、大型工业园区、服务设施。

53 交通用地：宽度大于 30 m 的道路，不包括相应站场用地（机场、车站）和防护林带。

54 采矿场：土地覆被、岩石或土质的物质被人类的活动或机械被搬离后的状态，包括采石、河流采沙、采矿、采油等。其包括大型露天垃圾填埋场，不包括垃圾处理场、采矿场附近的矿石/石料加工厂，也不包括废弃的采矿/石场地。

6 其他：一年最大植被覆盖度小于20%的地表、冰雪。

61 稀疏林：植被覆盖度为4%～20%林地，其中灌木、草地的覆盖度分别小于20%。

62 稀疏灌木林：植被覆盖度为4%～20%灌木林，其中草地的覆盖度小于20%。

63 稀疏草地：植被覆盖度为 4%～20%草地。包括干旱区一年中曾经返青过，后来又枯死的草地。

64 苔藓/地衣：地衣是真菌类和藻类的联合共生形成的复合生物体，出现并包裹在岩石、树干等的外面；苔藓是一类没有真正的叶、茎或根的光合自养的陆地植物，但有类茎和类叶的器官。出现在极端恶劣海拔高或纬度高的环境条件下。苔藓/地衣的覆盖度大于25%时属于该类型。

65 裸岩：地表覆盖为硬质的岩石、砾石覆盖的表面（以铁锹不能撬动为准），植被覆盖度小于4%的土地，包括废弃的采石、采矿场。

66 裸土：地表被土层覆盖、结构松散、植被覆盖度小于 4%的土壤，土壤允许一定量的沙粒、砾石成分，大部分戈壁属于该类。

67 沙漠/沙地：地面完全被松散沙粒所覆盖、植被覆盖度小于4%的土地。

68 盐碱地：地表盐碱聚集、植被覆盖度小于4%、只能生长强耐盐植物的土地。

69 冰川/永久积雪：表层由冰、雪永久覆盖、植被覆盖度小于4%的土地。

2.3.2 土地覆盖基础指标数据生产

土地覆盖分类数据分为三种：影像数据、影像派生数据、辅助数据。选取土地覆盖较为敏感的参数，派生出新数据，参与决策树分类。土地覆盖分类相关的36个指标如表2-4所示。

表2-4 土地覆盖可利用分类的数据集

序号	指标	数据类型	类型型式	类型格式	容量	数据应用
1	植被鼎盛月 band1	标准影像	空间	.img	8bit	显示
2	植被鼎盛月 band2	标准影像	空间	.img	8bit	显示
3	植被鼎盛月 band3	标准影像	空间	.img	8bit	显示
4	植被鼎盛月 band4	标准影像	空间	.img	8bit	显示
5	植被枯萎月 band1	标准影像	空间	.img	8bit	显示
6	植被枯萎月 band2	标准影像	空间	.img	8bit	显示
7	植被枯萎月 band3	标准影像	空间	.img	8bit	显示
8	植被枯萎月 band4	标准影像	空间	.img	8bit	显示
9	第二季作物播种月 band1	标准影像	空间	.img	8bit	显示
10	第二季作物播种月 band2	标准影像	空间	.img	8bit	显示
11	第二季作物播种月 band3	标准影像	空间	.img	8bit	显示
12	第二季作物播种月 band4	标准影像	空间	.img	8bit	显示
13	全年月平均硬面指数	派生参数	空间	.img	8bit	分类
14	全年月平均硬面亮度	派生参数	空间	.img	8bit	分类
15	全年月平均 NDVI	派生参数	空间	.img	8bit	分类

序号	指标	数据类型	类型型式	类型格式	容量	数据应用
16	全年月平均近红外	派生参数	空间	.img	8bit	分类
17	全年月硬面指数标准差	派生参数	空间	.img	8bit	分类
18	全年月硬面亮度标准差	派生参数	空间	.img	8bit	分类
19	全年月 NDVI 标准差	派生参数	空间	.img	8bit	分类
20	全年月近红外标准差	派生参数	空间	.img	8bit	分类
21	植被鼎盛月 NDVI	派生参数	属性	.dpr	—	分类
22	植被鼎盛月硬面指数	派生参数	属性	.dpr	—	分类
23	植被鼎盛月硬面亮度	派生参数	属性	.dpr	—	分类
24	植被枯萎月 NDVI	派生参数	属性	.dpr	—	分类
25	植被枯萎月硬面指数	派生参数	属性	.dpr	—	分类
26	植被枯萎月硬面亮度	派生参数	属性	.dpr	—	分类
27	第一季作物收割指数	派生参数	属性	.dpr	—	分类
28	第二季作物播种月 NDVI	派生参数	属性	.dpr	—	分类
29	高程	辅助数据	空间	.img	16bit	分类
30	坡度	辅助数据	空间	.img	8bit	分类
31	坡向	辅助数据	空间	.img	16bit	分类
32	道路数据	辅助数据	空间	.img	2bit	分类
33	斑块面积	对象参数	属性	.dpr	—	分类
34	斑块形状指数	对象参数	属性	.dpr	—	分类
35	斑块信息熵	对象参数	属性	.dpr	—	分类
36	斑块邻近关系	对象参数	属性	.dpr	—	分类

影像数据基于每月的 HJ 标准数据，选择三期影像用于数据分析，分别是植被鼎盛月、植被枯萎月、第二季作物播种月或第一季作物播种月（限于一季作物）。用于分类数据包括影像派生空间数据、辅助数据和对象信息。影像派生空间数据采取数据压缩、提取有价值的派生参数，包括全年月平均硬面指数 BI、BB、NDVI、近红外；全年标准差的 BI、BB、NDVI、近红外；植被鼎盛月 BI、BB、NDVI、近红外；植被枯萎月的 BI、BB、NDVI、近红外。辅助数据包括高程、坡度、坡向、道路数据；以上数据经过面向对象处理后形成的斑块属性数据并参与分类过程，本要求影像分类选择面积、形状指数、信息熵、邻近关系等指标。

相关参数定义如下：

（1）全年月平均 NDVI（NDVI_mean）。反映植被全年覆盖的程度，取值范围-1～1。

$$\text{NDVI\_mean} = \frac{1}{n}\sum_{i=1}^{n}\text{NDVI}_i$$

全年月平均硬面指数（BI_mean）、全年月平均硬面亮度（BB_mean）、全年月平均近红外（Infrared_mean）的计算方法同上。

（2）全年月 NDVI 标准差（NDVI_StdDev）。反映植被全年覆盖的程度，取值范围 0～2。

$$\text{NDVI\_StdDev} = \sqrt{\frac{1}{n}\sum_{i=1}^{n}(\text{NDVI}_i - \text{NDVI\_mean})}$$

全年月平均硬面指数（BI_StdDev）、全年月平均硬面亮度（BB_StdDev）、全年月平均近红外（Infrared_StdDev）的计算方法同上。

（3）植被鼎盛月归一化指数（NDVI_Max）。通过 NDVI 叶面叶绿素吸收特征反映植被类型及结构。鼎盛月 NDVI 表示一年中以月为单位自然植被平均最大的 NDVI，一般在 7—8 月。取值范围-1～1。公式如下：

$$\text{NDVI} = \frac{R_{\text{inf rared}} - R_{\text{red}}}{R_{\text{inf rared}} + R_{\text{red}}}$$

式中，$R_{\text{inf rared}}$——近红外波段光谱反射率；

R_{red}——红波段光谱反射率。

（4）鼎盛月近红外（Infrared_Max）。通过近红外水体、植被反射强度。鼎盛月最大 NDVI 所在月份近的红外波段，取值大于 0。

（5）鼎盛月硬面指数（BI）。反映裸土、裸岩、耕地等之间的差异，表现在蓝波段、红波段反射率的变化，取值范围-1～1。

$$\text{BI} = \frac{R_{\text{red}} - R_{\text{blue}}}{R_{\text{red}} + R_{\text{blue}}}$$

（6）鼎盛月硬面亮度指数（BBI）。反映裸土、裸岩、耕地等的反射强度，表现在蓝波段、绿波段反射率的变化。取值大于 0。

$$\text{BB} = \frac{R_{\text{blue}} + R_{\text{green}}}{2}$$

（7）枯萎月植被归一化指数（NDVI_Min）。通过 NDVI 叶面叶绿素吸收特征反映植被类型及结构。枯萎月 NDVI 表示一年中以月为单位自然植被平均最小的 NDVI，一般在 1—2 月。取值范围-1～1，公式如下：

$$\text{NDVI} = \frac{R_{\text{inf rared}} - R_{\text{red}}}{R_{\text{inf rared}} + R_{\text{red}}}$$

式中，$R_{\text{inf rared}}$——近红外波段光谱反射率；

R_{red}——红波段光谱反射率。

（8）枯萎月近红外（Infrared_Min）。枯萎月所在的月份近红外波段，取值大于 0。

（9）第一季作物收割指数（HI）。第一季作物耕地收割指数反映耕地的植被变化，只应用于两季生长地区的耕地提取。表示为第一季作物收割期月份 NDVI 与第一季作物生长期的 NDVI 之间的归一化处理，取值范围-1～1。

$$\text{NDVI} = \frac{\text{NDVI}_g - \text{NDVI}_h}{\text{NDVI}_g + \text{NDVI}_h}$$

式中，NDVI_g——第一季作物生长期月份的 NDVI；

NDVI_h——第一季作物收割期月份 NDVI。

（10）第二季作物播种月植被归一化指数（NDVI_S）。利用作物苗期的土壤水分差异反映水田与旱地的差异，若在两季作物区，选择第二季作物苗期月份的 NDVI，若在一季作物区，选择作物苗期月份的 NDVI。取值范围-1～1。

$$\mathrm{NDVI\_S}=\frac{R_{\text{inf rared}}-R_{\text{red}}}{R_{\text{inf rared}}+R_{\text{red}}}$$

式中，$R_{\text{inf rared}}$——近红外波段光谱反射率；

R_{red}——红波段光谱反射率。

（11）高程（Height）。利用高程信息解决地带性分布的植被的划分。高程为区域的绝对高度（相对黄海基准面的高度）。

（12）坡度（Slope）。解决耕地、建设用地、水体等坡度规律特征的划分。表示为坡面与地面夹角，取值 0～90。

（13）坡向（Aspect）。利用坡向信息解决北方水分缺乏区的植被地带性特征的划分。表示为正北方向与坡面法线投影顺时针的夹角，取值 0～360。

（14）斑块面积（Area）。根据不同尺度分割后形成的单块斑块的面积，反映不同土地覆盖类型景观的特征。

（15）斑块形状指数（SI）。形状指数是影像对象的边界长度除上它的面积的平方根的 4 倍。使用形状指 SI 以描述影像对象边界的光滑度。影像对象越破碎，则它的形状指数越大。取值 1～∞。

$$\mathrm{SI}=\frac{P}{4\sqrt{A}}$$

（16）斑块信息熵（IE）。表示斑块内部的混乱程度，特别是大尺度斑块内部的组织与结构影响 IE 的变化，对于植被、建设用地、耕地等有较大的影响，但不确定性也较大。

$$i(N)=-\sum_{j}P(\omega_j)\log_2 P(\omega_j)$$

（17）斑块空间关系（ND）。影像对象与邻近斑块的关系，有方向性、包容性、邻边性、距离等，这里选择距离比较常见，其表示为不同类别斑块中心之间的距离。

（18）道路（Transportation）。收集国家交通局全国道路数据，道路不产生最终分类结果，但可用于目标识别，通过辅助道路数据引进，识别在遥感影像上难以识别的果园、工矿地等类型。

2.4 遥感土地覆盖分类技术方法

分类作业分区划分为三级作业区：一级植被气候区划分区、二级影像分块、三级地形分形。

2.4.1 植被—气候分区

土地覆盖监测首先需要进行分区处理，分类作业分区划分为二级作业区：一级植被气候区划分区、二级影像分块。

植被气候区划分区是基于水热状况，根据中国地理环境的地域特点，按照水分状况和热量状况的差异进行分区，热量带划分的主要依据多年平均气温，干湿状况依据多年降水指标，以 30 年年平均气温、30 年年平均降水的全国 303 个气象站点进行空间插值，其中气温插值利用 1 km DEM 数据垂直梯度方法，在此基础上根据不同气温、降水阈值进行分区。最后在水热状况相对一致的同时兼顾区域完整性的原则，把全国分为 10 个区（表 2-5）。

表 2-5 中国气候分区表

名称	多年平均降水	多年平均气温
寒温带与青藏高原干旱区	P=0～200 mm	T=−20～0℃
北方温带干旱区	P=0～200 mm	T=0～10℃
西北暖温带干旱区	P=0～200 mm	T>10℃
寒温带与青藏高原半湿润区	P=200～800 mm	T=−20～0℃
北方温带半湿润地区	P=200～800 mm	T=0～10℃
华北半湿润地区	P=200～800 mm	T>10℃
西南亚热带湿润 1 区	P>800 mm	T=−20～0℃
西南亚热带湿润 2 区	P>800 mm	T=0～10℃
亚热带湿润区	P>800 mm	T>10℃
热带湿润区	P>800 mm	T>20℃

全国尺度土地覆被分类在一级植被气候分类上进行二级分区作业，根据 HJ、TM 卫星影像大小进行设计，全国生成 772 个作业区，有效作业区约 700 个，每个片 100 个作业区，每个作业区经向面积相同，纬向差异。作业片边界与影像作业块不一致时，以影像作业块为准，边界地带的作业块归属由作业片所占作业块比例决定，某作业片比例大于 50%时归属该作业片处理。

2.4.2 解译标志库建立及分区参量择取

2.4.2.1 采样线、采样点设计

采样采用层次分析方法，层次划分依据 1∶400 万土地利用图和作业片，在此基础上，进行分层抽样式，确定采样路线，在采样线上布设采样点。全国采样线共计 68 780 km，采样点由各作业片根据影像的特征布设，每个作业片总样本数不低于 5 000 个样点，特别是在片区边界两侧确保足够样点分布，以保证片区之间产品的无缝拼接。

2.4.2.2 样本采集

整个野外采样工作基本上基于沿公路两旁 2 km 视觉范围内的地物采样（图 2-1），在野外采样与标定在车载 GPS 导航系统和屏幕勾绘中实现。在野外逐点进行标定，并将描述的信息填写在野外采样表和矢量属性表中（表 2-6），在检索和到达采样地物时，利用空间相对关系确定地块的准确位置（GPS 有一定误差），并在样点库中输入属性信息，依据野外调查表的内容进行一一描述和照相，调查人员应该与后期的分类人员一致。

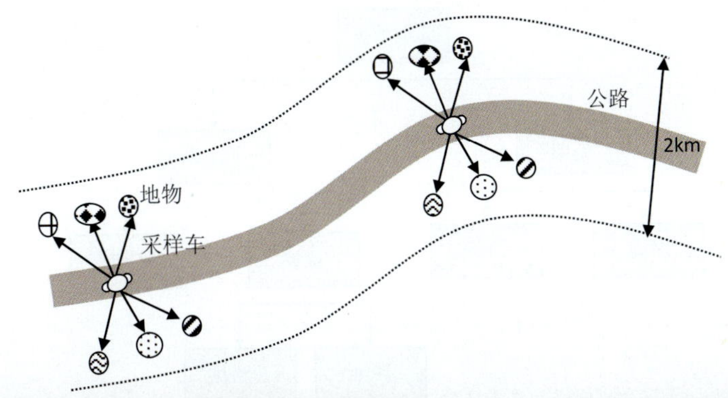

图 2-1 土地覆被野外采样点与采样方式

表 2-6 土地覆被外业调查样线及样点属性

序号	土地覆被 ID	土地覆被类型	植被类型	植被功能	高度/m	植被分层	类型说明	照片 ID	日期
1	21	草地			0.8		覆盖度 20%	5 012	
2	51	居住地					建筑密度 30%	5 013	
3	42	旱地					水土保持措施		
4	11	常绿阔叶林			12	乔灌	郁闭度 40%	5 014	
……	……	……					……	……	

2.4.2.3 解译标志库建立及分区参量择取

解译标志库建立主要基于遥感野外核查和地面调查数据，为决策树指标划分、阈值设定提供主要数据，解译标志库以采样区为单元，建立各类型的信息标志库，全国大约 200 个解译标志库。

2.4.3 基于面向对象的分类技术

采用决策树分析方法，通过采用人工与自动相结合的方式，对于影像光谱划分机理清楚的类型采用人工建树方法，对于类型的光谱变化比较大、规律不清楚的类型采用自动方法（最邻近方法）。

决策树建立分为两个阶段进行：层次分类方法和区域类型的最邻近方法。决策树顶层采用统一的结构，根据土地覆盖类型的特征与光谱规律，顶层决策树分为四层：水面与非水面、植被与非植被、线性与非线性、耕地与非耕地、落叶与非落叶。下层依据区域特征进一步设计，通过对象的解译标志库和样本训练，建立分类决策树的指标与决策树结构，通过决策树的分级，进行类型的不断提纯，最终达到单个类别划分的结果。对于类型光谱复杂，采用最邻近方法进行划分，可选取多个光谱特征中心进行类型分组。土地覆盖决策树建立基本框架如图 2-2 所示。

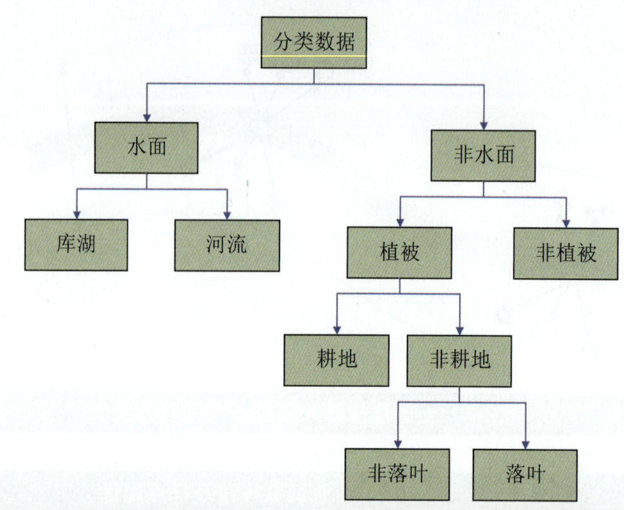

图 2-2 土地覆盖决策树建立基本框架

2.4.3.1 基于并行处理的多尺度分割

尺度分割具有“短板”效应，面积最小的类型就是该影像的最低分割尺度的依据，斑块大小以制图最小单元为准，按制图标准为影像 2×3 个像元，对于 30 m 尺度监测，最晃眼制图单元为 60×90 m^2，由于各分区块的类型景观不一致，形成的尺度大小不同。尺度数量不宜太多，每个区域不超过 2 个为宜，以减少数据处理与分析的复杂程度，但基准分割尺度为“6”左右。

2.4.3.2 决策树架构建立

作业流程采用样带决策树建立、分区块调试的途径，即在作业块决策树建立之前，在其中切割一条 5×100 km 的数据进行决策树建立代表整个作业块决策树，样带选取依据最大类型跨度为准，样带应为水平或垂直方向，以减少处理数据量。

决策树分为节点、指标、阈值三个内容进行框架构建。节点是决策树分枝的位置或土地覆被划分的类型及数量，是最初需要考虑的问题，节点的划分决定了分类的精度和效率，节点数过多会降低工作效率、增大分析工作量，在每次节点划分中，尽量保证类型数据平均分开，如将 10 个类型分成 5/5 或 4/6 划分方式。由于上层的节点划分结果影响下层的分类精度，所以上层的划分必须确保准确，减少误差的传递。对于光谱跨度大、区域性变率高的混合类型或多变类型，放在下层节点，类型分布方差小、光谱区域变化小的类型放在顶层。

依据解译标志库区各类型的光谱特征，进行各类型之间的对比，选择类型之间最大的光谱差、最小混合的划分指标，一个指标分不清楚时，需要多个划分指标（图 2-3），指标数量要有控制，否则使决策树过于复杂而降低工作效率。

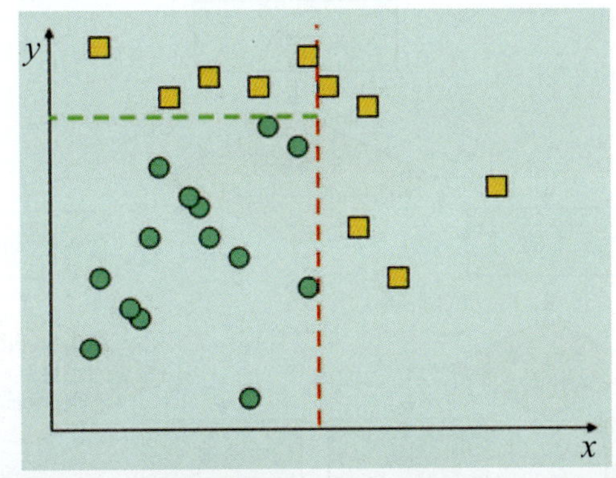

图 2-3 多指标土地覆被类型划分

阈值的设定同样决定分类的最终精度，最理想的阈值是划分类型没有光谱重叠[图 2-4（a）]，阈值选取在各类型之间即可，若出现类型光谱部分重叠[图 2-4（b）]，但重叠部分占总光谱跨度小，取中间阈值划分后类型数据比例大于精度，该阈值仍然有效，若重叠部分占总光谱跨度太大，阈值选取划分后达不到精度要求，必须利用双指标、多指标的阈值判别，阈值的设定以其中的一类或多类的光谱边界为准，进行类型划分[图 2-4（c）]。

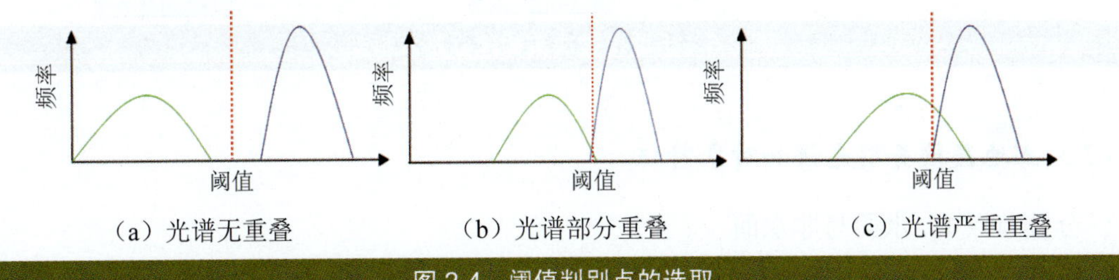

（a）光谱无重叠 （b）光谱部分重叠 （c）光谱严重重叠

图 2-4 阈值判别点的选取

决策树建立分为两个阶段进行：第一阶段为通用参数层次，第二阶段为特定参数层次。由于各区块的地物类型和景观差异性，每个区块的决策树不可能相同，但基础的大类都是存在的，并具有相同的光谱特征，为此，在决策树顶层采用统一的结构，即通用参数层次。根据土地覆被类型的特征与光谱规律，通用参数层次划分 4 个层次与 5 个分枝节点：水面与非水面、植被与非植被、线性与非线性、耕地与非耕地、落叶与非落叶（图 2-5）。

下层依据区域特征进一步设计，通过对象的解译标志库和样本训练，建立分类决策树的指标与决策树结构，通过决策树的分级，进行类型的不断提纯，最终达到单个类别划分的结果。对于类型光谱复杂，采用最邻近方法进行划分，可选取多个光谱特征中心进行类型分组，如建设用地 1、建设用地 2 等，最终合并、汇总。

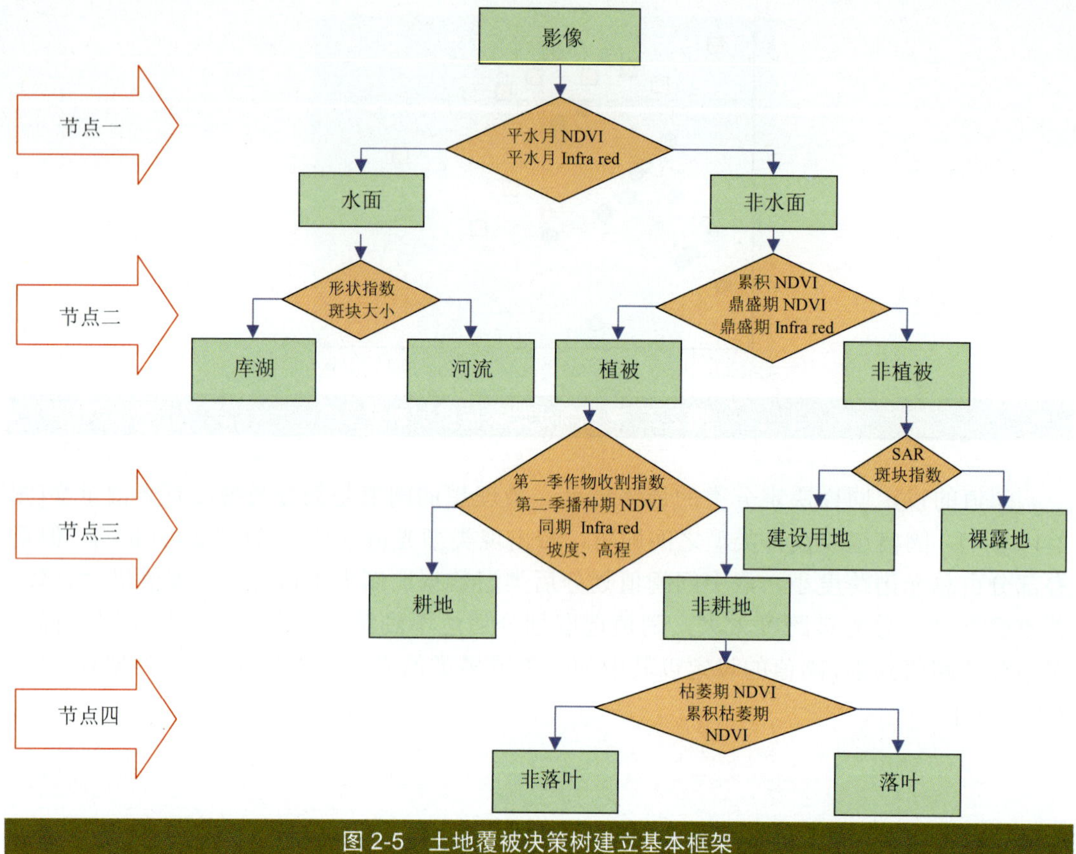

图 2-5　土地覆被决策树建立基本框架

2.4.3.3 土地覆被类型光谱和对象特征

分枝节点 1：水面与非水面

特征：

水面具有季节性变化、水色变化特征，枯水季节的光谱吸收率高、空间面积小，洪水季节的光谱吸收率低、空间面积大；水体悬浮物质、叶绿素、黄物质对光谱有一定影响。

容易混淆的类型包括湿地、湿润的土地（水田播种期、旧的建设用地等）、滩地、阴影。

指标：

平水月 NDVI，水面阈值取小；

平水月 Infrared，水面阈值取小。

分枝节点 2：线性与非线性

特征：

河流的形状一般长宽比大于 3 倍以上，而水库、坑塘的长宽比小于 3 倍。峡谷型的水库形状指数接近于河流，而中下游宽浅型的河流形状指数接近于水库。

容易判别错误的情况是北方河流或南方河流支流中，以滩地为主的类型中，河流被滩地所分割，在河流识别中存在误判。

指标：

形状指数，河流阈值取大；

斑块大小，河流阈值取大。

分枝节点 3-1：植被与非植被

特征：

植被光谱反射率具有双峰特征，绿波段与近红外波段反射较强，并具有明显的物候变化特征，包括出苗、生长、鼎盛、落叶、枯萎的过程。植被包括森林、灌木、草地、人工植被等，非植被包括建设用地、裸露地、冰雪等；耕地介于其间，划分时可属于植被，也可划入非植被，建议放在植被中，以便与植被进行对比。

容易混淆的类型包括耕地、湿地。我国耕作是自主经营的，耕作的品种、时间、复种指数在空间上的一致性差，特别是在山区，具有垂直物候变化的特征，使耕地在划分中会分别出现在植被与非植被中。

指标：

累积 NDVI，植被阈值取大；

鼎盛期 NDVI，植被阈值取大；

近红外，植被阈值取大。

分枝节点 3-2：建设用地与裸露地

特征：

SAR 的后向散系数对于角反射有明显的响应过程，对于高度或深度变化大，目标与地表形成直角，而目标有一定厚度，角反射增强，SAR 的后向散系数与建筑数量有一定的关系，通过该粗糙度信息可以区分建设用地与裸露表面。

容易混淆的类型包括交通道路与裸露地的混合，仓储用地与裸露地的混合，但一般人为目标的几何特征明显，可以利用形状指数的引入，减少判别的误差。

指标：

SAR 后向散射系数，形状指数。

分枝节点 4：耕地与非耕地

特征：

耕地光谱反射率一年中变化最大，但有一定的规律，作物播种季节的土壤湿润、显示近似水体的图谱，特别是水田，生长初期由于株间影响，光谱显示裸土特征，随着施肥和灌溉的过程，作物生长速率较自然植被快，并在近红外波段的反射值较高，生长季节后期为植被光谱，但由于覆盖度变化的影响，NDVI 的变化在达到鼎盛期前晚于自然植被过程，收割后的秋冬季节的土壤硬化，Alberdo 较高。受作物耕作方式和作物无霜期影响，耕地有明显的季节性、地带性。播种期和收割后的 NDVI 低于自然植被，而生长季的 NDVI 与植被相似。由于作物的叶型、叶面厚度、叶面积指数、叶面角、株间排列方式等影响，作物本身的光谱类型就很多。

容易混淆的类型包括植被中的阔叶林、灌木和草地。

指标：

第一季作物收割指数，耕地阈值取小；

第二季播种期 NDVI，水田阈值取小，旱地阈值取区域值；

近红外波段：耕地阈值取大；

坡度，耕地阈值取小；

高程，耕地阈值取小。

分枝节点 5：落叶与非落叶

特征：

落叶植被在冬季落叶后失去了叶绿素，裸露枝下层的土壤物，影像获取地表枯枝落叶的信息，植被 NDVI 较低。在我国一般最小值在 1—3 月，我国伏牛山、大巴山以北主要分布落叶植被，以南为常绿植被。

容易混淆的类型包括冬季生长的耕地。

指标：

枯萎期 NDVI，常绿植被阈值取大；

累积枯萎期 NDVI，常绿植被阈值取大。

2.4.4 分类后处理方法

2.4.4.1 接边处理

分区块土地覆盖提取后，每个区块需要进行空间接边工作，接边主要工作利用面向对象技术，根据边界变化的大小在不同的尺度下进行编辑，编辑好后叠加到土地覆盖结果图中。数据导出后进行数据融合处理，再对少数不吻合数据进行修改。

2.4.4.2 制图综合

制图综合包括图斑碎片整理和边界平滑：

图斑碎片整理是指处理在图斑文件中一些面积非常小的图块，这些图块没有达到制图精度要求的最小面积；

边界平滑是指由于影像分类造成的锯齿型边界，通过去除多余的多边形节点，达到图斑更加自然。

2.4.5 变化检测

变化检测算法采用变化矢量分析模型（CVA）方法。CVA 视每个波段的变化为均等对待，取各波段变化的欧几里德距离视为变化的判据，按土地覆被类型统计变化矢量的均值与标准差，判别每个对象与变化矢量的统计值进行对比、判别、提取土地覆被变化。

$$R=\begin{bmatrix} r_1 \\ r_2 \\ \vdots \\ r_n \end{bmatrix},\quad S=\begin{bmatrix} s_1 \\ s_2 \\ \vdots \\ s_n \end{bmatrix}$$

式中，R、S——二景影像；

r、s——波段；

n——波段号。

$$\Delta V = R - S = \begin{bmatrix} r_1 - s_1 \\ r_2 - s_2 \\ \cdots \\ r_n - s_n \end{bmatrix}$$

式中，ΔV——二景影像的变化矢量。

$$|\Delta V| = \sqrt{(r_1 - s_1)^2 + (r_2 - s_2)^2 + \cdots + (r_n - s_n)^2}$$

式中，$|\Delta V|$——二景影像的变化矢量幅度。

$$\mathrm{CV}_j(x,y) = \begin{cases} \mathrm{change\_}if\,|\Delta V_j(x,y)| \geqslant |\overline{V_j}| + a_j\sigma_j \\ \mathrm{nochange\_}if\,|\Delta V_j(x,y)| < |\overline{V_j}| + a_j\sigma_j \end{cases}$$

式中，$|\overline{V_j}|$——变化的土地覆被 j 类均值；

σ_j——变化的土地覆被 j 类标准差；

a_j——土地覆被 j 类修正系数，取值为 0～1.5。

在条件许可下，建议变化检测使用二季节数据，$\mathrm{CV}_j(x,y)$ 判别需要在两个季节共同判别的基础上提取变化类型，特别是耕地的作物每年都会有变化，影响耕地的识别。若决策树效果不佳，需要对决策树进行阈值调整后再分类（图 2-6）。

2.4.6 土地覆被验证

土地覆被验证方法采用分层随机抽样方法，全国气候分区图为第一分层，土地利用图为第二分层，在气候分层的基础上，统计土地覆盖类型的面积比例，利用野外调查和高分辨率影像的真实数据进行样本抽查。

全国气候分区图为第一分层，反映不同气候下的土地覆盖特征，同一气候分区内的土地覆盖类型，具有相同或类似的高度、盖度、分层等结构、物候和光谱特征，第二分层为 2000 年的土地利用图，反映不同土地覆盖类型的比例。采样总体为分类后的图斑总数量，土地覆盖图斑大小以最小制图单元（MMU）大小的 5 倍为基准，进而估算样本总体。抽样样本量是指保证达到调查结果预期精确度所必须抽取的最小样本单元数。适宜的样本量是综合考虑调查估计值的精度要求和对调查实施的各种制约因素权衡决定的。

在野外调查未能到达地区的样本采用遥感高分辨率影像进行辅助抽样。样地采用 1 m 分辨率的遥感数据，可选择的数据有 QB、wordview、Ikonos、orbview 等，以及同一年代的航片数据，一个样区一景数据，大小为 8 km×8 km。2000 年、2005 年的土地覆盖监测结果验证，用相应年份 1～5 m 分辨率卫星数据进行验证。分类结果与同期 30 m 网格同等大小范围进行面积统计，提供分类精度。

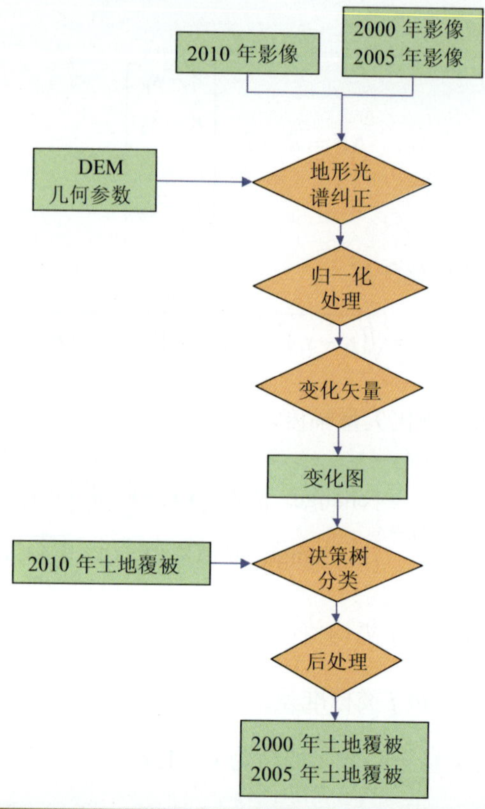

图 2-6 变化检测技术流程

2.5 遥感土地覆盖分类环境配置

遥感土地覆盖分类的遥感数据量大，包含的信息丰富，一个完整的遥感数据分类系统包括硬件系统和软件系统两大部分，硬件系统中必须具备的设备，包括输入、存储、处理、显示、输出设备。软件系统指用于图像处理与面向对象分类的各种软件，硬件要求较高性能的计算机内核处理器、较大容量存储设备，较高频率的硬件转速等，保证解译进度，软件要求有较快的数据处理速度、保证数据处理质量、精度、系统稳定性等。

2.6 遥感土地覆盖分类成果与精度要求

全国、样区尺度的土地覆盖的总体精度>85%，单类别的最低精度>65%；变化检测的总体精度大于 72%，单类别的最低精度>42%；

最小制图单元（MMU）：30 m 格网：2 700 m^2（2×3 像元、线状地物 1×6 像元）；10 m 格网：600 m^2（2×3 像元、线状地物 1×6 像元）；

每期数据的成像间隔时间跨度≤2 年；

DEM 空间格网精度不低于 30 m；

行政区划到县级行政单位，编码执行《中华人民共和国行政区划代码》（GB/T 2260—2002）。数字化行政利用 1∶100 000 地形图上的行政边界；

每个土地覆盖类别外业标定采样率应平均每影像块（约 10 000 km^2）≥50 个点，每片区约 5 000 个点；

野外调查与影像获取时间小于 1 年；

外业标定空间定位精度优于 15 m；

采样照片占采样点＞10%；

几何纠正 RMS≤1 个像元，相对高差大于 1 000 m 山区 RMS≤2 个像元；

山区纠正算法需要考虑 DEM、传感器扫描方式、入射角大小、入射角方向、地球表面曲率因素；

分割尺度要满足 MMU；

片区分类专题图的接边精度＜60 m；

数据的交换格式执行《地球空间数据交换格式》（GB/T 17798—2007）。

遥感数据植被/地表参量信息提取

3.1 概述

基于遥感数据与地面数据，开展植被参数（植被覆盖度、叶面积指数、净初级生产力、生物量）及水热通量（地表温度、蒸散发）等遥感产品生产。

3.2 数据源

生态参量反演所用到的数据源如表 3-1 所示，除遥感数据之外，生态参量的提取还需要土地覆盖数据、气候数据以及地面样地调查数据（植被覆盖度、叶面积指数及生物量）的支持。

表 3-1 遥感数据列表

参量	空间分辨率	数据源	辅助数据	时间（逐旬）	调查范围
植被覆盖度	250 m	MODIS NDVI	植被覆盖度地面调查数据	2000—2010 年	全国
	30 m	Landsat TM /HJ-1		2000 年、2005 年、2010 年	全国
植被指数	250 m	MODIS NDVI		2000—2010 年	全国
	30	Landsat TM/HJ-1		2000 年、2005 年、2010 年	全国
净初级生产力	250 m	MODIS NDVI	气象数据	2000—2010 年	全国
	30 m	Landsat TM/HJ-1	气象数据	2000 年、2005 年、2010 年	全国
叶面积指数	250 m	MODIS NDVI	地面 LAI 测量数据	2000—2010 年	全国
	30	Landsat TM/HJ-1		2000 年、2005 年、2010 年	全国
生物量	250 m	MODIS NDVI	森林、灌木草地、农田、灌木以及湿地生物量	2000 年、2005 年、2010 年	全国
地表温度	1 km	MODIS/TM5	气象数据	2000—2010 年	北方
蒸散发	1 km	MODIS/AMSR-E	气象数据、DEM	2000—2010 年	北方

3.3 提取方法

3.3.1 生物量的遥感估算

对于地上生物量的估算可以采取两种方法：方法一为植被指数—生物量统计模型法，方法二为植被生长模型法。方法一使用较为简单，但因为对样地数量需求比较高，尤其是历史样地数据获取困难的情况下，其应用受到了一定限制。模型法则需要少量的样地进行标定即可，具有更大的应用潜力。

3.3.1.1 计算方法

采用实地测量的植被生物量的数据和遥感数据建立统计模型，然后在遥感数据的基础上反演得到区域范围内植被生物量。

参数 1：生物量。通过设置森林、灌木、草地、湿地、农田以及荒漠样地，调查单位面积内地上干生物量重。

参数 2：植被指数。直接利用 MODIS 250 mNDVI 产品及融合后的 30 mNDVI 产品。

3.3.1.2 生长模型法

1）森林生态系统地上生物量

对于森林生态系统，拟采用多源遥感数据协同反演的方法实现其地上生物量的估算。通过 ICESAT GLAS 星载激光雷达数据与光学数据相结合获取全国地上森林生物量监测结果，在此基础上，依据基于“LTSS-VCT”方法获取的植被扰动信息，并从中提取树龄信息，分别外推不同年份的森林地上生物量数据如图 3-1 所示。

具体步骤如下：

（1）基于星载激光雷达实现对森林的树高的建模反演，获取离散光斑点的森林树高估算结果。

基于 GLAS 数据建模反演森林树高的模型有很多，常用方法为：

① 平坦地形下的冠层树高估算：

$$H = b_0(w - b_1 g)$$

式中，H——冠层高度（最高）；

W——GLAS 波形宽度；

g——地形因子，m；

b_0——波形高度的调整系数；

b_1——地形因子的调整系数。

② 复杂地形下的冠层树高估算：

假定地形为一个平滑的线性的坡面和一个粗糙的非线性的平面的混合体，这样在原有的方程中引入一个森林冠层高度和波形宽度之间的非线性关系：

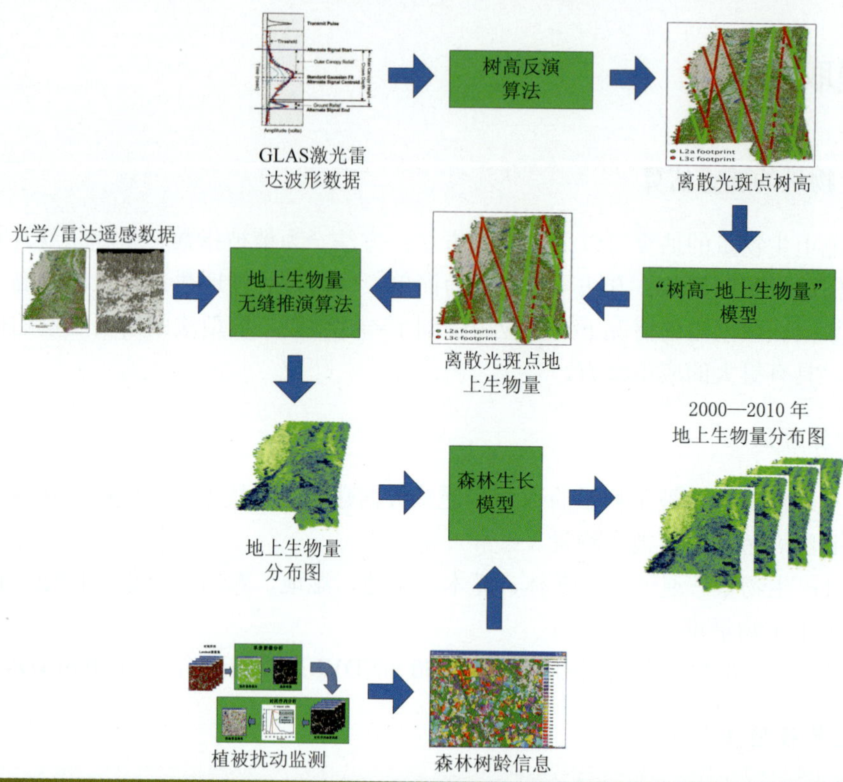

图 3-1 森林地上生物量遥感监测流程

$$H = b_0[f(w) - b_1 g] + b_2$$

式中，H——冠层高度（最高）；

w——GLAS 波形宽度；

f（w）——w 的一个非线性函数，可以通过地面实测数据统计分析获取；

g——地形因子，m；

b_0——波形高度的调整系数；

b_1——地形因子的调整系数；

b_2——一个常量，主要是用于表达观测数据和模型本身的误差项。

Xing 等，（2010）在长白山的研究表明，对数关系能够更好地表达波形宽度与冠层高度之间的关系：

$$H = b(\ln w) - a$$

式中，H——冠层高度（最高）；

w——GLAS 波形宽度；

a——取值为 5.458 6；

b——取值为 8.150 7。

这样可以将修正的公式定为：

$$H = b_0(\ln w - b_1 g) + b_2$$

需要注意的是，不同的研究区，可能根据实测数据变换不同的 f（w）。

（2）在树高反演结果的基础上依据相对生长方程进行森林地上生物量的反演计算，进而获取离散光斑点的森林地上生物量估算结果。

基于树高估算森林地上生物量方法有很多，常用方法为：

$$\mathrm{AGBM} = 20.7 + 0.098 \times H^2$$

式中，AGBM——森林地上生物量，mg/hm^2；

H——估算出的冠层高度（最高）。

（3）根据不同的气候、地理条件，将全国的森林生态系统划分为若干个区域，不同区域分别与光学/雷达遥感数据相结合，基于无缝推演算法，进行森林地上生物量空间上的融合外推。

在某一个生态分区内，根据土地覆盖类型分类结果，从中提取森林的类型，假设为 N 类，然后将植被覆盖度（0～1）划分为 M 类，则可以将该区域内的森林整体划分为 $N \times M$ 类，每类森林生态系统的地上生物量值赋值为 ICESat GLAS 反演获取的地上生物量在该类森林生态系统的均值。

（4）基于“LTTS-VCT”方法获取的森林的植被扰动状况，并从中提取森林的树龄信息。通过时间序列的 TM/HJ 数据实现森林植被扰动信息的提取。基于输入的卫星数据和已有的植被覆盖产品自动选取训练样本，并通过 SVM（support vector machines）算法进行自动分类，进而通过时间序列的森林指数的变化提取可靠的森林植被的扰动信息。具体流程如图 3-2 所示。

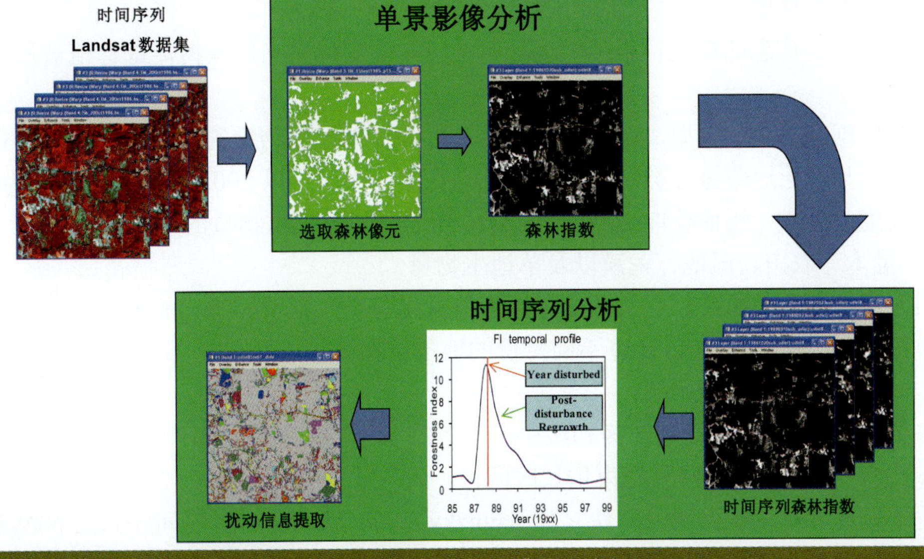

图 3-2 植被扰动遥感监测流程

①非森林暗目标像元分离：通过 NDVI 设定适当的阈值，将非森林目标分离出去。

②森林像元的选取：通过小窗口波段直方图的特征来选取森林像元。具体可以分为以下两个步骤：首先选择合适的小窗口（6×6 km～15×15 km），然后选择红波段，通过直方图分析确定森林峰值，进行森林像元选取。

③森林峰值的确定：在直方图形成的频率矩阵中，寻找第一个高于自身前后两个位置的频率值的位置即为森林峰值的位置。

④一致性检验：根据已有的植被覆盖产品，对森林像元进行一致性检验，即通过已有的植被覆盖产品选取的小窗口的森林的比率，如果低于选择出的森林像元占小窗口的比率，则舍弃这些森林像元，如果计算出小窗口内本身的森林像元就极少，则跳过这个小窗口。

⑤非森林像元的选取：非森林像元的选取是以选取的森林像元为基础的，通过已选取的森林像元作为参考评价其他像元与其的相似程度。可以定义一个森林指数 FI（forest index）来表示这种相似程度：

$$\mathrm{IFI}_p = \sqrt{\frac{1}{\mathrm{NB}}\sum_{i=1}^{\mathrm{NB}}\left(\frac{b_{pi}-\bar{b}_i}{\mathrm{SD}_i}\right)^2}$$

式中，NB——波段的数量；

$\bar{b}_i$，SD_i——选取的森林像元在第 i 波段的均值和标准差；

b_{pi}——第 p 个像元的第 i 波段的光谱值。

FI 的值越小，则越接近于森林像元。一般将阈值设定为 6，以确保分出的都是非森林的纯像元。

⑥不易判定像元的分类：对于不纯森林像元或非森林像元的分类，可以考虑其空间关系。对于森林指数处于 2.5～4 之间的像元，如果其周围多为森林像元则归为森林像元，反之，则归为非森林像元。

⑦植被扰动信息的提取：根据时间序列的 FI 的变化建立决策树，进行植被扰动信息的提取。

（5）依据森林生长模型，在时间尺度上进行森林地上生物量的外推。根据上面获取的林龄信息，基于土地覆盖分类结果，模拟不同森林的生长，以 2005 年的估算结果为基础，在时间尺度上外推，进而获取 2000 年、2010 年的森林地上生物量的分布状况。

2）灌木、农田、湿地、荒漠以及草地生物量

（1）计算方法：通过对生长期（开始生长时间与结束生长时间）的确定，对生长期内不同时段的 NPP 进行累加以计算不同月份的地上生物量。

（2）基本参数与数据来源：

参数 1：NPP。方法同下述净初级生产力 NPP 计算方法。

参数 2：开始生长时间和结束生长时间。

生长期提取可以依据滤波算法（如 Savitzky-Golay 滤波器）对时间序列的 NDVI 曲线进行平滑，并在全国不同生态分区的基础上确定相应的判定阈值，确定生长期的起始与结束时间，从而提取植被的生长期。

$$Y_j^* = \frac{\sum_{i=-m}^{i=m} C_i Y_j + i}{N}$$

式中，Y——原始的 NDVI 值；

Y^*——拟合后的 NDVI 值；

C_i——窗口内第 i 个 NDVI 值的系数；

N——卷积的长度，N 应该与滑动窗口的长度相等（$2\times m+1$，m 为滑动窗口的半长）。

参数 3：收获指数，对于农田来说，如果想获取粮食产量，在获取地上生物量的基础上，还就获取收获指数，收获指数主要根据作物类型通过文献调研的方法获取。

3.3.2 净初级生产力计算

净初级生产力的计算采用 CASA 模型：

$$\text{NPP} = \text{APAR}(t) \times \varepsilon(t)$$

式中，$\text{APAR} = \text{FPAR} \times \text{PAR}$

参数包括平均温度、蒸散量、日照时数、植被指数、反照率、植被类型、像元经纬度信息等。

参数 1：PAR：从资料文档、气象数据中得到太阳总辐射量及日照时数等信息，然后结合研究区中像元经纬度计算得到 PAR。

参数 2：FPAR：利用 MODIS NDVI 产品计算得到比值指数 SR，然后通过 FPAR 与比值指数 SR 之间存在关系，得到 FPAR。具体公式如下：

$$\text{FPAR} = \frac{(\text{SR} - \text{SR}_{\text{min}}) \times (\text{FPAR}_{\text{max}} - \text{FPAR}_{\text{min}})}{\text{SR}_{\text{max}} - \text{SR}_{\text{min}}} + \text{FPAR}_{\text{min}}$$

$$\text{SR} = \frac{\text{NIR}}{\text{RED}} = \frac{1 + \text{NDVI}}{1 - \text{NDVI}}$$

式中，FPAR_{min} 和 FPAR_{max} 的取值与植被类型无关，分别取值为 0.001 和 0.95，SR_{min} 和 SR_{max} 与植被类型有关，为对应植被类型 NDVI 的 5%和 95%的下侧百分位数；NIR 和 RED 分别表示近红外波段和红波段的反射率。

参数 3：ε：指植被将吸收的光合有效辐射（APAR）通过光合作用转化为有机碳的效率，其获取方法如下：

$$\varepsilon(t) = \varepsilon^* \times T_1(t) \times T_2(t) \times W(t)$$

式中，ε^*——最大光利用率，$\text{gc}\cdot\text{MJ}^{-1}$；

T_1，T_2——环境温度对光利用的抑制影响；

W——水分影响胁迫系数；

T_1 和 T_2 及 W——量纲一参数。分别由下面公式计算获得。

$$T_1 = -0.000\,5(T_{\text{opt}} - 20)^2 + 1$$

$$T_2 = \frac{1}{1+\exp\{0.2(T_{opt}-10-T_{mon})\}} \times \frac{1}{1+\exp\{0.3(-T_{opt}-10-T_{mon})\}}$$

式中，T_{opt}——植被生长季内NDVI值达到最高时的月平均气温，℃；

T_{mon}——月平均气温，℃。

$$W(t) = \frac{\mathrm{EET}(t)}{\mathrm{PET}(t)}$$

式中，EET——区域月实际蒸散量，mm；

PET——区域月潜在蒸散量，mm。可由ETWatch计算获得。

3.3.3 植被覆盖度计算与分类

采用混合像元分解的方法进行植被覆盖度的遥感反演（图3-3）。

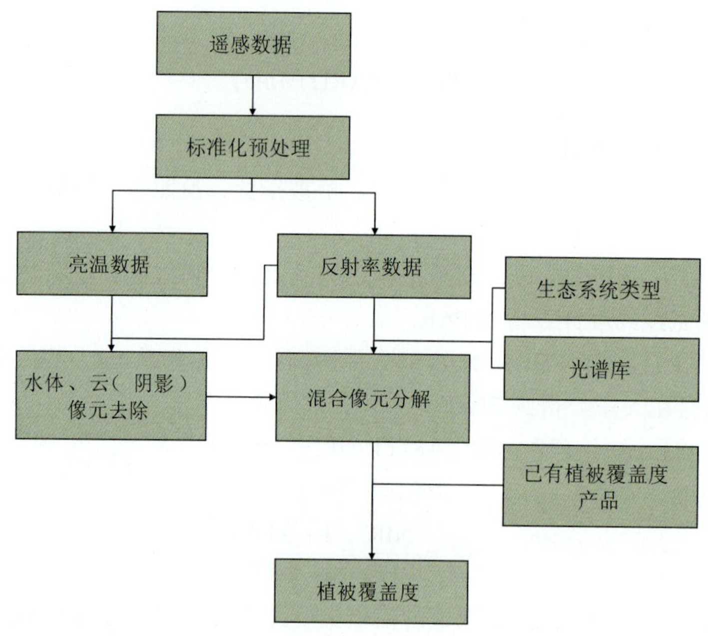

图3-3 植被覆盖度反演流程

具体步骤如下：

对获取的遥感影像进行标准化的辐射标定和大气校正等预处理。

去除影像中的水体像元、云（阴影）像元；水体像元的去除可以通过根据蓝波段和近红的反射率特征以及其NDVI值一般小于零等来实现；对于有热红外波段的遥感数据，可以通过反演亮温来实现云（阴影）的去除。

将遥感影像按不同生态系统类型进行分类（大体可以分为森林、灌木草地、湿地、农田和荒漠等），并为不同的生态系统类型分别建立绿色植被、枯萎植被和裸地表的光谱库如图3-4所示；根据不同的气候、地理条件，将全国划分为若干个生态分区，不同的区域各自建立光谱库。在每个生态分区内，针对不同的生态系统类型，分别采集其绿色植被、枯萎植被和裸地表的典型的、具有代表性的地面光谱信息，并存入光谱库中。对于灌木、草地、农田、荒漠等生态系统类型，其绿色冠层植被的光谱信息可通过地面光谱仪观测，但是对于森林与湿地生态系统，难以进行其冠层顶部绿色植被的光谱观测，因此，可以收集各自生态分区中覆盖森林生态系统的 Hyperion 数据，进行大气校正等处理之后，基于 Hyperion 高光谱数据来模拟森林冠层绿色植被的光谱信息，并存储入光谱库。

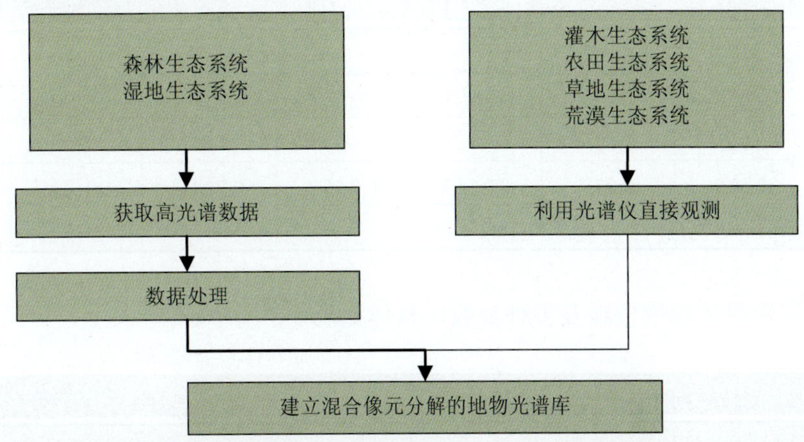

图 3-4　光谱库建立流程

在同一个生态系统类型中，假设每个像元都由绿色植被、枯萎植被和裸地表三种亚像元组成，并依据下面公式进行混合像元分解：

$$\rho(\lambda)_{\text{pixel}} = \sum[C_e \cdot \rho(\lambda)_e] + \varepsilon = [C_{\text{PV}} \cdot \rho(\lambda)_{\text{PV}} + C_{\text{NPV}} \cdot \rho(\lambda)_{\text{NPV}} + C_S \cdot \rho(\lambda)_S] + \varepsilon$$

式中，$\rho(\lambda)_{\text{pixel}}$——每一个亚像元 e 在波长λ的反射率；

PV、NPV、S——绿色植被、枯萎植被和裸地表三个亚像元；

ε——误差项；

C_e——每种亚像元所占的比例。

在混合像元求解的过程中，需建立代价函数，从对应的生态分区光谱库中反复选择绿色植被、枯萎植被和裸地表的光谱曲线代入上面公式中进行求算，直到获取最优解，才会停止迭代，并输出三种亚像元所占的比例。

通过已有的植被覆盖度产品（如 NASA 的 VCF 产品及地表实测数据等），对上面的结果进行质量控制，以保证获取的结果的精度。

3.3.4 叶面积指数

基于冠层辐射传输模型，采用查找表（LUT）的方法来反演 LAI，该方法是在冠层辐射传输模型的基础上建立查找（表 3-2），进而通过遥感影像中每个像元的波段反射率或者相应的植被指数（如 NDVI 等）在表中进行查找匹配，实现 LAI 的遥感反演。具体步骤如下：

运行冠层辐射传输模型，按一定的步长输入相应的 LAI 及其他所需要的辅助参数（如植被类型、叶倾角等），模拟冠层反射率或植被指数，建立查找表；

根据标准化处理后的遥感影像反射率或植被指数，构建代价函数，在查找表中查找最接近的项，并进行插值，然后获取该像元对应的 LAI 值。

表 3-2 LAI 查找表示例

波段 1 反射率	波段 2 反射率	……	植被类型				
			类型 1	类型 2	类型 3	类型 4	类型 5
0.025	0.025	0.025	0	0	0	0	0
0.075	0.025	0.075	0.266 3	0.245 2	0.224 6	0.151 6	0.157 9
……	……	……	……	……	……	……	……

运行冠层辐射传输模型涉及多种参数，具体如表 3-3 所示。

表 3-3 冠层辐射传输模型参数

	参数	备注
冠层生化参数	叶绿素含量	森林、灌木、草地、湿地、农田、荒漠
	叶片等效含水量	森林、灌木、草地、湿地、农田、荒漠
	叶片干物质	森林、灌木、草地、湿地、农田、荒漠
冠层物理参数	叶面积指数	森林、灌木、草地、湿地、农田、荒漠
	平均叶倾角	森林、灌木、草地、湿地、农田、荒漠
	平均高（作物高度）	森林、灌木、草地、湿地、农田、荒漠
	冠层直径	森林、灌木、草地、湿地、农田、荒漠
	树干密度（作物密度）	森林、灌木、草地、湿地、农田、荒漠
	林下叶面积指数	森林、灌木、草地、湿地、农田、荒漠

3.3.5 地表温度计算

3.3.5.1 1 km 地表温度计算

运用 MODIS 数据第 31（10.780～11.280μm）和第 32（11.770～12.270μm）波段，采用劈窗算法反演陆地表面温度。其计算公式为：

$$T_s = A_0 + A_1 T_{31} - A_2 T_{32}$$

式中，T_s——地表温度，K；

T_{31}，T_{32}——MODIS 数据第 31 和第 32 波段的亮度温度；

A_0、A_1、A_2——劈窗算法参数。

3.3.5.2 基本参数与数据来源

首先对 MODIS 数据进行辐射定标，然后将像元值代入普朗克方程计算亮度温度，其公式为：

$$I_{31} = \text{scale}_{31}(B_{31} - \text{offset}_{31})$$

$$I_{32} = \text{scale}_{32}(B_{32} - \text{offset}_{32})$$

$$T_i = C_2 / \lambda_i \ln(1 + C_1 \lambda_i^5 I_i)$$

式中，I_{31}、I_{32}——MODIS 数据中第 31 和第 32 波段的辐射亮度，W/（m^2·str·μm）；

B_{31}、B_{32}——MODIS 数据中第 31 和第 32 波段的 DN 值；

scale、offset——MODIS 数据的定标常量，可以在数据的头文件中查到；

C_1、C_2——普朗克方程光谱常量，分别取 C_1=1.191×10^{-16}Wm^2，C_2=1.4 387×10^4 μm·K；

λ_i——MODIS 数据第 i（i=31，32）波段的中心波长。

劈窗算法参数（A_0、A_1、A_2）

$$A_0 = \frac{a_{31} D_{32}(1 - C_{31} - D_{31})}{D_{32} C_{31} - D_{31} C_{32}} - \frac{a_{32} D_{31}(1 - C_{32} - D_{32})}{D_{32} C_{31} - D_{31} C_{32}}$$

$$A_1 = 1 + \frac{D_{31}}{D_{32} C_{31} - D_{31} C_{32}} + \frac{b_{31} D_{32}(1 - C_{31} - D_{31})}{D_{32} C_{31} - D_{31} C_{32}}$$

$$A_2 = 1 + \frac{D_{31}}{D_{32} C_{31} - D_{31} C_{32}} + \frac{b_{32} D_{31}(1 - C_{31} - D_{31})}{D_{32} C_{31} - D_{31} C_{32}}$$

式中，a_{31}，b_{31}，a_{32}，b_{32}——常量。在地表温度 0～50℃范围内，这些常量分别可取 a_{31}=−64.603 6；b_{31}=0.440 81；a_{32}=−68.725 8；b_{32}=0.473 5。

参数 C_{31}、C_{32}、D_{31}、D_{32} 计算公式为

$$C_i = \varepsilon_i \tau_i(\theta)$$

$$D_i = [1 - \tau_i(\theta)] \times [1 + (1 - \varepsilon_i)\tau_i(\theta)]$$

式中，τ_i——MODIS 数据第 i（i=31，32）波段的大气透射率；

ε_i——第 i（i=31，32）波段的地表比辐射率。

参数 3：大气透射率（τ_i）

大气透射率估算方程：

$$\tau_{31} = 2.897\,98 - 1.883\,66 e^{-(w/-21.227\,04)}$$

$$\tau_{32} = -3.592\,89 + 4.604\,14 e^{w/-32.70\,639}$$

式中，W——整层大气中的水分含量，g/cm²，计算公式如下：

$$W=[(\alpha-\ln\rho_{19}/\rho_2)/\beta]^2$$

式中，常量α，β的取值分别为α=0.02，β=0.651；ρ_{19}，ρ_2分别为MODIS数据中第19和第2波段的星上反射率。计算公式为

$$\rho_i=\mathrm{RL}_i(\mathrm{DN}_i-\mathrm{RLOS}_i)$$

式中，ρ_i——MODIS数据第i波段的星上反射率；

RL_i，RLOS_i——常量。

参数4：地表比辐射率（E_i）

地表比辐射率与地表的组成成分、地表结构等因素有关。水体表面组成成分单一，地表比辐射率很容易计算。一般情况下，取MODIS数据31波段的E_{31}=0.996 83，取32波段的E_{32}=0.992 54。陆地表面的比辐射率与陆地表面的植被覆盖有很大关系，可以根据植被的覆盖度来确定。

$$E_{31}=0.198\,67P_vR_v+0.196\,767(1-P_v)R_s+\mathrm{dE}$$

$$E_{32}=0.198\,99P_vR_v+0.197\,79(1-P_v)R_s+\mathrm{dE}$$

$$R_v=0.192\,762+0.107\,033P_v$$

$$R_s=0.199\,782+0.108\,362P_v$$

式中，P_v——植被覆盖率；

R_v、R_s——植被和土壤的辐射比率；

dE——热辐射相互作用校正，可通过如下经验公式估计：

$$\mathrm{dE}=0.103\,76\min[P_v,(1-P_v)]$$

P_v植被覆盖率可由归一化植被指数（NDVI）来计算，公式如下：

$$P_v=(\mathrm{NDVI}-\mathrm{NDVI}_s)/(\mathrm{NDVI}_v-\mathrm{NDVI}_s)$$

式中，NDVI_v和NDVI_s分别是茂密植被覆盖和完全裸土像元的NDVI值，通常取NDVI_v=0.65，NDVI_s=0.05。

3.3.6 蒸散发计算

3.3.6.1 计算方法

利用MODIS产品数据、AMSR-E亮温数据及辅助数据（DEM、气象数据），采用ETWatch方法，反演地表蒸散。

3.3.6.2 基本参数与数据来源

参数 1：归一化植被指数、地表反照率、地表温度。直接从 MODIS 产品中获取。

参数 2：土壤表层含水量。

从 MODIS 网站获取 ARMS-E 微波遥感逐日亮温数据（18.7GHz 和 10.7GHz 两个频率，V 和 H 极化），通过数据提取、投影转换等方法对基础遥感数据预处理；依据微波极化指数计算方法[PR=（TBv−TBh）/（TBv+TBh）]，分别计算不同波段的微波极化指数。并计算逐月 10.7GHz 的微波极化指数极小值，作为基准指数值。

基于微波辐射传输模型，考虑裸露地表和有植被的覆盖的情况、地表粗糙度、植被层衰减作用和大气衰减作用，植被单次反照率为 0，并将植被光学厚度和地表粗糙度结合起来形成 g 参数（$ag=h+2\tau_c$，a 是一个随频率而变的校正系数），从大气层顶卫星传感器的亮温与地面向上的总辐射亮温关系中，可以将土壤水分与 g 参数分离，得到 g 参数的计算式子：

$$(T_{Bv}-T_{Bh})/(T_{Bv}+T_{Bh})=(e_{\mathrm{O}v}-e_{\mathrm{O}h})/(e_{\mathrm{O}v}+e_{\mathrm{O}h})(1-2Q)\exp(-\beta\alpha g)$$

通过同步测量的 Q 和辐射亮温 T，得到 g 参数表达式 $g=a_1+a_2\times\ln(PR_{\min})$ 中的经验系数，同时得到土壤水分反演关系式：

$M_V=A+B\times g+C\times(PR-PR_{\min})\times\exp(D\times g)$ 中的经验系数。

参数 3：粗糙度。利用植被指数和 DEM 数据按照下面方法获得粗糙度。具体方法如下：

使用植被、地形、非植被覆盖表面的几何粗糙度等因素来表达区域的综合有效粗糙度，方法如下：

植被区的粗糙度，是植被指数与植被覆盖度的函数：

$$z_{0m}^{v}=0.001+\left(0.5\frac{\mathrm{NDVI}}{\mathrm{NDVI}_{\max}-\mathrm{NDVI}_{\min}}\right)^{2.5}$$

在地形起伏的情况下，考虑坡度因子对粗糙度的影响：

$$z_{0m}^{T}=z_{0m}^{v}\left(1+\frac{\mathrm{slope}-a}{b}\right)^{2.5}$$

参数 4：净辐射

利用地表反照率、地表温度、气象观测站观测的空气温度、湿度、大气压、日照时数等数据计算净辐射，具体方法如下。

地表反照率、地表温度通过 MODIS 一级产品数据的预处理获得。

净辐射量决定着可供显热、潜热分配的有效能量，是直接影响蒸散量大小的重要参量。

$$R_{n24}=(1-\alpha)R_{a24}\tau_{sw}-110\tau_{sw}$$

式中，R_{n24}——全天净辐射；

α——地表反照率；

R_{a24}——全天地外太阳辐射；

τ_{sw}——短波透过率。为反映日净辐射受云的影响，在透过率中引入日照时数：

$$\tau_{sw} = a_s + b_s \frac{n}{N}$$

式中，n——日照时数；

N——晴空最大日照时数；

a、b——经验系数，并采用 P-M 模型的方法计算太阳长波辐射项 R_{nl}：

$$R_{nl} = \sigma \left[\frac{T_{\max}^4 + T_{\min}^4}{2} \right] \left(0.34 - 0.14\sqrt{e_a} \right) \left(1.35 \frac{R_s}{R_{s0}} - 0.35 \right)$$

式中，σ——史蒂芬一玻尔兹曼常数，4.903×10^{-9} MJ/（$K^4 \cdot m^2 \cdot d$）；

$T_{\max}$ 和 $T_{\min}$——当日最高气温和最低气温；

e_a——实际水汽压；

R_s、R_{s0}——太阳短波辐射（考虑全天透过率）和晴空条件下太阳短波辐射。

参数 5：蒸发比

利用净辐射、土壤热通量、植被指数 NDVI、感热通量数据计算蒸发比。具体方法如下：

利用净辐射计算土壤热通量，公式如下：

$$G_0 = R_n [\Gamma_c + (1 - f_c)(\Gamma_s - \Gamma_c)]$$

式中，假定所有植被冠层条件下土壤热能量与净辐射的比值 Γ_c=0.05（Monteith，1973），裸土条件下土壤热能量与净辐射的比值 Γ_s=0.315（Kustas and Daughtry，1989）。然后，对于介于这些边界条件之间的情形，用冠层覆盖度 f_c 进行内插处理，通过植被指数 NDVI 获得。

感热通量根据大气边界层相似理论获得。在大气近地层中，根据大气边界层相似理论，有以下关系：

$$u = \frac{u_*}{k} \left(\ln\left(\frac{z - d_0}{z_{0m}} \right) - \Psi_m \left(\frac{z - d_0}{L} \right) + \Psi_m \left(\frac{z_{0m}}{L} \right) \right)$$

$$\theta_0 - \theta_a = \frac{H}{k u_* \rho C_p} \left(\ln\left(\frac{z - d_0}{z_{0h}} \right) - \Psi_h \left(\frac{z - d_0}{L} \right) + \Psi_h \left(\frac{z_{0h}}{L} \right) \right)$$

$$L = -\frac{\rho C_p u_* \theta_v}{k g H}$$

式中：z——参考高度；

u——风速；

u_*——摩擦风速；

d_0——零平面位移高度；

z_{0m}——动力学粗糙长度；

ψ_m、ψ_h——动力学和热力学传输的稳定度订正函数；

θ_0、θ_a——观测面和参考面高度的虚温；

L——莫宁霍夫长度；

H——感热通量；

K——卡尔曼常数；

ρ——空气密度；

C_p——空气的热容；

θ_v——近地表的位温；

g——重力加速度。

摩擦风速 u_*、感热通量 H，莫宁霍夫长度 L 可以通过迭代求解以上三个方程得到其他变量可以通过气象观测站信息以及遥感数据预处理信息获得。

蒸发比的计算：

$$\Lambda = \frac{\lambda E}{R_n - G_0} = \frac{\Lambda r \cdot \lambda E_{\text{wet}}}{R_n - G_0}；\quad \Lambda_r = \frac{\lambda E}{\lambda E_{\text{wet}}} = 1 - \frac{H - H_{\text{wet}}}{H_{\text{dry}} - H_{\text{wet}}}$$

$$H_{\text{wet}} = \left[(R_n - G_0) - \frac{\rho C_p}{r_{\text{ew}}} \cdot \frac{e_s - e}{\gamma} \right] \Big/ \left(1 + \frac{\Delta}{\gamma} \right)；\quad H_{\text{dry}} = R_n - G_0$$

式中，Λ——蒸发比；

Λ_r——相对蒸散；

H_{dry}——在极干情况下的显热通量，此时潜热通量为 0，显热通量值最大；

H_{wet}——在极湿情况下的显热通量，此时显热通量值最小，潜热通量最大。

参数 6：逐日表面阻抗

利用晴空表面阻抗、逐日 NDVI、逐日气温和大气压计算逐日表面阻抗。具体方法如下：

晴空表面阻抗是结合 P-M 模型计算得到，公式如下：

$$\lambda ET = \frac{\Delta(R_n - G) + \rho_{\text{a}} C_p \dfrac{e_{\text{s}} - e_{\text{a}}}{r_{\text{a}}}}{\Delta + \gamma \left(1 + \dfrac{r_{\text{s}}}{r_{\text{a}}} \right)}$$

式中：λET——参照腾发量（晴空日的蒸散发）；

R_n——冠层表面净辐射；

G——土壤热通量；

ρ_{a}——空气密度；

e_{s}——饱和水汽压；

e_{a}——实际水汽压；

Δ——饱和水汽压—气温曲线斜率；

γ——湿度计常数；

r_s——表面阻抗（晴空表面阻抗）；

r_a——空气动力学阻抗，简化为 2 m 风速的函数。

瞬时遥感蒸散量时间扩展的思路主要在于确定逐日的表面阻抗或土壤湿度胁迫，先用遥感蒸散模型结合 P-M 模型计算出晴好日阻抗，以下式表达晴好日阻抗与邻近日阻抗的关系：

$$\mathrm{RS_{unc}}=\frac{\mathrm{LAI_{clr}}\cdot \mathrm{RS_{clr}}}{\mathrm{LAI_{unc}}\times m(T_{\min})\times m(\mathrm{VPD})}$$

式中，$\mathrm{RS_{unc}}$——无晴好图像日需要确定的阻抗项，而 $\mathrm{RS_{clr}}$ 是晴日阻抗项；

$\mathrm{LAI_{clr}}$——对应日的叶面积指数 s，对于影像缺失日的 $\mathrm{LAI_{unc}}$，采用了时间序列谐波分析方法来逐像元的平滑以获得其时间序列；

m（$T_{\min}$）和 m（VPD）——最低气温和水汽压差的分段函数，以表达极端温湿条件对植物气孔开闭的制约作用。

3.4 遥感数据处理设备配置

遥感解译处理的数据量大，包含的信息丰富，一个完整的遥感数据处理系统包括硬件系统和软件系统两大部分，硬件系统中必须具备的设备，包括输入、存储、处理、显示、输出设备。软件系统指用于图像处理的各种软件，硬件要求较高性能的计算机内核处理器、较大容量存储设备，较高频率的硬件转速等，保证解译进度，软件要求有较快的数据处理速度，保证数据处理质量、精度、系统稳定性等。

4 野外核查与调查

4.1 概述

4.1.1 总体目标和主要任务

通过野外调查土地覆盖类型、生态系统参数以及典型区域生态特征，为提高土地覆盖分类精度、验证生态系统参数、评估典型区域生态环境状况提供基础数据。具体目标和任务为：

（1）土地覆盖类型地面核查。采用分层系统抽样方法布设样点和样线，获取土地覆盖类型和相关自然地理特征信息，验证和修正遥感解译结果。

（2）生态系统参数野外观测。采用布设综合观测样区、典型样区和典型小样区三级样区监测体系，通过样区内布设样地的方式，对森林、灌木、草地、农田、湿地、荒漠等典型生态系统的重要生态参数进行观测。

（3）典型区域生态实地调查。针对自然保护区、生物多样性保护优区、重点生态功能区、矿产资源开发区等生态监管重点区域，开展区域生态特征实地调查。

4.1.2 组织实施方式

（1）土地覆盖地面核查分为项目实施管理组、遥感专题组、省级专题组三个层次负责实施。全国样点共计 79 349 个，省级环保部门共计 54 697 个样本点，遥感专题组共计 24 652 个，实施管理组进行抽查，样本点位置以下发的矢量数据为主要依据。

（2）生态系统参数野外观测由遥感专题组和省级环保部门两个层次负责实施，遥感专题组负责综合样区、典型样区调查，省级环保部门负责典型小样区调查。

（3）典型区域生态实地调查由省级专题组、中国科学院相关院所和环境保护部相关直属单位等专题承担单位依据专题/课题目标任务要求开展工作。

4.2 土地覆盖野外核查

4.2.1 土地覆盖类型分类系统定义

野外调查的土地覆盖类型核查参考全国土地覆盖分类系统定义见第 2 章，土地覆盖的植被覆盖度、植被种类和植被功能参考全国生态十年土地覆盖的植被辅助特征（表 4-1）。

依据土地覆盖Ⅱ级类型名称填写《全国土地覆盖野外核查表》。

表 4-1　全国生态十年土地覆盖植被类型的辅助特征

<table>
<tr><th rowspan="2">Ⅱ级分类</th><th colspan="3">Ⅲ级分类</th></tr>
<tr><th>植被盖度</th><th>植被类型</th><th>植被功能</th></tr>
<tr><td>常绿阔叶林</td><td rowspan="14">20%～100%</td><td rowspan="7">按植物群落的建群种：马尾松林/白桦林/杉木林/青冈林/竹林/桉树林等；如亚热带片区主要区分马尾松（针叶林）、杉木（针叶林）、桉树（常绿阔叶林）等，热带片区主要区分马尾松、杉木、桉树等，暖温带主要区分杨树等</td><td rowspan="8">乔木林：防护林/特种用途林/用材林/薪炭林/经济林/四旁树/城镇森林</td></tr>
<tr><td>落叶阔叶林</td></tr>
<tr><td>常绿针叶林</td></tr>
<tr><td>落叶针叶林</td></tr>
<tr><td>针阔混交林</td></tr>
<tr><td>常绿灌木林</td></tr>
<tr><td>落叶灌木林</td></tr>
<tr><td>园地</td><td>茶园/柑橘园/橡胶园/板栗/核桃/龙眼/荔枝/沙棘等</td></tr>
<tr><td>草甸</td><td rowspan="3">按植物群落的建群种</td><td rowspan="3">天然草地/封育草地/割草地/冬春放牧草地/夏秋放牧草地/全年放牧草地/休憩用地/绿地等</td></tr>
<tr><td>草原</td></tr>
<tr><td>草丛</td></tr>
<tr><td>森林沼泽</td><td rowspan="3">红树林、芦苇等</td><td rowspan="3"></td></tr>
<tr><td>灌丛沼泽</td></tr>
<tr><td>草本沼泽</td></tr>
<tr><td>水田</td><td></td><td>水稻/莲花/其他</td><td rowspan="4"></td></tr>
<tr><td>旱地</td><td></td><td>小麦/玉米/大豆/棉花/菜地/饲料/其他</td></tr>
<tr><td>居住地</td><td>4%～20%</td><td rowspan="2"></td></tr>
<tr><td>荒漠</td><td>4%～20%</td></tr>
</table>

植被覆盖度是指植被垂直投影面积占地块土地面积的百分比。当植被覆盖度大于 20% 时（图 4-1），属于植被类型，在居民地中，植被覆盖度要求小于 50%；当植被覆盖度在 4%～20%之间，属于稀疏植被类型；当植被覆盖度小于 4%时，为非植被类型。

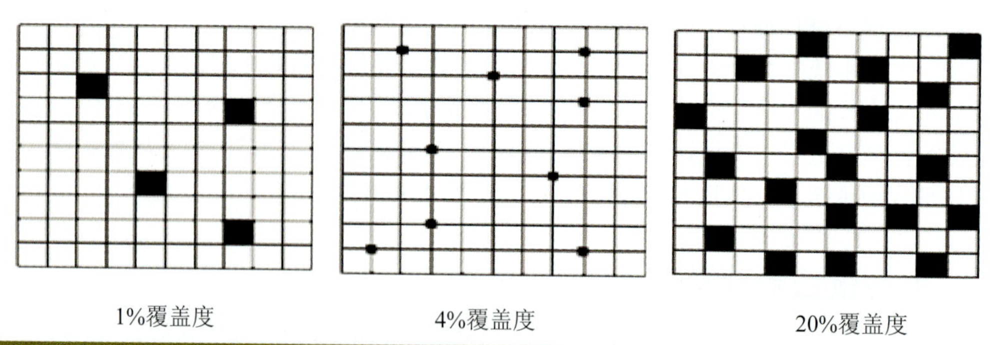

图 4-1　透视观测下不同植被覆盖度标准样板

植被类型是指该地区植物群落中的建群种，一般为多数、优势的树种。植被功能是其为人类服务的特征，木本植被功能参考国家林业局划分标准，划分为防护林/特种用途林/

用材林/薪炭林/经济林/四旁树/城镇森林（表 4-2），草地功能划分为天然草地/封育草地/割草地/冬春放牧草地/夏秋放牧草地/全年放牧草地/休憩用地（公园）/绿地等。

表 4-2　乔木林植被功能

类别	林种	二级林种	主导功能说明
公益林	特种用途林	国防林	保护国界 1 掩护和屏障军事设施
		科教实验林	提供科研、科普教育和定位观侧场所
		种质资源林	保护种质资源与遗传基因、种质测定、繁育良种、培育新品种
		环境保护林	净化空气、防污抗污、减尘降噪、绿化美化小区环境
		风景林	维护自然风光和游憩娱乐场所
		文化林	保护自然与人类文化遗产，历史及人文纪念
		自然保存林	留存与保护典型森林生态系统、地带性顶极群落、珍贵动植物栖息地与繁殖区和具有特殊价值森林
	防护林	水土保持林	减缓地表径流、减少水力侵蚀、防止水土流失、保持土城肥力
		水源涵养林	涵养和保护水源、维护和稳定冰川雪线、调节流域径流、改善水文状况
		护路护岸林	保护道路、堤防、海岸等基础设施
		防风固沙林	在荒漠区、风沙沿线减缓风速、防止风蚀、固定沙地
		农田牧场防护林	改善农区牧场自然环境、保障农牧业生产条件
		其他防护林	防止并阻隔林火蔓延、防雾、护渔、防烟等
商品林	用材林	一般用材林	培育工业及生活用材、生产不同规格材种的木（竹）材
		工业纤维林	培育造纸及人造板工业等木（竹）纤维材
	薪炭林		生产木质热能原料和生活原料
	经济林	果品林	生产干、鲜果品
		油料林	生产工业与民用油加工原料
		化工原料林	生产松脂、橡胶、生漆、白蜡、紫胶等林化原料
		其他经济林	生产饮料、药料、香料、调料、饲料、花卉、林（竹）食品等林特产品及加工原料
四旁树			农村居民点内或周边的林地，林地覆盖率大于 50%
城镇森林			城镇中的绿化林地

天然草地指草甸、草原、草丛三类自然生长的草地；封育草地指有人工保护措施的草地，如围栏等；割草地指一年中人为进行地表收割的草地，但不扰动土壤，草皮种植不在此列；冬春放牧草地、夏秋放牧草地、全年放牧草地是人为放牧时间的定义与区分管理功能；休憩用地指城外人工草地；绿地为城镇内部的绿化草地。

4.2.2 土地覆盖地面核查点位布设

4.2.2.1 土地覆盖地面核查点位

省级环保部门共计 54 697 个样本点，样点经纬度位置以项目实施管理组提供的矢量数据为主要依据。各省土地覆盖样点数分配见表 4-3。

表4-3 各省土地覆盖实地核查样点数分配

省市	数量	省市	数量	省市	数量
北京	1 012	安徽	1 980	四川	3 159
天津	1 018	福建	1 317	贵州	1 764
河北	2 504	江西	2 292	云南	1 850
山西	2 005	山东	2 437	西藏	1 560
内蒙古	2 172	河南	2 514	陕西	2 509
辽宁	1 136	湖北	1 458	甘肃	2 506
吉林	1 010	湖南	1 985	青海	2 518
黑龙江	1 579	广东	1 805	宁夏	1 003
上海	994	广西	1 758	新疆	1 780
江苏	1 511	海南	1 007	总计	54 697
浙江	1 554	重庆	1 000		

4.2.2.2 样点位置调整原则和方法

在实际野外调查中，有三种情况是难以到达的核查点：无人区的作业，如沙漠、青藏高原无人区；难以到达的样点，如湿地、深山老林、雪山等；不可遇见的断路、地震等影响。为此，有些个别核查点需要进行调整，调整原则如下：

距国家4级以上的公路（4.5 m宽）直线距离在2 km以上的点视为难以到达的样点；

样点调整以接近原核查点位置、类型相当地块布设；

调整核查点数量控制在20%以内，超过部分想办法自行解决。

4.2.3 土地覆盖类型识别

（1）个体乔木、灌木、草本判别。自然界中乔木、灌木、草本植物其实也是逐步过渡的，存在着一些中间类型需要进行量化识别。三者的区分是以高度为先，其次是结构（生活型）；若植被高度大于5 m，一律视为乔木植物；若植被高度在0.3 m以下，一律视为草本植物；若植被高度在3 m以下，不可视为乔木植物；在3 m以上不可以为草本植物；在0.3～5 m之间，根据结构划分，如是否一年生、有无明显主干等，划分乔木、灌木、草本植物。

（2）区域植被类型判别。在划分森林、灌木林、草地时，需要结合植被垂直分层与水平分布；高度至上而下为乔木、灌木、草本，依次判别；若最顶层植被水平覆盖度大于20%，以该层植被代表该地类型；若小于20%，则以下层命名（图4-2）。

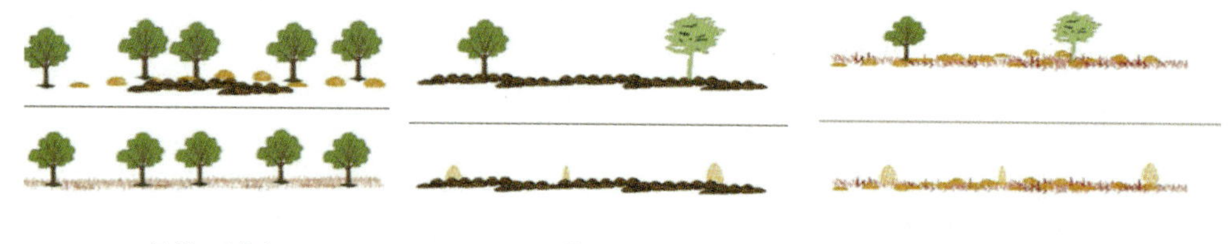

森林　灌木　　　　草地

图4-2 植被的垂直和水平结构与空间组合特征

（3）混合类型判别。针阔混交林，每类覆盖度大于 25%，否则为其中的一类，并混合面积要大于 5 400 m^2；其他混合类以最多类型面积命名，如常绿与落叶混交林以覆盖度大的类型命名；旱季作物与水稻轮作命名水田；一年只要耕作，即为耕地，一年内一直休耕可视为草地或裸露地；果树下有作物耕作时，视为耕地（一般此阶段果树未成熟）。

（4）其他类型判别。水体以常流水面积为准，冰川以一年最小面积为准；荒漠中的枯草也算植被。未成林造林地（小于 3 m），按实际结构特征识别，应为草地或灌木等。

（5）地面调查与制图精度关系。由于制图综合的效果，很多地面类型不能在成果中反映，为此，在野外调查中，要以制图要求进行野外核查。样点要满足大面积纯地类要求，若有多种类型混杂，需要确定主要类型、可见的边界范围。

4.2.4 土地覆盖类型核查资料与设备要求

（1）核查点定位工具：车载 GPS 外置天线、手持 GPS（如 Garmin 佳明、Magellan 麦哲伦等），见图 4-3。

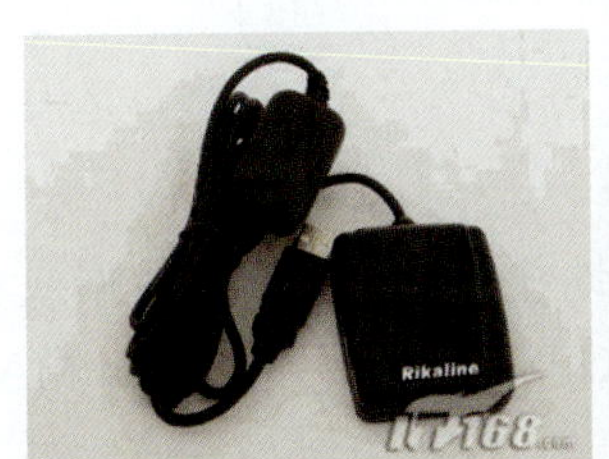

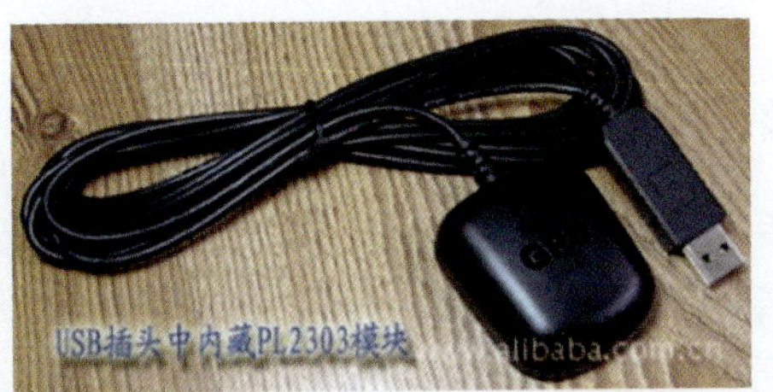

（a）车载 GPS 外置天线 （b）手持 GPS

图 4-3 GPS 示意图

（2）照相和记录工具：手提电脑、数码相机、野外调查表、笔，核查表格打印等，见图 4-4。

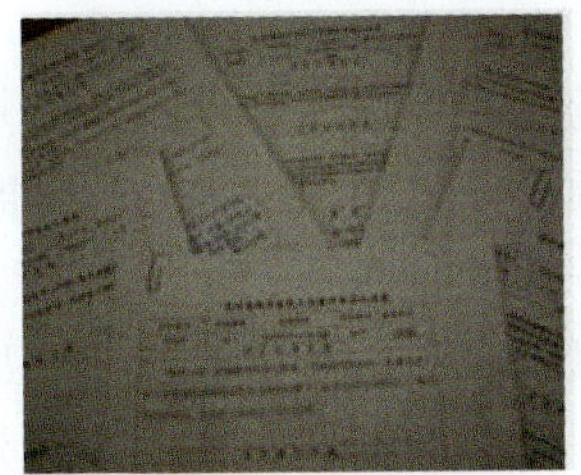

（a）数码照相机 （b）野外调查表

图 4-4 野外调查的照相机与调查表

（3）植物鉴定工具书：《中国植物志》《中国高等植物图鉴》、各地方植物志及自然保护区综合考察报告（植物鉴定可借鉴植物图志或者当地专家），见图 4-5。

图 4-5 中国植物志书

（4）空间数据：核查点空间数据（Shp 格式）、公路分布数据（Shp 格式）、其他空间辅助数据。

（5）越野车、望远镜、野外采样工作服等。

（6）可以使用野外数据采集系统，软件由系统平台由卫星中心负责提供，硬件主要为平板电脑设备（具备 GPS 采集/300 万以上像素照片采集/3G 无线网路等功能）由各省自行解决。

4.2.5 土地覆盖地面核查流程

（1）准备工作。在手提电脑中打开 ArcMAP 软件，输入土地覆盖数据、公路数据或者其他空间辅助数据，连接、打开车载 GPS、接收卫星信号，使 GPS 光标信号可在 ArcMAP 中显示。确保汽车开动后，GPS 能在屏幕中沿行径方向移动。

（2）车载 GPS 系统导航，接近核查点。在 ArcMAP 中确定核查点、道路、起始点之间的空间关系，确定行径方向，出发后利用车载 GPS 导航，不断接近核查点，汽车行驶到达离核查点最近的地方。

（3）地面 GPS 导航，接近核查点。在道路达不到的地方，需要步行到达核查点。将核查点输入手持 GPS 中，打开手持 GPS、接收卫星信号。利用手持 GPS 的目标导航，接近核查点。

（4）现场核查点识别。到达核查点后，需要确定有效核查点。有效核查点周围类型所覆盖面积必须大于 200 m×200 m，即 40 000 m^2，即以观测位置为半径，周边向外 100 m 范围，只有一种土地覆盖类型，或者大部分为该类型（针阔混交林除外），以便在土地覆盖数据中可以确定和识别该类型。如果达不到面积要求，或者受不可抗拒条件，行径无法到达目的地，需要在接近核查点附近新增加有效核查点。

（5）现场核查点调查。对照《全国土地覆被Ⅰ、Ⅱ级分类系统》定义表和《全国生态十年土地覆盖的植被辅助特征》，按照《全国土地覆盖野外核查表》内容填写、记录。野外记录一律采用纸质表填写。《全国土地覆盖野外核查表》表格中内容为核查点号、经度/纬度、遥感土地覆盖、实际土地覆盖、植被覆盖度、植被类型植被功能、个体照片号/景观照片号、日期。

4.2.6 土地覆盖地面核查表及其填写说明

全国土地覆盖野外核查，如表 4-4 所示。

表 4-4 全国土地覆盖野外核查

______省______市______县　　　　调查人：______　　　　审核人：______

序号	核查点号	经度	纬度	遥感土地覆盖	实际土地覆盖	植被覆盖度	植被类型	植被功能	个体照片号	景观照片号	说明	日期
1	23001034	124.12345	46.123 45	落叶阔叶林	落叶灌木林	70%	杨树	用材林	23001034T	23001034W		2012-06-05
2												
…												

（1）核查点号：该编号在“全国土地覆盖核查点”矢量文件（Shp 格式）中的属性表中“核查点”读取（图 4-6），共 8 位号码：省行政代码（2 位）+新增点标志号（2 位）+顺序号（4 位），在项目组提供的核查点中，新增点标志号为“00”。若在实际调查中，个别点无法到达，需要接近原核查点附近新增加核查点，则需要在“新增点标志号”和“顺序号”重新编写号码。“新增点标志号”改为省内土地覆盖调查小组编号（以避免重号），一个小组有一个唯一编号，从 01～99，由各省自定，在“顺序号”中，每个小组内顺序编码。

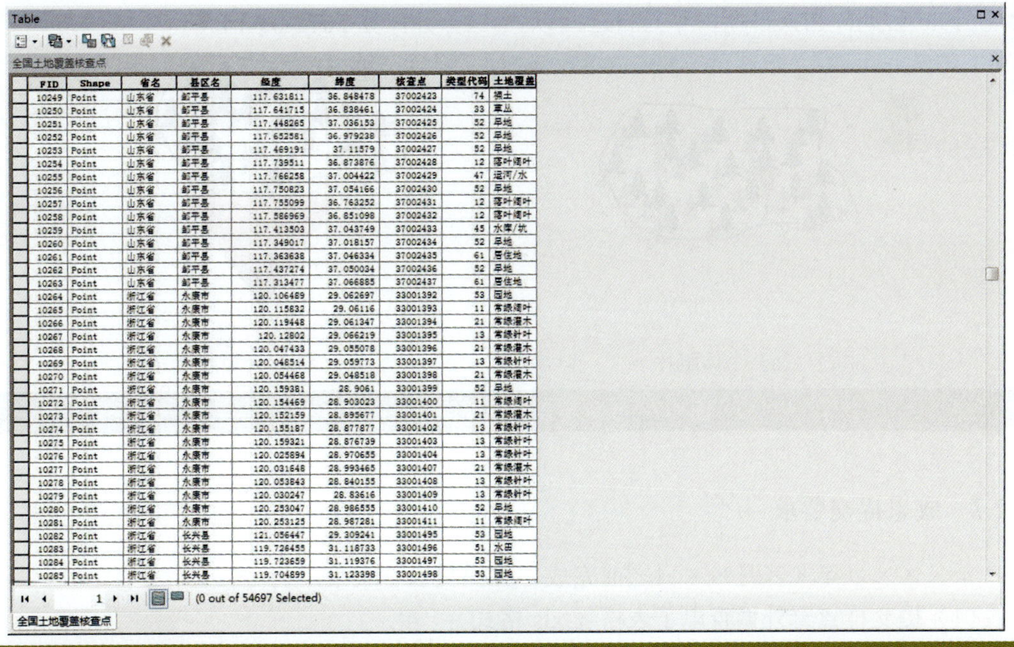
Table

全国土地覆盖核查点

FID	Shape	省名	县区名	经度	纬度	核查点	类型代码	土地覆盖
10249	Point	山东省	邹平县	117.631811	36.848478	37002423	74	裸土
10250	Point	山东省	邹平县	117.641715	36.838461	37002424	33	草丛
10251	Point	山东省	邹平县	117.448265	37.036153	37002425	52	旱地
10252	Point	山东省	邹平县	117.652581	36.979238	37002426	52	旱地
10253	Point	山东省	邹平县	117.469191	37.11579	37002427	52	旱地
10254	Point	山东省	邹平县	117.739511	36.873876	37002428	12	落叶阔叶
10255	Point	山东省	邹平县	117.766258	37.004422	37002429	47	运河/水
10256	Point	山东省	邹平县	117.750823	37.054166	37002430	52	旱地
10257	Point	山东省	邹平县	117.755099	36.763252	37002431	12	落叶阔叶
10258	Point	山东省	邹平县	117.586969	36.851098	37002432	12	落叶阔叶
10259	Point	山东省	邹平县	117.413503	37.043749	37002433	45	水库/坑
10260	Point	山东省	邹平县	117.349017	37.018157	37002434	52	旱地
10261	Point	山东省	邹平县	117.363638	37.046334	37002435	61	居住地
10262	Point	山东省	邹平县	117.437274	37.050034	37002436	52	旱地
10263	Point	山东省	邹平县	117.313477	37.066885	37002437	61	居住地
10264	Point	浙江省	永康市	120.106489	29.062697	33001392	53	园地
10265	Point	浙江省	永康市	120.115832	29.06116	33001393	11	常绿阔叶
10266	Point	浙江省	永康市	120.119448	29.061347	33001394	21	常绿灌木
10267	Point	浙江省	永康市	120.12802	29.066219	33001395	13	常绿针叶
10268	Point	浙江省	永康市	120.047433	29.055078	33001396	21	常绿灌木
10269	Point	浙江省	永康市	120.048514	29.059773	33001397	13	常绿针叶
10270	Point	浙江省	永康市	120.054468	29.048518	33001398	21	常绿灌木
10271	Point	浙江省	永康市	120.159381	28.9061	33001399	52	旱地
10272	Point	浙江省	永康市	120.154469	28.903023	33001400	11	常绿阔叶
10273	Point	浙江省	永康市	120.152159	28.895677	33001401	21	常绿灌木
10274	Point	浙江省	永康市	120.155187	28.877877	33001402	13	常绿针叶
10275	Point	浙江省	永康市	120.159321	28.876739	33001403	13	常绿针叶
10276	Point	浙江省	永康市	120.025894	28.970655	33001404	13	常绿针叶
10277	Point	浙江省	永康市	120.031648	28.993465	33001407	21	常绿灌木
10278	Point	浙江省	永康市	120.053843	28.840155	33001408	13	常绿针叶
10279	Point	浙江省	永康市	120.030247	28.83616	33001409	13	常绿针叶
10280	Point	浙江省	永康市	120.253047	28.986555	33001410	52	旱地
10281	Point	浙江省	永康市	120.253125	28.987281	33001411	11	常绿阔叶
10282	Point	浙江省	长兴县	121.056447	29.309241	33001495	53	园地
10283	Point	浙江省	长兴县	119.726455	31.118733	33001496	51	水田
10284	Point	浙江省	长兴县	119.723659	31.119376	33001497	53	园地
10285	Point	浙江省	长兴县	119.704899	31.123398	33001498	53	园地

1　(0 out of 54697 Selected)

全国土地覆盖核查点

图 4-6 在 ArcMAP 中显示的核查点数据

（2）经度、纬度：在“全国土地覆盖核查点”矢量文件（shp 格式）中的属性表中“经度、纬度”读取，由于实际采集数据略有偏差，或者 GPS 精度限制，到达目的地后，属性表中坐标与实际地块中心坐标有差异，则需选择合适的地点，只要在 500 m 以内，都可重新采集坐标，核查点编号不变。地类坐标采集时，手持 GPS 必须位于地类中央，距其他类型距离大于 100 m 以上。以度表示，小数点后要求精确到 5 位。若观测位置（如森林中）可能没有 GPS 信号或者走不进去（湿地等），可在地类旁边记录坐标，但在“说明”中说清楚变化位置的方位、距离。

（3）遥感土地覆盖：该编号在“全国土地覆盖核查点”矢量文件（shp 格式）中的属性表中“土地覆盖”读取。该类型为中科院提供的 2010 年土地覆盖类型，即土地覆盖数据（coverage 格式）属性表字段中的“CNAME”。

（4）实际土地覆盖：根据表 2-2 的定义，确定地面核查的土地覆盖类型。

（5）植被覆盖度：对于表 2-3 中的植被类型，依据样板，依据植被覆盖度的定义，目估地表实际的植被覆盖度，单位：%。

（6）植被类型：以该地区的多数的植物类型确定植被种类，命名参考《中国植物志》。

（7）植被功能：参照表 2-3 植被功能分类填写。

（8）个体照片号：近景照，反映类型单体的特征（图 4-7）。在野外按实际照片号填纸质表，回到室内，将照片文件名改为核查点“序列号”（核查数据中的字段）+T，并更新电子表格，如 11002587T。

（9）景观照片号：全景照，反映类型单体的空间关系与环境特征。在野外按实际照片号填纸质表，回到室内，将照片文件名改为核查点“序列号”（核查数据中的字段）+W，并更新电子表格，如 11002587W。

（10）日期：当天日期，年月日之间以“-”分开，如 2012-05-14。

（a）个体照片

（b）景观照片

图 4-7　土地覆盖类型现场照片拍摄方式

4.2.7　成果提交要求

于××××年××月××日之前完成，并提交以下成果：

（1）提交样点野外调查电子表格（.xls 格式）；

（2）提交野外 GPS 调查路线；

（3）提交 300 万像素以上 JPEG 格式照片。

4.3 生态系统参数野外观测

4.3.1 样区、样地、样点布设

全国范围内布设生态系统参数野外观测样区，样区内布设样地，样地内布设样方。

4.3.1.1 样区布设

样区包括综合样区、典型样区及典型小样区。综合样区分别为大兴安岭样区、华北水源涵养林样区、丹江口水库样区、鼎湖山样区 4 个，大小为 100 km×100 km。典型样区 50 个，大小为 50 km×50 km。典型小样区 620 个，大小为 5 km×5 km。

各省小样区分布情况如表 4-5 所示。

表4-5 各省典型小样区统计

省份	分类型数量						总数
	森林	灌木	草地	湿地	农田	荒漠	
安徽	6	5	0	0	9	0	20
北京	12	8	0	0	0	0	20
福建	10	9	0	0	1	0	20
甘肃	4	1	9	0	2	4	20
广东	15	4	0	0	1	0	20
广西	9	4	0	0	7	0	20
贵州	13	7	0	0	0	0	20
海南	20	0	0	0	0	0	20
河北	3	4	3	0	10	0	20
河南	9	1	1	0	9	0	20
黑龙江	8	0	3	3	6	0	20
湖北	3	9	0	0	8	0	20
湖南	11	3	0	0	6	0	20
吉林	13	0	5	0	2	0	20
江苏	3	0	1	0	16	0	20
江西	10	3	0	0	7	0	20
辽宁	14	0	0	0	6	0	20
内蒙古	0	0	14	1	4	1	20
宁夏	2	0	4	0	8	6	20
青海	0	4	12	2	1	1	20
山东	6	0	2	0	12	0	20
山西	9	8	2	0	1	0	20

省份	分类型数量						总数
	森林	灌木	草地	湿地	农田	荒漠	
陕西	5	4	2	0	9	0	20
上海	19	0	0	0	1	0	20
四川	9	4	2	3	2	0	20
天津	17	0	1	0	2	0	20
西藏	2	1	13	0	2	2	20
新疆	2	2	7	0	4	5	20
云南	11	6	0	0	3	0	20
浙江	19	0	0	0	1	0	20
重庆	12	8	0	0	0	0	20
合计	276	95	81	9	140	19	620

4.3.1.2 样地布设

样地大小为 100 m×100 m，选择在生态系统类型一致平地或相对均一的缓坡坡面上，综合样区要求不低于 100 个样地，典型样区要求不低于 25 个，典型小样区要求不低于 3 个。

4.3.1.3 样方布设

样方布设要反映各生态系统随地形、土壤和人为环境等的变化特征，每个样地须保证有重复样方，具体如图 4-8 所示。

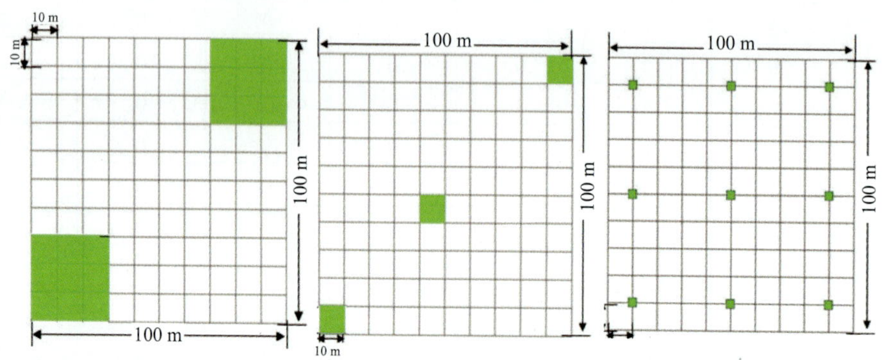

图4-8 不同生态类型样地样方布设示意

森林生态系统样方为 30 m×30 m，2 次重复；
灌木生态系统样方为 10 m×10 m，3 次重复；
草地生态系统样方为 1 m×1 m，9 次重复；
农田生态系统样方为 1 m×1 m，9 次重复；
荒漠生态系统样方为 30 m×30 m，2 次重复。

4.3.2 观测内容

4.3.2.1 样地背景因子观测

记录样地位置、样地大小、样地优势种类型、土地利用类型、经营历史（调查）、土壤类型（具体类型参见填写标准规范）信息，并使用罗盘观测样地的坡度、坡向，同时采用目估的方法对样地的乔、灌、草层的平均覆盖度和高度进行估算，作为后期的参考。

坡度：打开仪器，使反光镜与度盘座略成 45°，侧持仪器，沿照准、准星向斜面边瞄准，并使瞄准线与斜面平行，让测角器自由摆动，从反光镜中注视测角器中央刻线所指示俯仰角度表上的刻度分划，即为所求的俯仰角度（坡度）。

坡向：打开仪器，使方位指标"△"对准"0"，并使反光镜与度盘座略成 45°，用大拇指穿入提环，平持仪器，由照准经准星向被测地目标瞄准，从反光镜中注视磁针北端所对准度盘座上的分划，即为现地目标的磁方位角数值。

4.3.2.2 森林生态系统观测

（1）样地设置：林地固定样地面积为 10 000 m^2，样方 2 个，面积为 30 m×30 m，林下植被样方 3 个，面积为 5 m×5 m，具体以对角线中心点及两边各距 15 m 处为中心点布设 3 个 5 m×5 m 的区域。

（2）观测内容：主要包括林木种类、株数、胸径、郁闭度、叶面积指数、生物量等。

（3）观测方法：参照《林地分类》（LY/T 1812—2009）和森林资源规划设计调查主要技术规定（国家林业局，2003）进行观测，如表 4-6 所示。

表 4-6 森林生态观测内容一览

类别	观测内容	观测指标	观测方法	观测时间	备注
森林观测	基本情况	优势树种	实地调查	7—9 月	
		利用方式	实地调查	7—9 月	
	结构特征	郁闭度	样地（线）法	7—9 月	
		叶面积指数	仪器法	7—9 月	
	生物量	冠幅	每木检尺	7—9 月	
		胸径	每木检尺	7—9 月	
		树高	每木检尺	7—9 月	
林下植被观测	结构特征	林下植被平均盖度	样方法	7—9 月	
		林下植被平均高度	样方法	7—9 月	
	生物量	生物量鲜重	样方法	7—9 月	
		取样鲜重	样方法	7—9 月	
		取样干重	样方法	7—9 月	

4.3.2.3 灌木生态系统观测

灌木生态观测内容，如表4-7所示。

表4-7 灌木生态观测内容一览

类别	观测内容	观测指标	观测方法	观测时间	备注
灌木观测	基本情况	灌木种类	实地调查	全年	
		利用方式	实地调查	7—9月	
	结构特征	覆盖度	样地（线）法	7—9月	
		叶面积指数	仪器法	7—9月	
	生物量	高度	测高器法	7—9月	
		生物量鲜重	样方法	7—9月	
		取样鲜重	样方法	7—9月	
		取样干重	样方法	7—9月	
草本层观测	结构特征	植被平均高度	实地调查	7—9月	
		植被盖度	样方法	7—9月	
	生物量	生物量鲜重	样方法	7—9月	
		取样鲜重	样方法	7—9月	
		取样干重	样方法	7—9月	

（1）样地设置：林地固定样地面积不小于10 000 m^2，林木样方面积为10 m×10 m。

（2）观测内容：主要包括灌木郁闭度、生物量、叶面积指数等。

（3）观测方法：采用样方法，样方大小为10 m×10 m，至少需3个重复。

4.3.2.4 草地生态系统观测

草地生态系统观测，如表4-8所示。

表4-8 草地生态系统观测一览

类别	观测内容	观测指标	观测方法	观测时间	备注
草地观测	基本情况	草地类型	实地调查	7—9月	
		利用方式	实地调查	7—9月	
	结构特征	覆盖度	样线法	7—9月	
		叶面积指数	样方法	7—9月	
	生物量	生物量鲜重	样方法	7—9月	
		取样鲜重	样方法	7—9月	
		取样干重	样方法	7—9月	

（1）样地设置：草地固定样地面积为 10 000 m^2，按长期观测标准样地布设，样地一经确定，不再变更。样地大小要满足有效观测10年，每年7—9月植被生长盛期观测。

（2）观测内容：主要包括草地盖度、叶面积指数、生物量等。

（3）观测方法：草地样方面积为 1 m×1 m，至少重复 9 次。观测采用现场调查法，参照《青海省草地资源调查技术规范》（DB 63/F 209—1994）和《草地害鼠预测预报技术规程》（DB 63/T 331—1999）。

4.3.2.5 湿地生态系统观测

湿地生态系统观测内容，如表 4-9 所示。

表 4-9 湿地生态观测内容一览

类别	观测内容	观测指标	观测方法	观测时间	备注
湿地观测	基本情况	湿地类型	实地调查	7—9 月	
		利用方式	实地调查	7—9 月	
		湿地植被类型	现场调查	7—8 月	
	结构特征	植被覆盖度	样线法	7—9 月	
		叶面积指数	仪器法	7—9 月	
	生物量	乔木群落生物量	样方法	7—9 月	
		灌木群落生物量	样方法	7—9 月	
		草本植物生物量	样方法	7—9 月	

（1）样地设置：湿地植被固定样地面积为 10 000 m²，设置森林湿地样方 30 m×30 m，2 个重复；灌丛湿地样方 10 m×10 m，3 个重复，草本湿地 1 m×1 m，9 个重复。

（2）观测内容：主要包括湿地盖度、高度、群落生物量（包括湿地草本植物群落、湿地灌木群落）等。

（3）观测方法：采用现场调查法、现场描述法、资料收集、访问调查进行观测。参照《湿地分类》（GB/T 24708—2009）和湿地调查规程（国家林业局，2008）进行观测。

4.3.2.6 农田生态系统观测

农田生态系统观测内容，如表 4-10 所示。

表 4-10 农田生态观测内容一览

类别	观测内容	观测指标	观测方法	观测时间	备注
农田观测	基本情况	农田类型	实地调查	7—9 月	
	结构特征	叶面积指数	仪器法	7—9 月	
		覆盖度	样线法	7—9 月	
	生物量	生物量鲜重	样方法	收割期	
		取样鲜重	样方法	收割期	
		取样干重	样方法	收割期	

（1）样地设置：农田固定样地面积为 10 000 m²，农田样方面积为 1 m×1 m。

（2）观测内容：主要包括作物群体株高、叶面积指数、生物量等。

（3）观测方法：采用样方法，样方大小为 1 m×1 m，至少需 9 个重复。

4.3.2.7 荒漠生态系统观测

荒漠生态专项观测内容，如表 4-11 所示。

表 4-11 荒漠生态专项观测内容一览

类别	观测内容	观测指标	观测方法	观测时间	备注
荒漠观测	基本情况	荒漠类型	实地调查	7—9 月	
		优势种	样线法	7—9 月	
		利用方式	实地调查	7—9 月	
	结构特征	叶面积指数	仪器法	7—9 月	
		植被覆盖度	样方法	7—9 月	
	生物量	覆盖度	样方法	7—9 月	
		单位面积生物量	收割法	7—9 月	
		草本生物量	样方法	7—9 月	

（1）样地设置：荒漠固定样地面积为 10 000 m^2，林木样方面积为 30 m×30 m。

（2）观测内容：包括荒漠植被类型、株数、盖度、叶面积指数、生物量等。

（3）观测方法：采用样方法，样方大小为 30 m×30 m，至少需 2 个重复。

4.3.3 生态系统野外观测方法

4.3.3.1 地上生物量地面观测

1）森林生态系统地上生物量地面观测

根据林分特点，样地选取要具有代表性，即林分特征及立地条件一致地段设置样地；样地不能跨越河流、道路或伐开的调查线，且应远离林缘（至少应距林缘为一倍林分平均高的距离）；样地内树种、林分密度分布应均匀。

森林生态系统地上生物量观测分为立木和冠层下部观测，立木与冠层下部生物量之和即为样方生物量。

立木的地上生物量观测：是通过样方内所有林木进行测量，获取其树高、胸径等地面观测数据，依据相对生长方程计算，对所有立木生物量求取平均值并除以样方面积，获取 1 m^2 面积的立木生物量。

冠层下部活体植被地上生物量观测：在样方内，随机选择 3 个 5 m×5 m 的区域，分别收集其中全部地上植被，称量鲜重，并从中抽取不少于 5%的样品，105℃下烘干称干重，获取植株含水量，进而获得实测的地上生物量，计算 3 个区域平均值并除以样方面积，作为冠层下部 1 m^2 面积的生物量。

2）草地生态系统地上生物量地面观测

按照草地生态系统样方布设规则布设 9 个 1 m×1 m 样方。草地生态系统参数野外观测应选择植物生长高峰期时进行，测定时间以当地草地群落进入产草量高峰期为宜，生物量分为活体生物量和凋落物生物量。

活体生物量：将样方内植物地面以上所有绿色部分用剪刀齐地面剪下，不分物种分别装进信封袋，做好标记。称量鲜重后，65℃烘干称量干重，并将测得的干重数据记录，数据保留小数点后两位。

计算 9 个样方活体生物量之和，将 9 个值求平均，得到 1 m^2 面积的生物量。

需要注意的是，如果样品量较多而烘干箱容量有限时，先称量总鲜重，然后取部分鲜样品，称量鲜重进行烘干、测定，所得值乘以其取样比率，即可获得整体干重值；在野外收集样品时需要将样品按样方分别装入塑料袋，编上样品样方号和日期，需要清点每个样方样品，不要有遗漏；带回的样品，应立即处理，如不能及时置于烘箱，需放置于网袋悬挂于阴凉通风处阴干，样品在野外收集时尽量放置在阴凉处，因为太阳暴晒易导致失水或霉烂；并尽快置于烘箱 65℃烘干至恒重。

3）农田生态系统地上生物量地面观测

农田样地选择要远离树木、田间肥堆坑或建筑物，样方选择距离路边田埂、沟边等 3 m 以上。在作物成熟后收获前晴天实施野外调查，采集作物地上部分全植株体。按照农田生态系统样方布设规则布设 9 个 1 m×1 m 样方，将样方内所有植物地上部分用剪刀齐地面剪下，按样方分别装进信封袋，做好标记。返回实验室后，将作物植株分为叶、茎、籽粒三部分分别称量鲜重，然后，进行烘干称重。

烘干生物量：晾干的作物叶、茎等用剪刀或锯刀加工成 5cm 左右的小段，分别混合均匀之后，取约 1 kg，籽粒也取约 1 kg，称重后摊放在瓷盘或铝盒中，在烘箱中 80℃烘干至恒重（前后两次称量，其质量变化不超过总质量损失的 0.2%），冷却至室温，用电子天平称量干重，并将测得的干重数据记录下来。数据记录时保留到小数点后两位。

计算 9 个样方烘干生物量并记录，将 9 个值求平均，得到 1 m^2 面积的生物量。

需要注意的是，在野外收集样品时需要将样品按样方分别装入塑料袋，编上样品样方号和日期，并清点每个样方样品，不要有遗漏；样品取回实验室后，要及时晾晒，样品在野外收集时放置在阴凉处，因为太阳暴晒易导致失水或霉烂。烘干时间取决于样品数量、粗细程度、瓷盘深度等，但一般不超过 24 h；烘干样品的冷却尽量在干燥器中进行并及时称量；如果样品量较多而烘干箱的容量有限时，先称量总鲜重，然后取部分鲜样品，称量鲜重后进行烘干、测定，所得值乘以其取样比率，即可获得整体干重值。

4）灌木生态系统地上生物量地面观测

按照灌木生态系统样方布设规则在 10 m×10 m 的范围内布设 3 个 1 m×1 m 的小样方，在样方内采用全部收获法，用剪刀或锯条将灌木地上部分齐地取下，将其包装好后标记，带回实验室 105℃下烘干至恒重，记录烘干重量，计算 9 个小样方烘干重平均值作为 1 m^2 面积的生物量。烘干注意事项依据前文样方植被类型而定。

5）湿地系统地上生物量地面观测

根据湿地主要植被类型分别采用上述的不同方法进行观测。

6）荒漠系统地上生物量地面观测

样方布设依据荒漠生态系统优势物种而定：草本荒漠布设 9 个 1 m×1 m 样方，采用收割的方法称量鲜重，取样烘干后得到含水量，进而计算每个样方的干重，最终取 9 个样方的平均值作为整个样地的平均生物量；木本荒漠，将样方内的木本根据生物量的大小，分为高、中、低三种类型，分别估算其覆盖度，然后通过收割一定面积的地上生物量计算得到单位面积重量，最后结合覆盖度求得整个样方的地上生物量，同时对每一类型进行取样，烘干，进而计算样方生物量干重。烘干注意事项参考前文。

4.3.3.2 植被覆盖度、冠层郁闭度地面观测

野外观测分为连续植被和离散植被（开放冠层）观测。

1）连续植被

（1）森林样方：采用对角线等间距选点法。对于 30 m×30 m 的样方，每条对角线选 10 个点，每隔 4 m 一个。两对角线交叉处不需重复观测。在每个样点上保持鱼眼相机垂直向上，重复拍摄 2～3 张照片。对按行排列整齐的林地如人工林，应避免采样方向与行株方向平行。最后分别计算每个样点的郁闭度，取其平均值作为样方的郁闭度。

（2）灌木样方：采用对角线等间距选点法。对于 10 m×10 m 的样方，每条对角线选 3 个点，两对角线交叉处不需重复观测，每个样方共计 5 个点。在每个样点重复拍摄 2～3 次，最后分别计算每个样点的郁闭度，取其平均值作为样方的郁闭度。相机的高度和拍摄方式依据植被情况而定。

对较高的灌木林，用鱼眼相机垂直向上拍摄。

对冠高为 1～2 m 的灌木林，如果条件允许，可用支架将相机架至距地面 3 m 以上，用遥控器控制快门垂直向下拍摄。如果条件不允许，可将相机贴近地面，垂直向上拍摄。但要避免镜头被一片或几片叶子遮挡住，拍摄人员身体要放低，或选择计时模式，按动快门后远离相机，防止身体遮挡镜头。

对冠高低于 1 m 的灌木丛，手持鱼眼相机在距地面 1.5 m 的高度垂直向下拍摄。

（3）草地样方：样方大小为 1 m×1 m，每个样方中心拍摄，手持鱼眼相机在距地面 1.5 m 的高度，镜头垂直向下重复拍摄 2～3 次，最后分别计算每个样点郁闭度，取其平均值作为样方郁闭度。

（4）农田样方：样方大小为 1 m×1 m，每个样方中心拍摄，在每个样点处，用鱼眼相机重复拍摄 2～3 次，最后分别计算每个样点覆盖度（图 4-9），取其平均值作为样方覆盖度。鱼眼相机高度和拍摄方式根据作物情况而定，具体参照灌木样方测量方法。

2）离散植被

对植被不均匀分布样方，少数采样点不能代表样方真实情况。对两条对角线连续采样，用两条对角线上植被覆盖度的平均值代表样方的覆盖度。此时，除森林样地观测在样方尺度上开展之外，其他生态系统样地均在样地尺度上开展，不必考虑样方的分布，最终直接测得样地植被覆盖度。具体方法用样带法：

（1）林地：沿样方对角线拉一根样带线（皮尺），测量样带线方向上树冠冠幅长度，该长度与样带线的总长度之比即为对角线上的郁闭度。两条对角线郁闭度的平均值为林地样方的郁闭度。

（2）灌木：沿样地对角线拉一根样带线（皮尺），测量样带线方向上的灌木冠幅的长度（对于高大灌木）或植物个体接触样带线的长度（对于低矮灌木），该长度与样带线的

总长度之比即为对角线上的郁闭度。两条对角线覆盖度的平均值为灌木样方的覆盖度。

（3）草地：沿样地对角线拉一根样带线（皮尺），测量植物个体接触样带线的长度，该长度与样带线的总长度之比即为对角线上的郁闭度。取两条对角线覆盖度的平均值作为草地样方的覆盖度。

（4）湿地、荒漠：根据样方内的植被类型参考开放式森林、灌林、草地的测量方法。

图 4-9 自上而下拍摄玉米覆盖度

注意：拍摄时不要刻意选择植株多的区域，不要让一片或几片叶子遮挡住大部分镜头，自上而下拍摄时，最好使多行垄和植被都落入镜头。

3）数据记录与处理

遵循以下原则：

（1）照相法测量覆盖度时，要在记录表格中记录每个样方内所拍照片编号，方便后续处理。

（2）计算原理是对照片进行分类，统计植被像元比例，可用 Photoshop，CAN_EYE 等软件统计，也可用 IDL 调用 ENVI 进行批处理。

（3）鱼眼照片采用中心投影，照片边缘变形较大，且视角大，处理时应先对照片进行裁剪，以照片中心点为圆心，照片宽度的 2/3 为半径将照片裁为圆形。

(4)用 ENVI 分类时采用监督分类方法,记下不同生态类型照片中植被与非植被的 RGB 分界值，然后以此编程，对其他照片进行分类。

4）注意事项

（1）最好选择阴天或太阳高度角相对较低的时刻拍摄，防止过度曝光或阴影造成相片误判。

（2）在每个样点拍摄后，应及时查看，如果发现不合格照片，例如相机倾斜、模糊、曝光过度等，应立即重拍。

（3）在某些很难控制鱼眼相机水平的情况下，可用冠层分析仪（如 LAI-2000）在测量叶面积指数的同时获取郁闭度（参数 DIFN 代表冠层下可见天空比例，1-DIFN 则代表郁闭度）。

4.3.3.3 叶面积指数地面观测

1）不同植被类型 LAI 测量规范

（1）森林：适用于常绿阔叶林、落叶阔叶林、常绿针叶林、落叶针叶林、针阔混交林。可采用 LAI-2000 测量，也可采用 TRAC 进行测量，然后计算样方平均 LAI。LAI-2000 与 TRAC 的测量方法可参见下一节 LAI 测量方法。采样点沿样地的两条斜对角线等间距分布，两点之间间隔 5 m，每条对角线上观测 8 次。

（2）灌木林：适用于常绿灌木林和落叶灌木林。采用 LAI-2000 进行测量，每个样方内取一次参考天空光，8 次冠层下方观测求取平均值进行记录，采样点在两条对角线上等间距分布，以对角线交叉点为起点，点间隔 3 m，每条对角线上 4 个采样点，然后计算样方平均 LAI。

（3）草地：

①对于稀疏、低矮草地。由于植被十分稀少，采用干重法测量 LAI，然后计算样地平均 LAI。样方大小为 1 m×1 m。干重法参见下一节 LAI 测量方法。

②对于高于 5cm 的草地。采用 LAI-2000 对 9 个样方进行观测，然后计算样地 LAI。

（4）农田：适用于水田、旱地，可采用叶片长宽法或 LAI-2000 测量，然后计算样方平均 LAI。叶片长宽法参见下一节 LAI 测量方法。

（5）荒漠：

①对于稀疏林地。记录并测量每棵树的位置和 LAI，然后计算样方平均 LAI。

②对于荒漠草本植被。由于植被十分稀少，采用干重法测量 LAI，然后计算样方平均 LAI。样点大小为 1 m×1 m，样点与草地样地样方布设相同。

2）叶面积指数测量方法

（1）干重法：

①工具　直尺；取样袋；剪刀；纸袋；烘箱；千分之一天平等；

②方法　选定有代表的地块，取一定面积的植物样品于取样袋中，带回室内测定。

制备标叶：取 5 株有代表性的样品，将其展开绿叶全部摘下后，洗净，尽量取叶片中部宽窄一致的地方，剪成一定长度的小段（2 cm 或 3 cm），用直尺测定总宽度约 20 cm 的叶片，计算标叶面积 S，装入小纸袋烘干后称重（W_1）。

余叶重的获取：将 5 株其他剩余绿叶全部烘干后称重（W_2）。所有剩余植株绿叶均摘下洗净烘干后称重（W_3）。

③计算

$$\text{叶面积指数}=(W_1+W_2+W_3)\times S/W_1/A$$

式中，W_1——标叶重，g；

W_2——5 株的余叶重，g；

W_3——剩余植株叶片重，g；

S——标叶面积，cm^2；

A——取样面积，m^2。

（2）叶片长宽法：

①实验工具　带刻度的直尺、记录本、记录笔。

②实验步骤　以玉米为例，先从地里选择有代表性的3～5株，把这3～5株玉米的每一片叶子的长和宽都用直尺量出来。把每一片叶子的长乘以宽再乘以0.75这个系数，就得到了一片叶子的面积。再把所有的叶片面积加起来就得到了一株玉米的叶面积。再根据密度算出一株玉米所占的土地面积。把玉米的总叶面积除以土地面积就得到了叶面积指数。

③计算公式　一株玉米叶面积＝（第一叶片长×第一叶片宽×0.75）＋（第二叶片长×第二叶片宽×0.75）＋…

叶面积指数＝[（第一株玉米叶面积＋第二株玉米叶面积＋…）/所测的玉米株数]/一株玉米所占的土地面积

④注意事项　这种方法适用于叶片近似一种形状的作物。每一种作物的系数不相同，具体作物有对应的系数。

（3）LAI-2000：

①基本操作步骤　连接传感器：把仪器正面向上放好左上方和右上方的两个接口都是LAI-2000的接口分别为X、Y。接口我们使用的是一个LAI-2000传感器，所以一般使用X。

开关仪器：按下ON键大约2 s后仪器就可以启动，按下FCT键再按09就可以关闭仪器。

②进行实际测量　因为我们使用的是一个传感器进行测量，所以传感器的校准和如何使用两个传感器的问题在此不讨论。这里只讨论错误的读数和实际操作中需要考虑的问题。

错误读数：理论上讲，B读数应该比A读数小。当树叶非常稀疏，在树上有大缝隙的时候，甚至有时传感器看不到树叶，所以AB读数很接近，或者相等，但是这些都是理论上的。

在实际操作时，因为以下的原因B读数会大于A读数：①天空的状况发生变化；②测量仪器正常的波动；③操作失误（AB次序错误）；④测量B读数时，传感器在太阳照到的叶子下（这也是操作失误）。

当一个或多个光圈的B读数大于A读数时，会使这些光圈上的光线透过率大于1。如果产生这种结果的原因是因为操作错误或天空状况的改变引起的，可以给操作员提醒，重新开始测量；如果只是因为树叶很稀少或者正常的仪器波动，可以设置参数使错误的光圈上的最大透过率为1.0。FCT16（BAD READING）中可以设置处理方式，有三个选项：①“Beep，Ignore”：应该使用在A和B读数不会很接近的情况下，当仪器发现错误的读数时发出BEEP，并且不记录该资料；②“Set A/B=1”：应该使用在树叶稀少的情况下当仪器发现错误的读数时，并不提示操作员，只把该值得到的叶面积指数设为1.0。③“Set B/A=1”：和上一个设置类似，只用于两个传感器的情况，在此不予讨论。

实际操作中应考虑的问题：在天空和植物冠层的条件不理想的情况下，需要调整测量的方式。例如通常需要测量多个B资料进行均值处理得到LAI的值；太阳和操作员不能在传感器的视角里；对于树叶很浓而又有大的空隙时，需要传感器使用窄的视角，以致可以把树叶和空隙结合起来考虑。

测量孤立的树：最好用 180°或者更小的视角盖进行测量，把传感器放在树冠下面的树干旁边测量 B 资料。用视角盖挡住树干，应该把传感器放在靠近树干并且在大树枝下边，但是不要让树干和树枝占据了传感器视野的主要部分。有两种放置传感器的方法：一种是放在低的树枝上面；另一种是树冠部分以外的下边。如图 4-10 所示。

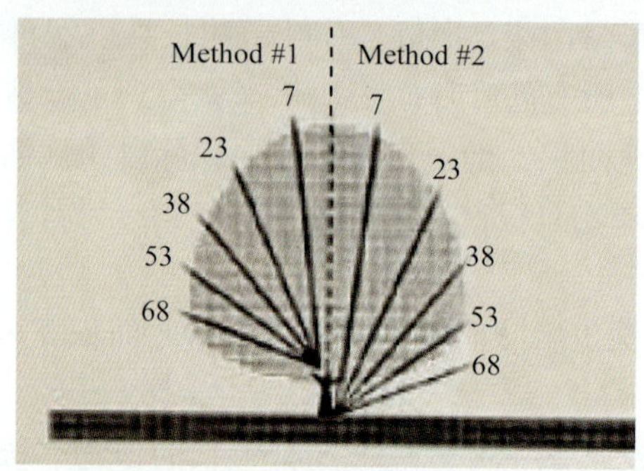

图 4-10　测量孤立的树

使用视角盖的目的是挡住旁边的树，使用 90°或 45°视角盖会减小采样树冠的大小。如果树冠是对称的，而且很独立，那么可以在不同的方向上采集 B 数据，下面展示了使用 90°视角盖的 4 个 B 资料测量树叶密度（图 4-11 左）。如果树冠不对称，则需要几个不同的文件来计算树叶密度（图 4-11 右）。平均树叶密度从每个文件中得到的树叶密度的平均值获得。

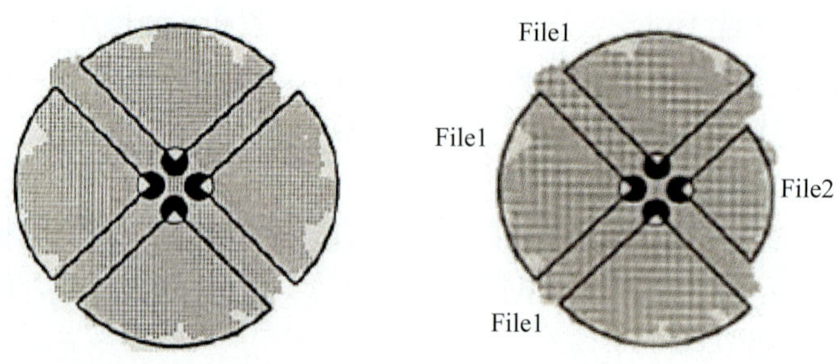

图 4-11　测量树叶密度

C2000 程序提供了计算路径长度和树冠体积的方法。使用一个坐标系统，以树下面的中心为原点，得到充分的坐标点来表示树冠的形状。C2000 程序用这些资料得到路径长度，计算树冠体积和树叶密度。

③ LAI-2000 注意事项　在要测的地块里选取有代表性的一块。

记录一个资料时，会有两声蜂鸣，第一声是按键声，第二声是读数完成的声音。在两次蜂鸣声之间，必须保持传感器水平不动。

在一块地里测量的 B 值要尽量多，才有代表性。

注意不能使一片或一团叶子挡住了传感器的整个视野。

能使外部物体进入测量视野，可以考虑使用适当的视角盖。

如果可能的话，尽量避开阳光直射的环境，可以等待云挡住阳光，或者在日出和日落时进行测量。

在无云的晴空下，使用 270°的视角盖，有薄云时，使用 180°的视角盖。

无论何时测量，都要用你的背挡住太阳，用视角盖挡住你和太阳。

不要使镜头沾水，这样会阻碍辐射光线。

（4）TRAC 法：

①测试指标　太阳直射辐射透过系数、半球天空散射辐射透过系数、叶面积指数（LAI）、平均叶倾角（MFIA）、植物冠层消光系数。

②仪器原理　植物冠层分析软件对由摄像头获取的图像进行数字化及相关处理。然后计算出直接辐射透过系数或植物冠层下可视天空比率。该软件根据用户设定的天顶角（环）和方位角，首先把图像划分成扇区和网格，随后，在每个方位角中可视天空比率用自动计数在那个扇区图像中的天空部分而快速被分析。当所有的扇区被分析和对每个天顶角的直接辐射透过系数被计算之后，半球天空的散射辐射系数（可视天空因子），平均叶倾角和植物冠层的消光系数将相应地被植物冠层分析软件计算出来。

③仪器使用及测试方法：

a. 获取图像　首先把摄像头插入手柄中，然后把手柄上的线插头插入计算机后面的 USB 插孔中。

打开电脑，找到一个绿叶图标，双击这个图标打开测量程序。或单击 Windows 桌面上的“开始”按钮，从“程序”中打开 CI-110 的测量程序，进入到主窗口中。

在主窗口左边的工具栏上，有一个画有绿叶的按钮，单击这个按钮或打开 File 菜单选择 Acquire……命令，都可以出现一个获取屏幕。

把手柄置于冠层下某一水平位置上，于是获取图像屏幕将显示冠层鱼眼图像的现场景观。然后移动手柄找到最合适的图像，稳定地保持住已经水平的手柄，点击 Capture still lmage 按钮，就捕捉到了这个图像。

保存这个图像的方法是点击工具栏上的保存图标或 File 菜单下的 Save as 命令。在出现的保存对话框中，选择保存的位置、保存文件的名称和类型，设定完成后，点击 Save 按钮就可以保存了。

b. 获取图像有关的数据　点击工具栏上的尺子图标，或者打开 mage 菜单选择 Measure 命令，出现一个对话框，问你是否将有的区域排除不参加计算（对图像进行屏蔽）。通常不必要对鱼眼图像进行屏蔽但对于下述情况，你可能需要进行屏蔽：你、其他人或无关的物体出现在图像中，太阳光或它的强烈闪光在图像中影响了阈值的确定，某种原因你仅需要对获取的整个图像的一部分进行测量。

在对话框中，如果你要屏蔽，点击 yes 接着输入起始屏散角和结束屏散角，否则选择 No，点击 OK 出现一个结果窗口，给出了保存图像的一些参数，点击 Save 保存这个结果。

参数的设置：选择菜单的命令，有 3 个选项，选择“输出”，于是窗口显示所有的输出参数，有叶面积指数、叶片分布、平均叶倾角、直射辐射透过系数、散射辐射透过系数、消光系数。可根据需要进行选择。

④注意事项　对于条播的作物冠层，应在两行之间的对角线小区上取 4 个均匀的测点进行测量，并多取几个对角线小区作重复。取样时，最好把探头放在行内或两行中间的位置。

使用 CI-110 测量之前应先观察一下冠层的大小，如果小区太小，鱼眼镜头观察到的视野超出被测叶层的边缘，可能低估叶面积指数。建议小区的最小半径为冠层高度的 3 倍左右。

鱼眼镜头到 30°天顶角的方向上的最近叶距离至少应为叶片宽度的 4 倍测量时的最适宜天空条件为均匀的多云天空，早晨或傍晚，即当散射辐射数量较低时。

在晴空条件下测量时，鱼眼镜头应放在遮蔽的阴影下以减少低估的 LAI 和高估的直接辐射和散射辐射透过系数。

为了得到较高的测量密度，行走速度应该尽量慢一些，通常，10 m 的测量应该有大约 1 000 个数据点。

清洁 CI-110 盒子要用微湿的布，如果需要可用轻柔的洗涤剂。不要用任何种类的溶剂。擦洗镜头，要用软的非砂性布。如果必要，可有少许商用镜头清洗液。

4.3.3.4 树高地面观测

在每个样方内，利用激光测高仪——图帕斯 200（TruPulse200）（图 4-12）获得树高实测数据。

图 4-12 图帕斯 200 激光测高仪

测量树高时，眼睛通过单筒目镜，观测筒中的目镜与十字光丝构成了一条观测线，把激光测高仪对准至测量目标（图 4-13），使目镜内部十字光丝直接对准被测物，瞄准被测中部，先测 HD 水平距离，按下 FIRE 键并保持，直到显示距离，放开 FIRE 键。然后瞄准被测物体的顶部，按 FIRE 键，瞄准被测物体的底部，按 FIRE 键，利用测量的高度差或高度和，最后得到所测量树木的绝对高度。在乔木样方内，选择胸径 5cm 以上的树进行测量。

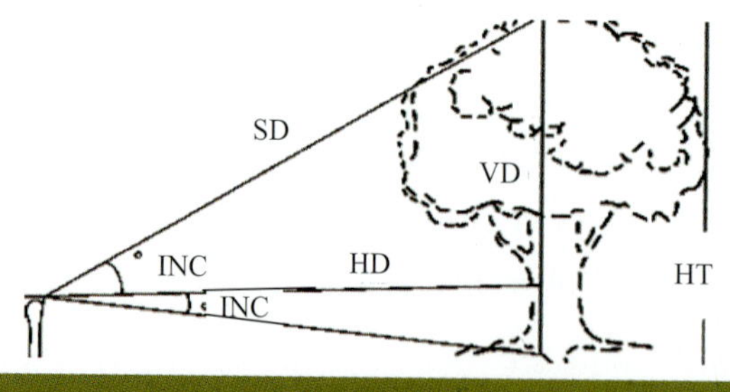

SD—斜距
HD—水平距离
VD—垂直高度
INC—倾斜角度
HT—绝对高度

图 4-13 激光测高仪使用方法

4.3.3.5 胸径地面观测

在每个样方内，通过胸径尺测量距地面 1.3 m 处的所有立木直径。

需要注意的事项：

（1）必须测定距地面 1.3 m 处直径，在坡地测量需测坡上 1.3 m 处直径，测量精度为 0.1 mm；

（2）胸径尺必须与树干垂直且与树干四面紧贴，测定胸径并记录后，再取下轮尺；

（3）遇干形不规整树木，应垂直测定两个方向的直径，取其平均值。在 1.3 m 以下分叉应视为两株树，分别测量；

（4）测定位于样地边界上的树木时，本着北要南不要，取东舍西的原则；

（5）观测者每测一株树，应报出该树种名、胸径大小；记录者应复诵。凡测过的树木，应用粉笔在树上向前进的方向做出记号，以免重测或漏测；

（6）对于可复查样地，调查时每株树应挂牌编号，并在 1.3 m 处做标记，便于复查；

（7）对于冠折和干折的枯立木，需要测定其基径、胸径和实际高度，记录其腐烂等级。

4.3.3.6 冠下高地面观测

利用激光测高仪——图帕斯 200（TruPulse200）也可进行枝下高的观测，具体操作步骤可参考树高测量。

4.3.3.7 树龄地面观测

在每个样方内，利用生长锥获得树龄的实测数据。对树龄进行测量时，取离地面 1.3 m 处作为测点，先将锥筒装置于锥柄上的方孔内，用右手握柄的中间，用左手扶住锥筒以防摇晃。垂直于树干将锥筒先端压入树皮，而后用力按顺时针方向旋转，待钻过髓心为止。将探取杆插入筒中稍许逆转再取出木条，木条上的年龄数，即为钻点以上树木的年龄。加上由根颈长至钻点高度所需的年数，即为树木的年龄。在乔木样方内，选择胸径 5cm 以上的乔木进行测量。

4.3.3.8 农田与草地冠层高度地面观测

使用钢卷尺测定样方内植物自然状态下最高点与地面的垂直高度，以 cm 表示，并将所测得的数据记录下来。在每个样方内，选择平均高度的植株进行测定并记录。

4.3.4 生态系统观测设备要求

在进行野外调查之前，需要准备如下工具：

（1）样地定位工具　手持 GPS 系统；野外工作计划图；

（2）取样工具　枝剪、手锯、铁锨；

（3）测量工具　罗盘、卷尺、皮尺、花杆、测绳、天平、弹簧秤、LAI-2000、TRAC、激光测高仪、胸径尺、生长锥、鱼眼镜头、单反相机；

（4）样品储藏　植物样品袋、封口袋；

（5）记录工具　调查表、记录本、铅笔（干旱区可直接用签字笔）、移动硬盘（100GB）1 个；

（6）辅助工具　标签（包括标本标签和土壤样品标签）、记号笔（不同型号、黑色墨水）；

（7）其他备用物品　除生活用品外，还需必要的药品（如防感冒、防中暑药），南方还需要准备蛇药、北方需准备防晒。

4.3.5 生态系统参数观测表格及其填写说明

4.3.5.1 森林生态系统观测

1）森林生态系统野外综合观测表及其填写说明

（1）森林生态系统野外综合观测，如表 4-12 所示。

（2）森林生态系统野外综合观测表填写说明：

省：省级名称，不能用简称；直辖市在此填写实名，限三字，如：河北；

市：地级市名，直辖市填写区、县名称，如：武汉；

县：县级名称，直辖市在此不填写；

样区号：按下发的样区号填写；

观测员：观测人姓名；

审核员：审核人姓名；

时间：按照年-月-日格式填写，如：2012-03-28；

样地号：各省市每个样区内样地为 3 个，调查单位自行按照 1，2，3 进行标号，并填写；

样方号：根据样地生态系统类型数量，按照自然数顺序，从 1 开始编号填写；

样方类型：按森林优势种类型填写，如杨树林；

样方长：按调查实际长度记录，单位：m，如 30 m；

样方宽：按调查实际长度记录，单位：m，如 30 m；

位置（地名）：县下一级行政单位名称，以“镇（乡）+村”格式填写；

经度：样方中心经度，小数型数字，保留小数点后 5 位，单位：（°），如：115.23156；

纬度：样方中心纬度，小数型数字，保留小数点后 5 位，单位：（°），如：29.36562；

海拔：GPS 量测的数据，保留小数点后 2 位，单位：m，如 1 845.26 m；

坡度：小数型数字，保留小数点后 1 位，单位：（°），如 20.5°；

坡向：小数型数字，保留小数点后 1 位，单位：（°），如 275.3°；

土壤类型：按照中国土壤分类系统填写，如赤红壤；造林年代：按实际观测及调查情况填写，单位年，如 30 年；

平均乔郁闭度：样方平均乔木郁闭度，小数型数字，保留小数点后 1 位，如 0.6；

平均树高：样方树木平均高度，保留小数点后 1 位，单位：m，如 1.6 m；

测量单木数：样方内每木检尺树木数量，单位棵，如 150 棵；

优势种：样方内主要树种类型，根据实际情况填写，不超过 3 种；

平均灌盖度：样方平均灌木覆盖度，小数型数字，保留小数点后 1 位，如 0.6；

平均灌高度：样方平均灌木层高度，保留小数点后 1 位，单位：m，如 1.6 m；

表 4-12 森林生态系统野外综合观测

省	市	县	样区号		观测员		审核员		时间	
样地号		样方号		样方类型		样方长		样方宽		
位置（地名）		经度		纬度		海拔				
坡度		坡向		土壤类型		造林年代				
平均乔郁闭度		平均树高		测量单木数		优势种				
平均灌盖度		平均灌高度		平均草盖度		平均草高度				
林下灌木样方	小样方 1（5 m×5 m）	小样方 2（5 m×5 m）	小样方 3（5 m×5 m）							
优势灌木种										
覆盖度										
高度										
样方鲜重										
取样鲜重										
取样干重										
平均生物量	鲜重		干重							
林下草地样方	小样方 1（5 m×5 m）	小样方 2（5 m×5 m）	小样方 3（5 m×5 m）							
优势草本种										
覆盖度										
高度										
样方鲜重										
取样鲜重										
取样干重										
平均生物量	鲜重		干重							
LAI 观测方法	□	LAI-2000/2200	□	TRAC						
LAI 观测	Num.		LAI		CI		DIFN		采样点分布示意图	
	MTA		SEM		SMP		SEL			
	Num.		LAI		CI		DIFN		采样点分布示意图	
	MTA		SEM		SMP		SEL			
	平均 LAI									
植被覆盖度观测方法	□	鱼眼相机法	□	样线法						
鱼眼相机法	鱼眼照片编号		采样点分布示意图							
	平均郁闭度									
样线法	对角线 1 植被长度		对角线 2 植被长度							
	平均郁闭度									
样地环境照片号										
备注										

平均草盖度：样方平均草本覆盖度，小数型数字，保留小数点后 1 位，如 0.6；

平均草高度：样方平均草本高度，保留小数点后 1 位，单位：m，如 0.2 m；

优势灌木种：样方内主要灌木类型，根据实际情况填写，不超过 3 种；

优势草本种：样方内主要草本类型，根据实际情况填写，不超过 3 种；

覆盖度：按实际观测情况填写，只填写数字，保留小数点后 1 位，如 59.5；

高度：按实际观测情况填写，保留小数点后 1 位，单位：m，如 1.6 m；

样方鲜重：按实际观测情况填写，保留小数点后 1 位，单位：g，如 1 890.2g；

取样鲜重：按实际取样情况填写，保留小数点后 1 位，单位：g，如 1 890.2g；

取样干重：按实际测量情况填写，保留小数点后 1 位，单位：g，如 1 890.2g；

平均生物量—鲜重：3 个小样方的观测生物量平均值，保留小数点后 1 位，单位：g/m^2，如 1 890.2g/m^2；

平均生物量—干重：3 个小样方的干物质生物量平均值，保留小数点后 1 位，单位：g/m^2，如 1 890.2g/m^2；

LAI 观测方法：根据具体仪器使用情况，选择相应仪器类型；

叶面积指数：按照实地观测情况填写，直接从仪器读数；NUM：叶面积指数记录文件编号，LAI：叶面积指数观测值，CI：聚集指数，DIFN：无截取散射，MTA：平均叶倾角，SEM：平均倾角标准误，SMP：有效测量点数，SEL：叶面积标准误；

平均 LAI：样方内两次观测的平均值，量纲为一；

植被覆盖度观测方法：根据样方实际情况，选择合适的植被覆盖度观测方法，并完成相应表格填写；

鱼眼照片号：按照“省代码+样区号+样地号+样方号+鱼眼”填写；

对角线植被长度：按实际观测情况填写，保留小数点后 1 位，单位：m，如 24.6 m；

采样点分布示意图：根据采样点在样方内的位置绘制分布示意图；

植被覆盖度—平均郁闭度：计算所有照片或两条样线覆盖度的平均值，数型数字，保留小数点后 1 位，如 0.6；样地环境照片编号：按照“省代码+样区号+样地号+样方号+普通”填写；

备注：其他信息填写。

2）森林生态系统样地每木调查表及其填写说明

（1）森林生态系统样地每木调查，如表 4-13 所示。

表 4-13　森林生态系统样地每木调查表野外观测

地点		样地号		样方号		调查时间	
立木序号	树种	胸径/cm	树高/m	枝下高/m	冠幅东西/m	冠幅南北/m	生物量（材积）
1							
2							
3							
4							
5							
6							
……							
16							

（2）森林生态系统样地每木观测填表说明：

树种：根据观测实际情况填写，如杨树；

胸径：测径尺量测数据，保留小数点后 1 位，单位：cm，如 50.2cm；

树高：测高仪测量高度，保留小数点后 1 位，单位：m，如 1.6 m；

枝下高：测高仪测量高度，保留小数点后 1 位，单位：m，如 1.6 m；

冠幅东西：测量长度，保留小数点后 2 位，单位：m，如 1.62 m；

冠幅南北：测量长度，保留小数点后 2 位，单位：m，如 1.62 m；

生物量（材积）：如有生长方程或材积表，请计算每木生物量。

4.3.5.2 灌木生态系统野外观测

（1）灌木生态系统野外观测，如表 4-14 所示。

表 4-14 灌木生态系统野外观测

	省		市		县	样区号		观测员		审核员		时间	
样地号		样方号		样方类型		样方长		样方宽					
位置（地名）		经度		纬度		海拔							
坡度		坡向		土壤类型		平均灌木高度							
平均灌木盖度		平均草盖度		平均草高度									
灌木地上生物量	样方 1	样方 2	样方 3										
样方鲜重													
取样鲜重													
取样干重													
灌木平均生物量	鲜重		干重										
草本地上生物量	样方 1	样方 2	样方 3										
样方鲜重													
取样鲜重													
取样干重													
草本平均生物量	鲜重		干重										
LAI 观测	Num.		LAI		SEL		DIFN		采样点分布示意图				
	MTA		SEM		SMP								
植被覆盖度观测方法	□	样线法	□	鱼眼相机法									
鱼眼相机法	鱼眼照片编号		采样点分布示意图										
	平均植被覆盖度												
样线法	对角线 1 灌木长度		对角线 2 灌木长度										
	平均植被覆盖度												
样地环境照片号													
备注	植被覆盖度：样线法样线沿样地两个对角线布设，不在样方层次上开展，鱼眼照片法在样方尺度上开展												

（2）灌木生态系统野外观测填表说明：

省：省级名称，不能用简称；直辖市在此填写实名，限三字，如：河北；

市：地级市名，直辖市填写区、县名称，如：武汉；

县：县级名称，直辖市在此不填写；

样区号：按下发的样区号填写；

观测员：观测人姓名；

审核员：审核人姓名；

时间：按照年-月-日格式填写，如：2012-03-28；

样地号：各省市每个样区内样地为3个，调查单位自行按照1，2，3进行标号，并填写；

样方号：根据样地生态系统类型数量，按照自然数顺序，从1开始编号填写；

样方类型：按灌木优势种类型填写，如油蒿灌丛；

样方长：按调查实际长度记录，单位：m，如10 m；

样方宽：按调查实际长度记录，单位：m，如10 m；

位置（地名）：县下一级行政单位名称，以“镇（乡）+村”格式填写；

经度：样方中心经度，小数型数字，保留小数点后5位，单位：（°），如：115.23156°；

纬度：样方中心纬度，小数型数字，保留小数点后5位，单位：（°）如：29.36562°；

海拔：GPS量测的数据，保留小数点后2位，单位：m，如1 845.26 m；

坡度：小数型数字，保留小数点后1位，单位：（°），如20.5°；

坡向：小数型数字，保留小数点后1位，单位：（°），如275.3°；

土壤类型：按照中国土壤分类系统填写，如赤红壤；

平均灌木盖度：样方平均灌木覆盖度，小数型数字，保留小数点后1位，如0.6；

平均灌木高度：样方平均灌木层高度，保留小数点后1位，单位：m，如1.6 m；

平均草盖度：样方平均草本覆盖度，小数型数字，保留小数点后1位，如0.6；

平均草高度：样方平均草本高度，保留小数点后1位，单位：m，如0.2 m；

样方鲜重：按实际观测情况填写，保留小数点后1位，单位：g，如1 890.2g；

取样鲜重：按实际取样情况填写，保留小数点后1位，单位：g，如1 890.2g；

取样干重：按实际测量情况填写，保留小数点后1位，单位：g，如1 890.2g；

平均生物量—鲜重：3个小样方的观测生物量平均值，保留小数点后1位，单位：g/m^2，如1 890.2g/m^2；

平均生物量—干重：3个小样方的干物质生物量平均值，保留小数点后1位，单位：g/m^2，如1 890.2g/m^2；

LAI观测：按照实地观测情况填写，直接从仪器读数；NUM.：叶面积指数记录文件编号，LAI：叶面积指数观测值，DIFN：无截取散射，MTA：平均叶倾角，SEM：平均倾角标准误，SMP：有效测量点数，SEL：叶面积标准误；

植被覆盖度观测方法：根据样方实际情况，选择合适的植被覆盖度观测方法，并完成相应表格填写；

鱼眼照片号：按照“省代码+样区号+样地号+样方号+鱼眼”填写；

对角线灌木长度：按实际观测情况填写，保留小数点后 1 位，单位：m，如 24.6 m；

采样点分布示意图：根据采样点在样方内的位置绘制分布示意图；

平均植被覆盖度：计算所有照片或两条样线覆盖度的平均值，小数型数字，保留小数点后 1 位，如 0.6；

样地环境照片编号：按照“省代码+样区号+样地号+样方号+普通”填写；

备注：其他信息填写。

4.3.5.3 草地/农田生态系统野外观测

（1）草地/农田生态系统野外观测，如表 4-15 所示。

表 4-15 草地/农田生态系统野外观测

<table>
<tr><td></td><td>省</td><td></td><td>市</td><td></td><td>县</td><td>样区号</td><td></td><td>观测员</td><td></td><td>审核员</td><td></td><td>时间</td><td></td></tr>
<tr><td>样地号</td><td></td><td>样地类型</td><td></td><td>样地长</td><td></td><td>样地宽</td><td></td></tr>
<tr><td>位置（地名）</td><td></td><td>经度</td><td></td><td>纬度</td><td></td><td>海拔</td><td></td></tr>
<tr><td>坡度</td><td></td><td>坡向</td><td></td><td>土壤类型</td><td></td><td>优势种/作物类型</td><td></td></tr>
<tr><td>平均盖度</td><td></td><td>平均高度</td><td></td></tr>
<tr><td>地上生物量</td><td>样方 1</td><td>样方 2</td><td>样方 3</td><td>样方 4</td><td>样方 5</td><td>样方 6</td><td>样方 7</td><td>样方 8</td><td>样方 9</td></tr>
<tr><td>样方鲜重</td><td></td><td></td><td></td><td></td><td></td><td></td><td></td><td></td><td></td></tr>
<tr><td>取样鲜重</td><td colspan="9"></td></tr>
<tr><td>取样干重</td><td colspan="9"></td></tr>
<tr><td>平均生物量</td><td>鲜重</td><td></td><td>干重</td><td></td></tr>
<tr><td rowspan="4">LAI 观测</td><td>Num.</td><td></td><td>LAI</td><td></td><td>SEL</td><td></td><td>DIFN</td><td></td><td rowspan="2">采样点分布示意图</td><td rowspan="2"></td></tr>
<tr><td>MTA</td><td></td><td>SEM</td><td></td><td>SMP</td><td colspan="3"></td></tr>
<tr><td>Num.</td><td></td><td>LAI</td><td></td><td>SEL</td><td></td><td>DIFN</td><td></td><td rowspan="2">采样点分布示意图</td><td rowspan="2"></td></tr>
<tr><td>MTA</td><td></td><td>SEM</td><td></td><td>SMP</td><td colspan="3"></td></tr>
<tr><td>植被覆盖度观测方法</td><td>□</td><td>样线法</td><td>□</td><td>鱼眼相机法</td><td></td></tr>
<tr><td rowspan="2">鱼眼相机法</td><td>鱼眼照片编号</td><td></td><td rowspan="2">采样点分布示意图</td><td rowspan="2"></td></tr>
<tr><td>平均植被覆盖度</td><td></td></tr>
<tr><td rowspan="2">样线法</td><td>对角线 1 植被长度</td><td></td><td>对角线 2 植被长度</td><td></td></tr>
<tr><td>平均植被覆盖度</td><td colspan="3"></td></tr>
<tr><td>样地环境照片号</td><td colspan="9"></td></tr>
<tr><td>备注</td><td colspan="9">植被覆盖度样线法沿样地两条对角线布设，LAI 采样点沿样地对角线布设，均与样方分布无关</td></tr>
</table>

（2）草地/农田生态系统野外观测填表说明：

省：省级名称，不能用简称；直辖市在此填写实名，限三字，如：河北；

市：地级市名，直辖市填写区、县名称，如：武汉；

县：县级名称，直辖市在此不填写；

样区号：按下发的样区号填写；

观测员：观测人姓名；

审核员：审核人姓名；

时间：按照年-月-日格式填写，如：2012-03-28；

位置（地名）：县下一级行政单位名称，以“镇（乡）+村”格式填写；

样地号：各省市每个样区内样地为 3 个，调查单位自行按照 1，2，3 进行标号，并填写；

样方号：根据样地生态系统类型数量，按照自然数顺序，从 1 开始编号填写；

样地类型：按草地优势种类型或农作物类型填写，如针茅草地、玉米地；

面积：按调查实际面积大小记录，如 1 m×1 m；

样地长：按调查实际长度记录，单位：m，如 30 m；

样地宽：按调查实际长度记录，单位：m，如 30 m；

经度：样地中心经度，小数型数字，保留小数点后 5 位，单位：（°），如：115.23156°；

纬度：样地中心纬度，小数型数字，保留小数点后 5 位，单位：（°），如：29.36562°；

海拔：GPS 量测的数据，保留小数点后 2 位，单位：m，如 1 845.26 m；

坡度：小数型数字，保留小数点后 1 位，单位：（°），如 20.5°；

坡向：小数型数字，保留小数点后 1 位，单位：（°），如 275.3°；

土壤类型：按照中国土壤分类系统填写，如赤红壤；

优势种/作物类型：按草地优势种类型或农作物类型填写，如针茅草地、玉米地；

平均盖度：样地平均覆盖度，小数型数字，保留小数点后 1 位，如 0.6；

平均高度：样地平均高度，保留小数点后 1 位，单位：m，如 1.6 m；

样方鲜重：按实际观测情况填写，保留小数点后 1 位，单位：g，如 1 890.2g；

取样鲜重：按实际取样情况填写，保留小数点后 1 位，单位：g，如 1 890.2g；

取样干重：按实际测量情况填写，保留小数点后 1 位，单位：g，如 1 890.2g；

平均生物量—鲜重：9 个小样方的观测生物量平均值，保留小数点后 1 位，单位：g/m^2，如 1 890.2g/m^2；

平均生物量—干重：9 个小样方的干物质生物量平均值，保留小数点后 1 位，单位：g/m^2，如 1 890.2g/m^2；

LAI 观测：按照实地观测情况填写，直接从仪器读数；NUM：叶面积指数记录文件编号，LAI：叶面积指数观测值，DIFN：无截取散射，MTA：平均叶倾角，SEM：平均倾角标准误，SMP：有效测量点数，SEL：叶面积标准误；

植被覆盖度观测方法：根据样方实际情况，选择合适的植被覆盖度观测方法，并完成相应表格填写；

鱼眼照片号：按照“省代码+样区号+样地号+样方号+鱼眼”填写；

对角线植被长度：按实际观测情况填写，保留小数点后 1 位，单位：m，如 24.6 m；

采样点分布示意图：根据采样点在样方内的位置绘制分布示意图；

平均植被覆盖度：计算所有照片或两条样线覆盖度的平均值，小数型数字，保留小数点后 1 位，如 0.6；

样地环境照片编号：按照“省代码+样区号+样地号+样方号+普通”填写；

备注：其他信息填写。

4.3.5.4 荒漠生态系统野外观测

荒漠生态系统野外观测，如表 4-16 所示。

表 4-16 荒漠生态系统野外观测

省		市		县	样区号	观测员		审核员	时间
样地号		样方号		样方类型		样方长		样方宽	
位置（地名）		经度			纬度		海拔		
坡度		坡向			土壤类型				
生物量（草本）	样方 1	样方 2	样方 3	样方 4	样方 5	样方 6	样方 7	样方 8	样方 9
样方鲜重									
取样鲜重									
取样干重									
平均生物量	鲜重				干重				
生物量（木本）	类型 1（低）				类型 2（中）		类型 3（高）		
覆盖度									
单位面积生物量									
取样鲜重									
取样干重									
平均生物量	鲜重				干重				
LAI 观测方法	□	干重法（草本荒漠）			□	LAI2000/2200			
干重法	样方 1	样方 2	样方 3	样方 4	样方 5	样方 6	样方 7	样方 8	样方 9
W_1									
W_2									
W_3									
A									
S									
LAI									
平均 LAI									
LAI2000/2200 观测	树 1	树 2	树 3	树 4	树 5	树 6	树 7	树 8	如果树多可自行添加
树叶密度（LAI）									
平均 LAI									
植被覆盖度（样线法）	对角线 1 植被长度				对角线 2 植被长度				
	平均植被覆盖度								
样地环境照片号									
备注	植被覆盖度在样地上开展，不需要每个样方上测量								

（2）荒漠生态系统野外观测填表说明：

省：省级名称，不能用简称；直辖市在此填写实名，限三字，如：河北；

市：地级市名，直辖市填写区、县名称，如：武汉；

县：县级名称，直辖市在此不填写；

样区号：按下发的样区号填写；

观测员：观测人姓名；

审核员：审核人姓名；

时间：按照年-月-日格式填写，如：2012-03-28；

位置（地名）：县下一级行政单位名称，以"镇（乡）+村"格式填写；

样地号：各省市每个样区内样地为3个，调查单位自行按照1，2，3进行标号，并填写；

样方号：根据样地生态系统类型数量，按照自然数顺序，从1开始编号填写；

样方类型：按荒漠类型填写，如梭梭荒漠；

样方长：按调查实际长度记录，单位：m，如30 m；

样方宽：按调查实际长度记录，单位：m，如30 m；

经度：样方中心经度，小数型数字，保留小数点后5位，单位：(°)，如：115.23156°；

纬度：样方中心纬度，小数型数字，保留小数点后5位，单位：(°)，如：29.36562°；

海拔：GPS量测的数据，保留小数点后2位，单位：m，如1 845.26 m；

坡度：小数型数字，保留小数点后1位，单位：(°)，如20.5°；

坡向：小数型数字，保留小数点后1位，单位：(°)，如275.3°；

土壤类型：按照中国土壤分类系统填写，如荒漠土；

样方鲜重：按实际观测情况填写，保留小数点后1位，单位：g，如1 890.2g；

取样鲜重：按实际取样情况填写，保留小数点后1位，单位：g，如1 890.2g；

取样干重：按实际测量情况填写，保留小数点后1位，单位：g，如1 890.2g；

覆盖度：按高、中、低生物量三种类型，分别估算木本覆盖度，保留小数点后1位，如0.6；

单位面积生物量：按高、中、低生物量三种类型，通过收割计算单位面积生物量，单位：g，如1 890.2g；

平均生物量—鲜重：所有样方的观测生物量平均值，保留小数点后1位，单位：g/m^2，如1 890.2g/m^2；

平均生物量—干重：所有样方的干物质生物量平均值，保留小数点后1位，单位：g/m^2，如1 890.2g/m^2；

LAI观测方法：根据荒漠类型，选择相应观测方法，并完成相应表格设计；

干重法：草本荒漠，W_1：标叶重（g），W_2：5株的余叶重，W_3：剩余植株叶片重（g），A：取样面积（m^2）S：标叶面积（cm^2），LAI：叶面积指数值；

树叶密度（LAI）：对每一个单株树木进行测量，通过树叶面积与树冠体积进行计算，单位为m-1，如0.4 m-1；

平均LAI：所有样方或单株树木观测的平均值，无量纲；

对角线植被长度：按实际观测情况填写，保留小数点后1位，单位：m，如24.6 m；

平均植被覆盖度：计算两条样线覆盖度的平均值，数型数字，保留小数点后1位，如0.6；

样地环境照片编号：按照“省代码+样区号+样地号+样方号+普通”填写；

备注：其他信息填写。

4.3.6 成果提交要求

请各专题于××××年××月××日前完成，并提交以下成果：

（1）提交观测样地 GPS 坐标矢量文件（样地及样方中心点）、仪器观测原始文件（照片、LAI）；

（2）提交各生态系统调查电子版；

（3）提交数据处理说明。

4.4 典型区域实地调查

4.4.1 调查内容

典型区域包括生态功能区、自然保护区、生物多样性保护区、生态安全屏障区、重点开发区、城市化区域、流域、海岸带区域、重大生态保护与建设工程区、矿产资源开发区等地区。典型区域土地覆盖调查及地表参数观测指标如表 4-17 所示，调查方法参考前文。典型区域调查指标如表 4-18 所示。

表 4-17 典型区域土地覆盖调查及地表参数观测指标

观测内容	调查指标	调查方法	调查时间	备注
土地覆盖	土地覆盖类型	样地（线）法	7—9 月	
	植被类型	样地（线）法	7—9 月	
地表参数	植被盖度	样方法	7—9 月	
	生物量	样方法	7—9 月	
	初级生产力	样方法	7—9 月	
	叶面积指数	仪器法	7—9 月	

表 4-18 典型区域生态实地调查内容

观测内容	调查指标	来源	备注
重要生态功能区	水土流失	现场调查	
	土地沙化	现场调查	
	石漠化	现场调查	
	人类活动	现场调查	
	生态服务功能效用变化	现场问询	
	保护、恢复措施	现场问询	
	自然灾害状况	现场问询	
	生态、水、大气环境污染状况	现场调查	

观测内容	调查指标	来源	备注
自然保护区	人类活动	实地调查	
	珍稀动物生境	现场调查	
	受保护对象	现场问询	
	保护措施	现场问询	
	保护效果	现场问询	
	生态、水、大气环境污染状况	现场问询	
生物多样性保护区	动植物数量	统计部门	
	人类活动	实地调查	
	生物多样性保护对象	现场问询	
	保护措施	现场问询	
	保护效果	现场问询	
	外来物种入侵情况	现场调查	
	生态、水、大气环境污染状况	现场问询	
生态安全屏障建设区	人类活动	实地调查	
	水土流失	现场调查	
	土地沙化	现场调查	
	自然灾害状况	现场调查	
	生态建设措施	现场问询	
	生态建设效果	现场问询	
	生态、水、大气环境污染状况	现场问询	
重点开发区	水土流失	现场调查	
	草地退化	现场调查	
	湿地退化	现场调查	
	土地盐碱化	现场调查	
	开发区建设发展情况	现场调查	
	人口密度	现场调查	
	生态、水、大气环境污染状况	现场问询	
城市化区域	植被覆盖分布	实地调查	
	城市扩张	现场问询	
	人口密度	现场问询	
	交通拥挤情况	现场问询	
	生态、水、大气环境污染状况	现场问询	
流域	人类活动	实地调查	
	水环境污染状况	现场调查	
	河流断流天数	现场问询	
	流域水量变化	现场问询	
	生活污水排水口	现场调查	
	工业污水排水口	现场调查	

观测内容	调查指标	来源	备注
海岸带区域	人类活动	实地调查	
	生态环境破坏情况	现场问询	
	水环境污染状况	现场问询	
	海岸线变迁	现场问询	
	人口密度	现场问询	
重大生态保护与建设工程区	人类活动	实地调查	
	生态恢复、保护对象	实地调查	
	生态恢复、保护措施	现场问询	
	生态保护成效	现场调查	
	生态、水、大气环境污染状况	现场问询	
矿产资源开发区	人类活动	实地调查	
	开采单位	现场问询	
	开采矿产类型	现场问询	
	开采方式	现场问询	
	矿产产量	现场问询	
	地面沉陷面积	现场调查	
	植被破坏面积	现场调查	
	水体污染面积	现场调查	
	土壤污染面积	现场调查	
	空气污染状况	现场问询	
	次生灾害威胁	现场问询	
	生态恢复措施	现场问询	
	生态恢复成效	现场问询	

4.4.2 调查表格

结合区域内的典型生态调查内容，布置样线、样方、样点和各专题区，通过实地调查、查阅资料、咨询当地相关部门等方式，调查、收集各典型区域生态指标信息（表 4-19～表 4-28）。

表 4-19 重要生态功能区生态实地调查属性

时间： 记录人：

调查点号	经度	纬度	海拔	土地覆盖类型	植被类型	植被盖度	生物量	叶面积指数	水土流失	土地沙化	石漠化	人类活动	生态服务功能效用变化	保护、恢复措施	自然灾害状况	生态、水、大气环境污染状况
1																
照片编号	—	—	—				—	—								
2																
……																

表 4-20 自然保护区生态实地调查属性

时间： 记录人：

调查点号	经度	纬度	海拔	土地覆盖类型	植被类型	植被盖度	生物量	叶面积指数	人类活动	珍稀动物生境	受保护对象	保护措施	保护效果	生态、水、大气环境污染状况
1														
照片编号	—	—	—				—	—						
2														
……														

表 4-21 生物多样性保护区生态实地调查属性

时间： 记录人：

调查点号	经度	纬度	海拔	土地覆盖类型	植被类型	植被盖度	生物量	叶面积指数	动植物数量	人类活动	保护对象	保护措施	保护效果	外来物种入侵情况	生态、水、大气环境污染状况
1															
照片编号	—	—	—				—	—							
2															
……															

表 4-22 生态安全屏障建设区生态实地调查属性

时间： 记录人：

调查点号	经度	纬度	海拔	土地覆盖类型	植被类型	植被盖度	生物量	叶面积指数	人类活动	水土流失	土地沙化	自然灾害状况	生态建设措施	生态建设效果	生态、水、大气环境污染状况
1															
照片编号	—	—	—				—	—							
2															
……															

表 4-23 典型重点开发区野外调查属性

时间： 记录人：

调查点号	经度	纬度	海拔	土地覆盖类型	植被类型	植被盖度	生物量	叶面积指数	水土流失	草地退化	湿地退化	土地盐碱化	开发区建设发展情况	人口密度	生态、水、大气环境污染状况
1															
照片编号	—	—	—				—	—							
2															
……															

表 4-24 城市化区域生态实地调查属性

时间： 记录人：

调查点号	经度	纬度	海拔	土地覆盖类型	植被类型	植被盖度	生物量	叶面积指数	植被覆盖分布	城市扩张	人口密度	交通拥挤情况	生态、水、大气环境污染状况
1													
照片编号	—	—	—				—	—					
2													
……													

表 4-25 流域生态实地调查属性

时间： 记录人：

调查点号	经度	纬度	海拔	土地覆盖类型	植被类型	植被盖度	生物量	叶面积指数	人类活动	水环境污染状况	河流断流天数	流域水量变化	生活污水排水口	工业污水排水口
1														
照片编号	—	—	—				—	—						
2														
……														

表 4-26　海岸带区域生态实地调查属性

时间：　　　　　　　　　　　　　　　记录人：

调查点号	经度	纬度	海拔	土地覆盖类型	植被类型	植被盖度	生物量	人类活动	生态环境破坏情况	水环境污染状况	海岸线变迁	人口密度
1												
照片编号	—	—	—				—					
2												
……												

表 4-27　重大生态保护与建设工程区生态实地调查属性

时间：　　　　　　　　　　　　　　　记录人：

调查点号	经度	纬度	海拔	土地覆盖类型	植被类型	植被盖度	生物量	人类活动	工程起止时间	工程投资	生态恢复、保护对象	生态恢复、保护措施	生态保护成效	生态、水、大气环境污染状况
1														
照片编号	—	—	—				—							
2														
……														

表 4-28　矿产资源开发区生态实地调查属性

时间：　　　　　　　　　　　　　　　记录人：

调查点号	经度	纬度	海拔	土地覆盖类型	植被类型	植被盖度	生物量	叶面积指数	开采单位	开采矿产类型	开采方式	矿产产量	地面沉陷面积	植被破坏面积	水体污染面积	土壤污染面积	空气污染状况	次生灾害威胁	生态恢复措施	生态恢复成效
1																				
照片编号	—	—	—				—	—												
2																				
……																				

附件一 CAN_EYE 软件操作流程

点击 can_eye.exe，进入开始界面（下载地址：www4.paca.inra.fr/can-eye）

点击 CAN_EYE Hem，出现文件夹选择对话框，选择要处理的鱼眼照片所在的文件夹。注意：

（1）文件夹的名字不能包含中文；

（2）同一文件夹内的照片必须同为自上而下或自下而上拍摄；

（3）文件夹内照片数不能多于 20 张；

（4）选中文件夹后，在出现的对话框内点击 CREATE，会在所选文件夹内创建一个 CE_HEM××的文件夹，同时出现参数设置对话框，设置好参数后，点击 OK，进入下一步。

选择需要删除的照片，选中后点击 TRASH IMAGE，完成后点击 OK。

掩膜：掩膜照片中不该出现的地物，使其不参与计算。具体操作：点击 MASK，光标会变成十字状，用左键在照片中选出需要掩膜的区域，右键闭合区域。完成后点击 DONE，进入下一步。

选择样本所属类别：对于只有两类地物的照片，可选第一项或第二项。选择后点击 OK 进入下一步。

选择训练样本：首先点击界面右侧类别（Green-Veg 或 Soil/Sky）旁边的单选按钮，在弹出的对话框中选择 YES，软件会自动将照片中的地物分成两类。如果软件的分类有错分漏分，需要手工选择样本，点击某一类别，然后在照片中寻找属于该类别但没有被选中的像元，左击选择，右击确定。全部选择完毕后，点击 DONE。

软件自动计算各参数，结果及说明文件都保存在参数文件夹 CE_HEM××中。最终结果在 HTML 文档里。内容包括：几何参数，类别比例，Fcover，Effective LAI，True LAI，Clumping factor，FAPAR，统计图等。

附件二 中国主要土壤类型

砖红壤

分布地区→海南岛、雷州半岛、西双版纳和台湾岛南部，大致位于北纬 22°以南地区。

形成条件→热带季风气候。年平均气温为 23～26℃，年平均降水量为 1 600～2 000 mm。植被为热带季雨林。

一般特征→风化淋溶作用强烈，易溶性无机养分大量流失，铁、铝残留在土中，颜色发红。土层深厚，质地黏重，肥力差，呈酸性至强酸性。

赤红壤

分布地区→滇南的大部，广西、广东的南部，福建的东南部，以及台湾省的中南部，在北纬 22°～25°之间。为砖红壤与红壤之间的过渡类型。

形成条件→南亚热带季风气候区。气温较砖红壤地区略低，年平均气温为 21～22℃，年降水量在 1 200～2 000 mm 之间，植被为常绿阔叶林。

一般特征→风化淋溶作用略弱于砖红壤，颜色红。土层较厚，质地较黏重，肥力较差，呈酸性。

红壤和黄壤

分布地区→长江以南的大部分地区以及四川盆地周围的山地。

形成条件→中亚热带季风气候区。气候温暖，雨量充沛，年平均气温 16～26℃，年降水量 1 500 mm 左右。植被为亚热带常绿阔叶林。黄壤形成的热量条件比红壤略差，而水湿条件较好。

一般特征→有机质来源丰富，但分解快，流失多，故土壤中腐殖质少，土性较黏，因淋溶作用较强，故钾、钠、钙、镁积存少，而含铁铝多，土呈均匀的红色。因黄壤中的氧化铁水化，土层呈黄色。

黄棕壤

分布地区→北起秦岭、淮河，南到大巴山和长江，西自青藏高原东南边缘，东至长江下游地带。是黄红壤与棕壤之间过渡型土类。

形成条件→亚热带季风区北缘。夏季高温，冬季较冷，年平均气温为 15～18℃，年降水量为 750～1 000 mm。植被是落叶阔叶林，但杂生有常绿阔叶树种。

一般特征→既具有黄壤与红壤富铝化作用的特点，又具有棕壤黏化作用的特点。呈弱酸性反应，自然肥力比较高。

棕壤

分布地区→山东半岛和辽东半岛。

形成条件→暖温带半湿润气候。夏季暖热多雨，冬季寒冷干旱，年平均气温为 5～14℃，年降水量为 500～1 000 cm。植被为暖温带落叶阔叶林和针阔叶混交林。

一般特征→土壤中的黏化作用强烈，还产生较明显的淋溶作用，使钾、钠、钙、镁都被淋失，黏粒向下淀积。土层较厚，质地比较黏重，表层有机质含量较高，呈微酸性反应。

暗棕壤

分布地区→东北地区大兴安岭东坡、小兴安岭、张广才岭和长白山等地。

形成条件→中温带湿润气候。年平均气温−1～5℃，冬季寒冷而漫长，年降水量600～1 100 mm。是温带针阔叶混交林下形成的土壤。

一般特征→土壤呈酸性反应，它与棕壤比较，表层有较丰富的有机质，腐殖质的积累量多，是比较肥沃的森林土壤。

寒棕壤（漂灰土）

分布地区→大兴安岭北段山地上部，北面宽南面窄。

形成条件→寒温带湿润气候。年平均气温为−5℃，年降水量450～550 mm。植被为亚寒带针叶林。

一般特征→土壤经漂灰作用（氧化铁被还原随水流失的漂洗作用和铁、铝氧化物与腐殖酸形成螯合物向下淋溶并淀积的灰化作用）。土壤酸性大，土层薄，有机质分解慢，有效养分少。

褐土

分布地区→山西、河北、辽宁三省连接的丘陵低山地区，陕西关中平原。

形成条件→暖温带半湿润、半干旱季风气候。年平均气温11～14℃，年降水量500～700 mm，一半以上都集中在夏季，冬季干旱。植被以中生和旱生森林灌木为主。

一般特征→淋溶程度不很强烈，有少量碳酸钙淀积。土壤呈中性、微碱性反应，矿物质、有机质积累较多，腐殖质层较厚，肥力较高。

黑钙土

分布地区→大兴安岭中南段山地的东西两侧，东北松嫩平原的中部和松花江、辽河的分水岭地区。

形成条件→温带半湿润大陆性气候。年平均气温−3～3℃，年降水量 350～500 mm。植被为产草量最高的温带草原和草甸草原。

一般特征→腐殖质含量最为丰富，腐殖质层厚度大，土壤颜色以黑色为主，呈中性至微碱性。

栗钙土

分布地区→内蒙古高原东部和中部的广大草原地区，是钙层土中分布最广，面积最大的土类。

形成条件→温带半干旱大陆性气候。年平均气温−2～6℃，年降水量 250～350 mm。草场为典型的干草原，生长不如黑钙土区茂密。

一般特征→腐殖质积累程度比黑钙土弱些，但也相当丰富，厚度也较大，土壤颜色为栗色。土层呈弱碱性反应，局部地区有碱化现象。土壤质地以细沙和粉沙为主，区内沙化现象比较严重。

棕钙土

分布地区→内蒙古高原的中西部，鄂尔多斯高原，新疆准噶尔盆地的北部，塔里木盆地的外缘，是钙层土中最干旱并向荒漠地带过渡的一种土壤。

形成条件→气候比栗钙土地区更干，大陆性更强。年平均气温2～7℃，年降水量150～

250 mm，没有灌溉就不能种植庄稼。植被为荒漠草原和草原化荒漠。

一般特征→腐殖质的积累和腐殖质层厚度是钙层土中最少的，土壤颜色以棕色为主，土壤呈碱性反应，地面普遍多砾石和沙，并逐渐向荒漠土过渡。

黑垆土

分布地区→陕西北部、宁夏南部、甘肃东部等黄土高原上土壤侵蚀较轻，地形较平坦的黄土源区。

形成条件→暖温带半干旱、半湿润气候。年平均气温 8～10℃，年降水量 300～500 mm，与黑钙土地区差不多，但由于气温较高，相对湿度较小。由黄土母质形成。植被与栗钙土地区相似。

一般特征→绝大部分都已被开垦为农田。腐殖质的积累和有机质含量不高，腐殖质层的颜色上下差别比较大，上半段为黄棕灰色，下半段为灰带褐色，好像黑垆土是被埋在下边的古土壤。

荒漠土

分布地区→内蒙古、甘肃的西部，新疆的大部，青海的柴达木盆地等地区，面积很大，差不多要占全国总面积的 1/5。

形成条件→温带大陆性干旱气候。年降水量大部分地区不到 100 mm。植被稀少，以非常耐旱的肉汁半灌木为主。

一般特征→土壤基本上没有明显的腐殖质层，土质疏松，缺少水分，土壤剖面几乎全是沙砾，碳酸钙表聚、石膏和盐分聚积多，土壤发育程度差。

高山草甸土

分布地区→青藏高原东部和东南部，在阿尔泰山、准噶尔盆地以西山地和天山山脉。

形成条件→气候温凉而较湿润，年平均气温在−2～1℃，年降水量 400 mm 左右。高山草甸植被。

一般特征→剖面由草皮层、腐殖质层、过渡层和母质层组成。土层薄，土壤冻结期长，通气不良，土壤呈中性反应。

高山漠土

分布地区→藏北高原的西北部，昆仑山脉和帕米尔高原。

形成条件→气候干燥而寒冷，年平均气温−10℃左右，冬季最低气温可达−40℃，年降水量低于 100 mm。植被的覆盖度不足 10%。一般特征→土层薄，石砾多，细土少，有机质含量很低，土壤发育程度差，碱性反应。

生态系统构成与格局及其十年变化分析

5.1 概述

生态系统构成是指全国或不同区域森林、草地、湿地、农田、城镇、沙漠、冰川/永久积雪、裸地生态系统的面积和比例。生态系统格局是指生态系统空间格局，即不同生态系统在空间上的配置。

5.2 目标与内容

5.2.1 目标

了解不同生态系统类型在空间上的分布与配置、数量上比例等状况，评价陆地生态系统类型、分布、比例与空间格局，分析各类型生态系统相互转化特征。

5.2.2 范围

时间范围：包括 2000 年、2005 年和 2010 年。

空间范围：空间范围为全国，省或典型区。

5.2.3 内容

评价陆地生态系统类型、分布、比例与空间格局，分析各类型生态系统相互转化特征。具体内容为：

（1）生态系统类型与分布；

（2）各类型生态系统构成与比例变化；

（3）生态系统类型转换特征分析与评价；

（4）生态系统格局特征分析与评价。

5.3 指标体系

根据评估内容，构建了生态系统格局评价指标体系，如表 5-1 所示。

表 5-1 全国生态系统格局及变化评价指标

评价内容	评价指标
生态系统构成	生态系统面积
	生态系统构成比例
生态系统构成变化	类型面积变化率
生态系统景观格局特征及其变化	斑块数（NP）
	平均斑块面积（MPS）
	类斑块平均面积（MPST）
	边界密度（m/hm^2）（ED）
	聚集度指数（%）（CONT）
生态系统结构变化各类型之间相互转换特征	生态系统类型变化方向
	综合生态系统动态度
	类型相互转化强度

5.3.1 生态系统面积

土地覆被分类系统中，各类生态系统面积统计值（单位 km^2）。

5.3.2 生态系统构成比例

5.3.2.1 指标含义

土地覆被分类系统中，基于一级分类的各类生态系统面积比例。

5.3.2.2 计算方法

$$P_{ij} = \frac{S_{ij}}{\mathrm{TS}}$$

5.3.2.3 基本参数

（1）P_{ij}：土地覆被分类系统中基于一级分类的第 i 类生态系统在第 j 年的面积比例；

（2）S_{ij}：土地覆被分类系统中基于一级分类的第 i 类生态系统在第 j 年的面积；

（3）TS：评价区域总面积。

5.3.3 生态系统类型面积变化率

5.3.3.1 指标含义

研究区一定时间范围内某种生态系统类型的数量变化情况。目的在于分析每一类生态系统在研究时期内面积变化量。

5.3.3.2 计算方法

$$E_V = \frac{EU_b - EU_a}{EU_a} \times 100\%$$

5.3.3.3 基本参数

（1）E_V：研究时段内某一生态系统类型的变化率；

（2）EU_a/EU_b：研究期初及研究期末某一种生态系统类型的数量（例如，可以是面积、斑块数等）。

5.3.4 斑块数（Number of Patches）

5.3.4.1 指标含义

评价范围内斑块的数量。该指标用来衡量目标景观的复杂程度，斑块数量越多说明景观构成越复杂。

5.3.4.2 计算方法

应用 GIS 技术以及景观结构分析软件 FRAGSTATS3.3 分析斑块数 NP。

5.3.4.3 基本参数

NP：斑块数量。

5.3.5 平均斑块面积（Mean Patch Size）

5.3.5.1 指标含义

评价范围内平均斑块面积。该指标可以用于衡量景观总体完整性和破碎化程度，平均斑块面积越大说明景观较完整，破碎化程度较低。

5.3.5.2 计算方法

应用 GIS 技术以及景观结构分析软件 FRAGSTATS3.3 分析平均斑块面积 MPS。

$$\mathrm{MPS} = \frac{\mathrm{TS}}{\mathrm{NP}}$$

5.3.5.3 基本参数

（1）MPS：平均斑块面积；

（2）TS：评价区域总面积；

（3）NP：斑块数量。

5.3.6 类斑块平均面积

5.3.6.1 指标含义

景观中某类景观要素斑块面积的算术平均值，反映该类景观要素斑块规模的平均水平。平均面积最大的类可以说明景观的主要特征，每一类的平均面积则说明该类在景观中的完整性。

5.3.6.2 计算方法

$$\overline{A}_i = \frac{1}{N_i}\sum_{j=1}^{N_i} A_{ij}$$

5.3.6.3 基本参数

（1）N_i：第 i 类景观要素的斑块总数；

（2）A_{ij}：第 i 类景观要素第 j 个斑块的面积。

5.3.7 边界密度（Edge Density）

5.3.7.1 指标含义

边界密度也称为边缘密度，边缘密度包括景观总体边缘密度（或称景观边缘密度）和景观要素边缘密度（简称类斑边缘密度）。景观边缘密度（ED）是指景观总体单位面积异质景观要素斑块间的边缘长度。景观要素边缘密度（ED_i）是指单位面积某类景观要素斑块与其相邻异质斑块间的边缘长度。它是从边形特征描述景观破碎化程度，边界密度越高说明斑块破碎化程度越高。

5.3.7.2 计算方法

$$ED=\frac{1}{A}\sum_{i=1}^{M}\sum_{j=1}^{M} P_{ij}$$

$$ED_i=\frac{1}{A_i}\sum_{j=1}^{M} P_{ij}$$

5.3.7.3 基本参数

（1）ED：景观边界密度（边缘密度），边界长度之和与景观总面积之比；

（2）ED_i：景观中第 i 类景观要素斑块密度；

（3）A_i：景观中第 i 类景观要素斑块面积；

（4）P_{ij}：景观中第 i 类景观要素斑块与相邻第 j 类景观要素斑块间的边界长度。

5.3.8 聚集度指数（contagion index）

5.3.8.1 指标含义

反映景观中不同斑块类型的非随机性或聚集程度。聚集度指数越高说明景观完整性较好，相对的破碎化程度较低。

5.3.8.2 计算方法

$$C = C_{\max} + \sum_{i=1}^{n}\sum_{j=1}^{n} P_{ij}\ln\left(P_{ij}\right)$$

5.3.8.3 基本参数

（1）$C_{\max}$：$P_{ij}= P_i P_{j/i}$ 指数的最大值；

（2）n：景观中斑块类型总数；

（3）P_{ij}：斑块类型 i 与 j 相邻的概率。

注：比较不同景观时，相对聚集度 C' 更为合理

$$C' = C / C_{\max} = 1 + \frac{\sum_{i=1}^{n}\sum_{i=1}^{n} P_{ij}\ln(P_{ij})}{2\ln(n)}$$

式中：$C_{\max}$——聚集度指数的最大值；

n——景观中斑块类型总数；

P_{ij}——斑块类型 i 与 j 相邻的概率。

5.3.9 各生态系统类型变化方向（生态系统类型转移矩阵与转移比例）

5.3.9.1 指标含义

借助生态系统类型转移矩阵全面具体地分析区域生态系统变化的结构特征与各类型变化的方向。转移矩阵的意义在于它不但可以反映研究期初、研究期末的土地利用类型结构，而且还可以反映研究时段内各土地利用类型的转移变化情况，便于了解研究期初各类型土地的流失去向以及研究期末各土地利用类型的来源与构成。

5.3.9.2 计算方法

在对生态系统类型转移矩阵计算的基础上，还可以计算生态系统类型转移比例，计算公式如下：

$$\begin{cases} A_{ij} = a_{ij} \times 100 \Big/ \sum_{j=1}^{n} a_{ij} \\ B_{ij} = a_{ij} \times 100 \Big/ \sum_{i=1}^{n} a_{ij} \\ 变化率(\%) = \left(\sum_{i=1}^{n} a_{ij} \right) \Big/ \sum_{j=1}^{n} a_{ij} \end{cases}$$

5.3.9.3 基本参数

（1）i：研究初期生态系统类型；

（2）j：研究末期生态系统类型；

（3）a_{ij}：表示生态系统类型的面积；

（4）A_{ij}：研究初期第 i 种生态系统类型转变为研究末期第 j 种生态系统类型的比例；

（5）B_{ij}：研究末期第 j 种生态系统类型中由研究初期的第 i 种生态系统类型转变而来的比例。

5.3.10 生态系统综合变化率

5.3.10.1 指标含义

定量描述生态系统的变化速度。生态系统综合变化率综合考虑了研究时段内生态系统类型间的转移，着眼于变化的过程而非变化结果，反映研究区生态系统类型变化的剧烈程度，便于在不同空间尺度上找出生态系统类型变化的热点区域。

5.3.10.2 计算方法

计算公式如下：

$$\mathrm{EC} = \frac{\sum_{i=1}^{n} \Delta \mathrm{ECO}_{i-j}}{\sum_{i=1}^{n} \mathrm{ECO}_{i}} \times 100\%$$

5.3.10.3 基本参数

（1）ECO_i：监测起始时间第 i 类生态系统类型面积；ECO_i 根据全国生态系统类型图矢量数据在 ArcGIS 平台下进行统计获取。

（2）$\Delta\mathrm{ECO}_{i-j}$：监测时段内第 i 类生态系统类型转为非 i 类生态系统类型面积的绝对值；ΔECO_{i-j} 根据生态系统转移矩阵模型获取。

5.3.11 类型相互转化强度（土地覆被转类指数）

5.3.11.1 指标含义

反映土地覆被类型在特定时间内变化的总体趋势。

5.3.11.2 计算方法

定义土地覆被转类指数（Land Cover Chang Index）：

$$\mathrm{LCCI}_{ij}=\frac{\sum[A_{ij}\times(D_a-D_b)]}{\sum A_{ij}}\times 100\%$$

式中，LCCI_{ij} 值为正，表示此研究区总体上土地覆被类型转好；LCCI_{ij} 值为负，表示此研究区总体上土地覆被类型转差。

5.3.11.3 基本参数

①LCCI_{ij}：某研究区土地覆被转类指数；
②i：研究区；
③j：土地覆被类型 j=1，…，n；
④A_{ij}：某研究区土地覆被一次转类的面积；
⑤D_a：转类前级别；
⑥D_b：转类后级别。

5.4 数据源

生态系统格局评估主要利用遥感解译获取的 2000 年、2005 年和 2010 年三期全国生态系统分类数据。

5.5 技术方法

5.5.1 生态系统类型与分布

每个类型面积为数据属性表中某类所对应 AREA 字段数值，单位 km^2；需要分别进行 2000 年、2005 年、2010 年一级、二级、三级生态系统成图。

5.5.2 各类型生态系统构成与比例变化

一级、二级、三级生态系统构成分析。面积比例为某类型面积/全部类型总面积，见表 5-2。2000—2005 年、2005—2010 年、2000—2010 年一级生态系统比例变化分析，成果统计见表 5-3（以一级生态系统为例）。

表 5-2　2000 年、2005 年、2010 年 I 、II 、III级生态系统构成

单位：km^2

代码	I 级	代码	II 级	代码	III级	原代码	2000 年		2005 年		2010 年	
							面积	比例	面积	比例	面积	比例
1	森林	11	阔叶林	111	常绿阔叶林	101						
				112	落叶阔叶林	102						
			合计									
		12	针叶林	121	常绿针叶林	103						
				122	落叶针叶林	104						
			合计									
		13	针阔混交林	131	针阔混交林	105						
		14	稀疏林	141	稀疏林	61						
	合计											
2	灌丛	21	阔叶灌丛	211	常绿阔叶灌木林	106						
				212	落叶阔叶灌木林	107						
			合计									
		22	针叶灌丛	221	常绿针叶灌木林	108						
		23	稀疏灌丛	231	稀疏灌木林	62						
	合计											
3	草地	31	草地	311	草甸	21						
				312	草原	22						
				313	草丛	23						
				314	稀疏草地	63						
	合计											
4	湿地	41	沼泽	411	森林沼泽	31						
				412	灌丛沼泽	32						
				413	草本沼泽	33						
			合计									
		42	湖泊	421	湖泊	34						
				422	水库/坑塘	35						
			合计									
		43	河流	431	河流	36						
				432	运河/水渠	37						
4		43	合计									
	合计											
5	农田	51	耕地	511	水田	41						
				512	旱地	42						
			合计									
		52	园地	521	乔木园地	109						
				522	灌木园地	110						
			合计									
	合计											

代码	I级	代码	II级	代码	III级	原代码	2000年		2005年		2010年	
							面积	比例	面积	比例	面积	比例
6	城镇	61	居住地	611	居住地	51						
		62	城市绿地	621	乔木绿地	111						
				622	灌木绿地	112						
				623	草本绿地	24						
			合计									
		63	工矿交通	631	工业用地	52						
				632	交通用地	53						
				633	采矿场	54						
			合计									
	合计											
7	荒漠[1]	71	荒漠	711	沙漠/沙地	67						
				712	苔藓/地衣	64						
				713	裸岩	65						
				714	裸土	66						
				715	盐碱地	68						
	合计											
8	冰川/永久积雪	81	冰川/永久积雪	811	冰川/永久积雪	69						
9	裸地	91	裸地	911	沙漠/沙地	67						
				912	裸岩	65						
				913	裸土	66						
	合计											

注：（1）在干旱与半干旱区的沙漠与沙地、裸岩、裸土、盐碱地归类于荒漠生态系统。在湿润区的沙漠与沙地、裸岩、裸土归类为裸地。（2）“原代码”为土地覆盖数据二级代码。

表5-3 I级生态系统变化统计

单位：km²

	森林						灌丛					
	2000—2005年		2005—2010年		2000—2010年		2000—2005年		2005—2010年		2000—2010年	
	面积	变化率	面积	变化率	面积	变化率	面积	变化率	面积	变化率	面积	变化率
×××省												
××地市												
×××典型区												
×××县												
合计												
	草地						湿地					
	2000—2005年		2005—2010年		2000—2010年		2005—2010年		2000—2005年		2000—2010年	
	面积	变化率	面积	变化率	面积	变化率	面积	变化率	面积	变化率	面积	变化率
×××省												
××地市												

	草地						湿地					
	2000—2005 年		2005—2010 年		2000—2010 年		2005—2010 年		2000—2005 年		2000—2010 年	
	面积	变化率	面积	变化率	面积	变化率	面积	变化率	面积	变化率	面积	变化率
×××典型区												
×××县												
合计												
	农田						城镇					
	2000—2005 年		2005—2010 年		2000—2005 年		2000—2005 年		2005—2010 年		2000—2010 年	
	面积	变化率	面积	变化率	面积	变化率	面积	变化率	面积	变化率	面积	变化率
×××省												
××地市												
×××典型区												
×××县												
合计												
	沙漠						冰川/永久积雪					
	2000—2005 年		2005—2010 年		2000—2005 年		2000—2005 年		2005—2010 年		2000—2010 年	
	面积	变化率	面积	变化率	面积	变化率	面积	变化率	面积	变化率	面积	变化率
×××省												
××地市												
×××典型区												
×××县												
合计												
	裸地											
	2000—2005 年		2005—2010 年		2000—2005 年							
	面积	变化率	面积	变化率	面积	变化率						
×××省												
××地市												
×××典型区												
×××县												
合计												

5.5.3 生态系统类型转换特征分析与评价

研究期内每类生态系统转化为其他各类生态系统的面积。成果统计格式见表 5-3（分析方法以一级生态系统 2000—2005 年、2005—2010 年、2000—2010 年变化为例），见表 5-4，使用 ArcGIS 软件来实现。

表 5-4 一级生态系统分布与构成转移矩阵

单位：km^2

年代	类型	森林	灌丛	草地	湿地	农田	城镇	荒漠	冰川/积雪	裸地
2000—2005	森林									
	灌丛									
	草地									
	湿地									
	农田									
	城镇									
	荒漠									
	冰川/积雪									
	裸地									
2005—2010	森林									
	灌丛									
	草地									
	湿地									
	农田									
	城镇									
	荒漠									
	冰川/积雪									
	裸地									
2000—2010	森林									
	灌丛									
	草地									
	湿地									
	农田									
	城镇									
	荒漠									
	冰川/积雪									
	裸地									

注：保留两位小数。

5.5.4 生态系统类型相互转换特征

生态系统类型变化方向即生态系统类型转移比例矩阵，计算过程与生态系统构成变化分析相似，见表 5-5（以一级生态系统为例），此表根据以上公式进行直接计算。

表 5-5 一级生态系统类型相互转化强度

单位：%

年代	类型	森林	灌丛	草地	湿地	农田	城镇	荒漠	冰川/积雪	裸地
2000—2005	森林									
	灌丛									
	草地									
	湿地									
	农田									
	城镇									
	荒漠									
	冰川/积雪									
	裸地									
2005—2010	森林									
	灌丛									
	草地									
	湿地									
	农田									
	城镇									
	荒漠									
	冰川/积雪									
	裸地									
2000—2010	森林									
	灌丛									
	草地									
	湿地									
	农田									
	城镇									
	荒漠									
	冰川/积雪									
	裸地									

注：保留一位小数。

综合生态系统动态度是根据生态系统构成变化分析结果，进一步计算变化后期全部生态系统类型变化总面积与变化后期总面积之比，结果以一级生态系统计算结果形式见表 5-6、表 5-7、表 5-8。

表 5-6 一级综合生态系统动态度

单位：%

综合生态系统动态度	2005 年	2010 年
EC		

注：保留一位小数。

表 5-7 生态系统类型分级标准

生态系统类型	湿地	森林	草地	其他
生态级别	1 级	2 级	3 级	4 级

表 5-8 一级生态系统动态类型相互转化强度

单位：%

类型相互转化强度	2005 年	2010 年
$LCCI_{ij}$		

注：保留一位小数。

5.5.5 生态系统格局特征分析与评价

包括一级、二级、三级生态系统景观指数，均包括斑块数（NP）、平均斑块面积（MPS）、类斑块平均面积（MPST）、边界密度（ED）、聚集度指数（CONT）5 个评价分析指数。操作中使用 ArcMAP 软件分别将各级生态系统数据转换为 GRID 格式，再分别将数据导入 Fragstat3.3 软件。打开 Fragstats 3.3 软件，启动 Fragstats→Set Run Parameters，选择输入文件的格式类型为 Arc Grid。单击 Grid name，打开需要分析的文件夹。选择 Fragstats→Select Land Metrics 下的 NP、MPS、MPST、ED、CONT，得到成果见表 5-9、表 5-10。

表 5-9 一级生态系统景观格局特征及其变化

年份	斑块数（NP）	平均斑块面积（MPS）/hm^2	边界密度（ED）/（m/hm^2）	聚集度指数(CONT)/%
2000				
2005				
2010				

注：保留一位小数。

表 5-10 一级生态系统类斑块平均面积

单位：hm^2

年份	森林	草地	湿地	农田	城镇	沙漠	冰川/积雪	裸地
2000								
2005								
2010								

注：保留一位小数。

表 5-11　全国土地覆盖数据Ⅰ、Ⅱ级分类体系赋色

一级分类		图例				二级分类		图例			
编码	名称	式样	配色方案			编码	名称	式样	配色方案		
			R	G	B				R	G	B
1	林地		56	168	0	101	常绿阔叶林		0	168	132
						102	落叶阔叶林		0	207	132
						103	常绿针叶林		38	115	0
						104	落叶针叶林		56	168	0
						105	针阔混交林		0	115	76
						106	常绿阔叶灌木林		115	115	0
						107	落叶阔叶灌木林		168	168	0
						108	常绿针叶灌木林		230	230	0
						109	乔木园地		0	230	169
						110	灌木园地		0	255	197
						111	乔木绿地		163	255	115
						112	灌木绿地		220	230	0
2	草地		209	255	115	21	草甸		85	255	0
						22	草原		211	255	190
						23	草丛		209	255	115
						24	草本绿地		170	255	0
3	湿地		0	169	230	31	森林沼泽		0	169	230
						32	灌丛沼泽		0	197	255
						33	草本沼泽		115	223	255
						34	湖泊		0	38	115
						35	水库/坑塘		0	76	115
						36	河流		0	92	230
						37	运河/水渠		0	77	168
4	耕地		217	207	115	41	水田		190	255	232
						42	旱地		255	255	190
5	人工表面					51	居住地		255	0	0
						52	工业用地		255	0	197
						53	交通用地		168	56	0
						54	采矿场		115	38	0

一级分类		图例				二级分类		图例			
编码	名称	式样	配色方案			编码	名称	式样	配色方案		
			R	G	B				R	G	B
6	其他		255	255	190	61	稀疏林		228	225	190
						62	稀疏灌木林		230	255	190
						63	稀疏草地		238	255	190
						64	苔藓/地衣		232	190	255
						65	裸岩		190	210	255
						66	裸土		178	178	178
						67	沙漠/沙地		230	152	0
						68	盐碱地		225	225	225
						69	冰川/永久积雪		255	255	255

表 5-12 全国生态系统 I 、II、III 级分类体系赋色

I 级分类		图例				II 级分类		图例				III级分类		原[2] II级代码	图例		
编码	名称	式样	配色方案			编码	名称	式样	配色方案			编码	名称		式样	配色方案	
			R	G	B				R	G	B					R	G	B
1	森林		56	168	0	11	阔叶林		0	186	138	111	常绿阔叶林	101		0	168	132
												112	落叶阔叶林	102		0	207	132
						12	针叶林		45	145	0	121	常绿针叶林	103		38	115	0
												122	落叶针叶林	104		56	168	0
						13	针阔混交林		0	115	76	131	针阔混交林	105		0	115	76
						14	稀疏林		228	225	190	141	稀疏林	61		228	225	190
2	灌丛		154	205	50	21	阔叶灌丛		146	146	146	211	常绿阔叶灌木林	106		115	115	0
												212	落叶阔叶灌木林	107		168	168	0
						22	针叶灌丛		230	230	0	221	常绿针叶灌木林	108		230	230	0
						23	稀疏灌丛		230	255	190	231	稀疏灌木林	62		230	255	190

Ⅰ级分类		图例				Ⅱ级分类		图例				Ⅲ级分类		原[2]Ⅱ级代码	图例			
编码	名称	式样	配色方案			编码	名称	式样	配色方案			编码	名称		式样	配色方案		
			R	G	B				R	G	B					R	G	B
3	草地		209	255	155	31	草地		209	255	115	311	草甸	21		85	255	0
												312	草原	22		211	255	190
												313	草丛	23		209	255	115
												314	稀疏草地	63		238	255	190
4	湿地		0	169	230	41	沼泽		0	200	240	411	森林沼泽	31		0	169	230
												412	灌丛沼泽	32		0	197	255
												413	草本沼泽	33		115	223	255
						42	湖泊		0	55	115	421	湖泊	34		0	38	115
												422	水库/坑塘	35		0	76	115
						43	河流		0	85	200	431	河流	36		0	92	230
												432	运河/水渠	37		0	77	168
5	农田		217	207	115	51	耕地		237	255	115	511	水田	41		190	255	232
												512	旱地	42		255	255	190
						52	园地		0	240	180	521	乔木园地	109		0	230	169
												522	灌木园地	110		0	255	197
6	城镇		250	0	0	61	居住地		255	0	0	611	居住地	51		255	0	0
						62	城市绿地		190	240	150	621	乔木绿地	111		163	255	115
												622	灌木绿地	112		220	230	0
												623	草本绿地	24		170	255	0
						63	工矿交通		180	45	60	631	工业用地	52		255	0	197
												632	交通用地	53		168	56	0
												633	采矿场	54		115	38	0

Ⅰ级分类		图例				Ⅱ级分类		图例				Ⅲ级分类		原[2]Ⅱ级代码	图例			
编码	名称	式样	配色方案			编码	名称	式样	配色方案			编码	名称		式样	配色方案		
			R	G	B				R	G	B					R	G	B
7	荒漠[1]		225	225	225	71	荒漠		225	225	225	711	沙漠/沙地	67		230	152	0
												712	苔藓/地衣	64		232	190	255
												713	裸岩	65		190	210	255
												714	裸土	66		178	178	178
												715	盐碱地	68		225	225	225
8	冰川/永久积雪		255	255	255	81	冰川/永久积雪		255	255	255	811	冰川/永久积雪	69		255	255	255
9	裸地		255	255	190	91	裸地		190	190	200	911	沙漠/沙地	67		230	152	0
												912	裸岩	65		190	210	255
												913	裸土	66		178	178	178

注：(1) 在干旱与半干旱区的沙漠与沙地、裸岩、裸土、盐碱地归类于荒漠生态系统。在湿润区的沙漠与沙地、裸岩、裸土归类为裸地。(2)“原代码”为土地覆盖数据二级代码。

表 5-13 全国生态系统Ⅰ级分类体系转换赋色

一级分类转换	图例			
	样式	配色方案		
		R	G	B
森林转为灌丛		162	208	0
森林转为草地		124	252	0
森林转为湿地		0	0	139
森林转为农田		238	118	0
森林转为城镇		255	0	0
森林转为荒漠		232	232	232
森林转为冰川/永久积雪		255	255	240
森林转为裸地		255	211	255
灌丛转为森林		29	145	55
灌丛转为草地		115	228	29
灌丛转为湿地		5	129	230

一级分类转换	图例			
	样式	配色方案		
		R	G	B
灌丛转为农田		238	210	0
灌丛转为城镇		255	99	71
灌丛转为荒漠		205	51	51
灌丛转为冰川/永久积雪		250	235	215
灌丛转为裸地		209	112	0
草地转为森林		0	139	69
草地转为灌丛		115	188	29
草地转为湿地		58	95	205
草地转为农田		238	180	34
草地转为城镇		238	0	0
草地转为荒漠		207	207	207
草地转为冰川/永久积雪		238	238	224
草地转为裸地		238	197	145
湿地转为森林		0	139	0
湿地转为灌丛		162	228	0
湿地转为草地		0	255	0
湿地转为农田		255	193	37
湿地转为城镇		205	55	0
湿地转为荒漠		181	181	181
湿地转为冰川/永久积雪		240	255	240
湿地转为裸地		205	170	125
农田转为森林		154	205	50
农田转为灌丛		105	215	55
农田转为草地		179	238	58
农田转为湿地		100	149	237
农田转为城镇		205	79	57
农田转为荒漠		156	156	156
农田转为冰川/永久积雪		250	160	122

一级分类转换	图例			
	样式	配色方案		
		R	G	B
农田转为裸地		209	238	238
城镇转为森林		0	205	0
城镇转为灌丛		135	215	55
城镇转为草地		102	205	0
城镇转为湿地		132	112	255
城镇转为农田		205	133	0
城镇转为荒漠		130	130	130
城镇转为冰川/永久积雪		131	139	131
城镇转为裸地		238	130	98
荒漠转为森林		144	238	144
荒漠转为灌丛		151	205	42
荒漠转为草地		127	255	0
荒漠转为湿地		0	0	128
荒漠转为农田		254	205	50
荒漠转为城镇		178	34	34
荒漠转为冰川/永久积雪		255	255	224
荒漠转为裸地		255	160	122
冰川/永久积雪转为森林		0	139	139
冰川/永久积雪转为灌丛		115	208	19
冰川/永久积雪转为草地		67	205	128
冰川/永久积雪转为湿地		0	0	205
冰川/永久积雪转为农田		100	160	61
冰川/永久积雪转为城镇		165	42	42
冰川/永久积雪转为荒漠		105	105	105
冰川/永久积雪转为裸地		139	76	57
裸地转为森林		175	238	238
裸地转为灌丛		15	190	0
裸地转为草地		0	205	102

一级分类转换	图例			
	样式	配色方案		
		R	G	B
裸地转为湿地		0	238	0
裸地转为农田		72	118	255
裸地转为城镇		238	154	73
裸地转为荒漠		79	79	79
裸地转为冰川/永久积雪		193	205	193
未变化		255	255	255

表 5-14　全国生态系统 II 级分类体系转换赋色

二级分类转换	图例			
	样式	配色方案		
		R	G	B
阔叶林转为针叶林		15	70	0
阔叶林转为针阔混交林		45	179	35
阔叶林转为稀疏林		45	215	55
阔叶林转为阔叶灌丛		118	238	0
阔叶林转为针叶灌丛		13	228	83
阔叶林转为稀疏灌丛		12	137	68
阔叶林转为草地		124	252	0
阔叶林转为沼泽		150	205	205
阔叶林转为湖泊		0	0	139
阔叶林转为河流		0	0	128
阔叶林转为耕地		255	255	0
阔叶林转为园地		74	112	139
阔叶林转为居住地		255	0	0
阔叶林转为城市绿地		0	255	255
阔叶林转为工矿交通		139	105	20
阔叶林转为裸地		255	96	144
阔叶林转为荒漠		255	140	0
阔叶林转为冰川/永久积雪		255	228	181

二级分类转换	图例			
	样式	配色方案		
		R	G	B
针叶林转为阔叶林		45	95	55
针叶林转为针阔混交林		45	195	35
针叶林转为稀疏林		65	215	55
针叶林转为阔叶灌丛		13	108	83
针叶林转为针叶灌丛		13	248	83
针叶林转为稀疏灌丛		115	168	0
针叶林转为草地		26	255	0
针叶林转为沼泽		9	27	115
针叶林转为湖泊		3	81	148
针叶林转为河流		5	139	230
针叶林转为耕地		162	188	0
针叶林转为园地		76	179	9
针叶林转为居住地		204	9	11
针叶林转为城市绿地		71	205	42
针叶林转为工矿交通		168	16	0
针叶林转为裸地		78	109	68
针叶林转为荒漠		209	112	0
针叶林转为冰川/永久积雪		222	222	222
针阔混交林转为阔叶林		45	115	55
针阔混交林转为针叶林		15	90	0
针阔混交林转为稀疏林		85	215	55
针阔混交林转为阔叶灌丛		13	128	83
针阔混交林转为针叶灌丛		115	168	29
针阔混交林转为稀疏灌丛		12	137	88
针阔混交林转为草地		46	255	0
针阔混交林转为沼泽		9	27	135
针阔混交林转为湖泊		3	81	168
针阔混交林转为河流		5	129	230

二级分类转换	图例			
	样式	配色方案		
		R	G	B
针阔混交林转为耕地		162	208	0
针阔混交林转为园地		76	199	9
针阔混交林转为居住地		224	9	11
针阔混交林转为城市绿地		111	205	42
针阔混交林转为工矿交通		168	36	0
针阔混交林转为裸地		78	129	98
针阔混交林转为荒漠		209	132	0
针阔混交林转为冰川/永久积雪		232	232	232
稀疏林转为阔叶林		45	135	55
稀疏林转为针叶林		15	110	0
稀疏林转为针阔混交林		45	215	35
稀疏林转为阔叶灌丛		13	148	83
稀疏林转为针叶灌丛		115	188	29
稀疏林转为稀疏灌丛		12	137	108
稀疏林转为草地		66	255	0
稀疏林转为沼泽		9	27	155
稀疏林转为湖泊		3	81	188
稀疏林转为河流		5	179	230
稀疏林转为耕地		162	228	0
稀疏林转为园地		76	219	9
稀疏林转为居住地		244	9	11
稀疏林转为城市绿地		131	205	42
稀疏林转为工矿交通		168	59	0
稀疏林转为裸地		58	129	98
稀疏林转为荒漠		209	132	10
稀疏林转为冰川/永久积雪		242	242	242
阔叶灌丛转为阔叶林		0	139	69
阔叶灌丛转为针叶林		15	130	0

二级分类转换	图例			
	样式	配色方案		
		R	G	B
阔叶灌丛转为针阔混交林		45	235	35
阔叶灌丛转为稀疏林		105	215	55
阔叶灌丛转为针叶灌丛		115	208	29
阔叶灌丛转为稀疏灌丛		62	137	27
阔叶灌丛转为草地		105	139	34
阔叶灌丛转为沼泽		174	238	238
阔叶灌丛转为湖泊		0	0	205
阔叶灌丛转为河流		72	61	139
阔叶灌丛转为耕地		238	238	0
阔叶灌丛转为园地		176	226	255
阔叶灌丛转为居住地		238	0	0
阔叶灌丛转为城市绿地		64	224	208
阔叶灌丛转为工矿交通		218	165	32
阔叶灌丛转为裸地		255	110	180
阔叶灌丛转为荒漠		255	165	0
阔叶灌丛转为冰川/永久积雪		255	222	173
针叶灌丛转为阔叶林		45	155	55
针叶灌丛转为针叶林		15	150	0
针叶灌丛转为针阔混交林		45	255	35
针叶灌丛转为稀疏林		135	215	55
针叶灌丛转为阔叶灌丛		13	168	83
针叶灌丛转为稀疏灌丛		62	157	27
针叶灌丛转为草地		86	255	0
针叶灌丛转为沼泽		9	27	185
针叶灌丛转为湖泊		3	81	208
针叶灌丛转为河流		5	199	230
针叶灌丛转为耕地		162	248	0
针叶灌丛转为园地		76	239	9

<table>
<tr><th rowspan="3">二级分类转换</th><th colspan="4">图例</th></tr>
<tr><th rowspan="2">样式</th><th colspan="3">配色方案</th></tr>
<tr><th>R</th><th>G</th><th>B</th></tr>
<tr><td>针叶灌丛转为居住地</td><td></td><td>255</td><td>11</td><td>11</td></tr>
<tr><td>针叶灌丛转为城市绿地</td><td></td><td>151</td><td>205</td><td>42</td></tr>
<tr><td>针叶灌丛转为工矿交通</td><td></td><td>168</td><td>79</td><td>0</td></tr>
<tr><td>针叶灌丛转为裸地</td><td></td><td>92</td><td>102</td><td>52</td></tr>
<tr><td>针叶灌丛转为荒漠</td><td></td><td>209</td><td>132</td><td>20</td></tr>
<tr><td>针叶灌丛转为冰川/永久积雪</td><td></td><td>253</td><td>253</td><td>253</td></tr>
<tr><td>稀疏灌丛转为阔叶林</td><td></td><td>45</td><td>155</td><td>35</td></tr>
<tr><td>稀疏灌丛转为针叶林</td><td></td><td>15</td><td>170</td><td>0</td></tr>
<tr><td>稀疏灌丛转为针阔混交林</td><td></td><td>29</td><td>125</td><td>55</td></tr>
<tr><td>稀疏灌丛转为稀疏林</td><td></td><td>155</td><td>215</td><td>55</td></tr>
<tr><td>稀疏灌丛转为阔叶灌丛</td><td></td><td>13</td><td>188</td><td>83</td></tr>
<tr><td>稀疏灌丛转为针叶灌丛</td><td></td><td>115</td><td>208</td><td>19</td></tr>
<tr><td>稀疏灌丛转为草地</td><td></td><td>106</td><td>255</td><td>0</td></tr>
<tr><td>稀疏灌丛转为沼泽</td><td></td><td>9</td><td>27</td><td>205</td></tr>
<tr><td>稀疏灌丛转为湖泊</td><td></td><td>3</td><td>81</td><td>228</td></tr>
<tr><td>稀疏灌丛转为河流</td><td></td><td>5</td><td>219</td><td>230</td></tr>
<tr><td>稀疏灌丛转为耕地</td><td></td><td>162</td><td>248</td><td>47</td></tr>
<tr><td>稀疏灌丛转为园地</td><td></td><td>76</td><td>255</td><td>9</td></tr>
<tr><td>稀疏灌丛转为居住地</td><td></td><td>255</td><td>51</td><td>11</td></tr>
<tr><td>稀疏灌丛转为城市绿地</td><td></td><td>171</td><td>205</td><td>42</td></tr>
<tr><td>稀疏灌丛转为工矿交通</td><td></td><td>198</td><td>79</td><td>0</td></tr>
<tr><td>稀疏灌丛转为裸地</td><td></td><td>92</td><td>82</td><td>52</td></tr>
<tr><td>稀疏灌丛转为荒漠</td><td></td><td>229</td><td>132</td><td>20</td></tr>
<tr><td>稀疏灌丛转为冰川/永久积雪</td><td></td><td>212</td><td>212</td><td>212</td></tr>
<tr><td>草地转为阔叶林</td><td></td><td>0</td><td>139</td><td>0</td></tr>
<tr><td>草地转为针叶林</td><td></td><td>15</td><td>190</td><td>0</td></tr>
<tr><td>草地转为针阔混交林</td><td></td><td>29</td><td>145</td><td>55</td></tr>
<tr><td>草地转为稀疏林</td><td></td><td>185</td><td>215</td><td>55</td></tr>
</table>

二级分类转换	图例			
	样式	配色方案		
		R	G	B
草地转为阔叶灌丛		154	205	50
草地转为针叶灌丛		13	208	83
草地转为稀疏灌丛		62	177	27
草地转为沼泽		0	245	245
草地转为湖泊		71	60	139
草地转为河流		100	149	237
草地转为耕地		139	117	0
草地转为园地		141	182	205
草地转为居住地		205	55	0
草地转为城市绿地		95	158	160
草地转为工矿交通		255	215	0
草地转为荒漠		255	69	0
草地转为冰川/永久积雪		255	218	185
草地转为裸地		139	58	98
沼泽转为阔叶林		0	205	0
沼泽转为针叶林		15	210	0
沼泽转为针阔混交林		29	165	55
沼泽转为稀疏林		205	215	55
沼泽转为阔叶灌丛		162	205	90
沼泽转为针叶灌丛		115	228	29
沼泽转为稀疏灌丛		62	197	27
沼泽转为沼泽		46	139	87
沼泽转为湖泊		58	95	205
沼泽转为河流		106	90	205
沼泽转为耕地		205	173	0
沼泽转为园地		159	182	205
沼泽转为居住地		205	79	57
沼泽转为城市绿地		176	224	230

二级分类转换	图例			
	样式	配色方案		
		R	G	B
沼泽转为工矿交通		205	149	12
沼泽转为裸地		205	145	158
沼泽转为荒漠		205	38	38
沼泽转为冰川/永久积雪		255	228	196
湖泊转为阔叶林		0	238	0
湖泊转为针叶林		15	230	0
湖泊转为针阔混交林		29	185	55
湖泊转为稀疏林		225	215	55
湖泊转为阔叶灌丛		188	238	104
湖泊转为针叶灌丛		115	248	29
湖泊转为稀疏灌丛		62	217	27
湖泊转为草地		78	238	148
湖泊转为沼泽		0	134	139
湖泊转为河流		132	112	255
湖泊转为耕地		238	210	0
湖泊转为园地		185	211	238
湖泊转为居住地		238	92	66
湖泊转为城市绿地		173	216	230
湖泊转为工矿交通		238	173	14
湖泊转为裸地		238	169	184
湖泊转为荒漠		238	44	44
湖泊转为冰川/永久积雪		255	235	205
河流转为阔叶林		0	255	0
河流转为针叶林		15	250	0
河流转为针阔混交林		29	205	55
河流转为稀疏林		15	185	30
河流转为阔叶灌丛		202	255	112
河流转为针叶灌丛		105	255	29

二级分类转换	图例			
	样式	配色方案		
		R	G	B
河流转为稀疏灌丛		62	237	27
河流转为草地		84	255	159
河流转为沼泽		0	197	205
河流转为湖泊		72	118	255
河流转为耕地		139	139	0
河流转为园地		198	225	255
河流转为居住地		255	99	71
河流转为城市绿地		176	196	222
河流转为工矿交通		255	185	15
河流转为裸地		255	181	197
河流转为荒漠		255	48	48
河流转为冰川/永久积雪		255	239	213
耕地转为阔叶林		69	139	0
耕地转为针叶林		15	100	35
耕地转为针阔混交林		29	235	55
耕地转为稀疏林		15	205	30
耕地转为阔叶灌丛		179	238	58
耕地转为针叶灌丛		75	215	167
耕地转为稀疏灌丛		69	199	57
耕地转为草地		224	255	255
耕地转为沼泽		102	205	170
耕地转为湖泊		105	89	205
耕地转为河流		30	144	255
耕地转为园地		191	239	255
耕地转为居住地		205	91	69
耕地转为城市绿地		102	139	139
耕地转为工矿交通		160	82	45
耕地转为裸地		205	140	149

二级分类转换	图例			
	样式	配色方案		
		R	G	B
耕地转为荒漠		205	51	51
耕地转为冰川/永久积雪		250	235	215
园地转为阔叶林		102	205	0
园地转为针叶林		15	120	35
园地转为针阔混交林		29	255	55
园地转为稀疏林		15	235	30
园地转为阔叶灌丛		192	255	62
园地转为针叶灌丛		105	215	167
园地转为稀疏灌丛		69	199	77
园地转为草地		0	250	154
园地转为沼泽		118	238	198
园地转为湖泊		131	111	255
园地转为河流		0	191	255
园地转为耕地		205	205	0
园地转为居住地		238	106	80
园地转为城市绿地		127	255	212
园地转为工矿交通		205	133	63
园地转为裸地		255	174	185
园地转为荒漠		238	59	59
园地转为冰川/永久积雪		250	240	230
居住地转为阔叶林		0	100	0
居住地转为针叶林		15	140	35
居住地转为针阔混交林		99	255	110
居住地转为稀疏林		15	255	30
居住地转为阔叶灌丛		0	205	102
居住地转为针叶灌丛		135	215	167
居住地转为稀疏灌丛		69	199	97
居住地转为草地		155	205	155

二级分类转换	图例			
	样式	配色方案		
		R	G	B
居住地转为沼泽		0	205	205
居住地转为湖泊		0	154	206
居住地转为河流		70	130	180
居住地转为耕地		205	155	29
居住地转为园地		162	181	205
居住地转为城市绿地		122	197	205
居住地转为工矿交通		205	104	57
居住地转为裸地		205	104	149
居住地转为荒漠		205	102	0
居住地转为冰川/永久积雪		253	245	230
城市绿地转为阔叶林		34	139	34
城市绿地转为针叶林		15	160	35
城市绿地转为针阔混交林		99	255	140
城市绿地转为稀疏林		25	139	65
城市绿地转为阔叶灌丛		0	238	118
城市绿地转为针叶灌丛		155	215	167
城市绿地转为稀疏灌丛		69	199	117
城市绿地转为草地		180	238	180
城市绿地转为沼泽		0	228	238
城市绿地转为湖泊		0	178	238
城市绿地转为河流		135	206	250
城市绿地转为耕地		238	180	34
城市绿地转为园地		188	210	238
城市绿地转为居住地		238	64	0
城市绿地转为工矿交通		238	121	66
城市绿地转为裸地		238	121	159
城市绿地转为荒漠		238	118	0
城市绿地转为冰川/永久积雪		255	250	240

二级分类转换	图例			
	样式	配色方案		
		R	G	B
工矿交通转为阔叶林		50	205	50
工矿交通转为针叶林		15	180	35
工矿交通转为针阔混交林		99	255	180
工矿交通转为稀疏林		25	169	65
工矿交通转为阔叶灌丛		0	255	127
工矿交通转为针叶灌丛		155	235	167
工矿交通转为稀疏灌丛		69	199	147
工矿交通转为草地		193	255	193
工矿交通转为沼泽		0	229	238
工矿交通转为湖泊		0	104	139
工矿交通转为河流		135	206	235
工矿交通转为耕地		255	193	37
工矿交通转为园地		202	225	255
工矿交通转为居住地		255	144	86
工矿交通转为城市绿地		142	229	238
工矿交通转为裸地		255	130	171
工矿交通转为荒漠		255	127	0
工矿交通转为冰川/永久积雪		255	255	240
裸地转为阔叶林		173	255	47
裸地转为针叶林		60	185	35
裸地转为针阔混交林		99	255	200
裸地转为稀疏林		25	189	65
裸地转为阔叶灌丛		67	205	128
裸地转为针叶灌丛		155	255	167
裸地转为稀疏灌丛		99	199	147
裸地转为草地		107	142	35
裸地转为沼泽		121	205	205
裸地转为湖泊		108	266	205

二级分类转换	图例			
	样式	配色方案		
		R	G	B
裸地转为河流		72	209	204
裸地转为耕地		205	198	115
裸地转为园地		180	205	205
裸地转为居住地		205	16	118
裸地转为城市绿地		86	107	47
裸地转为工矿交通		139	90	43
裸地转为荒漠		205	133	0
裸地转为冰川/永久积雪		255	248	220
荒漠转为阔叶林		127	255	0
荒漠转为针叶林		60	215	35
荒漠转为针阔混交林		99	255	220
荒漠转为稀疏林		25	209	65
荒漠转为阔叶灌丛		144	238	144
荒漠转为针叶灌丛		39	255	167
荒漠转为稀疏灌丛		139	199	147
荒漠转为草地		60	179	113
荒漠转为沼泽		141	238	238
荒漠转为湖泊		126	192	238
荒漠转为河流		62	206	209
荒漠转为耕地		238	230	133
荒漠转为园地		209	238	238
荒漠转为居住地		138	18	137
荒漠转为城市绿地		143	188	143
荒漠转为工矿交通		238	154	73
荒漠转为裸地		139	71	93
荒漠转为冰川/永久积雪		255	250	205
冰川/永久积雪转为阔叶林		105	139	105
冰川/永久积雪转为针叶林		60	95	35

二级分类转换	图例			
	样式	配色方案		
		R	G	B
冰川/永久积雪转为针阔混交林		99	255	250
冰川/永久积雪转为稀疏林		25	229	65
冰川/永久积雪转为阔叶灌丛		154	255	154
冰川/永久积雪转为针叶灌丛		39	255	187
冰川/永久积雪转为稀疏灌丛		139	229	147
冰川/永久积雪转为草地		32	178	170
冰川/永久积雪转为沼泽		151	255	255
冰川/永久积雪转为湖泊		135	206	255
冰川/永久积雪转为河流		175	238	238
冰川/永久积雪转为耕地		255	246	143
冰川/永久积雪转为园地		178	223	238
冰川/永久积雪转为居住地		255	20	147
冰川/永久积雪转为城市绿地		152	251	152
冰川/永久积雪转为工矿交通		255	165	79
冰川/永久积雪转为裸地		139	95	101
冰川/永久积雪转为荒漠		238	154	0
未变化		255	255	255

生态系统质量及其十年变化分析

6.1 概述

生态系统质量主要表征生态系统自然植被的优劣程度，反映生态系统内植被与生态系统整体状况。

6.2 目标与任务

6.2.1 目标

以长时间序列遥感数据为基础，评估生态系统的生物量、叶面积指数、植被覆盖度、净初级生产力等的变化状况及其空间格局变化，明确生态系统质量十年变化（2000—2010年）趋势与特征。

6.2.2 范围

时间范围：2000—2010 年。

空间范围：覆盖全国，省及典型区，并将全国分为森林、灌木、草地、湿地和生态系统等。

6.2.3 工作任务

（1）森林生态系统地上生物量及叶面积指数的空间格局及其十年变化；

（2）灌丛生态系统地上生物量及叶面积指数的空间格局及其十年变化；

（3）草地生态系统植被覆盖度的空间格局及其十年变化；

（4）农田生态系统净初级生产力的空间格局及其十年变化；

（5）湿地生态系统净初级生产力的空间格局及其十年变化。

6.3 指标体系

生态系统质量评估主要针对森林、草地、湿地、农田等生态系统质量进行时空动态变化监测，评估包括地上生物量、叶面积指数、植被覆盖度、净初级生产力、地表蒸散量的年平均值及变异系数等指标（表 6-1）。

表 6-1　生态系统质量评估指标体系

序号	生态系统	评估指标
1	森林	年生物量
		相对生物量密度
		年均叶面积指数
		叶面积指数年变异系数
		叶面积指数年均变异系数
2	灌丛	年生物量
		相对生物量密度
		年均叶面积指数
		叶面积指数年变异系数
		叶面积指数年均变异系数
3	草地	年均植被覆盖度
		植被覆盖度年变异系数
		植被覆盖度年均变异系数
4	农田	年均净初级生产力
		净初级生产力年总量
		净初级生产力年变异系数
		净初级生产力年均变异系数
5	湿地	年均净初级生产力
		净初级生产力年总量
		净初级生产力年变异系数
		净初级生产力年均变异系数

6.3.1　森林生态系统质量评估指数

6.3.1.1　森林生态系统年生物量（SL_AtB_i）

$$SL\_AtB_i = \sum_{k=1}^{n} YrB_k \times S_k$$

式中，i——年数；

n——森林生态系统内影像像元数；

YrB_k——第 i 年第 k 个像元生物量；

S_k——第 k 个像元面积。

6.3.1.2　森林生态系统相对生物量密度（RBD_{ij}）

相对生物量密度是指基于像元的生态系统生物量与该生态系统类型最大生物量的比值。

$$\mathrm{RBD}_{ij}=\frac{B_{ij}}{\mathrm{CCB}_j}\times 100\%$$

式中，RBD_{ij}——森林生态系统内 j 生态区域的 i 像元相对生物量密度；

B_{ij}——i 像元生物量；

CCB_j——j 类生态系统区域内最大生物量。

基本生物量的选取有两种方式：第一种采用地面选点观测的方法，选取自然保护区或者典型区域，进行地面生物量观测，并作为最大生物量使用；第二种采用区划遥感选取的方法，在中国植被区划图六级分类边界内空间选取遥感反演最大生物量，并作为最大生物量使用。

在相对生物量密度计算过程中，首先需将森林生态系统边界与中国植被区划图进行叠加，之后，在森林生态系统范围内确定每个植被区划区域，最后通过空间统计，获取每一区域内最大生物量，再利用公式求取最大生物量密度。

6.3.1.3 年均 LAI（$\mathrm{SL\_AuL}_i$）

$$\mathrm{SL\_AuL}_i=\frac{\sum_{i=1}^{36}\mathrm{DecL}_{ij}}{d}$$

式中，i——年数；

j——旬数；

d——1 年内 LAI 数据总旬数；

DecL_{ij}——第 i 年第 j 旬影像 LAI 值。

6.3.1.4 LAI 年变异系数（$\mathrm{SL\_CVL}_i$）

$$\mathrm{SL\_CVL}_i=\frac{\sqrt{\left[\sum_{j=1}^{36}\left(\mathrm{DecL}_{ij}-\frac{\sum_{j=1}^{36}\mathrm{DecL}_{ij}}{d}\right)^2\right]\Big/(d-1)}}{\frac{\sum_{j=1}^{36}\mathrm{DecL}_{ij}}{d}}$$

式中，i——年数；

j——旬数；

d——1 年内 LAI 数据总旬数；

DecL_{ij}——第 i 年第 j 旬影像 LAI 值。

6.3.1.5 LAI 年均变异系数（SL_ACVL_i）

$$SL\_ACVL_i = \frac{\sum_{i}^{n} SL\_CVL_i}{n}$$

式中，n——灌木生态系统内影像像元数量。

6.3.2 灌丛生态系统质量评估指标

灌丛生态系统质量评估指标与森林生态系统指标相同，指标计算方法与森林生态系统一致。

6.3.3 草地生态系统质量评估指标

6.3.3.1 年均植被覆盖度（CD_AuF_i）

$$CD\_AuF_i = \frac{\sum_{i=1}^{36} DecF_{ij}}{d}$$

式中，i——年数；

j——旬数；

d——1 年内植被覆盖度数据总旬数；

$DecF_{ij}$——第 i 年第 j 旬影像植被覆盖度。

6.3.3.2 植被覆盖度年变异系数（CD_CVF_i）

$$CD\_CVF_i = \frac{\sqrt{\left[\sum_{j=1}^{36}\left(DecF_{ij} - CD\_AuF_i\right)^2\right] \Big/ (d-1)}}{CD\_AuF_i}$$

式中，i——年数；

j——旬数；

d——1 年内植被覆盖度数据总旬数；

$DecF_{ij}$——第 i 年第 j 旬影像植被覆盖度。

6.3.3.3 植被覆盖度年均变异系数（CD_ACVF_i）

$$CD\_ACVF_i = \frac{\sum_{i}^{n} CD\_CVF_i}{n}$$

式中，n——草地生态系统内影像像元数量。

6.3.4 农田生态系统质量评估指标

6.3.4.1 年均净初级生产力（NT_AuN_i）

$$NT\_AuN_i = \frac{\sum_{i=1}^{36} DecN_{ij}}{d}$$

式中，i——年数；

j——旬数；

d——1 年内 NPP 数据总旬数；

$DecN_{ij}$——第 i 年第 j 旬影像 NPP 值。

6.3.4.2 净初级生产力年总量（NT_ZN_i）

$$NT\_ZN_i = \sum_{j=1}^{36}\sum_{k=1}^{n} NT\_DecN_{ijk} \times S_k$$

式中，NT_N_{ijk}——第 i 年第 j 旬影像中第 k 个像元 NPP 值；

S_k——第 k 个像元面积。

6.3.4.3 净初级生产力年变异系数（NT_CVN_i）

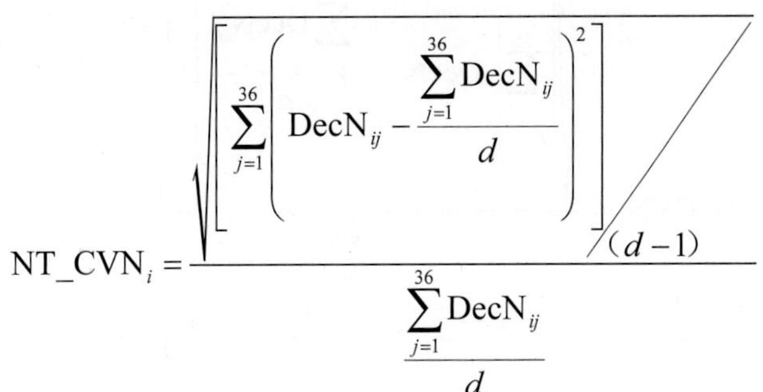

$$NT\_CVN_i = \frac{\sqrt{\left[\sum_{j=1}^{36}\left(DecN_{ij} - \frac{\sum_{j=1}^{36} DecN_{ij}}{d}\right)^2\right] \Big/ (d-1)}}{\frac{\sum_{j=1}^{36} DecN_{ij}}{d}}$$

式中，i——年数；

j——旬数；

d——1 年内 NPP 数据总旬数；

$DecN_{ijk}$——第 i 年第 j 旬影像。

6.3.4.4 净初级生产力年均变异系数（NT_ACVN_i）

$$NT\_ACVN_i = \frac{\sum_{i}^{n} NT\_CVN_i}{n}$$

式中，n——农田生态系统内影像像元数量。

6.3.5 湿地生态系统质量评估指标

6.3.5.1 年均净初级生产力（SD_AuN_i）

$$SD\_AuN_i = \frac{\sum_{i=1}^{36} DecN_{ij}}{d}$$

式中，i——年数；

j——旬数；

d——1年内NPP数据总旬数；

$DecN_{ij}$——第i年第j旬影像NPP值。

6.3.5.2 净初级生产力年总量（SD_ZN_i）

$$SD\_ZN_i = \sum_{j=1}^{36}\sum_{k=1}^{n} SD\_DecN_{ijk} \times S_k$$

式中，SD_N_{ijk}——第i年第j旬影像中第k个像元NPP值；

S_k——第k个像元面积。

6.3.5.3 净初级生产力年变异系数（SD_CVN_i）

$$SD\_CVN_i = \frac{\sqrt{\left[\sum_{j=1}^{36}\left(DecN_{ij} - \frac{\sum_{j=1}^{36} DecN_{ij}}{d}\right)^2\right] \Big/ (d-1)}}{\frac{\sum_{j=1}^{36} DecN_{ij}}{d}}$$

式中，i——年数；

j——旬数；

d——1年内NPP数据总旬数；

$DecN_{ijk}$——第i年第j旬影像。

6.3.5.4 净初级生产力年均变异系数（SD_ACVN_i）

$$SD\_ACVN_i = \frac{\sum_{i}^{n} SD\_CVN_{ij}}{n}$$

式中，n——湿地生态系统内影像像元数量。

6.4 评估使用数据源

生态系统质量评估主要利用遥感解译获取的 2000—2010 年逐旬/逐年生态系统地表参量，包括地上生物量、叶面积指数、植被覆盖度、净初级生产力（表 6-2）。

表 6-2 生态系统质量评估数据源

序号	数据	空间分辨率	时间	备注	来源
1	地上生物量	250 m	2000—2010 年	逐年	中国科学院遥感所
2	叶面积指数	250 m/30 m	2000—2010 年	250 m 逐旬，30 m 逐年	中国科学院遥感所
3	植被覆盖度	250 m/30 m	2000—2010 年	250 m 逐旬，30 m 逐年	中国科学院遥感所
4	净初级生产力	250 m/30 m	2000—2010 年	250 m 逐旬，30 m 逐年	中国科学院遥感所

6.5 评估技术方法

6.5.1 森林生态系统

森林生态系统采用年生物量（SL_AtB_i）及相对生物量密度（RBD_{ij}）、年均 LAI（SL_AuL_i）、LAI 年变异系数（SL_CVL_i）、LAI 年均变异系数（SL_ACVL_i）等指标进行质量评估。

基于遥感影像，计算每年生物量。

相对生物量密度值域为 0～1，将其平均分为低、较低、中、较高、高等 5 级，其对应相对生物量密度取值范围分别为 0～0.2，0.2～0.4，04～0.6，0.6～0.8，0.8～1。统计每年相对生物量密度等级的面积及比例，并依据分级标准对 2000—2010 年每年相对生物量密度进行成图。

将 SL_AuL_i 取值分为低、较低、中、较高、高等 5 个等级，对应 LAI 取值范围分别为 0～2，2～4，4～6，6～8，8～∞，统计 2000—2010 年 SL_AuL_i 各级别面积及比例，并对各等级时空分布成图。

变异系数取值范围为 0～∞，基于目前 LAI 变异系数研究成果，将 SL_CVL_i 分为小、较小、中、较大、大 5 级，其变异系数取值分别为 0～0.2，0.2～0.4，0.4～0.8，0.8～1，1～∞。统计 2000—2010 年每级 SL_CVL_i 面积及比例，将 SL_CVL_i 进行成图。

计算每年 SL_ACVL_i。

6.5.2 灌丛生态系统

灌丛生态系统评估指标统计内容与森林生态系统一致。

6.5.3 草地生态系统

草地生态系统生态质量评估指标包括年均植被覆盖度（CD_AuF_i），植被覆盖度年变异系数（CD_CVF_i）及植被覆盖度年均变异系数（CD_ACVF_i）。

将 CD_AuF_i 分为低、较低、中、较高、高等 5 级，其对应植被覆盖度取值范围分别为 0～20%，20%～40%，40%～60%，60%～80%，80%～100%，统计每一级别面积及比例，并对 2000—2010 年均 CD_AuF_i 等级进行成图。

将 CD_CVF_i 分为低、较低、中、较高、高等 5 级，其取值范围分别为 0～0.5，0.5～1，1～1.5，1.5～2，2～∞，统计各级别每年 CD_CVF_i 面积及比例，并将各级别变异系数成图。

统计每年 CD_ACVF_i。

6.5.4 农田生态系统

农田生态系统采用年均净初级生产力（NT_AuN_i）、净初级生产力年总量（NT_ZN_i）、净初级生产力年变异系数（NT_CVN_i）、净初级生产力年均变异系数（NT_ACVN_i）等指标进行质量评估。

将 NT_AuN_i 分为低、较低、中、较高、高等 5 级，每级对应取值为 0～6，6～12，12～18，18～24，24～∞，统计 2000—2010 年 NT_AuN_i 面积与比例，并将 NT_AuN_i 成图。

统计每年 NT_ZN_i。

将 NT_CVN_i 按取值分为小、较小、中、较大、大等 5 级，各级别对应变异系数取值分别为 0～0.5，0.5～1，1～1.5，1.5～2，2～∞，统计每级变异系数面积及比例，并对其成图。

统计每年 NT_ACVN_i。

6.5.5 湿地生态系统

湿地生态系统采用年均净初级生产力（SD_AuN_i）、净初级生产力年总量（SD_ZN_i）、净初级生产力年变异系数（SD_CVN_i）、净初级生产力年均变异系数（SD_ACVN_i）等指标进行质量评估。

将 SD_AuN_i 分为低、较低、中、较高、高等 5 级，每级对应取值为 0～6，6～12，12～18，18～24，24～∞，统计 2000—2010 年 SD_AuN_i 面积与比例，并将 SD_AuN_i 成图。

统计每年 SD_ZN_i。

将 SD_CVN_i 按取值分为小、较小、中、较大、大等 5 级，各级别对应变异系数取值分别为 0～0.5，0.5～1，1～1.5，1.5～2，2～∞，统计每级变异系数面积及比例，并对其成图。

统计每年 SD_ACVN_i。

生态系统服务功能及其十年变化分析

7.1 概述

生态系统服务功能是指生态系统与生态过程所形成及所维持的人类赖以生存的自然环境条件与效用，它不仅给人类提供生存必需的食物、医药及工农业生产的原料，而且维持了人类赖以生存和发展的生命支持系统。

7.2 目标与任务

7.1.1 目标

以遥感和地面调查数据为基础，结合国家生态系统观测研究网络的长期监测数据，应用生态系统服务功能评估模型评估生态系统的生物多样性维持、土壤保持、水源涵养、防风固沙、碳固定和产品提供等服务功能状况及其空间特征，明确生态系统服务功能十年变化（2000—2010 年）趋势。

7.1.2 范围

时间范围：包括 2000 年、2005 年和 2010 年三个年份。

空间范围：空间范围为全国，省及典型区，植被/地表参量的空间尺度包括 250/1 000 m 及 30 m 两种尺度产品，250/1 000 m 产品为 2000—2010 年全国（北方地区）逐月数据集，30 m 产品为 2000 年、2005 年、2010 年三个年份的数据集。

7.1.3 工作任务

（1）分析生态系统生物多样性维持功能及其十年变化；

（2）分析生态系统土壤保持功能及其十年变化；

（3）分析生态系统水源涵养功能及其十年变化；

（4）分析生态系统水文调节功能及其十年变化；

（5）分析全国生态系统防风固沙功能及其十年变化；

（6）分析全国生态系统碳固定功能及其十年变化。

7.3 指标体系

评估包括生物多样性维持、土壤保持、水源涵养、防风固沙、碳固定和产品供给等方面的指标（表 7-1）。

表 7-1 生态系统服务功能评估指标体系

序号	生态系统服务功能	评估指标
1	生物多样性维持功能	生物生境质量指数
2	土壤保持功能	土壤保持量
3	水源涵养功能	水源涵养量
4	防风固沙功能	固沙量
5	碳固定功能	碳储量
6	产品供给功能	食物供给
		木材供给
		淡水供给

7.3.1 生物生境质量指数

定义：主要从区域生境质量、生境稀缺性两个方面评价区域生物多样性维持功能。计算方法：

➢ 生境质量：采用生境质量指数评价生境质量。

$$Q_{xj} = H_j\left(1-\left(D_{xj}^z \Big/ D_{xj}^z + k^z\right)\right)$$

式中，Q_{xj}—— 土地利用与土地覆盖 j 中栅格 x 的生境质量；

D_{xj}—— 土地利用与土地覆盖或生境类型 j 栅格 x 的生境胁迫水平。

$$D_{xi} = \sum_{r=1}^{R}\sum_{y=1}^{Y_r}\left(w_r \Big/ \sum_{r=1}^{R} w_r\right) r_y i_{rxy} \beta_x S_{jr}$$

栅格 y 中胁迫因子 r（r_y）对栅格 x 中生境的胁迫作用为 i_{rxy}，

$$i_{rxy} = 1-\left(\frac{d_{xy}}{d_{r\max}}\right) \text{（线性）}$$

$$i_{rxy} = \exp\left(-\left(\frac{2.99}{d_{r\max}}\right)d_{xy}\right) \text{（指数）}$$

式中，d_{xy}—— 栅格 x 与栅格 y 之间的直线距离；

$d_{r\max}$—— 胁迫因子 r 的最大影响距离；

W_r——胁迫因子的权重，表明某一胁迫因子对所有生境的相对破坏力；

β_x——栅格 x 的可达性水平，1 表示极容易达到；

S_{jr}——土地利用与土地覆盖（或生境类型）j 对胁迫因子 r 的敏感性，该值越接近 1 表示越敏感；

K——半饱和常数，当 $1-\left(D_{xj}^z / \left(D_{xj}^z + k^z\right)\right)=0.5$ 时，k 值等于 D 值；

H_j——土地利用与土地覆盖 j 的生境适合性。

➢ 生境稀缺性

$$R_x = \sum_{x=1}^{X} \sigma_{xj} R_j$$

式中，R_x 为栅格 x 的稀缺性，如果栅格 x 在土地利用与土地覆盖 j 中，$\sigma_{xj}=1$。

$$R_j = 1 - \frac{N_j}{N_{j,baseline}}$$

土地利用与土地覆盖 R_j 值越接近 1，土地利用与土地覆盖受到保护的可能性越大，如果土地利用与土地覆盖 j 在基线景观格局下消失，则 $R_j=0$；

N_j 为当前土地利用与土地覆盖 j 的栅格数；

$N_{j,\ baseline}$ 为基线景观格局下土地利用与土地覆盖 j 栅格数。

其中：

（1）土地利用与土地覆盖或生境类型：来源于遥感解译。

（2）不同胁迫因子（自然/人为因子）空间分布数据：来源于基础地形图、土地利用类型图。自然因子如自然灾害，滑坡、泥石流等；人为因子如道路、城镇居民点、农田等。

（3）不同胁迫因子对生境影响范围（km）：来源于文献或专家咨询。

（4）不同胁迫因子权重（0，1）：来源于文献或专家咨询。

（5）不同胁迫因子对生境影响递减指数（0，1）：来源于文献或专家咨询。

（6）保护区分布图：来源于资料收集。

生境对每种胁迫因子敏感度指数（0，1）：来源于文献或专家咨询。

7.3.2 土壤保持量

7.3.2.1 指标含义

根据降雨、土壤、坡长坡度、植被和土地管理等因素获取潜在和实际土壤侵蚀量，以两者的差值即土壤保持量来评价生态系统土壤保持功能的强弱。

7.3.2.2 计算方法

采用通用土壤流失方程 USLE 进行评价，包括自然因子和管理因子两类。在具体计算时，需要利用已有的土壤侵蚀实测数据对模型模拟结果进行验证，并且修正参数。

土壤侵蚀量 USLE：

$$\mathrm{USLE} = R \cdot K \cdot \mathrm{LS} \cdot C \cdot P$$

土壤保持量 SC：

$$\mathrm{SC} = R \cdot K \cdot \mathrm{LS} \cdot (1 - C \cdot P)$$

7.3.2.3 基本参数

（1）R：降雨侵蚀力因子：

$$\overline{R} = \sum_{k=1}^{24} \overline{R}_{半月k} \qquad \overline{R}_{半月k} = \frac{1}{N}\sum_{i=1}^{N}(\alpha \sum_{j=1}^{m} P_{dij}^{\beta})$$

$$\alpha = 21.239\beta^{-7.3967} \quad \beta = 0.6243 + \frac{27.346}{\overline{P}_{d12}} \quad \overline{P}_{d12} = \frac{1}{n}\sum_{l=1}^{n} P_{dl}$$

式中，$\overline{R}$ —— 多年平均年降雨侵蚀力，MJ·mm/（hm^2·h·a）；

$\overline{R}_{半月k}$ —— 第 k 半月的多年平均降雨侵蚀力，MJ·mm/（hm^2·h）；

P_{dij} —— 第 i 年第 k 半月第 j 日大于等于 12 mm 的日雨量；

α、β —— 回归系数；

$\overline{P}_{d12}$ —— 日雨量大于等于 12 mm 的日平均值，mm；

P_{dl} —— 统计时段内第 l 日大于等于 12 mm 的日雨量；

k —— 1 年 24 个半月（k=1，2，…，24）；

i —— 年数（i=1，2，…，N）；

j —— 第 i 年第 k 半月日雨量大于等于 12 mm 的日数（j=1，2，…，m）；

l —— 统计时段内所有日雨量大于等于 12 mm 的日数（l=1，2，…，n）。

由各雨量站的多年日雨量数据计算站点 $\overline{R}$ 后，通过 Kriging 插值法进行空间内插，得到降雨侵蚀力栅格图层，精度与其他图层一致（如全国范围可使用 90 m）。

注：缺乏多年日雨量数据或雨量站分布稀少的地区，可从地球系统科学数据共享网黄土高原数据分中心的“全国降雨侵蚀力数据集”中查找相关图幅，该数据为栅格格式，精度 30 m。数据集网址：http：//www.geodata.cn/Portal/metadata/viewMetadata.jsp？id=712100-10350。

（2）K：土壤可蚀性因子：

$$\begin{aligned} K_0 = & \left\{0.2 + 0.3\exp\left[-0.0256 m_s(1 - m_{silt}/100)\right]\right\} \times [m_{silt}/(m_c + m_{silt})]^{0.3} \\ & \times \left\{1 - 0.25\mathrm{org}C/[\mathrm{org}C + \exp(3.72 - 2.95\mathrm{org}C)]\right\} \\ & \times \left\{1 - 0.7(1 - m_s/100)/\{(1 - m_s/100) + \exp[-5.51 + 22.9(1 - m_s/100)]\}\right\} \end{aligned}$$

$$K = \left(-0.01383 + 0.51575 \times K_0\right) \times 0.1317$$

式中：K —— 土壤可蚀性因子，t·hm^2·h/（hm^2·MJ·mm）；

m_s —— 土壤砂粒百分含量；

m_{silt} —— 土壤粉粒百分含量；

m_c —— 土壤黏粒百分含量；

org$C$ —— 有机碳百分含量。

根据各土壤亚类的属性信息计算得到相应 K 值（表 7-2），再使用 ArcGIS 中的 Polygon to Raster 工具将该字段进行矢量栅格转换，得到土壤可蚀性栅格图层。

表 7-2 部分土壤类型 K 值（文献来源）

土壤类型	K 值	土壤类型	K 值	土壤类型	K 值
草褐土	0.362 6	湿潮土	0.353 7	淋溶棕壤	0.240 2
潮土	0.340 1	石灰性褐土	0.349 6	沙姜潮土	0.340 1
粗草棕壤	0.240 2	山地草甸土	0.213 7	盐潮土	0.411 6
褐土	0.322 1	沼泽草甸土	0.213 6	生草棕壤	0.240 2
棕土	0.215 7				

（3）LS：坡长-坡度因子：

$$\begin{cases} S = 10.8\sin\theta + 0.03 & \theta < 5^\circ \\ S = 16.8\sin\theta - 0.5 & 5^\circ \leqslant \theta < 10^\circ \\ S = 21.91\sin\theta - 0.96 & \theta \geqslant 10^\circ \end{cases}$$

$$L = \left(\frac{\lambda}{22.13}\right)^{m}$$

$$m = \beta/(1+\beta)$$

$$\beta = (\sin\theta/0.089)/\left[3.0\times(\sin\theta)^{0.8} + 0.56\right]$$

式中，θ —— 坡度，（°）；

λ —— 坡长，m。

坡度可通过 ArcGIS 中的 Slope 工具实现，坡长则可通过 ArcGIS 中的 Flow Accumulation 计算汇流量，以汇流量与栅格分辨率的乘积近似表示。

（4）C：植被覆盖与管理因子：

通过文献或专家咨询获取。

（5）P：水土保持措施因子：

通过文献或专家咨询获取。

表 7-3 局部区域 CP 值（文献来源）

	森林	灌丛	园地	水田	旱地	水域	城市及建设用地	裸地	草地
C	0.005	0.099	0.18	0.18	0.228	0	0	1	0.112
P	1	1	0.69	0.15	0.352	0	0.01	1	1

7.3.3 水源涵养量

计算方法：采用降水贮存量法，即用森林生态系统的蓄水效应来衡量其涵养水分的功能（Q）。

$$Q = A \cdot J \cdot R$$

$$J = J_0 \cdot K$$

$$R = R_0 - R_g$$

式中，Q——与裸地相比较，森林、草地、湿地、耕地、荒漠等生态系统涵养水分的增加量，mm/（$hm^2 \cdot a$）；

A——生态系统面积，hm^2；

J——计算区多年均产流降雨量（$P > 20$ mm），mm；

J_0——计算区多年均降雨总量，mm；

K——计算区产流降雨量占降雨总量的比例；

R——与裸地（或皆伐迹地）比较，生态系统减少径流的效益系数；

R_0——产流降雨条件下裸地降雨径流率；

R_g——产流降雨条件下生态系统降雨径流率。

K：根据赵同谦等以秦岭—淮河一线为界限将全国划分为北方区和南方区。而北方降雨较少，降雨主要集中于 6—9 月，甚至一年的降雨量主要集中于一两次降雨中。南方区降雨次数多、强度大，主要集中于 4—9 月。因此，建议北方区 K 取 0.4，南方区 K 取 0.6。

R：根据已有的实测和研究成果，结合各种生态系统的分布、植被指数、土壤、地形特征以及对应裸地的相关数据，可确定全国主要生态系统类型的 R 值，表 7-4 是主要森林生态系统的 R 值。其他草地、灌木林、沼泽等生态系统的 R 值有待进一步确定。

表 7-4　中国主要森林生态系统类型 R 值

森林类型	寒温带落叶松林	温带针叶林	温带亚、热带落叶阔叶林	温带落叶小叶疏林	亚热带常绿落叶阔叶混交林林	亚热带常绿阔叶林	亚热带、热带针叶林	亚热带热带竹林	热带雨林、季雨林
R 值	0.21	0.24	0.28	0.16	0.34	0.39	0.36	0.22	0.55

而冰川、湖泊、河流、水库等湿地生态系统水源涵养量为系统平均储水（蓄水）量。

7.3.4 固沙量

7.3.4.1 指标含义

通过风速、土壤、植被覆盖等因素估算潜在和实际风蚀强度，以两者差值作为生态系统固沙量来评价生态系统防风固沙功能（sand retention，SR）的强弱。

7.3.4.2 计算方法

采用修正风蚀方程 RWEQ 进行评价。

潜在风蚀量：

$$S_L = \frac{2 \cdot z}{S^2} Q_{\max} \cdot \mathrm{e}^{-(z/s)^2}$$

$$S = 150.71 \cdot (\mathrm{WF} \times \mathrm{EF} \times \mathrm{SCF} \times K' \times C)^{-0.3711}$$

$$Q_{\max} = 109.8 \cdot [\mathrm{WF} \times \mathrm{EF} \times \mathrm{SCF} \times K' \times C]$$

防风固沙量：

$$\mathrm{SR} = \frac{2 \cdot z}{S^2} Q_{\max} \cdot \mathrm{e}^{-(z/s)^2}$$

$$S = 150.71 \cdot [\mathrm{WF} \times \mathrm{EF} \times \mathrm{SCF} \times K' \times (1-C)]^{-0.3711}$$

$$Q_{\max} = 109.8[\mathrm{WF} \times \mathrm{EF} \times \mathrm{SCF} \times K' \times (1-C)]$$

式中，S_L —— 潜在风蚀量，kg/m^2；

SR —— 防风固沙量，kg/m^2；

S —— 区域侵蚀系数；

$Q_{\max}$ —— 风蚀最大转移量，kg/m。

7.3.4.3 基本参数

（1）WF：气象因子：

$$\mathrm{WF} = \mathrm{Wf} \times \frac{\rho}{\mathrm{g}} \times \mathrm{SW} \times \mathrm{SD}$$

$$\mathrm{Wf} = \frac{\sum_{i=1}^{N} u_2 (u_2 - u_1)^2}{500} \times N_{\mathrm{d}}$$

$$\mathrm{SW} = \frac{\mathrm{ET_p} - (R+I)(R_{\mathrm{d}} / N_{\mathrm{d}})}{\mathrm{ET_p}}$$

$$\mathrm{ET_p} = 0.016\,2 \frac{\mathrm{SR}}{58.5} (\mathrm{DT} + 17.8)$$

式中，WF —— 气象因子；

Wf —— 风场强度因子；

ρ —— 空气密度，kg/m^3；

g —— 重力加速度，m/s^2；

SW —— 土壤湿度因子；

SD —— 雪盖因子，无积雪覆盖天数/研究总天数；

u_2 —— 监测风速（m/s），以气象站月监测风速值采用空间插值法获得风速栅格图层。为减小误差，需剔除高山气象站风速数据；

u_1 —— 起沙风速（取 5 m/s）；

N_d—— 计算周期天数；

SR —— 太阳辐射；

DT —— 平均温度，℃；

ET_p —— 潜在蒸发量；

R—— 平均降水量；

I—— 灌溉量（本次取 0）。

（2）EF：土壤可蚀性因子：

$$EF = \frac{29.09 + 0.31s_a + 0.17s_i + 0.33(s_a/c_1) - 2.59OM - 0.95caca_3}{100}$$

式中，EF —— 土壤可蚀因子；

s_a—— 土壤粗砂含量；

s_i—— 土壤粉砂含量；

c_l—— 土壤黏粒含量；

OM —— 有机质含量。

（3）SCF：土壤结皮因子：

$$SCF = \frac{1}{1 + 0.006\,6(c_1)^2 + 0.021(OM)^2}$$

式中，SCF —— 土壤结皮因子；

c_l—— 土壤黏粒含量；

OM —— 有机质含量。

（4）C：植被覆盖因子：

$$C = \exp\left(-\alpha \times \frac{NDVI}{\beta - NDVI}\right)$$

式中，α、β—— 常数系数，α为 2、β为 1；

NDVI —— 归一化植被指数。

（5）K’：地表粗糙度因子：

$$K' = \cos \alpha$$

式中，α—— 地形坡度，以 ArcGIS 软件中的 Slope 工具实现。

根据生态系统防风固沙功能（t/km^2，保留一位小数）特征评估结果，将防风固沙功能分为高、较高、中、较低、低 5 类，统计不同级别防风固沙功能生态系统的面积及比例。

7.3.5 碳储量

定义：根据土地利用类型、碳库（土壤、凋落物、林下植被、乔木）评价生态系统碳固定功能。

计算公式：

$$C_{ij}\_storage = C_{ij}\_above \times S_{ij} + C_{ij}\_below \times S_{ij} + C_{ij}\_soil \times S_{ij} + C_{ij}\_dead \times S_{ij}$$

式中，C_{ij}_storage —— 第 j 种土地利用类型栅格 i 的碳贮量；

C_{ij}_above —— 第 j 种土地利用类型栅格 i 单位面积乔木层碳贮量；

C_{ij}_below —— 第 j 种土地利用类型栅格 i 单位面积灌木层和草本层碳贮量；

C_{ij}_soil —— 第 j 种土地利用类型栅格 i 单位面积土壤碳贮量；

C_{ij}_dead —— 第 j 种土地利用类型栅格 i 单位面积凋落物层碳贮量；

S_{ij} —— 第 j 种土地利用类型栅格 i 的面积。

7.3.6 食物供给、木材供给、淡水供给

7.3.6.1 定义

县域生态系统提供的粮食、水产品、肉类、林果产品等食物产量、木材和淡水资源量。

7.3.6.2 计算方法

以县为单元对各种粮食、肉、蛋、奶、水果产量、木材和水资源利用量进行核算。其中，食物供给功能评估以行政县为单位，计算该县生产食物的总热量，反映区域提供食物、支撑人类生存的能力和重要程度。

评估的作物或产品主要包括：水稻、小麦、玉米、大豆、甘蔗、油料、花生、牛奶、各种肉类与水产品、柑橘、苹果、梨、桃、葡萄、香蕉等。

具体计算公式为：

$$E_s = \sum_{i=1}^{n} E_i = \sum_{i=1}^{n} (100 \times M_i \times EP_i \times A_i)$$

7.3.6.3 基本参数

（1）E_s 为区县食物总供给热量（kcal）；

（2）E_i 为第 i 种食物所提供的热量（kcal）；

（3）M_i 为区县第 i 种食物的产量（t）；

（4）EP_i 为第 i 种食物可食部的比例（%）；

（5）A_i 为第 i 种食物每 100 g 可食部中所含热量（kcal）；

（6）i=1，2，3，…，n 为某区县食物种类。

7.4 数据源

生态系统服务功能评估主要利用遥感解译获取的 2000 年、2005 年和 2010 年三期全国生态系统类型与分布，地表参量，包括植被覆盖度、生物量、蒸散发等，基础地理数据，2000—2010 气象观测数据和社会经济统计数据，并综合运用生态系统定位监测站的长期监测数据，见表 7-5～表 7-8。

表 7-5 全国生态遥感反演参数

序号	名称	分辨率/m	时间/a	来源
1	生态系统类型	30	2000，2005，2010	中国科学院遥感所
2	生态系统面积	30	2000，2005，2010	中国科学院遥感所
3	植被覆盖度	30	2000，2005，2010	中国科学院遥感所
4	植被指数	250	2000，2005，2010	中国科学院遥感所
5	蒸发散	250	2000，2005，2010	中国科学院遥感所
6	生态系统生物量	250	2000，2005，2010	中国科学院遥感所

表 7-6 地面调查观测数据

序号	采样方式	区域	数据项	来源
1	项目地面核查	全国	植被覆盖度	项目实施管理办公室
2	长期观测站	全国	生态系统生物量	中国科学院网络台站
3	长期观测站	全国	生态系统径流系数	中国科学院网络台站
4	长期观测站	全国	太阳辐射、温度、风速、日降雨量、年降雨量	国家气象局

表 7-7 基础地理信息和环境背景数据

序号	名称	时间	来源
1	1∶25万数字高程（DEM）	最近	中国科学院地理所/美国地质调查局
2	1∶100万全国数字化土壤图	最近	中国科学院地理所
3	1∶100万地质图	最近	中国科学院地理所
4	土壤有机质含量分布	最近	中国科学院地理所
5	自然保护区分布	最近	环境保护部

表 7-8 社会经济数据

序号	名称	时间	来源
1	粮食、畜牧业、水果产量	2000—2010年	中国科学院地理所/中国农业科学研究院
2	人口（总人数、户数、人口密度、受教育程度）	2000—2010年	中国科学院地理所/中国农业科学研究院
3	经济（第一二三产业产值、人均产值、人均GDP）	2000—2010年	中国科学院地理所
4	农业（农产品种植面积和产量，牲畜数量和产量，森林面积与林产品产量及产值）	2000—2010年	中国科学院地理所/中国农业科学研究院

7.5 评估技术方法

7.5.1 生态系统生物多样性维持功能及其十年变化

根据生境质量特征评估结果，将生境质量分为高、较高、中、较低、低 5 类，统计各类生境的面积及比例，见表 7-9、表 7-10。

表 7-9 全国生境质量分级特征

年份	统计参数	高	较高	中	较低	低
2000	面积/km^2					
	比例/%					
2005	面积/km^2					
	比例/%					
2010	面积/km^2					
	比例/%					

注：保留一位小数。

表 7-10 全国不同质量生境转移矩阵

单位：%

年代	等级	高	较高	中	较低	低
2000—2005	高					
	较高					
	中					
	较低					
	低					
2005—2010	高					
	较高					
	中					
	较低					
	低					
2000—2010	高					
	较高					
	中					
	较低					
	低					

注：保留一位小数。

7.5.2 生态系统土壤保持功能及其十年变化

在各参数栅格图层基础上，使用 ArcGIS 中的栅格计算器（Raster calculator）计算得到土壤保持量（SC），单位为 t/（hm^2·a）。注意：在结果的统计和分析中有时需要将土壤保持量的单位转换为 t/（$km^2 \cdot a$），且参数中仅降雨侵蚀力和土壤可蚀性因子有量纲。

基于 2000 年、2005 年和 2010 年的土地覆盖以及植被覆盖度数据，计算相应年份生态系统土壤保持功能物质量。统计各年份土壤保持量最小和最大的栅格，将生态系统土壤保持功能（2000 年、2005 年和 2010 年三个时间点）的物质量评价结果进行标准化。

$$SSC_i = (SC_x - SC_{min}) / (SC_{max} - SC_{min})$$

式中，SSC —— 标准化之后的生态系统土壤保持功能值；

SC_x —— 各评价单元（此处为栅格）生态系统土壤保持量；

SC_{max} 和 SC_{min} —— 生态系统土壤保持量的最大值和最小值；

i —— 年份。

将标准化后的生态系统土壤保持功能评估单元划分为高[0.8～1.0]、较高[0.6～0.8)、中[0.4～0.6)、较低[0.2～0.4)、低[0～0.2）5 个等级，统计不同级别土壤保持功能生态系统的面积及比例（表 7-11）。

表 7-11　全国生态系统土壤保持功能分级特征

年份	统计参数	高	较高	中	较低	低
2000	面积/km^2					
	比例/%					
2005	面积/km^2					
	比例/%					
2010	面积/km^2					
	比例/%					

注：保留一位小数。

使用 ENVI 遥感软件中的 Change Detection 工具，输入两个年份生态系统土壤保持功能分级数据，可以得到不同级别土壤保持功能生态系统转移矩阵（表 7-12）。

表 7-12　全国不同级别土壤保持功能生态系统转移矩阵

单位：%

年代	等级	高	较高	中	较低	低
2000—2005	高					
	较高					
	中					
	较低					
	低					
2005—2010	高					
	较高					
	中					
	较低					
	低					

年代	等级	高	较高	中	较低	低
2000—2010	高					
	较高					
	中					
	较低					
	低					

注：保留一位小数。

7.5.3 生态系统水源涵养功能及其十年变化

根据生态系统水源涵养功能（m^3/km^2，保留一位小数）特征评估结果，将水源涵养功能分为高、较高、中、较低、低5类，统计不同级别水源涵养功能生态系统的面积及比例见表7-13、表7-14。

表7-13 全国生态系统水源涵养功能分级特征

年份	统计参数	高	较高	中	较低	低
2000	面积/km^2					
	比例/%					
2005	面积/km^2					
	比例/%					
2010	面积/km^2					
	比例/%					

注：保留一位小数。

表7-14 全国不同级别水源涵养功能生态系统转移矩阵

单位：%

年代	等级	高	较高	中	较低	低
2000—2005	高					
	较高					
	中					
	较低					
	低					
2005—2010	高					
	较高					
	中					
	较低					
	低					
2000—2010	高					
	较高					
	中					
	较低					
	低					

注：保留一位小数。

7.5.4 生态系统防风固沙功能评估

生态系统防风固沙功能评估见表 7-15、表 7-16。

表 7-15 全国生态系统防风固沙功能分级特征

年份	统计参数	高	较高	中	较低	低
2000	面积/km^2					
	比例/%					
2005	面积/km^2					
	比例/%					
2010	面积/km^2					
	比例/%					

注：保留一位小数。

表 7-16 全国不同级别防风固沙功能生态系统转移矩阵

单位：%

年代	等级	高	较高	中	较低	低
2000—2005	高					
	较高					
	中					
	较低					
	低					
2005—2010	高					
	较高					
	中					
	较低					
	低					
2000—2010	高					
	较高					
	中					
	较低					
	低					

注：保留一位小数。

7.5.5 生态系统碳固定功能及其十年变化

根据生态系统固碳功能（t/km^2，保留一位小数）特征评估结果，将固碳功能分为高、较高、中、较低、低 5 类，统计不同级别固碳功能生态系统的面积及比例，见表 7-17、表 7-18。

表 7-17 全国生态系统固碳功能分级特征

年份	统计参数	高	较高	中	较低	低
2000	面积/km^2					
	比例/%					
2005	面积/km^2					
	比例/%					
2010	面积/km^2					
	比例/%					

注：保留一位小数。

表 7-18 全国不同级别固碳功能生态系统转移矩阵

单位：%

年代	等级	高	较高	中	较低	低
2000—2005	高					
	较高					
	中					
	较低					
	低					
2005—2010	高					
	较高					
	中					
	较低					
	低					
2000—2010	高					
	较高					
	中					
	较低					
	低					

注：保留一位小数。

7.5.6 生态系统产品提供功能分布特征及其变化

以县域为基础，根据生态系统产品提供功能（粮食、畜牧产品、木材和淡水资源）特征评估结果，将粮食、畜牧产品、木材和淡水资源供给等产品提供功能分别分为高、较高、中、较低、低 5 类，统计不同级别产品提供功能县域面积及比例，见表 7-19。

表 7-19 全国生态系统产品提供功能分级特征

年份	统计参数	高	较高	中	较低	低
2000	面积/km^2					
	比例/%					
2005	面积/km^2					
	比例/%					
2010	面积/km^2					
	比例/%					

注：保留一位小数。

生态系统胁迫及其十年变化分析

8.1 概述

生态系统胁迫是指对维持生态系统稳定和良好演变不利的各种因素。生态系统胁迫因素主要包括自然变化和人类活动两类。自然变化类的生态系统胁迫因素主要包括各种类型自然灾害和气候变化等，人类活动类的生态系统胁迫因素主要包括人口增长、社会经济发展和环境污染物排放等。

8.2 目标与任务

8.2.1 目标

评估 2000—2010 年全国自人类活动对生态系统的胁迫及其空间格局和十年变化，辨识全国生态系统时空演变的原因和驱动力，为全国生态系统胁迫控制和生态系统的优化管理提供支撑。

8.2.2 范围

时间范围：2000 年、2005 年 2010 年。

空间范围：全国 31 个省、自治区、直辖市（港、澳、台除外），以县级行政区为基本评估单元。

8.2.3 工作任务

重点分析影响生态系统格局、质量和服务功能等的人类活动及其十年变化特征，揭示生态环境变化及其原因：

（1）社会经济活动的强度及其对生态环境的影响；

（2）经济建设活动、资源开发及其对生态环境的影响；

（3）化肥使用、放牧等农业活动强度及其对生态环境的影响；

（4）自然灾害的发生与危害程度；

（5）生态保护措施对生态环境的影响和作用；

（6）生态环境胁迫和效应。

8.3 评估指标体系

生态系统胁迫评估指标体系包括人类活动强度和自然灾害发生强度两大类，人类活动包括社会经济活动强度、开发建设活动强度、农业活动强度、污染物排放强度四类，自然灾害包括干旱、洪涝、地震、病虫草鼠和森林/草原火灾四种灾害发生强度。具体如表 8-1 所示。

表 8-1 生态系统胁迫评估指标体系

一级指标	二级指标	三级指标
人类活动强度	社会经济活动强度	人口密度
		城镇人口密度
		GDP 密度
		第一产业增加值密度
		第二产业增加值密度
		第三产业增加值密度
	开发建设活动强度	建设用地强度
		水利开发强度
		交通网络密度
		水资源利用强度
	农业活动强度	单位面积化肥使用量
		草原放牧过载率
	污染物排放强度	单位国土面积污水排放量
		单位国土面积 COD 排放量
		单位国土面积 SO_2 排放量
自然灾害发生强度	干旱灾害发生强度	干旱受灾率
		干旱成灾率
	洪涝灾害发生强度	洪涝受灾率
		洪涝成灾率
	地震灾害发生强度	地震受损生态系统面积
	病虫草鼠发生强度	病虫草鼠受灾率
		病虫草鼠成灾率
	森林/草原火灾发生强度	单位面积森林/草原年火灾发生频次
		单位面积森林/草原年火场总面积

8.3.1 人口密度

指标含义：单位面积国土面积年末总人口数量，在宏观层面评估人口因素给生态环境带来的压力及其时空演变。

计算方法：收集各县（区）历年年末总人口数量以及各县（区）国土面积，计算各县（区）历年人口密度：

$$\mathrm{PD}_{i,t}=\frac{P_{i,t}\times 10\,000}{A_i}$$

式中，$\mathrm{PD}_{i,t}$——第 i 个县（区）第 t 年人口密度，人/km^2；

$P_{i,t}$——第 i 个县（区）第 t 年年末总人口，万人；

A_i——第 i 个县（区）国土面积，km^2。

8.3.2 城镇人口密度

指标含义：指单位面积国土面积年末城镇人口总数，在宏观层面评估人口因素给生态环境带来的压力及其时空演变。

计算方法：根据各县（区）历年年末城镇人口总数以及各县（区）土地面积，计算各县（区）历年城镇人口密度：

$$\mathrm{UPD}_{i,t}=\frac{\mathrm{UP}_{i,t}\times 10\,000}{A_i}$$

式中，$\mathrm{UPD}_{i,t}$——第 i 个县（区）第 t 年人口密度，人/km^2；

$\mathrm{UP}_{i,t}$——第 i 个县（区）第 t 年年末常住城镇人口总数，万人；

A_i——第 i 个县（区）国土面积，km^2。

8.3.3 GDP 密度

指标含义：指单位国土面积按 2000 年可比价计算地区生产总值，用来评估宏观经济给生态环境带来的压力。

计算方法：①收集 2000 年各县（区）现价 GDP 数据，以及按照 1978 年或者其他固定年份为 100 的 2000 年、2005 年与 2010 年 GDP 指数数据；如果收集不到按照 1978 年或者其他固定年份为 100 的 GDP 指数，则需要收集 2001—2010 年按照上一年为 100 的 GDP 指数数据。

②计算各县（区）2005 年和 2010 年按 2000 年可比价 GDP。如果能够收集到按照 1978 年或者其他固定年份为 100 的 GDP 指数数据时，则可分别计算 2005 年和 2010 年各县（区）可比价 GDP：

$$2005\text{ 年 GDP（按 2000 年可比价）}=2000\text{ 年现价 GDP}\times\frac{2005\text{年GDP指数}(1978\text{年}=100)}{2000\text{年GDP指数}(1978\text{年}=100)}$$

$$2010\text{ 年 GDP（按 2000 年可比价）}=2000\text{ 年现价 GDP}\times\frac{2010\text{年GDP指数}(1978\text{年}=100)}{2000\text{年GDP指数}(1978\text{年}=100)}$$

如果不能收集到按照 1978 年或者其他固定年份为 100 的 GDP 指数数据，而收集到 2001—2010 年按照上一年为 100 的 GDP 指数（上一年=100）数据，则分别计算 2005 年和 2010 年各县（区）可比价 GDP：

2005 年 GDP（按 2000 年可比价）=2000 年现价 GDP

$$\times\frac{2001\text{年GDP指数(上年}=100)}{100}$$

$$\times\frac{2002\text{年GDP指数(上年}=100)}{100}$$

$$\times\cdots\cdots$$

$$\times\frac{2005\text{年GDP指数(上年}=100)}{100}$$

2010 年 GDP（按 2000 年可比价）=2000 年现价 GDP

$$\times\frac{2001\text{年GDP指数(上年}=100)}{100}$$

$$\times\frac{2002\text{年GDP指数(上年}=100)}{100}$$

$$\times\cdots\cdots$$

$$\times\frac{2010\text{年GDP指数(上年}=100)}{100}$$

③计算各县（区）2000 年、2005 年和 2010 年单位国土面积可比价 GDP：

$$\mathrm{DGDP}_{i,t}=\frac{\mathrm{GDP}_{i,t}}{A_i}$$

式中，$\mathrm{DGDP}_{i,t}$ —— 第 i 县（区）第 t 年 GDP 密度，万元/km^2；

$\mathrm{UP}_{i,t}$ —— 第 i 县（区）第 t 年份按 2000 年可比价计算 GDP，万元。

8.3.4 第一产业增加值密度

指标含义：指单位国土面积按 2000 年可比价计算第一产业增加值，在宏观层面评估农林牧副渔业发展给生态环境带来的压力及其时空演变。

计算方法：①同可比价 GDP 数据收集和计算方法类似，收集并计算各县（区）2000 年、2005 年和 2010 年按 2000 年可比价第一产业增加值数据；②根据各县（区）2000 年、2005 年、2010 年可比价第一产业增加值和国土面积，计算各县（区）2000 年、2005 年和 2010 年单位国土面积可比价第一产业增加值（万元/km^2）。

8.3.5 第二产业增加值密度

指标含义：指单位国土面积按 2000 年可比价计算第二产业增加值，在宏观层面评估第二产业发展给生态环境带来的压力及其时空演变。

计算方法：①同可比价 GDP 数据收集和计算方法类似，收集并计算各县（区）2000 年、2005 年和 2010 年按 2000 年可比价第二产业增加值数据；②根据各县（区）2000 年、2005 年、2010 年可比价第二产业增加值和国土面积，计算各县（区）2000 年、2005 年和 2010 年单位国土面积可比价第二产业增加值（万元/km^2）。

8.3.6 第三产业增加值密度

指标含义：指单位国土面积按 2000 年可比价计算第三产业增加值，在宏观层面评估第三产业发展给区域生态系统带来的胁迫及其时空演变。

计算方法：①同可比价 GDP 数据收集和计算方法类似，收集并计算各县（区）2000 年、2005 年和 2010 年按 2000 年可比价第三产业增加值数据；②根据各县（区）2000 年、2005 年、2010 年可比价第三产业增加值和国土面积，计算各县（区）2000 年、2005 年和 2010 年单位国土面积可比价第三产业增加值（万元/km^2）。

8.3.7 建设用地指数

指标含义：指评估单元内建设用地面积占评估单元总面积的百分比。

计算方法：以县级行政区为单元，计算建设用地面积占总土地面积比例，计算公式为：

$$\mathrm{USLI}_{i,t}=\frac{\mathrm{USL}_{i,t}}{A_i}\times 100\%$$

式中，$\mathrm{USLI}_{i,t}$ —— 第 i 个县（区）第 t 年份建设用地指数，%；

$\mathrm{USL}_{i,t}$ —— 第 i 个县（区）第 t 年份建设用地面积，km^2；

A_i —— 第 i 个县（区）国土面积，km^2。

建设用地面积利用土地覆被分类数据，包括城乡居住地、工业用地和交通用地等。

8.3.8 水利开发强度指数

指标含义：评估水利开发给区域生态系统带来的胁迫及其时空演变。

计算方法：

$$\mathrm{HEI}_{i,t}=\frac{\mathrm{RSC}_{i,t}}{TWR_i\times 10\,000}\times 100\%$$

式中，$\mathrm{HEI}_{i,t}$ —— 第 i 个地区第 t 年份水利开发强度指数，%；

$\mathrm{RSC}_{i,t}$ —— 第 i 个地区第 t 年份水库库容，万 m^3；

TWR_i —— 第 i 个地区多年平均地表水资源总量，亿 m^3。

8.3.9 交通网络密度

指标含义：指单位国土面积四级及四级以上公路长度，用来评估公路建设对生态系统的胁迫效应。

计算方法：

$$\mathrm{RD}_{i,t}=\frac{\mathrm{RL}_{i,t}}{A_i}\times 100\%$$

式中，$\mathrm{RD}_{i,t}$ —— 第 i 个县（区）第 t 年交通网络密度，km/km^2；

$\mathrm{RL}_{i,t}$ —— 第 i 个县（区）第 t 年四级与四级以上公路长度，km；

A_i —— 第 i 个县（区）国土面积，km^2。

四级及四级以上公路长度来源：全国交通路网矢量图。

8.3.10 水资源利用强度指数

指标含义：采用用水量与水资源总量的比值评估区域水资源利用状况。

计算方法：根据区域工业、农业、生活、生态环境等用水总量占评估区域的水资源总量比值进行评估，评估方法如下：

$$\mathrm{WRUI}_{i,t}=\frac{\mathrm{WRU}_{i,t}}{\mathrm{TWR}_{i,t}\times 10\,000}\times 100\%$$

式中，$\mathrm{WRUI}_{i,t}$——第 i 个地区第 t 年水资源利用强度指数（%），数据精确到小数点后两位；

$\mathrm{WRU}_{i,t}$——第 i 个地区第 t 年工业、农业、生活、生态环境等用水总量，万 m^3；

$\mathrm{TWR}_{i,t}$——第 i 个地区第 t 年地表水资源总量，亿 m^3。

8.3.11 化肥施用强度

指标含义：指单位国土面积农业化肥施用量，反映农业生产活动给生态系统带来的胁迫。

计算方法：化肥施用强度计算公式为：

$$\mathrm{CFUI}_{i,t}=\frac{\mathrm{CFU}_{i,t}}{A_i}$$

式中，$\mathrm{CFUI}_{i,t}$——第 i 个县（区）第 t 年份化肥施用强度（$\mathrm{t/km}^2$），数据精确到小数点后两位；

$\mathrm{CFU}_{i,t}$——第 i 个县（区）第 t 年份化肥施用量，t；

A_i——第 i 个县（区）国土面积，km^2。

8.3.12 草原放牧过载率

指标含义：用于评估草原承载牲畜的状况，反映放牧活动对草原生态系统的胁迫。

计算方法：草地放牧过载率是指草实际放牧量换算为羊单位后与草原理论可承载的羊单位比值，计算公式为：

$$\text{草原放牧过载率（\%）}=\frac{\text{实际羊单位数(头)}}{\text{评价区域草地面积(亩)}\times\text{草原理论载畜量(头/亩)}}\times 100\%$$

式中，实际羊单位数通过收集年末各类牲畜出栏和存栏数，见表 8-2 将各牲畜类型的单位数转换为羊单位数。

表 8-2 各类牲畜羊单位折算系数

畜种	羊单位折算系数	
	存栏	出栏
鹅/只	0.05	0.019
兔/只	0.05	0.016
绵羊、山羊/头	1	0.5
黄牛/头	5	2.5
水牛/头	6.5	3.2

畜种	羊单位折算系数	
	存栏	出栏
乳牛/头	6.5	3.25
牦牛/头	4	3
驴/头	3	1.5
马、骡/头	5	2.5

式中，草原理论载畜量是指在一定草地面积和一定利用时间内，在适度放牧（或割草）利用并维持草地可持续生产的条件下，满足承养家畜正常生长、繁殖、生产畜产的需要，所能承养的家畜头数和时间。草原理论载畜量计算参考国家农业行业标准《天然草地合理载畜量的计算》（NY/T 635—2002）。草原理论载畜量的计算公式为

$$A_{usb}=\frac{Y_w \times E_w \times H_w}{I_{us} \times D_w}$$

式中，A_{usb} —— 评价单元内草地理论载畜量；

Y_w —— 评价单元内草地可食草产量，kg/亩；

E_w —— 评价单元内放牧草地利用率，%；

H_w —— 牧草的标准干草折算系数；

I_{us} —— 羊单位日食草量[kg/（头·d）]，根据《天然草地合理载畜量的计算》（NY/T 635 —2002），每个羊单位日食草量参数值为 1.8 kg 标准干草/（羊单位·d）；

D_w —— 放牧天数。放牧草地利用率、标准干草折算系统和羊单位日食草量参数值确定分别见表 8-3 和表 8-4。

表 8-3　各类草地全年放牧利用率

草地类型	全年放牧利用率/%
低地草甸类	50～55
温性山地草甸类	55～60
高寒沼泽化草甸类	50～55
高寒草甸类	50～55
温性草甸草原类	45～50
温性草原类、高寒草甸化草原类	40～45
温性荒漠草原类、高寒草原类	35～40
高寒荒漠草原类	20～30
沙地草原（包括各种沙地温性草原和沙地高寒草原）	30～35
温性荒漠类和温性草原化荒漠类	15～20
沙地荒漠亚类	0～5
暖性草丛、灌草丛草地	50～60
热性草丛、灌草丛草地	55～65
沼泽类	25～30

注：参数值依据草地类型和放牧方式确定草地利用率，采用轮牧/围栏划区轮牧利用方式的草地利用率，取值为利用率上限；采用连续自由放牧/散牧利用方式的草地利用率，取值为利用率下限。

表 8-4 各类草地标准干草折算系数

草地类型	标准干草折算系数	草地类型	标准干草折算系数
荒漠草地	0.85～0.95	禾草高寒草甸与高寒草原	1.00～1.05
暖性草丛、灌草丛草地	0.85～0.95	莎草高寒草甸与高草原	1.00
热性草丛、灌草丛草地	0.85～0.90	杂类草草甸和沼泽	0.85～0.90
禾草低地草甸	0.90～0.95	禾草沼泽	0.85～0.95
杂类草高寒草地	0.85～0.95	改良草地	1.00～1.10
禾草温性草原和山地草甸	1.00		

注：标准干草折算系数是指不同地区、不同品质的草地牧草折合成含等量营养物质的标准干草的折算比例，本参照值列表来源于《天然草地合理载畜量的计算》(NY/T 635—2002)。

8.3.13 单位国土面积污水排放量

指标含义：指单位国土面积生活污水和工业废水排放量，反映污水排放给湿地生态系统带来的胁迫。

计算方法：收集各地区 2000 年、2005 年和 2010 年生活污水和工业废水排放量数据；计算各地区历年单位国土面积污水排放量。

$$\mathrm{WWDI}_{i,t}=\frac{\mathrm{WWD}_{i,t}}{A_i}\times 100\%$$

式中，$\mathrm{WWDI}_{i,t}$ —— 第 i 个地区第 t 年单位国土面积污水排放量，t/km^2；

$\mathrm{WWD}_{i,t}$ —— 第 i 个地区第 t 年生活污水和工业废水排放总量，t；

A_i —— 第 i 个地区国土面积，km^2。

8.3.14 单位国土面积 COD 排放量

指标含义：指单位国土面积生活污水和工业废水中的 COD 排放量，反映污水排放给湿地生态系统带来的胁迫。

计算方法：收集各地区 2000 年、2005 年和 2010 年生活污水和工业废水中 COD 排放量数据；计算地区历年单位国土面积 COD 排放量。

$$\mathrm{CODI}_{i,t}=\frac{\mathrm{COD}_{i,t}}{A_i}\times 100\%$$

式中，$\mathrm{CODI}_{i,t}$ —— 第 i 个地区第 t 年单位国土面积 COD 排放量，t/km^2；

$\mathrm{COD}_{i,t}$ —— 第 i 个地区第 t 年生活污水和工业废水中 COD 排放总量，t；

A_i —— 第 i 个地区国土面积，km^2。

8.3.15 单位国土面积 SO_2 排放量

指标含义：指单位国土面积工业和生活 SO_2 排放量，反映大气污染物排放对酸雨及各类生态系统的影响。

计算方法：收集各地区 2000 年、2005 年和 2010 年生活和工业源 SO_2 排放量数据；计算各地区历年单位国土面积 SO_2 排放量。

$$\mathrm{SDOI}_{i,t}=\frac{\mathrm{SDO}_{i,t}}{A_i}\times 100\%$$

式中，$\mathrm{SDOI}_{i,t}$ —— 第 i 个地区第 t 年单位国土面积 SO_2 排放量，t/km^2；

$\mathrm{SDO}_{i,t}$ —— 第 i 个地区第 t 年工业和生活 SO_2 排放总量，t；

A_i —— 第 i 个地区国土面积，km^2。

8.3.16 干旱受灾率

计算方法：

$$干旱受灾率=\frac{评价单元干旱受灾面积}{评价单元国土面积}\times 100\%$$

8.3.17 干旱成灾率

计算方法：

$$干旱成灾率=\frac{评价单元干旱成灾面积}{评价单元国土面积}\times 100\%$$

8.3.18 洪涝受灾率

计算方法：

$$洪涝受灾率=\frac{评价单元洪涝受灾面积}{评价单元国土面积}\times 100\%$$

8.3.19 洪涝成灾率

计算方法：

$$洪涝成灾率=\frac{评价单元洪涝成灾面积}{评价单元国土面积}\times 100\%$$

8.3.20 地震受损生态系统面积

计算方法：利用卫星遥感影像解译地震损失的各类生态系统的面积（km^2）。

8.3.21 病虫草鼠害受灾率

计算方法：

$$病虫草鼠害受灾率=\frac{评价单元森林和草地病虫草鼠害受灾面积}{评价单元森林和草地总面积}\times 100\%$$

8.3.22 病虫草鼠害成灾率

计算方法：

$$病虫草鼠害成灾率=\frac{评价单元森林和草地病虫草鼠害成灾面积}{评价单元森林和草地总面积}\times 100\%$$

8.3.23 单位森林/草地面积年火灾频次：次/km²

计算方法：

$$单位森林/草地面积年火灾频次=\frac{评价区内森林和草地发生火灾的总次数}{评价区内森林和草地总面积}$$

8.3.24 单位森林/草地面积年火场面积：hm²/km²

计算方法：

$$单位森林/草地面积年火场面积=\frac{评价区内森林和草地火场总面积}{评价区内森林和草地总面积}$$

8.4 评估技术方法

8.4.1 人类活动胁迫综合评估分析

综合社会经济活动强度、开发建设活动强度、农业活动强度、污染物排放强度 4 类，建立人类活动胁迫综合指数，分析人类活动胁迫的强度特征。

采用主成分分析法评估各评估单元、不同时段人类活动胁迫的相对大小，确定 k 个主成分参量计算人类活动胁迫综合指数：

$$\mathrm{HPI}=\sum_{g=1}^{k}\left(\lambda_g/\sum_{g=1}^{m}\lambda_g\right)F_g$$

式中，λ ——特征根；

F ——主成分分量。

该指数计算可以利用 SPSS 软件等进行计算。打开 SPSS20.00，以某一年各地区某一指标原始值为一列，录入 2000 年、2005 年和 2010 年各地区各评估指标数据，沿着主菜单的“Analyze→Dimension Reduction→Factor…”的路径打开因子分析选项框，按步骤顺序操作，设置分析的变量，打开 Extraction 对话框，在 Method 栏中选择主成分分析法（Principal components）。设置需要提取的主成分数目，再单击 OK 按钮，便可得到各个变量的特征值、累计贡献率和主成分中各变量的得分系数，计算各地区各年人类胁迫综合指数。

8.4.2 自然灾害胁迫综合指数

综合干旱、洪涝、地震、病虫草鼠和森林/草原火灾四种自然灾害发生强度，计算得到自然灾害胁迫综合指数。指数通过采成灾和受损的农田、森林、灌丛、草地、湿地等生态系统面积与评估单元内这些生态系统总面积的比值计算得到。

$$\mathrm{NPI}_{i,t}=\frac{(A_d)_{i,t}+(A_{fl})_{i,t}+(A_b)_{i,t}+(A_f)_{i,t}+(A_e)_{i,t}}{(A_n)_{i,t}}$$

式中，$\mathrm{NPI}_{i,t}$ —— 第 i 评估单元第 t 年自然灾害胁迫综合指数；

$(A_d)_{i,t}$ —— 第 i 评估单元第 t 年旱灾成灾面积，hm^2；

$(A_{fl})_{i,t}$ —— 第 i 评估单元第 t 年洪涝灾害成灾面积，hm^2；

$(A_b)_{i,t}$ —— 第 i 评估单元第 t 年病虫草鼠成灾面积，hm^2；

$(A_f)_{i,t}$ —— 第 i 评估单元第 t 年森林/草地火灾火场面积，hm^2；

$(A_e)_{i,t}$ —— 第 i 评估单元第 t 年地震受损生态系统总面积，hm^2；

$(A_n)_{i,t}$ —— 第 i 评估单元第 t 年农田、森林、灌丛、草地、湿地等生态系统总面积，km^2。

8.4.3 胁迫要素空间分析方法

借助 ArcGIS 的空间分析功能，分析生态系统胁迫评估中各单项胁迫指标和综合胁迫指数的空间分布格局特征。

8.4.3.1 胁迫要素的聚类分析

胁迫要素的聚类分析通过空间聚类分析方法开展。空间聚类分析可以探测事件在时间、空间上集聚或分布的非随机性。空间聚类方法可以归结为两大类，即全局聚类检验（tests for global clustering）和局部聚类检验（tests for local clusters）。全局聚类检验用于分析研究对象在整个区域内是否具有空间集聚性。对于大多数研究而言，确定空间集聚的具体位置或局部集聚是十分重要的。研究区即使在全局聚类检验中没有统计显著性，也有可能存在局部集聚的现象。

莫兰 I（Moran's I）指数是最早应用于全局聚类检验的方法。它检验整个研究区中邻近地区间是相似、相异（空间正相关、负相关），还是相互独立的。局部莫兰指数（Local Moran Index），或称 LISA（Local Indicator of Spatial Association），用来检验局部地区是否存在相似或相异的观察值聚集在一起。

在 ArcGIS 软件的空间统计工具包中，莫兰 I 指数计算的具体步骤是：ArcToolbox ＞Spatial Statistics Tools＞Analyzing Patterns＞选 Spatial Autocorrelation（Moran'sI）计算莫兰 I。

局部莫兰 I 指数计算的具体步骤是，ArcToolbox＞Spatial Statistics Tools＞Mapping Clusters＞选 Cluster and Outlier Analysis（Anselin Local Morans I）计算局部莫兰指数。

计算结果可以通过"Cluster and Outlier Analysis with Rendering"工具来绘图显示。

8.4.3.2 胁迫要素的重心分布

胁迫要素的重心分布通过全局空间统计分析方法进行。全局空间统计研究空间分布整体性特征的统计描述、预测、估计和检验。空间分布整体性特征是指空间分布的重心、地理范围、方位和形状。通过对同一空间对象不同时间段的重心的分析，可以了解该对象的空间运动规律；通过研究同一对象不同时间段的地理范围，可以了解该对象到底是空间聚集还是空间扩散；同一对象不同时间段的空间方位和形状则从更加详细的角度揭示空间分布的变化规律。全局空间统计为了解空间对象本身的变化规律及空间对象之间的相互作用规律提供了基本、宏观和十分重要的指标。

在 ArcGIS 中，计算空间分布全局特征的具体步骤是，ArcToolbox＞Spatial Statistics Tools＞Measuring Geographic Distributions＞选 Mean Center 计算重心；选 Standar Distance 计算地理范围或标准距离；选 Direction Distribution（Standard Deviation Ellipse）计算空间分布的形状和方位。

生态环境问题及其十年变化分析

9.1 概述

生态环境问题主要是指由于人类活动引起的自然生态系统退化、环境质量恶化及由此衍生的不良生态环境效应，包括土地退化（土壤侵蚀、沙漠化、石漠化）、草地退化、森林退化、湿地退化等。

9.2 评估目标与内容

9.2.1 目标

明确 2000—2010 年全国各类主要生态环境问题的严重程度、空间分布特征和十年变化规律，辨识全国各类生态环境问题严重以及持续加剧和改善的区域，判断全国生态环境问题的总体变化趋势，为全国生态环境保护和管理重点区的选择以及生态环境管理宏观战略的制定提供支撑。

9.2.2 范围目标

空间范围：全国及发生生态环境问题的省份。

时间范围：2000—2010 年。

9.2.3 工作任务

（1）全国土地退化空间格局和十年变化；

（2）全国森林质量的空间格局和十年变化；

（3）全国草地退化的空间分异格局和十年变化；

（4）全国湿地退化的空间分异格局和十年变化；

（5）全国生态环境问题趋势综合评价。

9.3 指标体系

根据调查内容，建立了我国生态环境问题调查评估指标体系，具体调查评价指标和指标计算所需参数，如表 9-1 所示。

表 9-1 全国生态环境问题评价指标体系及参数

评价内容	评价指标	评价参数
土壤退化	水土流失强度	植被覆盖度
		地形坡度
		沟谷密度
		土壤因子
		岩性因子
		月均降雨量
	土地沙化程度	植被覆盖度
		风蚀地或流沙面积
	石漠化程度	基岩裸露率
		植被覆盖度
森林质量变化	森林退化指数	生物量
		同一时段同一自然地理带内各类森林生态系统最大生物量
草地退化	草地退化指数	植被覆盖度
		同一时段同一自然地理带内各类草地最大覆盖率
湿地退化	湿地退化程度	近十年湿地面积净变化率

9.3.1 水土流失强度

水土流失强度通过土壤侵蚀强度来评价，计算水蚀强度指标，这里可采用全国生态系统服务功能评价中所获取的土壤侵蚀模数数据，评价区域的土地特征信息参考全国生态系统格局、全国 1∶100 万数字化土壤图中的数据，分级标准基于水利部发布的《土壤侵蚀分类分级标准》（SL190—2007），并进一步将其中的六级分类合并为微度、轻度、中度、重度（强度、极强度）与极重度 5 个等级，评价标准具体如表 9-2 所示。

表 9-2 土壤侵蚀强度分级标准

级别	平均侵蚀模数/[t/（km^2·a）]		
区域	西北黄土高原区	东北黑土区/北方土石山区	南方红壤丘陵区/西南土石山区
微度	＜1 000	＜200	＜500
轻度	1 000～2 500	200～2 500	500～2 500
中度	2 500～5 000		
重度	5 000～15 000		
极重度	＞15 000		

9.3.2 土地沙化程度

土地沙化的评价采用土壤风蚀调查法，参考《沙化土地监测技术规程》（GB/T 24255—2009），结合植被覆盖度、生物量和沙化土地状况来评价土地沙化程度，非沙化区沙化等级为无，其他分为轻度、中度、重度与极重度，具体标准如表 9-3 所示，其中，干旱、半干旱和亚湿润干旱地区的范围按表 9-4 划分标准执行。

表 9-3 土地沙化程度分级标准

沙化程度	主要特征
轻度	植被盖度≥40%（极干旱、干旱、半干旱区）或≥50%（其他气候类型区），基本无风沙流活动的沙化土地，或一般年景作物能正常生长、缺苗较少（一般少于 20%）的沙化耕地
中度	植被盖度 25%～40%（极干旱、干旱、半干旱区）或 30%～50%（其他气候类型区），风沙流活动不明显的沙化土地，或作物长势不旺、缺苗较多（一般 20%～30%）且分布不均的沙化耕地
重度	植被盖度 10%～25%（极干旱、干旱、半干旱区）或 10%～30%（其他气候类型区），风沙流活动明显或流沙纹理明显可见的沙化土地或植被盖度≥10%的风蚀残丘、风蚀劣地及戈壁，或作物生长很差、缺苗率≥30%的沙化耕地
极重度	植被盖度＜10%的各类沙化土地（不含沙化耕地），包括植被盖度＜10%的风蚀残丘、风蚀劣地及戈壁

表 9-4 气候类型的划分标准

气候类型	湿润指数（MI）
极干旱	＜0.05
干旱	0.05～0.20
半干旱	0.20～0.50
亚湿润干旱	0.50～0.65
湿润	＞0.65

注：湿润指数为降水量与蒸散发之比，降水量参考气象数据，蒸散发可参考统一下发的生态参数产品或按 W.Thornthwaite 方法计算。

9.3.3 石漠化程度

石漠化级别划分根据土壤侵蚀程度、岩石裸露情况、植被覆盖度等因素的综合特征进行，将石漠化的程度分为无石漠化、轻度、中度、强度与极强度 5 个等级，分级标准和影像指示特征如表 9-5 所示，基岩裸露程度参见生态环境格局分析采用的土地覆被产品中二级类别分类结果，统计类别为裸岩的面积，除以区域内总面积得到基岩裸露率，植被覆盖度的计算如前所述。

表 9-5 石漠化程度等级划分

石漠化等级	基岩裸露/%	植被覆盖/%	影像特征
无	＜10	＞75	暗红、大红、成块状
轻度	＞35	35~50	品红色、插花状
中度	＞65	20~35	绿红、红中带白、斑状
重度	＞85	10~20	红中带白、灰白、斑状
极重度	＞90	＜10	灰白色、斑状

9.3.4 森林退化指数

森林退化指数（FDI）指评价区域森林生物量和同一自然地理带内未退化的同一类型最大森林生物量的比值，与相对生物量密度相同，其定义如下式：

$$FDI = \frac{BD_{real}}{BD_{max}} \times 100\%$$

式中，BD_{real} —— 森林生态系统生物量；

BD_{max} —— 森林生态系统顶级群落的生物量，采用 2000 年生态系统质量分析中相对生物量密度计算中的顶级生物量密度数据。

森林退化等级划分标准依据 FDI 值大小，分为未退化与退化森林，退化森林进一步分为轻度、中度、重度与极重度 4 个等级，具体分级标准见表 9-6。

表 9-6 森林退化程度分级标准

退化等级	FDI 值
未退化	FDI≥90%
轻度退化	75%≤FDI＜90%
中度退化	60%≤FDI＜75%
重度退化	30%≤FDI＜60%
极重度退化	FDI＜30%

9.3.5 草地退化指数

草地退化指数（GDI）为评价区域草地植被覆盖度和同一自然地理带内未退化的最大草地植被覆盖度的比值，如下式：

$$GDI = \frac{GCR_{real}}{GCR_{max}} \times 100\%$$

式中，GDI —— 评价单元草地退化指数；

GCR_{real} —— 评价单元内草地植被覆盖度；

GCR_{max} —— 与评价单元处于同一自然地理带内未退化草地的理想植被覆盖度，这时统一采用 2000 年植被覆盖度数据中与评价单元处于同一自然地理带内像元的最大值，自然地理区的划分参考中国植被分区图及其他草地分区的成果。

分级标准基于 GDI 值，参考《天然草地退化、沙化、盐渍化的分级指标》（GB 19377—2003）中有关覆盖度的等级标准，将原标准中的重度退化进一步分为重度与极重度两个等级，最终判断草地的退化程度，具体见表 9-7。

表 9-7 草地退化程度分级标准

草地退化等级	GDI 值
未退化	GDI≥90%
轻度退化	80%≤GDI<90%
中度退化	70%≤GDI<80%
重度退化	50%≤GDI<70%
极重度退化	GDI<50%

9.3.6 湿地退化程度

采用湿地面积变化率用来评估湿地是否退化以及退化的程度，公式及分级标准如下所述。

$$R=(A_{T2}-A_{T1})/A_{T1}\times 100\%$$

式中，R —— 评价单元内湿地面积变化率；

A_{T1}、A_{T2} —— T1 时段和 T2 时段评价单元内的湿地面积。

根据 R 值判断湿地的退化状况，湿地变化共分为萎缩湿地、稳定湿地和扩张湿地三个类型。当 $R>5\%$时，为扩张湿地；当$-5\%<R<5\%$时，为稳定湿地；当 $R<-5\%$时，为萎缩湿地。萎缩湿地进一步分为轻度、中度、重度、极重度 4 个等级，具体分级标准见表 9-8。

表 9-8 湿地退化程度评价标准

评价指标	轻度	中度	重度	极重度
湿地面积变化率（R 值）	−5%～−15%	−15%～−30%	−30%～−50%	<−50%

9.4 数据源

采用遥感解译获得的 2000 年、2005 年和 2010 年三期全国土地覆盖与生态系统分类产品、全国地表生态参数反演产品、生态系统定位监测站的长期监测数据以及基础地理信息与环境背景数据，见表 9-9、表 9-10、表 9-11。

表 9-9 全国地表生态遥感反演参数

名称	分辨率/m	时间	来源
植被覆盖度	250	2000—2010 年全国逐月数据	中科院遥感所
生物量	250	2000—2010 年全国逐月数据	中科院遥感所
基岩裸露率	250	2000 年，2005 年，2010 年，长江以北 6—9 月	基于土地覆盖产品计算
风蚀地或流沙面积	250	2000 年，2005 年，2010 年，长江以北 6—9 月	基于土地覆盖产品计算
生态系统/土地覆盖类型	30	2000 年，2005 年，2010 年	中科院遥感所
生态系统/土地覆盖面积	30	2000 年，2005 年，2010 年	中科院遥感所

表 9-10 地面调查数据

采样方式	区域	数据项	来源
长期观测站	全国	典型土地退化参数	中国科学院网络台站
全国地面生态调查	全国	植被覆盖度	项目实施管理办公室
长期观测站	全国	生态系统生物量	中国科学院网络台站
长期观测站	全国	空气温度、风速、月降雨量、年降雨量、多年均产流降雨量	国家气象局

表 9-11 基础地理信息和环境背景数据

名称	时间	来源
1∶25 万数字高程（DEM）	最近	中国科学院地理所/美国地质调查局
1∶100 全国数字化土壤图	最近	中国科学院地理所地球系统科学信息共享中心
1∶100 万地质图	最近	中国地质科学院
1∶100 万全国湖泊与水库	最近	中国科学院地理所地球系统科学信息共享中心
1∶100 万全国沙漠化分布图	最近	国家林业局
1∶100 万全国石漠化分布图	最近	国家林业局
1∶100 万全国土壤侵蚀分布图	最近	水利部

9.5 评估技术方法

9.5.1 全国土地退化空间格局和十年变化评价

从土壤侵蚀、土地沙化、喀斯特地区石漠化三个方面对全国土地生态退化问题进行评价。

9.5.1.1 全国土壤侵蚀强度的空间格局和十年变化

1）土壤侵蚀强度格局分析

通过对全国三个年份各评价单元的土地水蚀强度进行分级，编制全国及各省各期土壤侵蚀强度分类分级图，在此基础上统计全国不同土壤侵蚀强度的土地面积，分析不同时期土壤侵蚀强度的空间分异特征，明确土壤侵蚀严重的区域。

不同级别土壤侵蚀土地面积及其占全国国土面积百分比采用表格方式进行统计，其中，每个类型面积为数据属性表中某类所对应 count 字段数值×0.000 9 获得（每个像元 900 m^2），单位 km^2；面积比例为某类型面积/全部类型总面积。最终得到全国土壤侵蚀分级特征（表 9-12）。

2）土壤侵蚀强度十年变化特征分析

基于三期的全国土壤侵蚀强度数据，绘制 2000—2005 年、2005—2010 年以及 2000—2010 年的全国土壤侵蚀强度变化图，评价全国土壤侵蚀强度十年变化特征；并分析不同土壤侵蚀强度土地之间的转移矩阵，综合分析 2000—2010 年全国不同土壤侵蚀强度土地之间的相互转化关系。在此基础上，明确土壤侵蚀强度不断加剧的区域，以及强度不断减轻的区域。

表 9-12 全国土壤侵蚀分级特征

年份	等级	极重度	重度	中度	轻度	微度
2000	面积/km^2					
	比例/%					
2005	面积/km^2					
	比例/%					
2010	面积/km^2					
	比例/%					

注：保留一位小数。

其中，全国土壤侵蚀强度变化图可基于不同年份的土壤侵蚀指标专题产品在软件中采用波段运算的方式实现。不同时段、不同土壤侵蚀强度土地面积净变化率、不同土壤侵蚀等级土地转移矩阵分析以 2000 年、2005 年、2010 年土壤侵蚀等级图为基础，在软件中直接运算得到，具体如表 9-13 所示。

表 9-13 全国不同土壤侵蚀等级土地转移矩阵

单位：km^2

年代	等级	极重度	重度	中度	轻度	微度
2000—2005	极重度					
	重度					
	中度					
	轻度					
	微度					
2005—2010	极重度					
	重度					
	中度					
	轻度					
	微度					
2000—2010	极重度					
	重度					
	中度					
	轻度					
	微度					

注：保留一位小数。

9.5.1.2 土地沙化程度的空间分异格局和十年变化

1）确定土地沙化的大致范围

根据生态系统格局调查得到的生态系统/土地覆盖数据和 DEM 数据，参考《第三次中国荒漠化和沙化状况公报》，针对全国土地覆盖分类系统一级分类中的草地、荒漠、农田等生态系统，排除湿地、人工表面及冰川永久积雪，余下的皆为可能发生沙化的类型。同时可参考国家林业局提供的 2000 年、2005 年、2010 年三次沙漠考察图来确定沙化范围。

2）编制全国及各省各期土地沙化程度等级分布图

结合生态系统质量调查评价中所获取的植被覆盖度和生物量数据产品，以及经过遥感和地面调查所获取的风沙流活动情况数据，依据土地沙化程度分级标准，根据各个沙漠化类别的阈值来进行区分，进一步确定沙化的范围及程度，得到全国及各省各期土地沙化程度等级分布图。

3）土地沙化程度的空间分异格局分析

根据土地沙化评估结果为极重度、重度、中度、轻度与无沙化 5 个等级，统计各类生态系统不同级别沙化土地面积及其占全国国土面积百分比，分析其空间分布特征（表 9-14），明确土地沙化严重的区域。

表 9-14 全国土地沙化分级特征

年份	等级	极重度	重度	中度	轻度	无
2000	面积/km^2					
	比例/%					
2005	面积/km^2					
	比例/%					
2010	面积/km^2					
	比例/%					

注：保留一位小数。

4）土地沙化十年变化分析

基于全国土地沙化数据，生成 2000—2005 年、2005—2010 年以及 2000—2010 年全国土地沙化程度变化图。统计不同时段、不同程度沙化土地面积净变化率，综合评价 2000—2010 年全国土地沙化程度十年变化；并计算不同程度沙化土地之间的转移矩阵，分析 2000—2010 年全国及各省不同程度沙化土地之间的相互转化关系。进而明确土地沙化强度不断加剧的区域，以及强度不断减轻的区域。

其中，全国土地沙化变化图绘制基于不同年份土地沙化指标专题产品，采用波段运算的方法得到，不同沙化等级之间的转移矩阵统计如表 9-15 所示。

表 9-15 全国不同等级沙化土地转移矩阵

单位：km^2

年代	等级	极重度	重度	中度	轻度	无
2000—2005	极重度					
	重度					
	中度					
	轻度					
	无					
2005—2010	极重度					
	重度					
	中度					
	轻度					
	无					

年代	等级	极重度	重度	中度	轻度	无
2000—2010	极重度					
	重度					
	中度					
	轻度					
	无					

注：保留一位小数。

9.5.1.3 喀斯特地区石漠化程度的空间分异格局和十年变化

1）确定石漠化大致区域

在全国喀斯特地区范围内，参照国家林业局 2006 年完成的岩溶地区石漠化状况监测结果，明确石漠化土地的大致范围。

2）编制全国及各省各期土地沙化程度等级分布图

结合生态系统质量调查评价中所获取的植被覆盖度数据，以及经过遥感和地面调查所获取的喀斯特地貌区基岩裸露率、植被土被覆盖率和生物量数据，按照石漠化程度分级标准，对地区内各年份各评价单元石漠化程度进行分级，得到全国喀斯特地区各期土地石漠化程度等级分布图。

3）石漠化程度的空间分异格局分析

根据石漠化评估结果为极重度、重度、中度、轻度与无石漠化 5 个等级（表 9-16），统计不同级别石漠化土地面积及其占全国国土面积百分比，分析其空间分布特征。

表 9-16　全国石漠化分级特征

年份	等级	极重度	重度	中度	轻度	无
2000	面积/km^2					
	比例/%					
2005	面积/km^2					
	比例/%					
2010	面积/km^2					
	比例/%					

注：保留一位小数。

4）喀斯特地区石漠化程度十年变化分析

基于全国石漠化数据，生成 2000—2005 年、2005—2010 年以及 2000—2010 年全国喀斯特地区土地石漠化程度变化图。统计全国不同时段、不同程度石漠化土地面积净变化率；并分析石漠化土地之间的转移矩阵，综合分析 2000—2010 年全国喀斯特地区不同程度石漠化土地之间的转化关系。明确石漠化强度不断加剧的区域，以及强度不断减轻的区域。

其中，变化图可基于不同年份的石漠化指标专题产品，采用波段运算的方式实现，转移矩阵如表 9-17 所示。

表 9-17 不同等级石漠化土地转移矩阵

单位：km^2

年代	等级	极重度	重度	中度	轻度	无
2000—2005	极重度					
	重度					
	中度					
	轻度					
	无					
2005—2010	极重度					
	重度					
	中度					
	轻度					
	无					
2000—2010	极重度					
	重度					
	中度					
	轻度					
	无					

注：保留一位小数。

9.5.2 全国森林退化空间格局和十年变化评价

明确全国不同类型、不同质量等级森林生态系统空间分布特征与面积，综合分析十年间全国不同类型、不同质量等级森林生态系统间的相互转化情况，明确森林生态系统持续退化以及质量改善的区域与面积。

9.5.2.1 编制全国各期森林生态系统退化分级图

针对生态系统格局分析得到的森林生态系统区域，依据全国生态系统质量评价中获取的三期植被覆盖度数据与生物量数据，计算森林退化指数（FDI），按照森林生态系统质量等级划分标准，对各年份各评价单元森林生态系统退化情况进行等级划分，得到森林生态系统退化分级图。

9.5.2.2 明确不同退化等级森林生态系统空间分布特征与面积

将森林退化评估结果分为极重度、重度、中度、轻度与无退化 5 个等级（表 9-18），统计不同森林退化等级生态系统面积及其占全国国土面积百分比。

9.5.2.3 森林退化十年变化分析

基于全国森林生态系统质量数据，生成 2000—2005 年、2005—2010 年以及 2000—2010 年全国森林生态系统质量变化图，统计全国不同时段、不同质量森林面积净变化率；并比较不同退化等级森林之间的转移矩阵，综合分析 2000—2010 年全国不同类型不同质量等级森林生态系统间的相互转化情况，明确森林生态系统持续退化以及质量改善的区域与面积。

表 9-18　全国森林退化分级特征

年份	等级	极重度	重度	中度	轻度	无
2000	面积/km^2					
	比例/%					
2005	面积/km^2					
	比例/%					
2010	面积/km^2					
	比例/%					

注：保留一位小数。

其中，全国森林退化程度变化图绘制基于不同年份森林退化指标专题产品，采用波段运算的方法得到，不同退化等级森林之间的转移矩阵统计如表 9-19 所示。

表 9-19　全国不同退化等级森林转移矩阵

单位：km^2

年代	等级	极重度	重度	中度	轻度	无
2000—2005	极重度					
	重度					
	中度					
	轻度					
	无					
2005—2010	极重度					
	重度					
	中度					
	轻度					
	无					
2000—2010	极重度					
	重度					
	中度					
	轻度					
	无					

注：保留一位小数。

9.5.3　全国草地退化空间格局和十年变化评价

明确全国各类草地类型中不同退化程度草地的面积和分布，综合分析十年间全国不同类型、不同程度退化草地面积和分布的变化情况，明确草地退化加剧及改善的区域。

9.5.3.1　编制全国各期草地生态系统退化分级图

采用草地退化指数来确定草地是否退化以及退化的程度。基于生态系统格局分析中的生态系统/土地覆盖分类产品数据和生态系统质量分析中植被覆盖度参数产品，计算全国草原、草甸和草丛/灌草丛三类草地生态系统各年份的草地退化指数，按照草地退化程度分级标准，对各年份各评价单元草地退化程度进行分级，得到全国各期草地退化程度等级分布图。

9.5.3.2 明确不同退化等级草地生态系统空间分布特征与面积

统计不同草地退化等级生态系统面积及其占全国国土面积百分比（表 9-20）。

表 9-20 全国草地退化分级特征

年份	等级	极重度	重度	中度	轻度	无
2000	面积/km^2					
	比例/%					
2005	面积/km^2					
	比例/%					
2010	面积/km^2					
	比例/%					

注：保留一位小数。

9.5.3.3 草地退化十年变化分析

基于全国的草地退化指数计算结果，编制并分析 2000—2010 年我国草地退化程度变化图，统计不同类型、不同程度退化草地面积净变化率，计算 2000—2010 年不同类型、不同程度退化草地之间的转移矩阵，综合分析 2000—2010 年全国不同类型、不同程度退化草地面积和分布的变化情况，明确草地退化加剧及改善的区域。

其中，全国草地退化程度变化图绘制基于不同年份草地退化指标专题产品，采用波段运算的方法得到，不同退化等级草地之间的转移矩阵统计，如表 9-21 所示。

表 9-21 全国不同退化等级草地转移矩阵

单位：km^2

年代	等级	极重度	重度	中度	轻度	无
2000—2005	极重度					
	重度					
	中度					
	轻度					
	无					
2005—2010	极重度					
	重度					
	中度					
	轻度					
	无					
2000—2010	极重度					
	重度					
	中度					
	轻度					
	无					

注：保留一位小数。

9.5.4 全国湿地退化空间格局和十年变化评价

9.5.4.1 明确全国湿地生态系统退化的空间分布特征与面积

基于 2000 年、2005 年、2010 年三期生态系统/土地覆盖分类产品编制全国湿地分布图，明确全国水域、沼泽、滩地、冰川积雪等湿地各年份的面积和分布状况，统计 2000 年、2005 年与 2010 年三个时段不同类型湿地的面积及其占全国国土面积百分比，如表 9-22 所示。

表 9-22 全国湿地特征面积统计

年份	类型	水域	冰川积雪	滩地	草地沼泽	林地沼泽
2000	面积/km^2					
	比例/%					
2005	面积/km^2					
	比例/%					
2010	面积/km^2					
	比例/%					

注：保留一位小数。

9.5.4.2 湿地生态系统十年变化特征分析

基于全国的湿地分布情况，从湿地面积变化来评估湿地的退化状况。统计不同时段、不同评价单元各类湿地面积净变化率，生成 2000—2005 年、2005—2010 年以及 2000—2010 年全国及各省湿地退化程度变化图，确定全国湿地萎缩程度，明确湿地萎缩及扩大的区域，生成不同湿地类型的转移矩阵（表 9-23），分析湿地变化的类型转换特征和湿地退化的驱动原因。

表 9-23 全国不同类型湿地转移矩阵

单位：km^2

年代	等级	水域	冰川积雪	滩地	草地沼泽	林地沼泽	其他
2000—2005	水域						
	冰川积雪						
	滩地						
	草地沼泽						
	林地沼泽						
	其他						
2005—2010	水域						
	冰川积雪						
	滩地						
	草地沼泽						
	林地沼泽						
	其他						

年代	等级	水域	冰川积雪	滩地	草地沼泽	林地沼泽	其他
2000—2010	水域						
	冰川积雪						
	滩地						
	草地沼泽						
	林地沼泽						
	其他						

注：保留一位小数。

9.5.5 全国生态环境问题综合分析

综合调查和分析全国生态环境问题，针对全国各类生态环境问题严重区域，分析全国生态环境问题空间分布特征动态变化趋势，评估十年来生态环境问题持续加剧和改善程度，综合评价和分析 2000—2010 年全国生态环境问题的总体变化趋势，结合全国生态环境保护需求，为重点区的选择和生态环境管理宏观战略制定提供支撑。

9.5.5.1 全国土地退化综合分析

统计 2000 年、2005 年与 2010 年土壤侵蚀、土地沙化、石漠化三种不同类型退化土地面积（表 9-24），以及不同年份省（自治区、直辖市）、县级行政单元的退化土地面积，退化土地包括轻度及以上所有退化等级（表 9-25）。

表 9-24 全国土地退化汇总

年份	退化类型	土壤侵蚀	土地沙化	石漠化	总面积
2000	面积/km^2				
	比例/%				
2005	面积/km^2				
	比例/%				
2010	面积/km^2				
	比例/%				

注：保留一位小数。

表 9-25 2000（2005、2010）年全国不同省份土地退化面积汇总

省份	退化类型	土壤侵蚀	沙化	石漠化	总面积
北京	面积/km^2				
	比例/%				
天津	面积/km^2				
	比例/%				
……	面积/km^2				
	比例/%				

注：保留一位小数。各省以县域为基本单元进行统计。

9.5.5.2 全国退化生态系统汇总

统计 2000 年、2005 年与 2010 年森林与草地生态系统的退化面积（表 9-26），以及不同年份省（自治区、直辖市）、县级行政单元的退化生态系统面积（表 9-27）。退化生态系统包括轻度及以上所有退化等级。

表 9-26 全国退化生态系统汇总

年份	退化类型	退化森林	退化草地	总面积
2000	面积/km^2			
	比例/%			
2005	面积/km^2			
	比例/%			
2010	面积/km^2			
	比例/%			

注：保留一位小数。

表 9-27 2000（2005、2010）年全国不同省份生态系统退化面积汇总

省份	退化类型	退化森林	退化草地	总面积
北京	面积/km^2			
	比例/%			
天津	面积/km^2			
	比例/%			
……	面积/km^2			
	比例/%			

注：保留一位小数。各省以县域为基本单元进行统计。

10 生态环境质量综合评估

10.1 概述

生态环境质量是指生态环境的优劣程度，它以生态学理论为基础，在特定的时间和空间范围内，从生态系统层次上，反映生态环境对人类生存及社会经济持续发展的适宜程度，是根据人类的具体要求对生态环境的性质及变化状态的结果进行评定。

10.2 目标与任务

10.2.1 目标

结合全国和各省生态系统格局、生态系统质量、生态系统服务功能和生态环境问题评估结果，综合评估全国和各省生态环境质量总体特征、空间格局和十年变化趋势，为全国和各省生态环境的优化管理提供支撑。

10.2.2 范围

时间范围：包括 2000 年、2005 年和 2010 年三个年份。

空间范围：全国 31 个省、自治区、直辖市（港、澳、台除外）。

10.2.3 工作任务

以生态系统格局、质量、服务功能、胁迫与问题等现状及其变化为基础，综合评估生态环境状况及十年变化，提出生态环境保护对策与建议。

（1）生态环境质量综合状况及其十年变化；

（2）生态环境保护总体目标和任务；

（3）生态环境保护对策与建议。

10.3 评估指标体系

根据全国生态系统格局、生态系统质量、生态系统服务功能和生态环境问题 4 个方面，分别提取关键性的评估指标构建每个方面的核心指标，从而进行生态环境质量综合评估，指标体系如表 10-1 所示。

表 10-1 生态环境质量综合评估指标体系

评价内容	核心评价指标
生态系统格局	自然生态系统面积占国土面积的百分比
生态系统质量	生态系统质量指数
生态系统服务功能	生态系统产品供给功能的经济价值密度
	生态系统生态服务功能的经济价值密度
生态环境问题	生态环境问题综合评价指数

10.3.1 自然生态系统面积占国土面积的百分比

指标定义：自然生态系统包括土地覆盖分类体系一级分类中的森林、灌丛、湿地、草地 4 类生态系统，通过这些自然生态系统面积与国土面积的比值计算得到。

计算方法：

$$\mathrm{NEA}=\frac{A_f+A_s+A_w+A_g}{S}\times 100\%$$

式中，NEA —— 自然生态系统面积占国土面积的百分比；

A_f —— 森林生态系统面积，km^2；

A_s —— 灌丛生态系统面积，km^2；

A_w —— 湿地生态系统面积，km^2；

A_g —— 草地生态系统面积，km^2；

S —— 国土面积，km^2。

10.3.2 生态系统质量指数

采用生态系统质量指数作为全国和各省生态系统质量综合评价的核心指标。计算公式为：

$$\mathrm{REQI}=\frac{\sum_{j=1}^{m}\sum_{i=1}^{n}(\mathrm{RBD}_{ij}\times S_p)}{S}$$

式中，REQI —— 区域生态质量指数；

S_p —— 每个像元的面积；

S —— 评价区域总面积；

j —— 区域生态系统类型，包括森林、草地、湿地、荒漠 4 类生态系统；

i —— 像元数量；

RBD_{ij} —— 第 j 类生态系统在第 i 像元的相对生物量密度，其中 $\mathrm{RBD}_{ij}=\dfrac{B_{ij}}{\mathrm{CCB}_j}\times 100\%$；

B_{ij} —— 第 j 类生态系统在第 i 像元的实测生物量，通过遥感获取；

CCB_j —— 评价单元同一自然地理区下的第 j 类生态系统顶级群落每像元的生物量。

10.3.3 生态系统产品供给功能的经济价值密度

采用生态系统产品供给功能价值密度作为全国生态系统生态服务功能综合评价的核心指标。用各地区农林牧副渔业总产值代替生态系统产品供给功能的价值量。为了便于不同年份的比较，需要根据农林牧副渔业总产值指数，把各地区 2005 年、2010 年现价农林牧副渔业总产值转换为按 2000 年可比价计算的总产值。根据各评估单元农林牧副渔业总产值和评价单元面积，估算各评价单元生态系统产品供给功能经济价值密度：

$$D_{epv} = \frac{\mathrm{EPV}}{S}$$

式中，D_{epv} —— 评价区域生态系统产品供给功能价值密度，万元/km^2；

EPV —— 评价区域按 2000 年可比价计算农林牧副渔业总产值，万元；

S —— 评价区域总面积，km^2。

10.3.4 生态系统生态服务功能的经济价值密度

采用生态系统生态服务功能价值密度作为全国生态系统生态服务功能综合评价的核心指标。根据生态系统服务功能评价中获取的生态系统各项服务功能的实物量，采用替代市场技术，计算历期各评价单元各类生态系统服务功能的价值量。

根据评价单元内各类生态系统服务功能价值量和评价单元面积，估算各评价单元生态系统服务功能经济价值密度：

$$D_{esv} = \frac{\mathrm{ESV}_{sc} + \mathrm{ESV}_{sf} + \mathrm{ESV}_{ha} + \mathrm{ESV}_{nc} + \mathrm{ESV}_{ps}}{S}$$

式中，D_{esv} —— 评价区域生态系统生态服务价值密度，万元/km^2；

ESV_{sc} —— 评价区域生态系统土壤保持功能价值量，万元；

ESV_{sf} —— 评价区域生态系统防风固沙功能价值量，万元；

ESV_{ha} —— 评价区域生态系统水文调节功能价值量，万元；

ESV_{nc} —— 评价区域生态系统营养物质循环功能价值量，万元；

ESV_{ps} —— 评价区域生态系统固碳功能价值量，万元；

S —— 评价区域总面积，km^2。

10.3.4.1 土壤保持功能价值量（ESV_{sc}）评估

首先，根据评价单元内森林和草地生态系统的土壤侵蚀模数以及同一评价单元（或邻近评价单元）内裸地的土壤侵蚀模数，估算评价单元内森林和草地生态系统每年减少的土壤侵蚀量，以及由此减少的土地损失面积、土壤肥力损失量和泥沙淤积量。

其次，采用替代市场技术估算各评价单元森林和草地生态系统在减轻表土损失、肥力损失和泥沙淤积灾害方面的价值量。

最后，计算各评价单元生态系统的土壤保持功能总价值。

10.3.4.2 防风固沙功能价值量（ESV_{sf}）评估

首先，根据评价单元内森林和草地生态系统的土壤风蚀模数以及同一评价单元（或邻近评价单元）内裸地或荒漠的土壤风蚀模数，估算评价单元内森林和草地生态系统每年的防风固沙量，以及由此减少的土地损失面积、土壤肥力损失量。

其次，采用替代市场技术估算各评价单元森林和草地生态系统减少土地损失、保持土壤肥力和保持土壤有机质方面的价值量。

最后，计算各评价单元生态系统的防风固沙功能总价值。

10.3.4.3 水文调节功能价值量（ESV_{ha}）评估

根据评价单元内森林、草地的调节水量，采用建立水库的影子工程费用来估算评价单元的水位调节功能价值。

10.3.4.4 营养物质循环功能价值量（ESV_{nc}）评估

根据评价单元内生态系统的生物量和生产力，估算主要营养物质氮、磷、钾在生态系统中的年吸收量与总储量，再以 2000—2010 年我国化肥的平均价格，估算评价单元生态系统营养物质循环功能的间接价值。

10.3.4.5 固碳功能价值量（ESV_{ps}）评估

根据评价单元内各类生态系统的碳固定量，采用造林成本或碳税法估算各评价单元生态系统的固碳功能价值。

10.3.5 生态环境问题综合评价指数

采用严重退化生态系统面积占国土面积的百分比作为生态环境问题综合评价的核心指标。根据生态环境问题评估对各类生态环境问题的等级划分结果，将发生强度及以上水蚀、重度及以上沙化、强度及以上石漠化、强度及以上盐渍化、重度及以上森林退化、重度及以上草地退化等土地和生态系统作为严重退化生态系统。严重退化生态系统占国土面积百分比计算公式如下：

$$\mathrm{EDI}=\frac{A_d}{S}\times 100\%$$

式中，EDI —— 评价单元中严重退化生态系统面积占评价单元面积的百分比；

A_d —— 评价单元中严重退化生态系统面积，通过对严重侵蚀、沙化、盐碱化和石漠化土地，以及严重退化森林、草地、湿地生态系统进行空间叠置获取；

S —— 评价区域总面积，km^2。

10.4 评估方法

生态环境质量变化评估是指把全国作为一个单一的评价单元，评价生态环境质量及其在生态系统格局、质量、服务功能和生态问题等多个维度变化特征，判断生态环境及其各个方面特征的整体变化。

10.4.1 评价指标值的标准化

历年生态环境质量评估指标的标准化方法为：各核心指标在三个评价年份中的最好值作为 100 分，其他年份值根据其与最高年份值的比值转换到 0～100 分内。

其中，自然生态系统占国土面积的百分比（NEA）、生态系统质量指数（EQI）、生态系统服务功能密度（d_{esv}）和肥力较好土地占国土面积百分比（$EQI_{underground}$）为正向指标，直接采用当年值与三年最大值比值乘以 100 计算获取。即：

$$(NEA_{score})_i = \frac{NEA_i}{\max(NEA_i)} \times 100$$

$$(EQI_{score})_i = \frac{EQI_i}{\max(EQI_i)} \times 100$$

$$\left[(d_{esv})_{score}\right]_i = \frac{(d_{esv})_i}{\max\left[(d_{esv})_i\right]} \times 100$$

$$\left[(EQI_{underground})_{score}\right]_i = \frac{(EQI_{underground})_i}{\max\left[(EQI_{underground})_i\right]} \times 100$$

式中，i—— 评价年份；

$(NEA_{score})_i$ —— 全国第 i 年生态系统格局得分值；

NEA_i —— 全国第 i 年自然生态系统占国土面积的百分比；

$(EQI_{score})_i$ —— 全国第 i 年生态系统质量得分值；

EQI_i —— 全国第 i 年生态系统质量指数；

$[(d_{esv})_{score}]_i$ —— 全国第 i 年生态系统服务功能得分值；

$(d_{esv})_i$ —— 全国第 i 年生态系统服务功能价值密度；

$[(EQI_{underground})_{score}]_i$ —— 全国第 i 年地下生态质量得分值；

$(EQI_{underground})_i$ —— 全国第 i 年肥力较好土地占国土面积百分比。

生态环境问题为反向指标，采用下面方法转换为 0～100 分值：

$$(EDI_{score})_i = \frac{1-(EDI)_i}{1-\min[(EDI)_i]} \times 100$$

式中，$(EDI_{score})_i$ —— 全国第 i 年生态环境问题得分值；

$(EDI)_i$ —— 全国第 i 年严重退化生态系统面积占国土面积百分比。

10.4.2 绘制全国历年生态环境质量风向玫瑰图

根据历年各项指标得分值，编制全国历年生态环境质量风向玫瑰图（图 10-1）。通过风向玫瑰图可以判断各年全国生态系统各项特征的相对变化情况。例如，图 10-1（b）的示意图，可以很直观地反映出 2000—2010 年全国生态系统格局、生态系统质量、生态系统生态服务功能均得到显著地改善，而生态环境问题和生态系统产品供给功能呈现先改善后恶化的趋势。

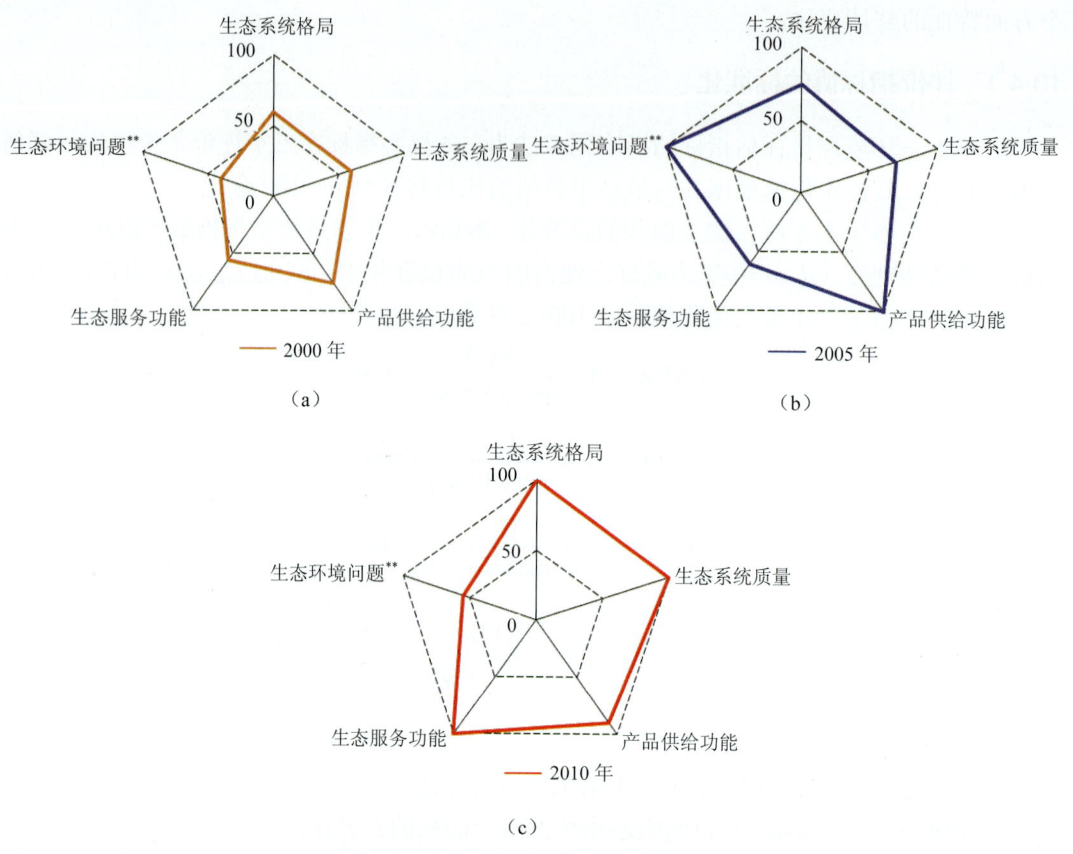

注：**值越小，反映生态环境问题越严重。

图 10-1 历年生态环境质量风向玫瑰（示意图）

10.4.3 计算各年份生态环境综合质量得分值

各年份生态环境综合质量得分值为各项关键和综合评价指标得分值之和（CEI_N）。

$$(\mathrm{CEI}_{\mathrm{score}})_i=(\mathrm{NEA}_{\mathrm{score}})_i+(\mathrm{EQI}_{\mathrm{score}})_i+[(D_{\mathrm{epv}})_{\mathrm{score}}]_i+[(D_{\mathrm{esv}})_{\mathrm{score}}]_i+(\mathrm{EDI}_{\mathrm{score}})_i$$

式中，$(\mathrm{CEI}_{\mathrm{score}})_i$ —— 第 i 年全国生态环境质量综合得分值；

$(\mathrm{NEA}_{\mathrm{score}})_i$ —— 第 i 年全国生态系统格局得分值；

$(\mathrm{EQI}_{\mathrm{score}})_i$ —— 第 i 年全国生态系统质量得分值；

$[(D_{\mathrm{epv}})_{\mathrm{score}}]_i$ —— 第 i 年全国生态系统产品供给功能得分值；

$[(D_{\mathrm{esv}})_{\mathrm{score}}]_i$ —— 第 i 年全国生态系统生态功能得分值；

$(\mathrm{EDI}_{\mathrm{score}})_i$ —— 第 i 年全国生态环境问题得分值。

11 国家重点生态功能区十年变化调查与评估

11.1 概述

重点生态功能区是指在涵养水源、保持水土、调蓄洪水、防风固沙、维系生物多样性等方面具有重要作用的区域，需要国家和地方共同管理，并予以重点保护和限制开发的区域。保护和管理重点生态功能区，对于防止和减轻自然灾害，协调流域及区域生态保护与经济社会发展，保障国家和地方生态安全具有重要意义。

11.2 目标与任务

11.2.1 目标

（1）掌握重点生态功能区社会经济十年变化状况；

（2）掌握重点生态功能区生态系统分布、格局与质量十年变化；

（3）掌握全国重点生态功能区十年来主要生态系统服务功能的变化情况，分析主导生态系统服务功能的主要影响因子；

（4）掌握重点生态功能区生态环境保护取得的成效状况；

（5）提出重点生态功能区环境保护成效的改善对策和建议；

（6）促进重点生态功能区生态环境保护的持续改善和成效的整体提升。

11.2.2 范围

时间范围：2000 年、2005 年、2010 年。

空间范围：全国 25 个重点生态功能区，涉及全国 23 个省、直辖市、自治区的 436 个县级行政单位，总面积约达 386 万 km^2，以县级行政区为基本评估单元。

11.2.3 工作任务

（1）掌握重点生态功能区社会经济十年变化状况。通过比较重点生态功能区十年来的各项社会经济指标的变化情况，以统计分析的方法为主，研究重点生态功能的社会经济变化特点和主要趋势。为全面分析人类活动对生态环境的影响提供数据支撑。

（2）掌握重点生态功能区生态系统分布、格局与质量十年变化。基于土地覆盖的一级分类和二级分类系统，在调查与评估重点生态功能区内森林、灌丛、草地、湿地、荒漠等生态系统的类型、面积、比例、分布的基础上，分析重点生态功能区生态系统景观格局的十年变化，评价重点生态功能区生态系统十年的质量变化。

（3）掌握全国重点生态功能区十年来主要生态系统服务功能的变化情况。结合生态环境状况评估课题的结果，计算全国 25 个重点生态功能区主导生态系统服务功能（水源涵养、土壤保持、防风固沙、生物多样性）及十年变化。结合重点生态功能区社会经济调查、生态状况评估的结果以及气候变化背景，解析生态系统服务功能变化显著区域的驱动因素。

（4）分析重点生态功能区主要生态环境问题。基于对重点生态功能区的社会经济、生态环境状况、生态系统服务功能的十年变化的分析结果，并根据各个功能区的生态环境特点及变化情况，采用查阅资料、咨询专家等的方法识别功能区的重要生态环境问题，主要包括：水土流失、土地退化、荒漠化等。进而通过查询相关资料并结合上述对功能区的调查分析结果，采用纵向对比法全面分析生态环境问题的成因，其中包括：人口压力、经济活动等直接因素及生态管理等间接因素。

（5）重点生态功能区环境保护综合评估。基于社会经济分析、生态环境状况评估和生态服务评估的结果，利用压力—状态—响应的评价框架，对 2000 年、2005 年和 2010 年三个时期各重点生态功能区的生态系统完整性作出基本判断；进而通过生态机理分析，结合专家知识以及地方调查情况，推理影响各重点生态功能区的主导因子以及生态服务功能类型等，为生态治理重点区域和治理方案的制定提供基础。

（6）提出重点生态功能区环境保护的改善对策和建议。梳理各功能区现有的生态环境管理政策和生态安全管理的需求，针对功能区存在的重要生态环境问题和成因，提出适合各功能区生态环境保护、维护生态安全的持续改进的对策和建议。

11.3 评估指标体系

11.3.1 调查指标体系

依据具体调查与评估尺度与内容，确定重点生态功能区的调查与评估指标及指标计算参数，国家重点生态功能区评估指标体系分主题层、内容层和指标层三个层次。具体如表 11-1 所示。

表 11-1 生态环境调查指标体系

评估主题	评估内容	指标
经济社会	经济发展	人口密度、国民生产总值、产业结构、城市化率、交通状况等
	污染排放	单位国土面积 SO_2 排放量、单位国土面积 COD 排放量、固体废弃物处理率
	资源开发	水资源利用率、单位 GDP 水耗、单位 GDP 能耗、主要矿产资源类型与产量、水电站数量与装机容量等

<table>
<tr><th>评估主题</th><th colspan="2">评估内容</th><th>指标</th></tr>
<tr><td rowspan="5">生态环境状况</td><td colspan="2">生态组成</td><td>森林、草地、湿地、农田等生态系统的面积与构成</td></tr>
<tr><td colspan="2">生态格局</td><td>斑块数、平均斑块面积、类斑块平均面积、边界密度、聚集度指数、自然生态系统重要值（斑块优势度 D）、自然生态系统破碎度（斑块分离度 ISO）</td></tr>
<tr><td rowspan="2">生态质量</td><td>生态活力</td><td>森林：年生物量、相对生物量密度；灌木：年均叶面积指数、叶面积指数年变异系数、叶面积指数年均变异系数；草地：年均植被覆盖率、植被覆盖年变异系数、植被覆盖年均变异系数；农田：年均净初级生产力、净初级生产力年总量、净初级生产力年变异系数、净初级生产力年均变异系数；湿地：年均净初级生产力、净初级生产力年总量、净初级生产力年变异系数、净初级生产力年均变异系数；荒漠：年地表蒸散量、年地表蒸散量变异系数、地表蒸散量年均变异系数</td></tr>
<tr><td>环境质量</td><td>空气质量二级以上天数、饮用水水源地达标率、水环境功能区达标率</td></tr>
<tr><td colspan="2" style="display:none"></td><td style="display:none"></td></tr>
<tr><td rowspan="4">生态服务功能</td><td colspan="2">水源涵养</td><td>多年均产流降雨量、生态系统减少径流的效益系数、裸地降雨径流率、林地降雨径流率</td></tr>
<tr><td colspan="2">生物多样性</td><td>生境质量指数、生境稀缺性</td></tr>
<tr><td colspan="2">防风固沙</td><td>空气相对湿度、土体硬度、颗粒平均粒径、风速植被盖度、人为地表结构破损率</td></tr>
<tr><td colspan="2">土壤保持</td><td>土壤可蚀性、坡度—坡长因子、植被覆盖因子、降雨侵蚀力、管理因子</td></tr>
<tr><td rowspan="3">生态保护措施</td><td colspan="2">受保护地状况</td><td>受保护地面积、受保护物种种类等</td></tr>
<tr><td colspan="2">环保投资与效率</td><td>环保投资占 GDP 的比例、生活污水处理率、污水处理率、固体废弃物综合利用率等</td></tr>
<tr><td colspan="2">生态工程</td><td>生态工程的内容、投资、范围、期限、目标等</td></tr>
</table>

11.3.2 评估指标体系及评估指数

11.3.2.1 评估指标体系

评估指标体系见表 11-2～表 11-7。

表 11-2 重点生态功能区生态系统格局及变化评估指标体系

<table>
<tr><th>评估内容</th><th>指标</th></tr>
<tr><td rowspan="3">生态系统构成</td><td>生态系统面积</td></tr>
<tr><td>生态系统构成比例</td></tr>
<tr><td>自然生态系统面积比例（生态空间状况指数）</td></tr>
<tr><td rowspan="2">生态系统构成变化</td><td>类型面积变化率</td></tr>
<tr><td>生态空间状况指数变化率</td></tr>
</table>

评估内容	指标
生态系统景观格局特征及其变化	斑块数（NP）
	平均斑块面积（MPS）
	类斑块平均面积（MPST）
	边界密度/（m/hm^2）（ED）
	聚集度指数/%（CONT）
	自然生态系统重要值（斑块优势度 *D*）
	自然生态系统破碎度（斑块分离度 ISO）
生态系统结构变化各类型之间相互转换特征	生态系统类型变化方向
	综合生态系统动态度
	类型相互转化强度
	土地开发强度
	综合类型转化强度

表 11-3　重点生态功能区生态环境质量评价指标体系

总体层	系统层	状态层	变量层
生态环境质量综合指数	植被活力	森林	年生物量
			年均植被覆盖度
		灌木	年生物量
			年均植被覆盖度
		草地	年生物量
			年均植被覆盖度
		湿地	年生物量
			年均植被覆盖度
	环境质量		水环境功能区达标率
			饮用水水源地达标率
			空气质量达到或优于二级的天数比例

表 11-4　生态系统服务功能评估指标体系

生态系统服务功能	评估指标
生物多样性维持	生物生境质量指数
土壤保持功能	土壤保持量
水源涵养功能	水源涵养量
防风固沙功能	固沙量
服务功能退化	生态系统调节功能综合值指数
	生态系统潜在调节功能综合指数
	生态系统服务功能退化指数

表 11-5 生态环境问题评价指标体系及参数

评价内容	评价指标	评价参数
土壤退化	水土流失强度	植被覆盖度
		地形坡度
		沟谷密度
		土壤因子
		岩性因子
		月均降雨量
	土地沙化程度	植被覆盖度
		风蚀地或流沙面积
	石漠化程度	基岩裸露率
		植被覆盖度
森林质量变化	森林退化指数	生物量
		同一时段同一自然地理带内各类森林生态系统最大生物量
草地退化	草地退化指数	植被覆盖度
		同一时段同一自然地理带内各类草地最大覆盖率
湿地退化	湿地退化程度	近十年湿地面积净变化率

表 11-6 生态环境问题成因分析评价指标体系及参数

成因	评价参数
社会经济	人口密度
	城镇人口密度
	城镇化率
	第一产业增加值密度
	第二产业增加值密度
	第三产业增加值密度
	环保投资占 GDP 的百分比
开发建设活动	建设用地强度
	水利开发强度
	交通网络密度
	水资源利用强度
农业活动	农田面积占国土面积百分比
	单位面积化肥使用量
	草原放牧过载率
污染物排放	单位国土面积污水排放量
	单位国土面积 COD 排放量
	单位国土面积 SO_2 排放量

表 11-7　生态环境质量综合评估指标体系

系统层	指标层
压力	1. 人均 GDP/元
	2. 单位 GDP 耗水量/（m^3/万元）
	3. 单位 GDP 能耗（标煤）/（t/万元）
	4. 单位国土面积 SO_2 排放量/（万 t/km^2）
	5. 单位国土面积 COD 排放量/（万 t/km^2）
	6. 城镇化率/%
	7. 土地开发强度
状态	8. 植被活力综合指数
	9. 环境质量综合指数
	10. 自然生态系统破碎度指数（斑块分离度 ISO）
	11. 生态空间状况指数/%
	12. 生物多样性维持服务功能密度值/（万元/km^2）
	13. 水土保持服务功能密度值/（万元/km^2）
	14. 水源涵养服务功能密度值/（万元/km^2）
	15. 防风固沙服务功能密度值/（万元/km^2）
	16. 生态系统调节功能综合值指数
响应	17. 生态用地面积占区域总面积比例/%
	18. 受保护地面积占区域总面积比例/%
	19. 污水/生活污水处理率/%
	20. 环保投资占 GDP 的比例/%

11.3.2.2　评估指数

除全国提供的指数外，新增加的指数（在 11.3.2.1 中红色标志的）。

1）生态空间状况指数

（1）指标含义：将重点生态功能区中的林地、灌木、草地、湿地和裸露地等具有较高自然特性的生态系统作为定义为生态空间（或自然生态系统），是提供区域生态支持和调节服务功能的基础。生态空间状况指数是指这些土地覆被类型（及其所有二级类别）面积之和的百分比例，可衡量研究区土地覆被状况及其反映的生态系统综合功能。生态空间状况指数越高，表示生态系统服务功能越强，支持功能和调节功能也越高。

（2）计算方法：

$$\mathrm{ES}=\frac{\sum_{i=1}^{n}S_i}{\mathrm{TS}}\times 100\%$$

（3）基本参数：

① ES：评价区域生态空间指数；

② S_i：评价区域第 i 类自然生态系统面积；

③ TS：评价区域总面积。

2）生态空间状况指数变化率

（1）指标含义：表示一定时间内生态空间状况指数变化速率。速率值为正，表示生态空间状况变好，综合生态功能越高；值为负，表示生态空间状况变差，综合生态功能越低。

（2）计算方法：

$$\mathrm{ESC}=\frac{\mathrm{ES_b}-\mathrm{ES_a}}{\mathrm{ES_a}}\times 100\%$$

（3）基本参数：

① ESC：生态空间状况指数变化率；

② $\mathrm{ES_a}$：前期生态空间状况指数；

③ $\mathrm{ES_b}$：后期生态空间状况指数。

3）自然生态系统重要值（斑块优势度 Dominance）

（1）指标含义：优势度表示景观多样性对最大多样性之间的偏差，表明景观组成中一种或少数几种景观类型支配景观的程度。优势度越大，表明某一种或某几种景观类型占优势越明显。

（2）计算方法：

$$D=H_{\max}+\sum_{k=1}^{m}P_k(\ln P_k)$$

（3）基本参数：

① $H_{\max}$：多样性指数的最大值；

② P_k：斑块类型 k 在景观中出现的概率；

③ m：景观中斑块类型的总数。

4）自然生态系统破碎度（斑块分离度 ISO）

（1）指标含义：指某一景观中不同斑块个体空间的离散（或聚集）程度，可以反映景观镶嵌体中，同一景观类型的不同斑块个体的分布情况。分离度越大，表明景观在地域上越分散。

（2）计算方法：

$$\mathrm{ISO}=\frac{0.5\sqrt{\dfrac{n_i}{A}}}{\dfrac{A_i}{A}}$$

（3）基本参数：

① n_i：斑块类型 i 的数量；

② A_i：类型 i 的总面积；

③ A：景观总面积。

5）土地开发强度

（1）指标含义：指一个区域建设空间占该区域总面积的比例。建设空间包括城镇建设、独立工矿、农村居民点、交通、水利设施以及其他建设用地等空间，本研究指土地覆被分类中一级分类的城镇类型及其所属的全部二级类。

（2）计算方法：

$$\mathrm{LD}=\frac{A_c}{A_t}\times 100\%$$

（3）基本参数：

① LD：评价区域土地开发强度；

② A_c：评价区域城乡建设用地总面积；

③ A_t：评价区域总面积。

6）综合类型相互转化强度

（1）指标含义：将土地覆被分为两大类：自然生态系统类型（包括一级分类中的森林、灌丛、草地、荒漠、湿地）和人工生态系统（包括一级分类中的农田和城镇），再借助生态系统类型转移矩阵分析区域两大类系统变化的结构特征与变化方向。

（2）计算方法：本指标计算方法与全国格局评价中“生态系统类型转移矩阵与转移比例”相同。

7）生态系统调节功能综合值指数

（1）指标含义：指评价区域的主要调节功能生物多样性维持、土壤保持、水源涵养、防风固沙的单位面积总值的相对指数。用区域各单项某项调节功能值密度综合计算得到。

（2）计算方法：

$$\mathrm{EI}=\sum_{i=1}^{4}\left(\frac{E_i-E_{i\min}}{E_{i\max}-E_{i\min}}\right)$$

（3）基本参数：

① EI：某功能区的生态系统调节功能综合值指数；

② E_i：某功能区第 i 项服务功能的密度值；

③ $E_{i\max}$：25个重点功能区第 i 项服务功能的密度值最大值；

④ $E_{i\min}$：25个重点功能区第 i 项服务功能的密度值最小值。

8）生态系统潜在调节功能综合指数

（1）指标含义：指某区域某项服务功能在未受人类活动干扰情况下同一自然地理带内未退化的最大服务功值。此处各生态调节服务功能的最大值均以区域内某生态系统类型的某项服务功能最大值代替。

（2）计算方法：

$$\mathrm{EPI}_i=\sum_{i=1}^{4}\left(E_{ij\max}\times A_j\right)/A_t$$

（3）基本参数：

① EPI：生态系统 i 项调节功能潜在综合指数；

② $E_{ij\max}$：某功能区第 j 类生态系统 i 项服务功能的最大值；

③ A_j：某功能区第 j 类生态系统面积；

④ A_t：某功能区总面积。

9）生态服务功能退化指数

（1）指标含义：评价区域内某一生态服务功能和同一自然地理带内未退化的最大服务功能的相对差距。数值越大，退化越明显。

（2）计算方法：

$$\mathrm{EDI}_i=\frac{\mathrm{EPI}_i-E_i}{E_i}\times 100\%$$

（3）基本参数：

① EDI_i：第 i 项生态服务功能退化指数；

② EPI_i：生态系统 i 项调节功能潜在综合指数；

③ E_i：某项服务功能的实际值；

④ i：服务功能类型。

10）城镇化率

（1）指标含义：是农业人口转化为非农业人口的过程，即以农村人口不断向城市迁移和聚集为特征的一种历史过程。

（2）计算方法：

$$\text{城镇化率}=\frac{\text{城镇中非农业人口数量}}{\text{城镇总人口数量}}\times 100\%$$

11）环保投资比例

（1）指标含义：指生态建设和环境保护投资占地区 GDP 的比例。

（2）计算方法：

$$\text{环保投资占 GDP 的百分比}=\frac{\text{环保投资量}}{\text{该地区的GDP}}\times 100\%$$

12）农田面积占国土资源比例

（1）指标含义：指各类农田面积的总和占该地区国土资源的比例。

（2）计算方法：

$$\text{农田面积占国土面积的百分比}=\frac{\text{该地区农田面积}}{\text{该地区国土面积}}\times 100\%$$

11.4 评估技术方法

作为重要生态功能区，作为重点保护和限制开发建设的区域，全国重点生态功能区在保障国家和地方生态安全方面具有重要意义。而自然生态系统是重点功能区发挥重要生态功能的基础和依据，因此本专题评估均以自然生态系统的保护和维持作为出发点。

11.4.1 经济社会十年变化趋势的分析

通过收集全国 25 个重点生态功能区 2000—2010 年各县、区内人口密度、国民生产总值、产业结构、城市化率、单位 GDP 水耗、单位 GDP 能耗等数据，以统计分析的方法为主，分析 25 个功能区经济社会十年的变化特点和趋势，初步分析重点功能区内社会经济发展需求对生态环境保护的压力情况。具体评估技术方法参照全国评估方法“生态系统胁迫及其十年变化调查与评估”中的人类活动强度的相关指标和计算方法。

调查生态功能区内2000—2010年各市、县、区在环境保护工作中的投入和实施情况，主要包括环保投资、生态（环境）建设工程实施情况、与环保相关的规划、规章制度等。将环保投资分为大气、水、固废、资源（水资源、能源）、生态五大类（表11-8），结合经济调查中单位国土面积SO_2排放量、单位国土面积COD排放量、固体废弃物处理率、单位GDP能耗、单位GDP耗水量、生态用地面积，采用SPSS中Pearson的相关系数，分析环保投入和生态环境改善状况之间的相关关系（表11-9），为本项目的绩效分析提供基础研究依据。

表11-8　重点生态功能区各县环保工程建设投资

（以三江平原湿地生态功能区黑龙江省为例）　　单位：万元

市、县、区	投资类别	2000	2001	2002	2003	2004	2005	2006	2007	2008	2009	2010
同江市	大气											
	水体											
	固废											
	节水											
	节能											
	生态											
富锦市	大气											
	水体											
	固废											
	节水											
	节能											
	生态											
……	……											

表11-9　生态环境投资与生态环境改善状况相关关系分析参数

投资分类	相关参数	计算说明
大气环境/万元	单位国土面积SO_2排放量/万t	1. 数据收集时间：2000—2010年； 2. 采用SPSS中的Pearson相关系数分析； 3. 相关计算中，投资量为2000—2010年每年的累积量。 4. >0.8表示环保投入有效改善了生态环境状况；<0.3表示环保投入对生态环境状况改善不明显
水环境/万元	单位国土面积COD排放量/万t	
固废/万元	固体废弃物处理率/%	
水资源/万元	单位GDP耗水量/（m^3/万元）	
能源/万元	单位GDP能耗（标煤）/（t/万元）	
生态（包括植树造林、退耕还林、还草等工程）/万元	生态用地面积/hm^2	

11.4.2 格局和质量评价

11.4.2.1 格局评价

1）生态系统类型与分布

（1）各类生态系统类型与分布。与全国评价技术方法相同，需要分别统计 2000 年、2005 年、2010 年各个重点生态功能区一级、二级生态系统类型面积以及在空间上成图。

（2）自然生态系统类型与分布。为研究重点生态功能区人类活动对生态功能特别是自然系统的影响，将重点功能区的土地覆被类型合并为三大类：自然生态系统、半自然生态系统（耕地）和人工生态系统（人工表面或建设用地）。分别用全国土地覆盖分类中的森林、灌木、草地、湿地和裸露地 5 种类型合并生成“自然生态系统”，将一级分类中的耕地及其所有二级类别合并生成“半自然生态系统”，将一级分类中的人工表面及其所有二级类别合并生成“人工生态系统”。需要分别统计 2000 年、2005 年、2010 年三大类生态系统类型并形成专题图，显示分析各功能区自然生态系统分布的基本状况。

专题图仅显示 3 种合并后的生态系统类型：用绿色系表示自然生态系统，褐色系表示半自然生态系统，红色系表示人工生态系统。

2）各类型生态系统构成与比例变化

（1）类型构成及面积比例。与全国评价技术方法相同，需要分别统计 2000 年、2005 年、2010 年各个重点生态功能区一级、二级生态系统类型构成及面积比例。同时，计算自然生态系统面积比例（生态空间状况指数）。变化比例计算可用 Excel 进行。

（2）各重点生态功能区 2000—2005 年、2005—2010 年、2000—2010 年一级、二级生态系统比例变化分析和自然生态系统变化分析。包括：

① 各生态系统类型面积变化率计算，与全国相同。其中，合并后的自然生态系统比例即为生态空间状况指数，各功能区还需增加以县级为单元，进行分别计算。

② 计算生态空间状况指数变化率并制作专题图。各生态功能区以县级为基本单元进行计算，并按其变化的大小对区县进行排序，分析功能区内自然系统的变化趋势及变化程度。以大小兴安岭森林生态功能区为例，如表 11-10 所示。

表 11-10 自然生态系统面积比例与状况指数变化（大小兴安岭森林生态功能区）

范围	2000—2005 年			2005—2010 年			2000—2010 年		
	面积变化/km^2	状况指数变化率/%	变化排序	面积变化/km^2	状况指数变化率/%	变化排序	面积变化/km^2	状况指数变化率/%	变化排序
本功能区总体									—
阿荣旗									2
牙克石市									1
……									

注：带“—”的表明是面积减少，以下同。按变化率数值从小到大进行排序。

③ 用两种不同的色彩序列（绿色系代表自然系统面积增加的功能区，红色系代表自然系统面积减少的功能区，颜色越深，表示增加/减少变化率越大）来表示变化的趋势和程度，制作生态空间状况指数变化率专题图。

3）生态系统类型转换特征分析与评价

（1）生态系统类型转换特征。研究期内每类生态系统转化为其他各类生态系统的面积，一级、二级生态系统分别计算。以每个生态功能区为研究单元。其技术方法与全国相同。

（2）自然生态系统转换特征评价。针对国家对重要生态功能区开发中“绿色生态空间面积不减少”，“逐步减少农村居民点占用空间，腾出更多的空间用于维系生态系统的良性循环”等要求，进一步分析自然生态系统与半自然生态系统（耕地）、人工生态系统（人工表面）之间变化的空间位置和变化强度，明确变化的主要热点和变化方向。

根据生态状况指数变化计算排序结果，在每个重点功能区内选出 2000—2010 年自然生态系统面积减少最快的前 5 个区县（表 11-11），进一步分析自然生态系统与人工生态系统之间变化的空间位置和变化强度，明确变化的主要热点和变化方向。

表 11-11 2000—2010 年自然生态系统面积减少生态功能区基本状况
（大小兴安岭森林生态功能区）

范围	区域总面积/万 km^2	自然生态系统减少总面积/km^2	自然生态系统面积变化率（减少）/%	排序
本功能区总体				—
阿荣旗				2
牙克石市				1
……				

此部分分析内容重点研究自然系统在人类干扰下的转化动态，因此要求自然生态系统需以三级分类类别为对象进行转化分析，而半自然生态系统、人工生态系统分别以一级分类系统中的耕地和人工表面为基础，分析计算得到 2000—2005—2010 年各类自然系统与其相互转移及其强度。以其中一个生态功能区为例，如表 11-12、表 11-13 所示。

表 11-12 大小兴安岭森林牙克石市自然生态系统构成转移矩阵

单位：km^2

年代	类型	常绿针叶林	落叶针叶林	针阔混交林	湖库	沼泽
2000—2005	常绿针叶林					
	落叶针叶林					
	针阔混交林					
	湖库					
	沼泽					
	……					
2005—2010	常绿针叶林					
	落叶针叶林					
	针阔混交林					
	湖库					
	沼泽					
	……					

年代	类型	常绿针叶林	落叶针叶林	针阔混交林	湖库	沼泽
2000—2010	常绿针叶林					
	落叶针叶林					
	针阔混交林					
	湖库					
	沼泽					
	……					

表 11-13　大小兴安岭牙克石市自然与人工生态系统相互转化强度

单位：%

年代	类型	常绿针叶林	落叶针叶林	针阔混交林	湖库	沼泽	半自然生态系统	人工生态系统
2000—2005	常绿针叶林							
	落叶针叶林							
	针阔混交林							
	湖库							
	沼泽							
	……							
	半自然生态系统							
	人工生态系统							
2000—2010	常绿针叶林							
	落叶针叶林							
	针阔混交林							
	湖库							
	沼泽							
	……							
	半自然生态系统							
	人工生态系统							
2005—2010	常绿针叶林							
	落叶针叶林							
	针阔混交林							
	湖库							
	沼泽							
	……							
	半自然生态系统							
	人工生态系统							

注：保留一位小数。

在此基础上，各地应结合本功能区的主导生态功能类型，重点分析对主导功能影响最大的自然生态系统类型的转化特征和强度变化特征。如对于大小兴安岭森林生态功能区主导功能是水源涵养，其功能影响较大的自然生态系统三级类别可能是森林中的落叶针叶林和水域中的河流、沼泽等，应对其变化规律进行详细分析，如表 11-14 所示。

表 11-14 大小兴安岭森林生态功能区自然生态系统景观格局特征及其变化

年份	斑块数 NP	平均斑块面积 MPS	边界密度 ED	聚集度指数 CONT	分离度 ISO
2000					
2005					
2010					

注：保留一位小数。

4）生态系统类型转化强度分析

主要包括综合生态系统动态度与土地覆被转类指数分析。综合生态系统动态度（生态系统综合变化率）主要是定量描述生态系统的变化速度，而土地覆被转类指数反映了土地覆被类型在特定时间内变化的总体趋势。在土地覆被一级、二级分类基础上，分别对 25 个生态功能区进行综合动态度和土地覆被转类指数的计算，分析不同生态系统的覆被类型在特定时间的转化趋势和强度。其方法与全国相同。

5）生态系统格局特征分析与评价

（1）生态系统格局特征分析。在一级、二级分类层次上，分别计算 2000—2005—2010 年各生态系统类型的格局指数变化，其方法与全国相同。

（2）自然生态系统格局特征分析。以合并的自然生态系统为对象，分析其优势度和分离度，研究自然生态空间的功能优势和破碎化速率，研究其变化状况对区域生态功能发挥的影响。

（3）重点开发区域空间格局特征分析。针对重点生态功能区需严控开发强度，城镇布局发展需更加集约集中的要求，重点研究城乡开发强度与人工景格局变化之关系（表 11-15）。方法是：

① 根据生态状况指数变化排序结果所选出的 5 个区县为对象（也是各个功能区人工+半人工总面积扩张最快的区县），计算其人工表面面积，分析区域其开发强度变化；

② 进行分类类别的预处理，此处将自然生态系统作为一个类别，将覆被分类中的“耕地”和“人工表面”细分到三级类别，对 GIS 数据进行融合处理；

③ 以区县为对象，分析各功能区内上述区县景观格局特别是城镇用地斑块的变化特征，研究重点生态功能区国土空间开发中的问题。

表 11-15 大小兴安岭森林生态功能区牙克石市生态系统景观格局特征及其变化

年份	斑块数 NP	平均斑块面积 MPS	边界密度 ED	聚集度指数 CONT	分离度 ISO
2000					
2005					
2010					

注：保留一位小数。

11.4.2.2 质量评价

1）自然生态系统质量空间分布及变化趋势分析

采用全国 2000—2010 年 250 m/30 m 空间分辨率的植被覆盖度、净初级生产力、植被生物量等参量产品，计算全国 25 个重点生态功能区中二级分类系统中的森林、灌木、草地和湿地的年生物量、相对生物量密度、年均植被覆盖度、净初级生产力年总量和年均净初级生产力，并结合格局评价中面积变化，分析自然生态系统在 10 年间的变化及空间分布。具体评估技术方法参照全国评估方法“生态系统质量及其十年变化评估”中的计算方法。

2）重点生态功能区生态质量评价

将全国 25 个重点生态功能区按照水源涵养、水土保持、防风固沙、生物多样性维护分为 4 大类（表 11-16），采用综合指数合成法，评价每一大类的生态环境质量综合指数，通过每大类中生态环境质量综合指数的比较，判断重点生态功能区的保护效果。具体计算方法如下：

$$Y = V + E = \sum_{i=1}^{m}\left(\sum_{j=1}^{n} F_j \times W_i\right) + \sum_{k=1}^{l} F_k$$

式中，Y—— 生态环境质量综合指数；

V—— 植被活力综合指数；

E—— 环境质量综合指数。

表 11-16 重点生态功能区分类

序号	功能区类型	区域
1	水源涵养	大小兴安岭森林生态功能区 长白山森林生态功能区 阿尔泰山地森林草原生态功能区 三江源草原草甸湿地生态功能区 若尔盖草原湿地生态功能区 甘南黄河重要水源补给生态功能区 祁连山冰川与水源涵养生态功能区 南岭山地森林及生物多样性生态功能区
2	水土保持	黄土高原丘陵沟壑水土保持生态功能区 大别山水土保持生态功能区 桂黔滇喀斯特石漠化防治生态功能区 三峡库区水土保持生态功能区
3	防风固沙	塔里木河荒漠化防治生态功能区 阿尔金草原荒漠化防治生态功能区 呼伦贝尔草原草甸生态功能区 科尔沁草原生态功能区 浑善达克沙漠化防治生态功能区 阴山北麓草原生态功能区

序号	功能区类型	区域
4	生物多样性维护	川滇森林及生物多样性生态功能区 秦巴生物多样性生态功能区 藏东南高原边缘森林生态功能区 藏西北羌塘高原荒漠生态功能区 三江平原湿地生态功能区 武陵山区生物多样性与水土保持生态功能区 海南岛中部山区热带雨林生态功能区

在植被活力综合指数 V 中，m 为状态层（也就是自然生态系统的类型）指标个数，n 为每种生态系统中变量的个数，F_j 为变量层指标的评价价值，W_i 为状态层（某种生态系统）针对于重点生态功能区主要生态服务功能所确定的权重。在环境质量综合指数 E 中，k 为环境质量所对应变量层的个数，F_k 为相对应变量层的评价价值。

F_j 或 F_k 值为各变量指标的实际值与目标值或者说是一个期望达到的理想值的比值。在 F_j 中，年生物量的目标值为该区域的最大生物量；年均植被覆盖度的理想值主要根据重要生态功能区的主要生态服务功能来确定（例如，相对于水源涵养功能，根据相关研究表明：当森林覆盖率达到 50%以上，就能持续发挥小流域调节径流、涵蓄水源的生态功能，保证河流供水的稳定性和连续性，所以相对于水源涵养功能理想值为 0.5），在 F_k 中，每项指标的目标值或理想值为该地区环境功能区划的目标值。

11.4.3 生态服务功能评价

11.4.3.1 生态服务功能评估

1）各生态功能区主要生态调节功能分析

分析 25 个生态功能区生物多样性维持、土壤保持、水源涵养、防风固沙 4 项主要生态调节功能及其十年变化。

（1）水源涵养功能。与全国方法基本相同。其中，水源涵养功能计算补充了草地的径流效益系数 R（表 11-17）。有详细水文资料的重点生态功能区，建议增加各水文站控制集水区径流系数计算及其变化分析，辅助评价生态系统径流调节功能的变化。

表 11-17 主要森林、草地生态系统 R 值

森林生态系统分类	R 值
111 热带雨林、季雨林	0.55
112 亚热带常绿阔叶林	0.39
113 亚热带常绿落叶阔叶混交林	0.34
121 温带、亚热带落叶阔叶林	0.28
122 温带落叶小叶疏林	0.16
131 亚热带、热带针叶林	0.36
132 温带针叶林	0.24

森林生态系统分类	R 值
141 寒温带落叶松林	0.21
151 亚热带、热带竹林	0.22
211 热性灌草丛	0.35
212 暖性灌草丛	0.2
311 山地草甸	0.25
312 低地草甸	0.2
321 温性草甸草原	0.18
322 温性草原	0.15
331 热性草丛	0.35
332 暖性草丛	0.2

（2）土壤保持功能。采用通用土壤侵蚀方程 USLE 进行土壤侵蚀模数估算：

$$A = R \times K \times LS \times C \times P$$

式中，A —— 土壤侵蚀模数；

R —— 降雨侵蚀力因子；

K —— 降雨可侵蚀因子；

LS —— 地形因子，即坡长因子和坡度因子的乘积；

C —— 植被覆盖度因子；

P —— 水土保持因子。

R 采用 Wischmeier 提出的经典算法：

$$R = \sum 1.735 \times \mathrm{e}^{\left(1.5\times\log_{10}\left(\frac{Fg^2}{F}\right)-0.8188\right)}$$

C 值的基本计算方法如下：

$$C = \exp[-2Fg/(1-Fg)]$$

$$Fg = \frac{\mathrm{NDVI} - \mathrm{NDVI}_{\mathrm{soil}}}{\mathrm{NDVI}_{\mathrm{veg}} - \mathrm{NDVI}_{\mathrm{soil}}}$$

式中，NDVI —— 植被归一化指数；

$\mathrm{NDVI}_{\mathrm{veg}}$ —— 植被的归一化指数；

$\mathrm{NDVI}_{\mathrm{soil}}$ —— 裸岩的归一化指数；

Fg —— 植被覆盖度。

（3）防风固沙功能。采用董治宝提出的风蚀流失量的模型进行计算：

$$f = 3.9(1.0413 + 0.0441\theta + 0.0021\theta^2 - 0.0001\theta^3)(V^2 \frac{(8.2\times10^{-3})^{V_{\mathrm{CR}}} \cdot {S_{\mathrm{DR}}}^2}{(H^8 \cdot d^2 \cdot F)})$$

在瞬间点风沙流失量和时间空间尺度的统一上，该模型采用积分法解决，最终所得模型公式如下：

$$Q = \iiint_{t,x,y} \{3.9(1.0413 + 0.0441\theta + 0.0021\theta^2 - 0.0001\theta^2)(V^2 \frac{(8.2\times10^{-5})^{V_{CR}} \cdot S_{DR}{}^2}{(H^8 \cdot d^2 \cdot F)}), x, y, t\} \mathrm{d}x\mathrm{d}y\mathrm{d}t$$

式中，Q—— 风沙流失量，t；

V—— 风速，m/s；

H—— 空气相对湿度，%；

V_{CR}—— 植被盖度，%；

S_{DR}—— 人为地表结构破损率，%；

d—— 颗粒平均粒径，mm；

F—— 土体硬度，N/cm^2；

θ—— 坡度，(°)；

x（km）；y（km）；t（s）。

其中人为地表结构破损率 S_{DR} 的计算式为：

$$S_{DR}=S_d/S_o$$

式中，S_d—— 被破坏的面积，km^2；

S_o—— 总面积，km^2。

当地面无地表植被覆盖时其植被覆盖率 V_{CR} 为 0，计算得到的为潜在风蚀流失量 Q_1：

$$Q_1 = \iiint_{t,x,y} \{3.9(1.0413 + 0.0441\theta + 0.0021\theta^2 - 0.0001\theta^3)(V^2 \frac{S_{DR}{}^2}{(H^8 \cdot d^2 \cdot F)}), x, y, t\} \mathrm{d}x\mathrm{d}y\mathrm{d}t$$

潜在风蚀流失量与实际风蚀流失量之差 $Q_P = Q_1 - Q_x$ 即为生态系统的防风固沙量。

（4）生物多样性维持功能。生态系统生物多样性维持功能从生境质量和物种多样性两个方面进行评价。

$$\mathrm{BIO}_{\mathrm{index}} = \mathrm{SP}_{\mathrm{index}} \times W_1 + \mathrm{Habitat}_{\mathrm{index}} \times W_2$$

式中，$\mathrm{BIO_{index}}$—— 生物多样性维持功能指数，量纲为一；

$\mathrm{SP_{index}}$—— 物种指数，由栅格单元上保护物种分布的数量进行归一化获得；

$\mathrm{Habitat_{index}}$—— 生境质量指数，采用生境质量指数评价：

$$Q_{xj} = H_j(1 - D_{xj}^2/(D_{xj}^2 + k^2))$$

式中，Q_{xj}—— 土地利用与土地覆盖 j 中栅格 x 的生境质量；

D_{xj}—— 土地利用与土地覆盖或生境类型 j 栅格 x 的生境胁迫水平：

$$D_{xj} = \sum_{r=1}^{R}\sum_{y=1}^{Yr}(w_r / \sum_{r=1}^{R} w_r) r_y i_{rxy} \beta_x S_{jr}$$

栅格 y 中胁迫因子 r（ry）对栅格 x 中生境的胁迫作用为 i_{rxy}。

$$i_{rxy} = 1 - \left(\frac{d_{xy}}{d_{r\max}}\right) \text{（线性）}$$

$$i_{rxy}=\exp\left[-(2.99/d_{r\max})d_{xy}\right]\text{（指数）}$$

式中，d_{xy} —— 栅格 x 与栅格 y 之间的直线距离；

$d_{r\max}$ —— 胁迫因子 r 的最大影响距离；

W_r —— 胁迫因子的权重，表明某一胁迫因子对所有生境的相对破坏力；

β_x —— 栅格 x 的可达性水平，1 表示极容易达到；

S_{jr} —— 土地利用与土地覆盖（或生境类型）j 对胁迫因子 r 的敏感性，该值越接近 1 表示越敏感；

k —— 半饱和常数，当 $1-\left(\dfrac{D_{xj}^2}{D_{xj}^2}+k^2\right)=0.5$ 时，k 值等于 D 值；

H_j —— 土地利用与土地覆盖 j 的生境适合性。

2）各生态功能区综合调节服务功能特征分析

在计算各生态功能区各项功能的基础上，计算 2000—2005—2010 年各项服务功能平均值=某项服务功能总值/区域总面积，在此基础上计算 2000—2005—2010 年各项服务功能平均值的变化速率=[（研究期末平均值-研究期初平均值）/研究期初平均值×100%]。以 2000—2010 年变化速率进行排序分析并将变化速率分级，如表 11-18 所示。

表 11-18 重点生态功能区主要生态调节功能 2000—2010 年变化速率

功能区	生物多样性维持		水源涵养		土壤保持		防风固沙	
	变化率/%	排序	变化率/%	排序	变化率/%	排序	变化率/%	排序
大小兴安岭森林生态功能区								
长白山森林生态功能区								
……								

11.4.3.2 主导服务功能变化强度分析

根据重点生态功能区功能定位和发展方向，将全国重点功能区按主导服务类型分 4 大类型功能区，选择土地覆被一级分类中的重要自然生态系统（森林、灌木、草地、湿地），分析区域主导功能的变化强度、趋势和问题。主要研究内容和技术方法包括：

1）重要自然生态系统服务功能分析

基于 2000 年、2005 年和 2010 年的土地覆盖一级分类和区域各项服务功能值栅格图，统计森林、灌木、草地、湿地生态系统相应年份的土壤保持功能物质量、生物多样性维持功能物质量、土壤保持功能物质量、水源涵养功能物质量、防风固沙功能物质量，计算单位面积平均值。同时统计各年份各类系统中各类功能物质量的最小和最大的栅格。以大小兴安岭森林生态功能区为例，计算如表 11-19 所示。

表 11-19 大小兴安岭森林生态功能区重要自然生态系统服务功能

系统	年份	生物多样性维持			土壤保持			水源涵养			防风固沙		
		均值	max	min	均值	max	min	均值	max	min	均值	max	min
森林	2000												
	2005												
	2010												
灌木	2000												
	2005												
	2010												
草地	2000												
	2005												
	2010												
湿地	2000												
	2005												
	2010												

根据评价区域内各类生态系统上述服务功能平均价值量和评价单元面积，估算各评价区域生态系统服务功能综合值指数。按综合值指数对各生态功能区进行排序，分析各功能区生态服务功能优劣变化状况。

2）生态系统服务功能退化指数分析

基于2000年、2005年和2010年的土地覆盖以及植被覆盖度数据，计算相应年份生态系统各项功能物质量。与某项服务功能潜在调节功能综合指数进行计算比较，得到某区域某项服务功能退化指数。

本指数计算将重点生态功能区按主导服务功能分为四大类型，各类型只对其主导功能类型的退化指数（FDI）进行计算和评价。在此基础上，对各大类型生态功能区退化指数进行排序，评价其退化强度和趋势。

11.4.4 主要生态环境问题及成因分析

11.4.4.1 问题识别与分析

基于对重点生态功能区的格局、质量和服务功能十年变化的分析结果，并根据各类功能区的生态环境特点及变化情况，采用查阅资料、咨询专家等的方法识别各类重点功能区存在的主要生态环境问题，主要包括：土壤退化（水土流失、土地沙化、石漠化）、森林质量退化、草地退化和湿地退化。针对每类重点生态功能区存在的问题参照全国评估方法“生态环境问题及其十年变化评估”所提供的具体计算方法进行计算和分析。

11.4.4.2 成因分析

根据以上每一类每个重点生态功能区存在主要生态问题的分析，结合经济社会调查数据，可能引起的主要成因包括4个方面，每个成因又有不同的变量，主要采用因子分析法分析和确定产生主要生态问题的主要原因，为进一步的生态建设和环境管理提供具体的、可操作的依据。因子分析法主要分析步骤如下：

（1）将各变量数据标准化，即对同一变量减去其均值再除以标准差，以消除量纲影响。

（2）求特征值及特征向量。

（3）确定主成分的个数，累计贡献率达 80%的前 m 个主成分，包含绝大部分信息，后面其他的主成分就可舍弃（或是主成分对应的特征值大于 1 的前 m 个主成分）。在此基础上，确定主要影响因子。

11.4.5 生态环境保护综合评估

生态功能区生态环境功能现状评估包括四个单项评估与一个综合评估，内容涉及数据预处理、评估方法、评估标准与结果输出四个主要方面。

除生态系统服务功能采用生物物理模型计算外，其他指标均采用综合指数法计算指标值；采用综合指数法实现指标层—内容层—主题层的计算；采用加权几何平均值法得到不同功能区三期生态环境功能综合评估指数。综合指数法中的指标权重采用层次分析与专家打分相结合的方法。

综合指数是在指标值标准化和指标权重确定的基础上进行的，其基本公式为：

$$P=\sum_{i=1}^{n} w_i \times x_i$$

式中，P —— 评估单元内的某项评估值；

x_i —— 第 i 个指标的标准化值；

w_i —— 第 i 个指标的权重。

选择加权几何平均值法作为主题层数据综合的基本算法，得到生态功能区三期生态环境功能综合评估指数。

$$\mathrm{EFI}=\frac{A_2^{w_2} A_3^{w_3} A_4^{w_4}}{A_1^{w_1}}$$

式中，EFI —— 生态环境功能综合评估指数；

A_1 —— 人类活动干扰度；

A_2 —— 生态系统状态指数；

A_3 —— 生态服务功能指数；

A_4 —— 社会响应指数的值；

w_1、w_2、w_3、w_4 —— 分别是权重。

采用从主题层至指标层、从上至下的方法，分析各个空间尺度上的主要生态环境问题及指标、参数，揭示制约或促进各评估分析单元生态环境功能变化的原因，完成对生态功能区生态环境功能综合分析。

11.4.6 生态环境保护的改善对策和建议

梳理各功能区现有的生态环境管理政策和生态安全管理的需求，针对功能区存在的重要生态环境问题、成因以及评价结果，提出适合各功能区生态环境保护、维护生态安全的持续改进的对策和建议，主要涵盖：

（1）基于功能区生态安全的生态监管对策：其中包括生态环境标准管理、生态环境影响评价规范化管理、生态监测能力建设管理等。

（2）基于功能区生态安全的综合管理对策：其中包括生态环境保护激励政策、管理体制等。

（3）基于功能区的生态环境保护的生态工程建设对策：其中包括生态恢复、生态补偿、生态移民等。

（4）基于功能区的生态环境保护的生态监测、管理方案：根据不同重点生态功能区的生态环境特征、存在的主要问题，针对生态系统格局、质量、功能的动态变化及空间分布趋势，提出重点生态功能区生态监测方案。地面监测的具体内容包括明确监测内容，设计监测布点，选定采样频率，制定质量保证程序和监测报告要求；遥感调查的内容主要是明确影像时相、精度、解译和反演方法等。基于地面与遥感融合集成数据，提出重点生态功能区生态监管、绩效考核的建议方案。

12 国家自然保护区生态环境十年变化调查与评估

12.1 概述

自然保护区为对有代表性的自然生态系统、珍稀濒危野生动植物物种的天然集中分布区、有特殊意义的自然遗迹等保护对象所在的陆地、陆地水体或者海域，依法划出一定面积予以特殊保护和管理的区域。

12.2 目标和任务

通过本项目，查明全国2010年前建立的319个国家级自然保护区从2000—2010年生态系统格局和质量变化特征，摸清人类活动对保护区的影响，评价珍稀动植物的生境分布状况，综合评估我国自然保护区的保护效果，掌握保护区面临的主要环境问题和胁迫驱动情况，提出相应保护对策与建议，为国家级自然保护区生态环境管理与决策、生态恢复与生态补偿政策的执行等提供技术支持。具体任务包括：

（1）国家级自然保护区生态系统格局和质量；

（2）国家级自然保护区内人类活动；

（3）国家级自然保护区内珍稀野生动植物物种生境适宜性；

（4）国家级自然保护区保护效果。

12.3 数据源

遥感数据源的选择主要依据国家级自然保护区面积、生态系统变化是否剧烈进行划分。当其面积大于10 000 hm^2且生态系统变化幅度较小的自然保护区采用分辨率为30 m的环境卫星CCD影像或Landsat TM/ETM影像，面积小于10 000 hm^2且生态系统变化幅度较大的自然保护区采用高分辨率的SPOT与ALOS等商业遥感数据（表12-1）。国家级自然保护区边界数据采用2010年矢量边界数据。数据需求如表12-2所示。

表12-1 遥感数据需求

卫星种类	分辨率	时间
SPOT、ALOS等高分影像	10 m以下	2000年、2010年
环境卫星CCD影像	30 m	2010年
Landsat TM/ETM影像	30 m	2000年、2005年、2010年

表 12-2 自然保护区边界数据

名称	备注
国家级自然保护区矢量边界	以2010年的边界为准
国家级自然保护区矢量功能分区	以2010年的边界为准

12.4 调查与评估指标体系

调查与评估指标体系如表12-3～表12-7所示。

表 12-3 国家级自然保护区生态系统格局调查指标

调查内容		调查指标	数据源
自然保护区生态系统格局	生态系统类型与结构	基于一级分类的各类生态系统面积和比例	基于一级分类的生态系统分类数据
		基于二级分类的各类生态系统面积和比例	基于二级分类的生态系统分类数据
	生态系统结构变化	生态类型面积和结构变化率	各时段一级和二级生态系统分类数据
	生态系统景观格局特征及其变化	NP：斑块数	各时段一级生态系统分类数据
		CA：类型面积/hm^2	各时段二级生态系统分类数据
		MPS：平均斑块面积/hm^2	各时段二级生态系统分类数据
		ED：边界密度/（m/hm^2）	各时段二级生态系统分类数据
		PD：破碎度/（个/hm^2）	各时段二级生态系统分类数据
		AWMPDF：面积加权平均分维数	各时段二级生态系统分类数据
		LSI：形状指数	各时段二级生态系统分类数据
		CONT：聚集度指数/%	各时段二级生态系统分类数据
	生态系统结构变化各类型之间相互转换特征	各生态系统类型变化方向	各时段二级生态系统分类数据
		EC：综合生态系统动态度	各时段二级生态系统分类数据
		LCCI：类型相互转化强度	各时段二级生态系统分类数据

表 12-4 国家级自然保护区生态系统质量调查指标

调查内容	调查指标	数据源
自然保护区生态系统质量	植被覆盖度	NDVI、遥感影像
	生物量	NDVI、地表测量
	叶面积指数	NDVI、地表测量
	相对初级生产力	遥感影像、气象数据

表 12-5 国家级自然保护区人类活动状况调查指标

调查内容	指标	定义	具体指标
自然保护区人类活动状况	农业用地	直接或间接为农业生产所利用的土地	水田
			旱地
			人工林
	城镇居民点	因生产和生活需要而形成的集聚定居地点，按性质和人口规模	城镇
			农村居民点
	工业用地	独立设置的工厂、车间、建筑安装的生产场地等以及在矿产资源开发利用的基础上形成和发展起来的工业区	工厂
			矿山
			油井
			油罐
			工业园
	采石场	开采建筑石（砂）料的场所	采石场
			采砂场
	能源设施	利用各种能源产生和传输电能的设施	风力发电厂
			水电站
			变电站
			太阳能电站
	旅游用地	用于开展商业、旅游、娱乐活动所占用的场所	旅游设施
			高尔夫球场
			度假村
			寺庙
	交通设施	道路	铁路
			高速公路
			普通道路
		从事运送货物和旅客的工具及设施	港口
			机场
			码头
	养殖场	利用滩涂、浅海及内陆水体，养殖海洋经济动植物的区域	海水养殖场
			淡水养殖场
	其他人工设施	无法准确划分到以上9种人类活动类别中的设施	其他人工设施

表 12-6 典型保护区珍稀野生动植物物种生境适宜性调查指标

调查内容		调查指标	数据源
珍稀野生动植物物种生境适宜性分析与评价	物理环境因子	海拔	DEM
		坡度	DEM
		坡位	DEM
		坡向	DEM
	生物环境因子	生态系统类型	生态系统分类数据
		郁闭度	生态系统分类数据
	人类活动因子	居民区密度和面积	人类活动解译数据
		农田密度和面积	人类活动解译数据
		道路密度和面积	人类活动解译数据
		旅游区密度和面积	人类活动解译数据

表 12-7 国家级自然保护区保护成效评价指标

调查内容		调查指标	数据源
国家级自然保护区保护效果评价	以保护自然生态系统为主	主要生态系统格局	生态系统分类数据
		主要生态系统质量	生态系统分类数据
		人类活动干扰强度	人类活动解译数据
		保护区管理现状	调查数据
	以保护野生生物资源为主	重要保护物种数量	调查数据
		适宜生境分布范围	生境模型分析
		生境破碎化程度	生态系统分类数据
		人类活动干扰强度	人类活动解译数据
		保护区管理现状	调查数据
	以保护自然遗迹为主	重要自然遗迹数量	生态系统分类数据
		重要自然遗迹分布范围	生态系统分类数据
		重要自然遗迹稳定性	生态系统分类数据
		人类活动干扰强度	人类活动解译数据
		保护区管理现状	调查数据

12.5 调查与评估技术方法

12.5.1 生态系统格局与质量分析与评价

以上评估方法参照《全国生态环境十年变化遥感调查与评估——生态系统构成与格局技术要求》和《全国生态环境十年变化遥感调查与评估——生态系统质量技术要求》。

12.5.2 国家级自然保护区人类活动遥感评价方法

12.5.2.1 人类活动遥感评价模型

以环境卫星 CCD、Landsat TM/ETM 影像和 ALOS、SPOT 高分遥感影像为基础，采用目视解译的方法，提取自然保护区内农业生产用地、住宅用地、工业用地、采矿用地、旅游用地、交通运输用地等人类活动信息，将自然保护区人类活动图层和保护区功能分区图层空间叠加，得到自然保护区核心区、缓冲区和实验区人类活动斑块的空间分布、面积及其比例，同时提取保护区内比较敏感的人类活动斑块的中心经纬度。

根据自然保护区人类活动监测结果，计算各自然保护区人类活动干扰指数，并进行分级，对全国（省、区域）内的自然保护区人类活动干扰程度进行评价，评价模型如下：

$$\mathrm{HAI}=(a_1b_1x_1+a_2b_2x_2+\cdots+a_ib_ix_i)/x$$

式中，HAI —— 自然保护区人类活动干扰指数；

x_i —— 人类活动类型的面积；

x —— 自然保护区的总面积；

a_i —— 权重，a_i 根据每一类人类活动斑块所在的功能区来确定；

b_i —— 权重，b_i 根据不同人类活动类型对自然保护区的干扰程度来确定。

12.5.2.2 评价模型中权重的确定

自然保护区不同功能区以及不同人类活动类型的权重确定如下：

（1）功能区权重。根据《自然保护区条例》对各功能区人类活动的要求，核心区、缓冲区、实验区的人类活动干扰权重依次确定为 0.6、0.3、0.1。

（2）人类活动类型权重。每一种人类活动类型对自然保护区的干扰权重，如表 12-8 所示。

表 12-8 不同人类活动类型对自然保护区的干扰权重

序号	类型	对自然保护区的干扰程度	干扰权重
1	工业用地	100	0.21
2	采石场	90	0.19
3	能源设施	90	0.19
4	旅游用地	80	0.17
5	交通设施	50	0.10
6	人工设施	30	0.06
7	养殖场	10	0.02
8	农业用地	10	0.02
9	居民点	10	0.02

12.5.2.3 人类干扰程度分级

根据每个自然保护区的人类活动干扰指数，确定自然保护区人类活动干扰程度，划分为剧烈、明显、较明显、一般和轻微五个级别（表 12-9、表 12-10）。由于各保护区人类活动类型、数量差异较大，人类活动干扰程度分级范围根据各地自然保护区实际情况自行确定。

表 12-9 自然保护区人类活动干扰指数分级

自然保区人类活动干扰程度	人类活动现状
剧烈	人类活动类型和数量均非常多，开发建设活动非常明显，干扰强度很大。有些自然保护区的核心区和缓冲区人类活动频繁，甚至存在明显的违法活动
明显	人类活动类型和数量均较多，开发建设活动明显，干扰强度大
较明显	以农田、居民点、道路、养殖场和人工设施等为主，有少量开发建设活动
一般	以农田、居民点和普通道路为主，基本无开发建设活动
轻微	人类活动非常少，有些保护区基本无干扰

表 12-10 自然保护区人类活动干扰指数分级图例 RGB 设置

级别	R	G	B	颜色
剧烈	56	168	0	
明显	139	209	0	
较明显	255	255	0	
一般	255	128	0	
轻微	255	0	0	

12.5.3 典型保护区珍稀野生动植物物种生境适宜性分析与评价方法

对于自然保护区而言，在多种适宜性因子中，如果有一种不适宜于保护对象的生存，那么尽管这个地区的其他因子均适合，但其结果将是不适宜于保护对象生存的地区。因此，在进行自然保护区生境适宜性评价时，应用生态位适宜性模型。首先对单因子根据生境适宜性进行分类赋值，赋值范围为 0～10，其中 0 为适宜性最低值，10 为适宜性最高值，然后将各个因子值相乘，利用模糊赋值求积的方法进行自然保护区生境适宜性评价，表达式如下：

$$\mathrm{SJ}=\prod_{i=1}^{n}U_i$$

式中，SJ —— 自然保护区生境适宜度；

n —— 生境适宜性影响因子数；

U_i —— 不同影响因子对自然保护区保护对象适宜性赋值。

从这个表达式可以看出，当多种因子中的一个为零时，那么 SJ 将为零，其他情况下 SJ 值在 0～1 之间变化。

12.5.4 国家级自然保护区保护效果评价方法

从主要保护分布面积比例、生境格局与质量、人类活动干扰程度、保护区管理现状等方面提出适用于不同类型保护区保护效果的评价指标体系，采用层次分析法确定不同层面的权重，构建适用于我国自然保护区保护效果的评价模型；依据 2000 年与 2010 年调查数据，对比评价十年来国家级自然保护区的保护效果。

以保护自然生态系统为主的国家级自然保护区：基于 2000—2010 年国家级自然保护区生态系统格局、质量调查数据以及人类活动监测数据，提取保护区内主要生态系统格局、质量、人类活动干扰等指标，结合保护区管理现状实地调查数据，开展自然生态系统类型国家级自然保护区保护效果评价。

以保护野生生物资源为主的国家级自然保护区：基于 2000—2010 年国家级自然保护区生态系统格局、质量调查数据以及人类活动监测数据，采用生境模型计算各珍稀动植物物种的生境分布范围、破碎化程度，提取人类活动干扰指标，结合保护区重要保护物种数量与管理现状实地调查数据，开展保护野生生物资源的国家级自然保护区保护效果评价。

以保护自然遗迹为主的国家级自然保护区：基于 2000—2010 年国家级自然保护区生态系统格局数据以及人类活动监测数据，提取重要自然遗迹数量、分布范围、稳定性、人类活动干扰等指标，结合保护区管理现状实地调查数据，开展保护自然遗迹国家级自然保护区保护效果评价。

生物多样性保护优先区生态环境十年变化调查与评估

13.1 概述

生物多样性保护优先区是指具有全球和全国生物多样性保护意义，并在生物多样性保护方面具有不可替代性和急需采取保护行动的地区。2010 年《中国生物多样性保护与战略行动计划》（2010—2030 年）划定了我国 32 个陆地和水域生物多样性保护优先区域和 3 个海洋与海岸生物多样性保护优先区域，并将其作为我国今后生物多样性保护的战略重点。这些区域生物多样性丰富，集中分布着我国绝大多数的生态系统和物种，是我国生物多样性保护、水源涵养和土壤保持的重要功能区，也是我国国家和区域的生态安全屏障。

13.2 评估目标与内容

13.2.1 目标

围绕全国生物多样性保护和管理的重大需求，依托现有工作基础，以遥感调查为主，地面调查/核查为辅，系统获取全国或省域尺度上的优先区生态环境十年动态变化信息，全面掌握过去十年内优先区重要生态系统、动植物资源及其栖息地的空间分布状况和变化趋势，综合评估优先区内生物多样性保护现状、成效及主要生态问题和胁迫因素，为优先区深入开展生物多样性保护和生态环境管理提供对策和建议，为贯彻落实《中国生物多样性保护战略与行动计划》（2011—2030 年）奠定工作基础。

13.2.2 评估范围

13.2.2.1 空间范围

全国尺度：《中国生物多样性保护战略与行动计划》（2011—2030 年）确定的 32 个内陆陆地和水域生物多样性保护优先区域中为调查与评价范围（表 13-1）。

省域尺度：以各省划定的生物多样性保护优先区域为调查与评价范围。

表 13-1 内陆陆地和水域生物多样性保护优先区域

自然区域	优先区域
东北山地平原区	大兴安岭区、小兴安岭区、呼伦贝尔区、三江平原区、长白山区、松嫩平原区
蒙新高原荒漠区	阿尔泰山区、天山—准噶尔盆地西南缘区、塔里木河流域区、祁连山区、库姆塔格区、西鄂尔多斯—贺兰山—阴山区、锡林郭勒草原区
华北平原黄土高原区	六盘山—子午岭区、太行山区
青藏高原高寒区	三江源—羌塘区、喜马拉雅山东南区
西南高山峡谷区	横断山南段区、岷山—横断山北段区
中南西部山地丘陵区	秦岭区、武陵山区、大巴山区、桂西黔南石灰岩区
华东华中丘陵平原区	黄山—怀玉山区、大别山区、武夷山区、南岭区、洞庭湖区、鄱阳湖区
华南低山丘陵区	海南岛中南部区、西双版纳区、桂西南山地区

13.2.2.2 时间范围

2000—2010 年。

13.2.3 工作任务

以 2000 年为基准年，2005 年为参照年，2010 年为现状年，基于卫星遥感和地面核查/调查技术，以优先区内重要生态系统类型和物种栖息地为评估对象，开展生态环境十年变化遥感调查与评估，提出优先区生物多样性保护和生态环境管理对策与建议。主要调查和评估内容包括：

（1）生态系统格局和质量调查与评估。调查和评估优先区森林、草原、湿地等重要生态系统类型的分布格局和质量的总体状况及十年变化趋势。

（2）重要物种资源及栖息地调查与评估。调查和评估优先区重要野生动植物资源栖息地的分布格局、质量和破碎化的总体状况及十年变化趋势。

（3）威胁因素及其影响调查与评估。分析优先区存在的主要生态问题和环境胁迫因素，评估其对优先区内重要生态系统和物种栖息地的影响。

（4）保护成效评估。综合评估优先区生物多样性保护状况，提出生物多样性保护和生态环境管理对策和建议。

13.3 调查与评估指标体系

根据评估内容，构建了生物多样性保护优先区遥感调查与评价指标体系，如表 13-2 所示。

13.3.1 生态系统构成与格局

以上指标的定义和计算方法参照《全国生态环境十年变化遥感调查与评估生态系统质量技术要求》。

表 13-2 优先区遥感调查与评估指标体系

评价内容	一级指标	二级指标
生态系统构成与格局	生态系统类型与结构	基于一级分类的各类生态系统结构比例
		基于二级分类的各类生态系统类型结构比例
	生态系统面积	生态系统类型面积变化率
	生态系统景观格局	NP：斑块数
		MPS：平均斑块面积
		ED：边界密度/（m/hm^2）
		CONT：聚集度指数/%
生态系统质量	植物生物量	相对生物量密度
	植被覆盖度	植被覆盖度
	生态系统初级生产力	相对初级生产力
物种资源及生境	野生维管束植物物种数量	野生维管束植物丰富度
	野生脊椎动物物种数量	野生脊椎动物丰富度
	国家重点保护物种及濒危物种数量	受威胁物种丰富度
	特有物种数量	物种特有程度
	重要物种栖息地面积及分布	生境质量指数
威胁因素及影响	社会经济活动强度	人口密度
		单位国土面积 GDP
	森林景观破碎化程度	景观破碎化指数
	农业用地面积变化	农业用地面积及比例
	城镇化建设强度	城镇用地面积及比例
	铁路和高等级公路密度	路网密度
	矿产资源开发强度	工矿用地面积及比例
威胁因素及影响	放牧强度	单位草地面积羊单位
	湿地景观破碎化程度	景观破碎化指数
	荒漠化程度	荒漠植被覆盖度
保护状况	保护区分布及面积	保护区面积比例
	国家级保护区分布及面积	国家级自然保护区面积比例
	国家保护物种在保护区分布状况	国家保护物种受保护比例

13.3.2 生态系统质量

以上指标的定义和计算方法参照《全国生态环境十年变化遥感调查与评估生态系统质量技术要求》。

13.3.3 野生脊椎动物丰富度

区域内已记录的野生哺乳类、鸟类、爬行类、两栖类、淡水鱼类的种数（含亚种），用于表征野生动物的多样性。在江（河）、海之间洄游的鱼类、生活在咸淡水交汇的河口区域的鱼类可视为淡水鱼类。迁徙鸟类和洄游鱼类，只要出现在本地，均纳入统计范围。仅在人工生境生长的家养动物不在统计范围，如鱼塘、养殖场、动物园中的动物等。

区域野生脊椎动物丰富度指数可表示为：

$$S = \frac{\sum_{i=1}^{5} S_i}{S_0}$$

式中，i=1，2，3，4，5——分别为野生哺乳类、鸟类、爬行类、两栖类、淡水鱼类；

S_i——野生哺乳类、鸟类、爬行类、两栖类、淡水鱼类的物种种数；

S_0—— 全国高等脊椎动物总数。

13.3.4 野生维管束植物丰富度

区域内已记录的野生维管束植物的种数（含亚种、变种），用于表征野生植物的多样性。植物园、树木园、种植园等人工生态系统中的植物不在统计范围之内。

区域野生维管束植物丰富度指数可表示为：

$$S = \frac{\sum_{i=1}^{3} S_i}{S_0}$$

式中，i=1，2，3 —— 分别为野生蕨类、裸子和被子植物；

S_i —— 野生蕨类、裸子和被子植物的物种种数；

S_0 —— 全国野生维管束植物总数。

13.3.5 物种特有程度

区域内中国特有的野生哺乳类、鸟类、爬行类、两栖类、淡水鱼类和维管束植物的种数的相对数量，用于表征物种的特殊价值。

物种特有程度=（区域特有的野生脊椎动物种数/区域野生脊椎动物种数
+区域特有的野生维管束植物种数/区域野生维管束植物种数）/2

13.3.6 受威胁物种丰富度

区域内中国受威胁物种的相对数量。受威胁物种是指《IUCN 物种红色名录濒危等级和标准》（3.1 版 www.iucnredlist.org）中收录的属于极危、濒危、易危的物种。

受威胁物种的丰富度=（区域受威胁的野生脊椎动物种数/中国受威胁的野生脊椎动物种数
+区域受威胁的野生维管束植物种数/中国受威胁的野生维管束植物种数）/2

13.3.7 人口密度

单位面积土地上居住的人口数，是表示某一地区范围内人口疏密程度的指标，可反映人口增长、迁徙给生态系统带来的压力。计算公式：

$$PD_t = \frac{P_t}{A}$$

式中，PD_t —— 评价单元人口密度；

P_t —— 评价单元内总人口数，各省统计年鉴，重点城市群城市统计年鉴；

A —— 评价单元总面积，来源于行政区划图。

13.3.8 单位国土面积 GDP

用来反映特定区域经济发展状况。计算公式为：

$$单位国土面积GDP = \frac{评价区域GDP}{评价区域面积} \times 100\%$$

式中，GDP —— 统计年鉴直接获得省域或县域统计数据；

评价区域面积 —— 来源于行政区划图。

13.3.9 城市用地面积和比例

区域内不同时期各种城市用地的面积和比例，表示人类活动引起的城镇化建设、工业发展的现状与变化趋势。利用 FRAGSTATS 4.0 景观格局软件中的景观格局方法计算不同时期优先区内城市面积和比例。

其中城市用地面积计算公式为：

$$CA = \sum_{i}^{n} S_i \times \frac{1}{10\,000}$$

城市用地面积比例计算公式为：

$$PLAND=CA/TA \times 100$$

式中，S_i —— 某一城市用地斑块 i 的面积；

CA —— 某一城市用地总面积；

TA —— 区域总面积。

选择时间间隔 5 年以上的不同时期，比较各城市用地的面积和比例变化。在同一时期内，一方面要说明各种城市用地面积的净变化，另一方面要说明城市用地和不同类型生态系统类型之间的变化。

13.3.10 工矿用地面积和比例

区域内不同时期各种工矿用地的面积和比例，表示人类活动引起的矿产资源开发现状与变化趋势。利用 FRAGSTATS 3.3 景观格局软件中的景观格局方法计算不同时期优先区内工矿用地的面积和比例。

其中工矿用地的面积计算公式为：

$$CA = \sum_{i}^{n} S_i \times \frac{1}{10\,000}$$

工矿用地的面积比例计算公式为：

$$PLAND=CA/TA \times 100$$

式中，S_i—— 某一工矿用地斑块 i 的面积；

CA—— 某一工矿用地总面积；

TA—— 区域总面积。

选择时间间隔 5 年以上的不同时期，比较各工矿用地的面积和比例变化。在同一时期内，一方面要说明各种工矿用地面积的净变化，另一方面要说明工矿用地和不同类型生态系统类型之间的变化。

13.3.11 农业用地面积和比例

区域内不同时期各种农业用地的面积和比例，表示优先区内农业开发活动现状与变化趋势。利用 FRAGSTATS 4.0 景观格局软件中的景观格局方法计算不同时期优先区内农业用地的面积和比例。

其中农业用地的面积计算公式为：

$$CA = \sum_{i}^{n} S_i \times \frac{1}{10\,000}$$

农业用地的面积比例计算公式为：

$$PLAND=CA/TA\times 100$$

式中，S_i—— 某一农业用地斑块 i 的面积；

CA—— 某一农业用地总面积；

TA—— 区域总面积。

选择时间间隔 5 年以上的不同时期，比较各农业用地的面积和比例变化。在同一时期内，一方面要说明各种农业用地面积的净变化，另一方面要说明农业用地和不同类型生态系统类型之间的变化。

13.3.12 景观破碎化指数

计算不同时期优先区内各自然生态系统景观格局的破碎化程度，破碎化程度越高，表明人为干扰越大。景观破碎度指数（FN）计算公式为：

$$FN = (N-1) / Q$$

式中，N—— 景观或某一景观类型斑块数；

Q—— 景观或某一景观类型的平均面积。

FN 单位为 $1/hm^2$，范围 FN＞0。

13.3.13 路网密度

区域内单位面积铁路运行里程和高速公路运行进程，它们间接反映生境破碎化程度。

计算公式为：

① 高速公路密度=当年高速公路累计通车里程/区域面积（km/万 km^2）

② 铁路密度=当年铁路累计营业里程/区域面积（km/万 km^2）

13.3.14 单位草地面积羊单位

以单位草地面积羊单位表示，该指标用于评价草地承载牲畜的状况，是反映草地放牧强度的一个指标。

计算公式为：

$$单位草地面积羊单位=\frac{羊单位数}{评价区域草地面积}\times 100\%$$

（1）羊单位：数据通过省域或县域统计数据获取。草原载畜量也可以用单位面积草原上可供一头牲畜放牧的天数或在一定时间内放养一头牲畜所需要的草原面积来表示，是衡量草原生产能力的一项指标。通常用每公顷或每百亩草原上可以平均放牧的牲畜单位数（牛单位或羊单位）表示。单位为“头/亩（hm^2）·a”，即一年内放牧一头成年绵羊所需放牧草地的亩（hm^2）数。计算公式为：

载畜量=（亩或公顷产草量×可利用率）÷（牲畜日食草量×放牧天数）

式中，亩或公顷产草量以“kg/亩（hm^2）·a”表示；牲畜日食草量以“kg/头·d”表示。牲畜单位数的换算方法是：一只羊等于一个羊单位，一头牛等于5个羊单位，一匹马、驴、骡各等于5个羊单位，10只鹅等于一个羊单位。实际放养畜牧的头数，称草原实际载畜量。实际载畜量超过合理载畜量时，称为超载饲养和饱和饲养。超载饲养会影响牧草正常生长，造成草场退化，影响草原载畜量的主要因素是草场的品质和产量，以及牧草的利用方式等。

（2）评价区域草地面积：参见“全国生态环境遥感调查土地覆被分类系统”。

13.4 数据源

本专题主要通过遥感手段来获取相关指标数据。对于遥感无法获取的指标数据，则通过收集相关基础地理数据、资源环境数据和社会经济统计资料进行计算。

13.4.1 遥感数据

生态系统格局分析利用遥感解译获取的2000年、2005年和2010年三期生态系统空间分布数据集，精度到二级分类水平。

生态系统质量评价的数据主要利用遥感解译获取的2000年、2005年和2010年三期生态系统地表参量，包括植被覆盖度、植被指数、净初级生产力、生物量等。

13.4.2 生物多样性基础数据

为开展优先区生物多样性调查与评估，需收集物种资源数据，保护区数据以及相关生态区划数据。

物种数据：以现有文献资料为主，但如有实地调查数据，则优先使用。主要的文献资料包括地方性动植物志和植被志书、《中国植物志》、《中国动物志》、馆藏标本数据、自然保护区科学考察报告以及其他正式发表的论文、专著、内部交流材料等。文献资料应以近

5 年或 10 年的文献为主。数据由具有一定资质的从事生物多样性调查的专业人员采集，物种分布数据最好落实到县域尺度，并由相关专家审定。

保护区数据：优先区自然保护区的调查资料和数据，包括保护区类别、行政区域、面积、主要保护对象、级别、建立时间、主管部门等。

生态区划数据：中国或省域尺度的生物多样性保护优先区域图；中国生态功能区划图；中国综合地理区划图等专题图。

13.4.3 基础地理、资源环境和社会经济统计数据

基础地理数据：省级行政区划图，县级行政区划图，DEM 数据，公路、铁路等专题图层。

环境要素数据：地形、地貌、土壤类型、河流、气候等专题图层。

社会经济数据：各省统计年鉴；主要社会经济指标包括人口、生产总值、粮食产量、地方财政收入、财政支出等。

环境统计数据：各省环境统计年鉴，主要包括废气、废水、固体废物排放量。

13.5 评估方法

13.5.1 物种资源及其栖息地评价方法

13.5.1.1 单物种生境适宜性评估方法

影响物种生存的环境因子很多，其中有些环境因子对物种生存是否关键，如果该因子不存在，将直接影响到物种的生存和繁衍。基于此原理，本专题采用了赋值求积的方法进行物种生境适宜性评价，具体表达式如下：

$$S_j = \prod_{i=1}^{n} U_i$$

式中，S_j —— 不同评价单元针对某一物种生境的综合适宜度值；

n —— 不同生境因子；

U_i —— 不同生境因子对该物种生境适宜性影响程度的重要性值。当某一个因子 U_i 为 0 时，S_j 将为 0。

13.5.1.2 生境质量指数计算方法

在野生维管束植物和脊椎动物（包括哺乳类、鸟类、两栖类、爬行类和鱼类）分别选择 1～2 种指示物种或代理种，利用单物种生境适宜性评估方法获取每个物种在区域的生境适宜性空间分布图。利用累积相乘法评价整个区域的生境质量：

$$H=S_1 \times S_2 \times \cdots \times S_j$$

式中，H —— 区域的生境质量状况；

S_j—— 某一类群指示物种或代理种的生境适宜性值。

13.5.2 优先区威胁因素及其影响分析方法

在遥感调查指标的基础上，根据生物多样性保护优先区内社会经济活动强度、森林景观破碎化程度、农业用地面积变化、城镇化建设强度、铁路和高等级公路密度、矿产资源开发强度、放牧强度、湿地景观破碎化程度、荒漠化程度来计算优先区人类活动干扰指数，权重根据各类人类活动斑块所在的优先区及其对优先区的干扰程度来确定。

13.5.2.1 指标数据标准化

由于各评估指标的单位不同（即量纲不统一），互相之间不具备可比性，无法直接利用它们计算综合评估指数，因此，首先需要对数据进行标准化处理来消除这种影响。本研究选用极值处理法进行标准化处理。

本研究中存在两类指标：一类是正向指标，另一类是负向指标。针对这两类指标，其标准化处理的方法分别如下：

正向指标：$X_s = (X - X_{\min})/(X_{\max} - X_{\min})$

负向指标：$X_s = (X_{\max} - X)/(X_{\max} - X_{\min})$

式中，X_s—— 标准化以后的指标值；

X—— 标准化以前的指标值；

$X_{\max}$、$X_{\min}$—— 分别为该指标中的最大值和最小值。

13.5.2.2 因子分析法赋权重

权重是用来表示各指标变量或要素的相对重要程度。在生物多样性综合评估的过程中，评估指标权重的确定最为关键（朱丽华和徐锋，2008）。权重的确定方法包括主观赋权和客观赋权两种。主观赋权法是依据评估者自身对评判对象的了解和认识以及相关知识的积累，按照主观重视程度的不同而分别赋予权重的方法，主要有层次分析法（AHP）、经验估算法等（Brazner et al.，2007）。由于主观确定的权重往往受限于专家个人的学识和经验的积累，不仅会随着知识程度的不同发生改变，在准确性上也值得商榷（Gunnar，2002）。客观赋权法是依据客观信息来反映不同指标的权重程度的方法，尽量避免了主观认知对权重判断的影响，主要包括熵权法、因子分析法、聚类分析法等（张文柯，2009）。

因子分析是主成分分析的推广和发展（也可以说主成分分析是因子分析的特例），它将具有错综复杂关系的变量综合为数量较少的几个因子，以再现原始变量与因子之间的相互关系，同时根据不同因子还可以对变量进行分类，它属于多元分析中降维处理的一种统计方法。因子分析法确定指标权重的基本原理是根据相关性的大小把变量分组，使同组内的变量之间相关性较高，不同组之间的变量相关性较低，即把原本错综复杂关系的多个变量 X_i，X_2，…，X_p 归结为较少的综合因子 F_i，F_2，…，F_m，然后根据综合因子（主成分）的方差贡献率以及各个变量和综合因子之间的回归系数计算出各个指标变量的权重（朱一中，曹裕，2011）。用这种方法计算出的权重避免了人为因素的影响，具有较强的客观性（Karimet，2003；吕光辉，2005）。因此，本研究选用因子分析法确定权重。

评估指标的权重赋值方法具体如下：以优先区人类活动干扰数据为样本，以各项指标的标准化数据为变量构建矩阵，采用 SPSS 统计分析软件进行数据处理，得出矩阵的特征根和相应的方差贡献率，选择主成分并得到因子得分结果和因子回归系数。因为主成分是原始变量的线性组合，包含了大部分原始变量的信息，所以可以根据因子回归系数计算出每个样本的各个评估指标的权重（朱一中，曹裕，2011）。权重计算公式如下：

$$W_i = \left| \sum_{p=1}^{m} g_p \alpha_{pi} \right|$$

式中，W_i —— 第 i 个评估指标未进行归一化处理时的权重；

g_p —— 第 p 个主成分对总体方差的贡献率；

α_{pi} —— 第 i 个评估指标在第 p 个主成分中的回归系数；

m —— 主成分的个数，一般按特征根大于 1 或者累计贡献率达到 85%选取主成分的个数。最后，经过归一化处理，即可得到各评估指标的权重 W_i。

13.5.2.3 计算威胁因素的综合评估指数

计算出各个主成分对总体方差的贡献率和各个评估指标的权重以后，采用如下公式计算生物多样性保护优先区综合评估指数：

$$\mathrm{BD_{index}} = \sum_{j=1}^{k} X_s \times W_j \quad (j = 1, 2, \cdots, k)$$

式中，$\mathrm{BD_{index}}$ —— 生物多样性综合评估指数；

X_s —— 标准化以后的评估指标值；

W_j —— 归一化以后各个评估指标的权重；

k —— 评估指标个数。

13.5.2.4 对威胁因素程度进行分级

根据每个自然保护区的人类活动干扰指数，确定自然保护区人类活动干扰程度，划分为剧烈、明显、较明显、一般和轻微 5 个级别（表 13-3、表 13-4）。由于各保护区人类活动类型、数量差异较大，人类活动干扰程度分级范围根据各地自然保护区实际情况自行确定。

表 13-3 生物多样性保护优先区威胁因素指数分级

威胁因素程度	威胁因素现状
剧烈	威胁因素类型和数量均非常多，开发建设活动非常明显，干扰强度很大
明显	威胁因素类型和数量均较多，开发建设活动明显，干扰强度大
较明显	有少量威胁因素类型
一般	以农田、居民点和普通道路为主，基本无开发建设活动威胁因素
轻微	人类活动非常少，优先区基本无干扰

表 13-4　生物多样性保护优先区威胁因素分级图例 RGB 设置

威胁程度分级	R	G	B	颜色
剧烈	252	236	204	
明显	255	0	0	
较明显	255	85	0	
一般	255	170	0	
轻微	255	0	197	

14 国家生态屏障区生态环境十年变化调查与评估

14.1 概述

生态屏障区是指维持和庇护生物生存繁衍，维护自然生态平衡，为人们提供良好的生产、生活条件的保障区域。其实质是维系区域及其功能覆盖范围内的生态安全，它强调复合生态系统可持续的服务价值体现。对于生态屏障区域，除了其自身能维持生态平衡外，还应当且必须可持续地对它所处的生态功能地位输出物质和能量。

14.2 目标与任务

14.2.1 目标

本专题围绕国家发展战略和生态保护监管的重大需求，以遥感调查为主，结合地面调查/核查工作，“两屏三带”国家生态屏障区 2000—2010 年生态系统格局、质量、主导生态服务功能变化情况以及生态系统胁迫状况；国家生态屏障保护效果与作用。

14.2.2 范围

时间范围：包括 2000 年、2005 年和 2010 年三个年份。

空间范围：覆盖区域青藏高原生态屏障、黄土高原—川滇生态屏障、东北森林带、北方防沙带和南方丘陵山地带。

14.2.3 工作任务

（1）国家生态安全屏障 2000—2010 年生态系统格局、质量及主要服务功能的变化；

（2）国家生态安全屏障胁迫特征；

（3）国家生态安全屏障对区域生态环境影响；

（4）国家生态安全屏障保护效果与作用。

14.3 评估指标体系

14.3.1 指标体系

指标体系如表 14-1 所示。

表 14-1 指标体系

评估主题	评估内容	评估指标	评估屏障区
生态系统格局	生态系统结构及类型转换特征	基于三级分类的各类生态系统结构比例，各生态系统类型转换方向，转化强度，生态系统综合变化率	青藏高原生态屏障、黄土高原—川滇生态屏障、东北森林带、北方防沙带、南方丘陵山地带
	生态系统景观格局特征及其变化	NP：斑块数，MPS：平均斑块面积，ED：边界密度（m/hm^2），CONT：聚集度指数（%）	
生态系统质量	各生态系统类型生物量的空间格局和十年变化	相对生物量密度	
	各生态系统类型覆盖度的空间格局和十年变化	植被覆盖度	青藏高原生态屏障、黄土高原—川滇生态屏障、东北森林带、北方防沙带、南方丘陵山地带
	各生态系统类型初级生产力格局和十年变化	初级生产力	
	湿地生态系统质量和十年变化	湿地面积、水体富营氧状况	青藏高原生态屏障区、东北森林带
生态系统服务功能	水源涵养功能	水源涵养量	青藏高原生态屏障区、黄土高原—川滇生态屏障区、东北森林带、南方丘陵山地带
	土壤保持功能	侵蚀模数变化量	青藏高原生态屏障区、黄土高原—川滇生态屏障区、东北森林带、南方丘陵山地带
	防风固沙功能	风蚀模数	青藏高原生态屏障区、黄土高原—川滇生态屏障区、北方防沙带
	生物多样性保护	特有物种和濒危物种生境适宜性	青藏高原生态屏障区、川滇生态屏障区、东北森林带
	气候调节功能	固碳释氧量	青藏高原生态屏障区
生态环境胁迫	自然胁迫	干旱面积和损失	青藏高原生态屏障区、黄土高原—川滇生态屏障、东北森林带、北方防沙带
		洪涝灾害面积与损失	东北森林带、南方丘陵山地带
		地震与地质灾害面积与损失	黄土高原—川滇生态屏障、南方丘陵山地带
		病虫害发生面积与损失	青藏高原生态屏障区、东北森林带、南方丘陵山地带

评估主题	评估内容	评估指标	评估屏障区
生态环境胁迫	社会经济活动	人口密度	青藏高原生态屏障区、黄土高原—川滇生态屏障、东北森林带、北方防沙带、南方丘陵山地带
		单位国土面积 GDP	青藏高原生态屏障区、黄土高原—川滇生态屏障、东北森林带、北方防沙带、南方丘陵山地带
		第一、第二、第三产业比例	青藏高原生态屏障区、黄土高原—川滇生态屏障、东北森林带、北方防沙带、南方丘陵山地带
	开发建设活动	城镇建设用地指数	青藏高原生态屏障区、东北森林带、南方丘陵山地带、川滇生态屏障
		矿产开发强度指数	青藏高原生态屏障区、东北森林带、南方丘陵山地带、川滇生态屏障
		水电开发强度指数	青藏高原生态屏障区、南方丘陵山地带、川滇生态屏障
		交通用地强度指数	南方丘陵山地带
		水资源利用强度指数	南方丘陵山地带
	农业活动	单位面积化肥施用量	南方丘陵山地带
		单位草地面积羊单位	青藏高原生态屏障区、黄土高原—川滇生态屏障、北方防沙带、南方丘陵山地带
	环境污染	单位面积污水排放量	南方丘陵山地带
		单位面积 BOD 排放量	
		单位面积 SO_2 排放量	
	生态环境保护工程	退耕还林实施强度	青藏高原生态屏障区、黄土高原—川滇生态屏障、北方防沙带
		围栏封育实施强度	青藏高原生态屏障区
		“三北”防护林建设强度	北方防沙带
		天然林保护生态工程实施强度	
	林业活动	森林采伐强度	东北森林带
		森林抚育力度	东北森林带、川滇生态屏障
对区域生态环境的影响	水环境	水源地月径流变化率，径流泥沙颗粒含量	青藏高原屏障区、黄土丘陵—川滇屏障区、东北森林带以及南方丘陵山地带
		屏障范围内一级支流月径流变化率、径流泥沙颗粒含量	
	大气环境	屏障范围内温度、湿润度指数及变化	青藏高原屏障区
		屏障范围内主要城市的沙尘天气日数及变化	北方防沙带
	生物多样性	濒危物种比例，特有物种比例	青藏高原屏障区、川滇森林区、东北森林带
屏障的效果和作用	屏障辐射效益	系统功能辐射范围和强度	青藏高原生态屏障、黄土高原—川滇生态屏障、东北森林带、北方防沙带、南方丘陵山地带

14.3.2 指标含义及计算方法

以下为国家生态屏障区生态环境十年变化调查与评估的特色指标，未作说明的指标其含义和计算方法参照《全国生态环境十年变化遥感调查与评估生态系统质量技术要求》。

14.3.2.1 生态系统格局

各个指标计算对象为三级分类生态系统，具体计算方法参照《全国生态环境十年变化遥感调查与评估生态系统质量技术要求》。

14.3.2.2 固碳释氧量

对于森林、灌木和草地生态系统，气候调节功能采用固碳释氧量来衡量：

$$\mathrm{CL}=\mathrm{CL_C}+\mathrm{CL_O}$$

根据光合作用方程式，每生产 1 g 干物质，需要 1.62 g CO_2，即固定纯碳量 0.44 g，释放 1.2 g O_2，采用价值量将固碳量和释氧量进行归一化处理。

$$\mathrm{CL_C}=B_i\times 0.44\times \mathrm{CR}$$

$$\mathrm{CL_O}=B_i\times 1.2\times \mathrm{OR}$$

式中，CL —— 生态系统固碳释氧量；

$\mathrm{CL_C}$ —— 生态系统固碳价值量；

$\mathrm{CL_O}$ —— 生态系统释氧价值量；

B_i —— 生态系统总生物量；

CR —— 碳税率；

OR —— 单位 O_2 的价值。

对于湿地生态系统，气候调节功能为：

$$\mathrm{CL}=\mathrm{CL_C}+\mathrm{CL_O}-\mathrm{CL_{CH}}$$

式中，$\mathrm{CL_{CH}}$ —— 湿地排放 CH_4 造成的损失，为湿地 CH_0 排放的平均通量和湿地面积的乘积，芦苇湿地 CH_0 排放的平均通量为 0.52 mg/（m^2·h）。稻田湿地 CH_4 排放的平均通量为 2.98 mg/（m^2·h）。

14.3.2.3 物种生境适宜性

物种生境适宜性是指屏障区特有物种和濒危物种生境分布的空间位置、范围以及生境适宜程度。基于 ArcGIS 平台，采用生态位适宜性模型进行物种生境适宜性评价（表 14-2）。表达式如下：

$$\mathrm{SJ}=H\times \mathrm{SJ}_p$$

式中，SJ —— 某一物种的生态适宜度；

H—— 人类活动影响程度；

SJ_p—— 某一物种的潜在生态适宜度，利用模糊赋值求积的方法对因子相乘获得。

表 14-2 自然环境因素评价准则

因素		最适宜	适宜	次适宜	不适宜
物理环境	海拔/m	>2 250～≤2 750	>1 500～≤2 250 >2 750～≤3 250	≤1 500 >3 250～≤3 750	>3 750
	坡度/（°）	≤15	>15～≤30	>30～≤45	>45
生物环境	植被	针阔混交林 亚高山针叶林	常绿落叶阔叶林 针叶林	耐寒灌丛 低山次生灌木	高山草甸 高山流石滩 稀疏植被 人工林
	竹子种类	冷箭竹 拐棍竹	冷箭竹 拐棍竹	华西箭竹，短锥玉山竹，油竹子，白夹竹等	无竹子

以川滇生态屏障大熊猫生境适宜性为例。根据超体积生态位原理，运用大熊猫生物学、生态学研究成果，分析大熊猫各生态位因子在环境梯度中的位置，并结合川滇生态屏障自然环境的具体情况，找出影响其生存与种群繁衍的主要因素，作为评价其生境质量的指标。影响川滇生态屏障大熊猫生境质量的因素可以划分为三大类：自然环境（物理环境因素、生物环境因素）和人类活动因素（表 14-3）。

表 14-3 人类活动对大熊猫生境影响的评价准则

单位：m

人类活动类型	强烈	比较强烈	有影响	无影响
森林砍伐	≤20	>20～≤50	>50～≤80	>80 或者原始森林
主要公路	≤60	>61～≤210	>210～≤720	>510
小路			≤30	>30
居民活动	≤900	>900～≤1 410	>1 410～≤1 920	>1 920
农业活动	<90	>90～≤240	>240～≤750	>750
采集活动（海拔）			>1 750～≤3 600	

依托 ArcGIS，以评价准则为基础，进行空间模拟与分析。在空间模拟的过程中，应用生态位适宜性模型，首先分析单一因素的适宜性特征，然后，根据影响因素的性质，综合分析物理环境、生物环境因素的适宜性分布特征，得到物种潜在生境分布特征，以及人类活动影响强度的空间分布特征；最后综合物理环境、生物环境因素以及人类活动的影响（表 14-4），得到物种生境适宜性的空间分布特征。

表 14-4 人类活动对潜在生境影响的评价准则

潜在生境质量	人类活动的影响程度			
	强烈	比较强烈	有影响	无影响
1	4	3	2	1
2	4	3	3	2
3	4	3	3	3
4	4	3	4	4

注：1 最适应生境；2 适宜生境；3 次适宜生境；4 不适宜生境。

14.3.2.4 生态环境保护工程实施强度

以县级行政区为单元，计算生态环境保护工程实施面积占评估单元总土地面积比例，表征单元内生态环境保护工程实施力度，计算公式为：

$$\mathrm{ERI}_{i,t,j}=\mathrm{ER}_{i,t,j}/A_i\times 100\%$$

式中，$\mathrm{ERI}_{i,t,j}$ —— 第 i 个县（区）第 t 个年份第 j 种生态环境保护工程实施力度，%；

$\mathrm{ER}_{i,t,j}$ —— 第 i 个县（区）第 t 个年份第 j 种生态保护工程实施面积，km^2；

A_i —— 第 i 个县（区）国土面积，km^2。

生态环境保护工程措施包括退耕还林，退耕还牧，“三北”防护林和天然林保护生态工程。

14.3.2.5 森林采伐强度

以县级行政区为单元，计算森林采伐面积占评估单元总土地面积比例，计算公式为：

$$\mathrm{CFI}_{i,t}=\mathrm{CF}_{i,t}/A_i\times 100\%$$

式中，$\mathrm{CFI}_{i,t}$ —— 第 i 个县（区）第 t 个年份森林采伐强度，%；

$\mathrm{CF}_{i,t}$ —— 第 i 个县（区）第 t 个年份森林采伐面积，km^2；

A_i —— 第 i 个县（区）国土面积，km^2。

14.3.2.6 森林抚育力度

以县级行政区为单元，计算森林抚育面积占评估单元总土地面积比例，计算公式为：

$$\mathrm{FYI}_{i,t}=\mathrm{FY}_{i,t}/A_i\times 100\%$$

式中，$\mathrm{FYI}_{i,t}$ —— 第 i 个县（区）第 t 个年份森林抚育力度，%；

$\mathrm{FY}_{i,t}$ —— 第 i 个县（区）第 t 个年份森林抚育面积，km^2；

A_i —— 第 i 个县（区）国土面积，km^2。

14.3.2.7 气候湿润指数

降水量与蒸散发之比即湿润度可以反映一个地区气候湿润程度，其变化反映屏障区生态系统变化对于屏障范围内气候的影响。

$$\mathrm{SRI}=\mathrm{ET}/P$$

式中，SRI —— 湿润度；

ET —— 年蒸散发；

P —— 年降水。

蒸散发（ET）可参考项目组统一下发的生态参数产品或按 USDA-ET 月蒸散发模型计算，年蒸散发为每月值加和。USDA-ET 月蒸散发模型计算公式如下：

$$\mathrm{ET}=k_1\times P+k_2\times \mathrm{PET}+k_3\times \mathrm{LAI}+k_4\times \mathrm{PET}\times P+k_5\times \mathrm{PET}\times \mathrm{LAI}$$

$$\mathrm{PET}=0.165\,1\times \mathrm{Ld}\times \mathrm{RHOSAT}\times \mathrm{Nd}$$

$$\mathrm{Ld}=\arccos(-\tan\psi\tan\delta)$$

$$\delta=0.409\,3\times \sin((2\pi/365)\times J-1.405)$$

$$\mathrm{RHOSAT}=216.7\times \mathrm{ESAT}/(T+273.3)$$

$$\mathrm{ESAT}=6.108\times \mathrm{EXP}(17.269\,39\times T/(T+237.3))$$

式中，ET —— 蒸散发，mm；

P —— 月降水量，mm；

PET —— 月潜在蒸散发，mm，采用 Hamon 公式计算；

LAI —— 生态系统叶面积指数，由 MODIS LAI；

k_1，k_2，k_3，k_4 和 k_5 —— 模型系数，需根据各屏障区实际状况校验获得；

Nd —— 每月天数；

ψ —— 维度；

J —— 儒略日；

T —— 月均温，℃。

14.3.2.8 月径流变化率

反映生态系统水文调节的能力，表达式为：

$$V=V_{\max}/V_{\min}$$

式中，V —— 月径流变化率；

$V_{\max}$ —— 最大洪峰流量，m^3/s；

$V_{\min}$ —— 最枯月径流量，m^3/s。

14.3.2.9 特有物种比例

区域内中国特有野生动植物种数和区域野生动植物种树之比，用于表征屏障区生物多样性保护优先重点保护的必要程度，其数据来源于统计数据和调查数据。

14.3.2.10 濒危物种比例

区域内受威胁物种占中国受威胁物种的比例，用于表征屏障区生物多样性保护优先重点保护的必要程度，其数据来源于统计数据和调查数据。

14.3.2.11 生态辐射强度

采用生态辐射模型来表示国家生态安全屏障保护效果和作用，表达式为：

$$Ra=Kf（ES，A，S）$$

式中，Ra —— 生态辐射强度；

Kf —— 形状修正系数；

ES —— 辐射功能类型；

A —— 辐射斑块面积；

S —— 生态辐射距离。

14.4 评估技术方法

14.4.1 国家生态安全屏障区生态系统格局及十年变化

14.4.1.1 生态系统三级分类体系

以项目提供的国家生态安全屏障生态系统二级分类图为基础，结合中等分辨率遥感数据（HJ-1，Landsat 等），进一步获得国家生态安全屏障生态系统三级分类，并以此为基础获取国家生态安全屏障生态系统格局。

14.4.1.2 生态系统格局十年变化

基于 2000 年、2005 年和 2010 年屏障区的森林、灌木草地和湿地生态系统三级分类结果，分析屏障区生态系统格局，并分析 2000—2005 年、2005—2010 年、2000—2010 年生态系统格局变化状况。成果以生态系统结构统计表和生态系统转移矩阵的形式体现。

14.4.2 国家生态安全屏障生态系统质量及十年变化

14.4.2.1 生态系统质量

分别统计各屏障区 2000—2010 年每年的相对生物量、植被覆盖度，初级生产力，湿地面积，同时统计各屏障区 2000—2010 年平均相对生物量、植被覆盖度，初级生产力，湿地面积。将各生态系统质量参数依据专家打分分为低、较低、中、较高、高 5 级（表 14-5），统计其面积与比例。

表 14-5 2000—2010 年××屏障区相对生物量（植被覆盖度/初级生产力/湿地面积）统计

年份	统计参数	低	较低	中	较高	高
2000	面积/km^2					
	比例/%					
2001	面积/km^2					
	比例/%					
2002	面积/km^2					
	比例/%					
2004	面积/km^2					
	比例/%					
2005	面积/km^2					
	比例/%					
2006	面积/km^2					
	比例/%					
2007	面积/km^2					
	比例/%					
2008	面积/km^2					
	比例/%					
2009	面积/km^2					
	比例/%					
2010	面积/km^2					
	比例/%					
2000—2010 年平均状况	面积/km^2					
	比例/%					

14.4.2.2 生态系统质量十年变化

以年份为自变量，分别以每年的相对生物量、植被覆盖度，初级生产力，湿地面积为应变量，建立 2000—2010 年两者的线性回归关系：

$$Y=aX+b$$

其中斜率 a 则表示生态系统相对生物量、植被覆盖度，初级生产力，湿地面积 2000—2010 年平均年变化速率。采用线性回归方程的显著度 P 来衡量变化的显著度，如表 14-6、表 14-7 所示。

表 14-6 变化的显著度

变化趋势	a 值范围	P 值范围
极显著下降	$a<0$	$P\leqslant 0.01$
显著下降	$a<0$	$0.01<P\leqslant 0.05$

变化趋势	a 值范围	P 值范围
极显著上升	$a>0$	$P\leqslant 0.01$
显著上升	$a>0$	$0.01<P\leqslant 0.05$
无显著变化		$P>0.05$

表 14-7　2000—2010 年××屏障区相对生物量（植被覆盖度/初级生产力/湿地面积）变化统计

变化趋势	平均变化量	面积/km^2	面积比例/%
极显著下降			
显著下降			
极显著上升			
显著上升			
无显著变化			

14.4.3　国家生态安全屏障生态系统服务功能

14.4.3.1　生态系统服务功能

分别统计各屏障区 2000—2010 年每年的水源涵养量、侵蚀模数变化量、风蚀模数，同时统计各屏障区 2000—2010 年平均水源涵养量、侵蚀模数变化量、风蚀模数等级。将各生态系统质量参数依据专家打分分为低、较低、中、较高、高 5 级，同时考虑屏障区特有物种和濒危物种生境适宜性评估结果，统计其面积与比例（表 14-8）。

表 14-8　2000—2010 年××屏障区水源涵养量（侵蚀模数变化量/风蚀模数/特有物种生境适宜性/濒危物种生境适宜性）统计

年份	统计参数	低	较低	中	较高	高
2000	面积/km^2					
	比例/%					
2001	面积/km^2					
	比例/%					
2002	面积/km^2					
	比例/%					
2004	面积/km^2					
	比例/%					

年份	统计参数	低	较低	中	较高	高
2005	面积/km^2					
	比例/%					
2006	面积/km^2					
	比例/%					
2007	面积/km^2					
	比例/%					
2008	面积/km^2					
	比例/%					
2009	面积/km^2					
	比例/%					
2010	面积/km^2					
	比例/%					
2000—2010 年平均状况	面积/km^2					
	比例/%					

14.4.3.2 生态系统服务功能十年变化

以年份为自变量，分别以每年的水源涵养量、侵蚀模数变化量、风蚀模数，特有物种生境适宜性等级，濒危物种生境适宜性等级为应变量，建立 2000—2010 年两者的线性回归关系：

$$Y=aX+b$$

其中斜率 a 则表示生态系统水源涵养量、侵蚀模数变化量、风蚀模数、特有物种/濒危物种生境适宜性等级 2000—2010 年平均年变化速率。采用线性回归方程的显著度 P 来衡量变化的显著度（表 14-9），屏障区水源涵养量变化统计（表 14-10）。

表 14-9 显著度 P 衡量变化范围

变化趋势	a 值范围	P 值范围
极显著下降	$a<0$	$P\leqslant 0.01$
显著下降	$a<0$	$0.01<P\leqslant 0.05$
极显著上升	$a>0$	$P\leqslant 0.01$
显著上升	$a>0$	$0.01<P\leqslant 0.05$
无显著变化		$P>0.05$

表 14-10 2000—2010 年××屏障区水源涵养量（侵蚀模数变化量/风蚀模数/特有物种生境适宜性/濒危物种生境适宜性）变化统计

变化趋势	平均变化量/等级	面积/km^2	面积比例/%
极显著下降			
显著下降			
极显著上升			
显著上升			
无显著变化			

14.4.4 国家生态安全屏障生态环境胁迫特征

从自然胁迫、人为胁迫两个方面评价对于生态系统的负作用，从生态环境保护工程来评价对于生态系统的正作用。分别构建生态环境胁迫指数，并以县为单位进行评估。分析2000—2008年各屏障区生态安全胁迫指数的时空动态特征。

14.4.4.1 自然灾害胁迫

综合干旱、洪涝、地震、病虫草鼠和森林/草地火灾火场面积5种自然灾害发生强度，构建胁迫指数，公式表达如下：

$$\mathrm{NPI}_{i,t}=\frac{(A_d)_{i,t}+(A_{fl})_{i,t}+(A_b)_{i,t}+(A_f)_{i,t}+(A_e)_{i,t}}{(A_n)_{i,t}}$$

式中，$\mathrm{NPI}_{i,t}$ —— 第 i 评估单元第 t 年自然灾害胁迫综合指数；

$(A_d)_{i,t}$ —— 第 i 评估单元第 t 年旱灾成灾面积，hm^2；

$(A_{fl})_{i,t}$ —— 第 i 评估单元第 t 年洪涝灾害成灾面积，hm^2；

$(A_b)_{i,t}$ —— 第 i 评估单元第 t 年病虫草鼠成灾面积，hm^2；

$(A_f)_{i,t}$ —— 第 i 评估单元第 t 年森林/草地火灾火场面积，hm^2；

$(A_e)_{i,t}$ —— 第 i 评估单元第 t 年地震受损生态系统总面积，hm^2；

$(A_n)_{i,t}$ —— 第 i 评估单元第 t 年农田、森林、灌丛、草地、湿地等生态系统总面积，km^2。

14.4.4.2 人类活动胁迫

人类活动包括社会经济活动、开发建设活动，农业活动，环境污染以及林业活动。筛选影响各屏障区生态环境的主要指标，构建胁迫指数，公式如下：

$$\mathrm{EESI}_i=\sum_{j=1}^{n}w_j r_{i,j}$$

式中，EESI_i —— 第 i 地区生态环境胁迫指数；

w_j —— 生态环境胁迫各指标相对权重；

r_{ij} —— 指标体系中主要胁迫指标的标准化值；

n —— 主要胁迫的个数。

14.4.4.3 生态环境保护工程的影响

综合退耕还林、退耕还牧、“三北”防护林建设和天然林保护工程 5 个方面的国家生态环境保护工程措施，构建胁迫指数，公式如下：

$$\mathrm{NPSI}_{i,t}=\frac{(A_{tg})_{i,t}+(A_{tm})_{i,t}+(A_{sb})_{i,t}+(A_{tr})_{i,t}}{(A_n)_{i,t}}$$

式中，$\mathrm{NPSI}_{i,t}$ —— 第 i 评估单元第 t 年生态环境保护工程指数；

$(A_{tg})_{i,t}$ —— 第 i 评估单元第 t 年退耕面积，hm^2；

$(A_{tm})_{i,t}$ —— 第 i 评估单元第 t 年退牧面积，hm^2；

$(A_{sb})_{i,t}$ —— 第 i 评估单元第 t 年“三北”防护林建设面积，hm^2；

$(A_{tr})_{i,t}$ —— 第 i 评估单元第 t 年天然林保护面积，hm^2；

$(A_n)_{i,t}$ —— 第 i 评估单元第 t 年农田、森林、灌丛、草地、湿地等生态系统总面积，hm^2。

14.4.5 国家生态安全屏障对区域生态环境影响

采用 SPSS 中的 Pearson 相关系数 r，分析生态安全屏障区各项生态系统服务功能和屏障区不同距离地点的生态环境变化。$|r|>0.8$ 表示屏障区生态系统服务功能对该区生态环境状况有影响（表 14-11）；$|r|<0.3$ 表示屏障区生态系统服务功能对该区生态环境状况影响不明显。

表 14-11　屏障区对于区域生态环境影响

评价内容	相关程度（Pearson r）	
区域水环境的影响	水源涵养功能	监测断面月径流变化率
	土壤保持功能	监测断面径流泥沙含量
区域大气环境的影响	气候调节功能	气象站气候湿润指数
	防风固沙功能	主要城市沙尘天气日数
生物多样性维持的作用	特色物种和濒危物种适宜生境面积比例	特色物种和濒危物种比例

14.4.6 国家生态安全屏障保护效果与作用

采用生态辐射模型中各种功能斑块类型的权重值结合专家评估法确定。辐射斑块的最大生态辐射距离参考屏障区对区域生态环境的影响评估结果，并结合服务半径理论的相关成果确定各辐射斑块不同辐射距离范围权重（表 14-12）。

表 14-12 斑块的辐射距离范围及权重赋值

等级	面积范围/hm^2	辐射最大范围/km	权重			
			辐射段 0～n/6 km	辐射段 n/6～n/3 km	辐射段 n/3～2n/3 km	辐射段 2n/3～n km
1	≥20	n	1	1/4	1/9	1/16
2	＜20，≥10	2n/3	1	1/4	1/9	
3	＜10，≥2	n/3	1	1/4		
4	＜2	n/6	1			

辐射斑块面积大小及相应权重赋值如表 14-13 所示。

表 14-13 斑块面积大小权重赋值

等级	面积范围/hm^2	权重
1	≥20	20
2	＜20，≥10	10
3	＜10，≥2	2
4	＜2	1

采用 ArcGIS 计算生态辐射强度技术流程如下：

（1）利用 selection by attributes 工具提取具有生态辐射功能的斑块；

（2）在生态辐射功能地块属性中增加地块面积规模、地块类型级别属性字段；

（3）按照面积规模对生态辐射功能地块进行分组；

（4）按照生态地块类型对生态辐射功能地块进行分组；

（5）对（2）、（3）两步骤的分组结果进行 merge 操作，建立分析斑块组；

（6）分别针对不同的斑块组进行 buffer 操作，

（7）并根据面积分组进行多次 buffer 运算；

（8）对多次 buffer 运算进行权重计算；

（9）利用 union 工具对缓冲区进行空间叠加；

（10）利用 calculate 中的加法对 union 叠加的结果进行计算，得到区域生态服务质量空间分布。

一般情况下，生态屏障具有多种辐射功能，而且每种辐射功能的权重大小不一样。因此，辐射功能表征公式为一个多类型加权综合：

$$Ra_{总}=W_1K_1f（ES_1，A_1，S_1）+W_2K_2f（ES_2，A_2，S_2）+\cdots+W_5K_5f（ES_5，A_5，S_5）$$

式中，W_1～W_5 是不同类型辐射功能（土壤保持、水源涵养、防风固沙和气候调节）对总辐射的重要性，不同生态屏障其重要程度也不一样。

全国矿产资源开发区生态环境十年变化调查与评估

15.1 概述

矿产资源开发和利用在产生巨大经济和社会效益的同时，也对所在地区的生态环境造成破坏和威胁。

15.2 目标与任务

15.2.1 目标

调查全国 2000—2010 年矿产开发区的生态状况及其变化情况，评估矿产资源开发区生态环境影响，为矿区生态保护和监管提供数据基础和技术支持。

15.2.2 范围

时间范围：2000—2010 年；

空间范围：全国矿产资源开发区。

15.2.3 工作任务

（1）调查矿产资源开发区开发背景；

（2）调查矿产资源开发区生态系统状况；

（3）调查分析矿产资源开发区十年内生态破坏及恢复状况；

（4）调查矿产资源开发区十年内生态胁迫状况；

（5）综合评估矿产资源开发区生态环境影响状况。

15.3 评估指标体系

15.3.1 指标体系

根据矿产资源开发过程及其对周边生态环境造成的影响，将矿产资源开发区域地物进行细化，完成三级分类（表 15-1）。

表 15-1　矿产开发区三级分类

一级分类	代码	二级分类	代码	三级分类	代码
矿产区	54	矿产设施	541	矿山道路	5411
				排土场	5412
				矿物堆放场	5413
		矿产植被	542	耕地	5421
				草地	5422
				林地	5423
		矿产灾害	543	尾矿库	543
		矿产敏感地物	544	居民点	5441
				湖泊	5442
				河流	5443
				水库	5444

根据矿产资源开发区生态环境状况特征，全面反映矿产资源开发区开发背景、生态系统状况、生态破坏、生态恢复、生态胁迫等问题，选取相应调查与评估指标，如表 15-2 所示。

表 15-2　全国矿产资源开发区调查评估内容与指标

序号	调查内容	调查指标
1	开发背景	开发单位
		矿区地址
		开发起止日期
		开采方式
		矿产类型
		开采面积
		生态恢复工程类型
2	生态系统状况	生态系统斑块密度
		植被盖度
		生物量密度
3	生态破坏	挖损林地面积及比例
		挖损耕地面积及比例
		挖损草地面积及比例
		固体废弃物压占土地面积及比例
4	生态恢复	挖损土地生态恢复类型、面积与比例
		压占土地的生态恢复类型、面积与比例
		污染土地生态修复类型、面积与比例
5	生态胁迫	矿产产量
		矿产开发区距居民地最近距离

15.3.2 评估指标

15.3.2.1 开采面积（S_{dpl}）

矿产资源开发的面积。

15.3.2.2 生态系统斑块密度（PD）

矿产资源开发区范围内单位面积内斑块数。

$$\mathrm{PD}=\frac{N}{S_t}$$

式中，N—— 矿产资源开发区范围内斑块总数；

S_t—— 矿产区面积。

15.3.2.3 生态破坏面积比例（P_{ed}）

因矿产资源开发导致的地表植被（森林、草地、耕地）挖损面积，废石、废土、固体废弃物压占土地面积总和占矿产资源区总面积的比例。

$$P_{ed}=\frac{S_w+S_y}{S_t}$$

式中，S_w—— 地表植被被挖损面积；

S_y—— 废石、废土、固体废弃物压占土地面积；

S_t—— 矿产区面积。

15.3.2.4 植被盖度（F_c）

定义请见《全国生态环境十年变化（2000—2010 年）遥感调查与评估项目技术要求》第 3 章。

15.3.2.5 相对生物量密度（RBD_{ij}）

定义请见《全国生态环境十年变化（2000—2010 年）遥感调查与评估项目技术要求》第 6 章。

15.3.2.6 距居民地最近距离（D_{is}）

居民地与矿产资源开发区边界的最近距离。

15.3.2.7 生态恢复面积比例（P_{er}）

矿产资源开发区内被挖损、压占的恢复面积总和与矿产资源开发区面积比例。

$$P_{er}=\frac{S_{rw}+S_{ry}}{S_t}$$

式中，S_{rw}—— 地表植被被挖损面积；

S_{ry}—— 废石、废土、固体废弃物压占土地面积；

S_t—— 矿产区面积。

15.4 数据源

矿产资源开发区调查与评估指标数据主要通过地面调查、企业访谈和遥感解译等方式获取，具体如表 15-3 所示。

表 15-3 矿产资源开发区调查与评估指标数据来源

调查指标	时间	来源	密级
开发单位	—	地面调查和企业访谈	项目内部公开
矿区地址	—	地面调查和企业访谈	项目内部公开
开采方式	—	地面调查和企业访谈	项目内部公开
矿产类型	—	地面调查和企业访谈	项目内部公开
开采面积	2000 年、2005 年、2010 年	地面调查和遥感影像解译	项目内部公开
开发起止日期		地面调查和企业访谈	项目内部公开
生态系统斑块密度	2000 年、2005 年、2010 年	遥感影像解译	项目内部公开
植被盖度	2000 年、2005 年、2010 年	遥感影像解译	项目内部公开
生物量密度	2000 年、2005 年、2010 年	遥感影像解译	项目内部公开
挖损林地面积及比例	2000 年、2005 年、2010 年	遥感影像解译结合地面调查	项目内部公开
挖损耕地面积及比例	2000 年、2005 年、2010 年	遥感影像解译结合地面调查	项目内部公开
挖损草地面积及比例	2000 年、2005 年、2010 年	遥感影像解译结合地面调查	项目内部公开
挖损土地生态恢复类型、面积与比例	2000 年、2005 年、2010 年	遥感影像解译结合地面调查	项目内部公开
压占土地的生态恢复类型、面积与比例	2000 年、2005 年、2010 年	遥感影像解译结合地面调查	项目内部公开
污染土地生态修复类型、面积与比例	2000 年、2005 年、2010 年	遥感影像解译结合地面调查	项目内部公开
矿产产量	2000 年、2005 年、2010 年	地面调查和企业访谈	项目内部公开
矿产开发区距居民地最近距离	2000 年、2005 年、2010 年	遥感影像解译结合地面调查	项目内部公开

15.5 评估技术与统计方法

15.5.1 矿产资源开发区开发背景调查

围绕矿产资源开发区生态环境保护与管理需求，结合遥感调查特点，采用地面调查及企业访谈方式，获取矿区开发单位、矿区地址、开发起止日期、开采方式、矿产类型、开采面积、生态恢复工程类型等信息，为矿产开发区研究提供数据基础。整理收集的信息并填写表 15-4。

表 15-4　矿产资源开发区开发背景调查

单位：km^2

矿区名称	开发单位	开发起止日期	矿产类型	开采面积	开采方式	生态恢复工程类型

15.5.2　调查矿产资源开发区生态系统状况

从自然与人为因素两方面出发，通过调查矿区生态系统斑块密度、植被盖度、生物量密度等指标，反映矿区基本植被情况及人为破坏状况。统计 2000 年、2005 年、2010 年生态系统斑块密度、植被盖度、生物量密度等数据（表 15-5），其中，植被盖度与生物量密度为矿区内平均值。

表 15-5　矿产资源开发区生态系统状况

年份	生态系统斑块密度	植被盖度	生物量密度
2000			
2005			
2010			

15.5.3　调查分析矿产资源开发区十年内生态破坏及恢复状况

矿产周边生态环境破坏状况主要通过矿产植被破坏状况反映，考虑遥感生态调查特点，以挖损林地面积及比例、挖损耕地面积及比例、挖损草地面积及比例以及固体废弃物压占土地面积及比例 4 个方面反映矿区生态破坏情况；以 2000 年为基准年，统计上述四方面信息，如表 15-6 所示。

表 15-6　矿产资源开发区生态破坏状况

年份	统计参数	挖损林地	挖损耕地	挖损草地
2000—2005	面积/km^2			
	比例/%			
2005—2010	面积/km^2			
	比例/%			
2000—2010	面积/km^2			
	比例/%			

矿区生态恢复情况主要从矿区恢复工程、植被恢复、压占土地恢复、污染土地恢复等方面反映，具体指标包括：挖损土地生态恢复类型、面积与比例，压占土地的生态恢复类型、面积与比例及污染土地生态修复类型、面积与比例。以 2000 年为基准年，统计上述三个方面数据，如表 15-7 所示。

表 15-7 矿产资源开发区生态恢复状况

年份	统计参数	挖损土地生态恢复	压占土地生态恢复	污染土地生态恢复
2000—2005	类型			
	面积/km^2			
	比例/%			
2005—2010	类型			
	面积/km^2			
	比例/%			
2000—2010	类型			
	面积/km^2			
	比例/%			

15.5.4 调查矿产资源开发区十年内生态胁迫状况

针对生态状况及人类健康影响两方面，选取矿产产量及矿产开发区距居民地最近距离两个指标反映矿区生态胁迫状况。统计上述两个指标在2000年、2005年、2010年的数值，如表15-8所示。

表 15-8 矿产资源开发区生态胁迫状况

年份	指标	
	矿产产量/t	距居民点距离/km
2000		
2005		
2010		

15.5.5 综合评估矿产资源开发区生态环境影响状况

矿产资源开发区生态综合评估包括两方面：第一，统计矿产区三级土地覆盖类型，从遥感角度反映矿产区基本情况；第二，选取矿产区综合评估指标，计算各指标权重，开展综合评估研究。

15.5.5.1 矿产资源开发区地物类型统计

根据矿产资源开发区地物三级分类，统计部分类型在2000—2005年、2005—2010年，2000—2010年的地物面积变化（表15-9）。

表 15-9 矿产开发区地物类型统计

单位：km^2

年份	类型	矿山道路	排土场	矿物堆放场	尾矿库	居民点	湖泊	河流	水库
2000—2005 年、2005—2010 年、2000—2010 年	矿山道路								
	排土场								
	矿物堆放场								
	尾矿库								
	湖泊								
	河流								
	水库								

15.5.5.2 生态环境变化综合评估

根据各评估指标对矿产生态环境影响轻重情况，基于我国矿产开发有关规定，对各评估指标按照轻度、中度、重度和极重度进行量化分级，如表 15-10 所示。

表 15-10 矿产资源开发区评估指标分级

分级赋值				
	轻度	中度	重度	极重度
开采面积/km^2	＜20	20～100	100～500	＞500
生态系统斑块密度/（个/km^2）	＜5	5～10	10～25	＞25
生态破坏面积比例/%	＜10	10～40	40～80	＞80
植被盖度/%	＞70	70～50	50～20	＜20
相对生物量密度	＞0.8	0.8～0.5	0.5～0.2	＜0.2
距居民地最近距离/km	＞10	10～5	5～2	＜2
生态恢复面积比例/%	＞80	80～50	50～20	＜20

采用 1～9 标度法，参考目前矿产开发相关指标权重赋值经验，对矿产资源开发各评估指标赋予权重值，如表 15-11 所示。

表 15-11 矿产资源开发区评估指标权重

开采面积	生态系统斑块密度	生态破坏面积比例	植被盖度	相对生物量密度	距居民地最近距离	生态恢复面积比例
0.241	0.085	0.18	0.074	0.097	0.146	0.177

矿产资源开发区生态环境变化综合评估需确定评估单元，并对各评估数据进行归一化处理，之后进行综合评估并分级，具体步骤如下：

（1）以矿产资源开发区 2010 年年底的开发区域边界为综合评估单元。

（2）对每个开发区赋予 7 个评估指标评估值，将指标值除以其极重度临界值（表 15-10），得到这一单元指标归一化值，其中，植被盖度、相对生物量密度、生态恢复面积比例等指标则是用 1 减去指标值，然后再除以 1；距居民地最近距离则是用指标值减去轻度临界值

（表 15-10）之后，获取其结果的相对值，再除以轻度临界值；生态破坏面积比例则直接用百分比值作为归一化值。

（3）利用归一化后的各指标数据，根据生态环境变化综合评估公式，计算综合评估结果，公式如下：

$$E_{se}=\left[S_{dpl}\ \ \mathrm{PD}\ \ P_{ed}\ \ F_{c}\ \ \mathrm{RBD}_{ij}\ \ D_{is}\ \ P_{er}\right]\bullet\left[0.241\ \ 0.085\ \ 0.18\ \ 0.074\ \ 0.097\ \ 0.146\ \ 0.177\right]^{-1}$$

（4）评价结果取值范围为 0～∞，将综合评价结果分成优、良、中、差、劣 5 个等级，对应综合评估取值范围分别为 0～0.2，0.2～0.4，0.4～0.6，0.6～0.8，0.8～1（或＞1）。将评估结果进行成图，成图 RGB 设置，如表 15-12 所示。

表 15-12 矿产资源开发区生态环境变化综合评估图例 RGB 设置

级别	R	G	B	颜色
优	56	168	0	
良	139	209	0	
中	255	255	0	
差	255	128	0	
劣	255	0	0	

对矿产开发区生态环境变化监测结果进行成果，各指标颜色 RGB 设置，如表 15-13 所示。

表 15-13 矿产资源开发区生态环境变化图例 RGB 设置

级别	R	G	B	颜色
开采面积	252	236	204	
挖损林地	255	0	0	
挖损耕地	255	85	0	
挖损草地	255	170	0	
固体废弃物压占	255	0	197	
生态恢复	76	230	0	

典型重点开发区生态环境十年变化调查与评估

16.1 概述

重点开发的区域依据《国家主体功能区》划分原则划定，功能定位是，要使这个地区成为产业集聚能力比较强，现代产业体系相对完整的区域；城镇化、层次比较高的地区，成为全国重要的人口和经济密集区。

16.2 目标与内容

16.2.1 目标

以 2000 年为基准年，2005 年为参照年，2010 年为现状年，结合遥感解译、地面调查和统计年鉴等数据，基于开发强度、生态系统格局、生态承载力、生态环境质量、生态环境胁迫 5 个方面，调查评估 2000—2010 年重点开发区态环境各方面特征和质量状况及十年变化。

16.2.2 范围

时间范围：2000—2010 年。

空间范围：环渤海沿海地区、海峡西岸经济区、北部湾经济区沿海、成渝经济区和黄河中上游能源化工区等五个典型国家重点开发区。

16.2.3 工作任务

（1）调查国家重点开发区资源开发强度及其十年变化；

（2）调查国家重点开发区生态系统格局变化及其影响；

（3）分析国家重点开发区生态承载力格局及其变化；

（4）分析国家重点开发区生态环境质量变化；

（5）分析评价国家重点开发区生态胁迫。

16.3 指标体系

16.3.1 指标体系

根据调查和评估目标，围绕典型重点开发区开发强度、生态承载力、生态系统格局、生态环境质量和生态环境胁迫等内容，选取调查与评估指标。具体指标如表 16-1 所示。

表 16-1 重点开发区生态环境状况调查内容与指标

评价目标	评价内容	评价指标
自然、社会、经济资源	自然条件	a. 年均气温；b. 年极端最高气温；c. 年极端最低气温；d. 月平均气温；e. 月极端最高气温；f. 月极端最低气温；g. 年均降雨量；h. 月均降雨量；i. 多年平均降雨量；j. 逐月多年平均降雨量；k. 地表水资源量；l. 地下水资源量；m. 主要河流、湖泊、水库水位与流量（年均、逐月）
	社会经济与资源	a. 行政区国土面积；b. 人口总数；c. 城镇与农村人口；d. 户籍与常住人口；e. 国民生产总值；f. 社会用水量；g. 分行业用水量；h. 能源消费总量：第一产业，第二产业，工业，第三产业
开发强度	土地开发强度	建设用地面积占评估单元总面积的比例
	经济活动强度	单位国土面积 GDP
	交通网络密度	单位面积道路建设长度
	水资源利用强度	用水量与水资源总量的比值
	能源利用强度	单位国土面积能源消费量
	围填海强度	累计填海总面积与海岸线长度的比值
	城市化强度	a. 土地城市化：城市建成区面积占评价单元面积的比例； b. 经济城市化：第一产业、第二产业和第三产业比例； c. 人口城市化：城市化人口比例
生态系统格局	生态系统构成	生态系统面积
		生态系统构成比例
	生态系统构成变化	类型面积变化率
	生态系统景观格局特征及其变化	斑块数（NP）
		平均斑块面积（MPS）
		类斑块平均面积（MPST）
		边界密度（ED）/（m/hm^2）
		聚集度指数（CONT）/%
生态系统格局	生态系统结构变化各类型之间相互转换特征	生态系统类型变化方向
		综合生态系统动态度
		类型相互转化强度

评价目标	评价内容	评价指标
生态承载力	生态承载力指数	不同种类生产性土地转化为具有同一生产力水平的土地面积
	生态足迹指数	能够持续地提供资源或消纳废物的、具有生物生产力的地域空间
	综合生态承载力指数	生态足迹作为压力指标，生态承载力作为状态指标，经济因子作为响应指标
	经济因子	GDP、人均 GDP、GDP 增长率、非农业产值比率
生态环境质量	植被破碎化程度	斑块密度
	植被覆盖	植被覆盖面积及其所占国土面积比例
	生物量	植被单位面积生物量
	土地退化	不同等级水土流失面积比例
	湿地退化	湿地退化面积占总湿地面积比例
	地表水环境	a. 河流III类水体以上的比例； b. 主要湖库面积加权富营养化指数
	空气环境	空气质量达二级标准的天数
生态环境胁迫	人口密度	单位国土面积人口数
	大气污染	a. 单位国土面积 CO_2 排放量； b. 单位国土面积 SO_2 排放量； c. 单位国土面积烟粉尘排放量
	水污染	单位国土面积 COD 排放量
	酸雨侵蚀	a. 酸雨发生的量； b. 酸雨强度； c. 酸雨频度

16.3.2 评估指数

16.3.2.1 开发强度及其十年变化

1）土地开发强度（LDI）

本研究中，土地开发强度用建筑密度来表示，即某一研究区域内建筑用地（包括城镇建设、独立工矿、农村居民点、交通、水利设施以及其他建设用地等）总面积占该研究区域总面积的比例，其计算公式为：

$$\mathrm{LDI} = \mathrm{CA}/A$$

式中，LDI —— 土地开发强度；

CA —— 研究区域内建设用地总面积；

A —— 该研究区域总面积，km^2。

2）经济活动强度（EAI）

单位国土面积 GDP（万元/km^2）。其计算公式为：

$$\mathrm{EAI}=\mathrm{GDP}/A$$

式中，EAI —— 经济活动强度，万元/km²；

GDP —— 研究区域内 GDP 总量，万元；

A —— 该研究区域总面积，km²。

3）能源利用强度（EUI）

指单位国土面积的能源消耗量（万 t 标准煤/km²）。能源消耗量直接来源于统计数据。

4）围填海强度（SRI）

为了定量表示一定区域范围内围填海的规模与强度，以单位海岸线长度（km）上承载的围填海面积（hm²）表示围填海强度，其计算公式为：

$$\mathrm{SRI}=S/L$$

式中，SRI —— 围填海强度指数，km/hm²；

S —— 评价区域内累计围填海总面积，hm²；

L —— 评价区域基准年内的海岸线总长度（km），以 2000 年作为岸线长度计算的基准年。

5）城市化强度（UI）

从土地城市化（LUR）、经济城市化（EUR）和人口城市化（PUR）三方面来综合评价城市化强度。其计算公式如下：

$$\mathrm{UI}=(\mathrm{LUR}+\mathrm{EUR}+\mathrm{PUR})/3$$

式中，LUR —— 城市建成区面积占评价单元面积的比例；

EUR —— 第二产业和第三产业总产值占 GDP 的比例；

PUR —— 城市化人口比例。

计算公式如下：

$$\mathrm{LUR}=\mathrm{UCA}/A$$

式中，UCA —— 城市建成区面积；

A —— 评价单元总面积。

$$\mathrm{EUR}=(\mathrm{GDP}_2+\mathrm{GDP}_3)/\mathrm{GDP}$$

式中，GDP_2、GDP_3 —— 评价单元内第二产业、第三产业所创造的 GDP 值；

GDP —— 评价单元国民生产总值。

$$\mathrm{PUR}=P_1/P$$

式中，P_1 —— 非农业人口数；

P —— 评价单元内总人口数。

6）交通网络密度、水资源利用强度的算法

参见《全国生态环境十年变化（2000—2010 年）遥感调查与评估项目技术要求》

第 8 章。

16.3.2.2 生态系统格局及变化

具体评估指标计算方法参见《全国生态环境十年变化（2000—2010 年）遥感调查与评估项目技术要求》第 5 章。

16.3.2.3 生态承载力及其变化

1）生态承载力指数

定义：生态承载力是指区域内真正拥有的生物生产性空间的面积，是一种真实土地面积，反映了生态系统对人类活动的供给程度。

生态承载力指数：在核算生态承载力时，借助产量因子和均衡因子进行调整核算，使不同种类生产性土地转化为具有同一生产力水平的土地面积。公式如下：

$$\mathrm{ec} = \left(\sum_{k=1}^{n} A_i \times \mathrm{EQ}_i \times Y_i \right) / N$$

$$\mathrm{EC} = N \times \mathrm{ec}$$

式中，ec —— 人均生态承载力；

EC —— 生态总承载力，指生态系统通过自我维持、自我调节，所能支撑的最大社会经济活动强度和具有一定生活水平的人口数量，是一个地区的资源状况和生态质量的综合体现，hm^2/人；

A_i —— 不同类型生态生产性土地面积；

EQ_i —— 均衡因子；

Y_i —— 不同类型生态生产性土地产量调整系数，即产量因子；

N —— 总人口数。

表 16-2 均衡因子与产量因子

土地类型	均衡因子	产量因子
农地	2.8	1.66
林地	1.1	0.91
草地	0.5	0.19
能源地	1.1	—
建筑用地	2.8	1.66
水域	0.2	1

2）生态足迹

定义：生态足迹（EF）指能够持续地提供资源或消纳废物的、具有生物生产力的地域空间（biologically productive areas），其含义是指维持一个人、地区、国家或者全球生存所需要的或者能够只容纳人类所排放的废物、具有生物生产力的地域面积。生态足迹估计要承载一定生活质量的人口，需要多大的可供人类使用的可再生资源或者能够消纳废物的生态系统，又称为“适当的承载力”（appropriated carrying capacity）。其计算公式为：

$$ef = \sum_{i=1}^{n}\left(\frac{C_i}{nP_i} \times EQ_i\right) = \sum_{i=1}^{n}\left(\frac{C_i}{cP_i} \times EQ_i \times Y_i\right)$$

$$EF = N \times ef$$

式中，ef —— 人均生态足迹，指在现有技术条件下，一个人需要多少具备生物生产力的土地和水域，来生产所需资源和吸纳所衍生的废物，反映了一个地区由于经济发展和居民消费而对资源消耗水平和生态质量的损耗程度，hm^2/人；

C_i —— i 种消费项目年平均消费量；

EF —— 总生态足迹；

N —— 人口数；

nP_i 和 cP_i —— 第 i 种消费项目单位面积的全国平均产量和区县平均产量；

EQ_i —— 产量因子，即 cP_i 和 nP_i 的比值；

Y_i —— 第 i 类土地利用的均衡因子。

生态足迹中用到的均衡因子和产量因子与生态承载力的一致。各类消费品消费量则根据全国统计年鉴、各省（市）统计年鉴中各市消费统计表及各区县人口数据进行调整获取。

3）经济因子

选取 GDP、人均 GDP、GDP 增长率、非农业产值比率 4 个指标反映经济总量、经济均量、经济速度和经济结构。各个指标先标准化，然后用 AHP 方法求权重，再用信息熵对其进行修正，最后采用模糊综合评判方法进行评价。

4）综合生态承载力指数

联合国经济合作开发署建立的压力—状态—响应模型，具有非常明确的因果关系，即人类活动对环境施加一定压力，因此环境发生一定变化，而人类对环境变化做出响应，以恢复环境质量或防止环境退化。结合生态足迹模型，以生态足迹作为压力指标，生态承载力作为状态指标，经济因子作为响应指标。计算方法同经济因子。同时，依据国内外指标分级标准研究成果和矿业城市具体情况，设计 5 级综合生态承载力水平等级划分标准，具体标准（表 16-3）。

表 16-3 综合生态承载力等级标准

综合生态承载力隶属度	[0，0.2]	（0.2，0.4）	[0.4，0.6]	（0.6，0.8）	[0.8，1]
等级	很低	较低	一般	较高	很高

16.3.2.4 生态环境质量及其变化

1）植被破碎化程度

采用植被斑块密度，即单位面积植被斑块数目（个/km^2）定量描述植被破碎化程度。

$$\mathrm{PDI}_{i,t}=\frac{\mathrm{NP}_{i,t}}{A_i}$$

式中，$\mathrm{PDI}_{i,t}$——第 i 个县（区）第 t 个年份斑块密度；

$\mathrm{NP}_{i,t}$——第 i 个县（区）第 t 个年份斑块数，个；

A_i——第 i 个县（区）国土面积，km^2。

2）植被覆盖

参见《全国生态环境十年变化（2000—2010 年）遥感调查与评估项目技术要求》第 3 章。

3）生物量

植被单位面积生物量[g/（m^2·a）]。采用“全国陆地生态系统生物量”调查结果。

4）土地退化

不同程度水土流失国土面积与分布。通过平均侵蚀模数和平均流失厚度两个指标评价水土流失强度。评价标准采用水利部水蚀强度级别分级标准，分为微度、轻度、中度、强度、极强度、剧烈 6 级进行评价，评价标准如表 16-4 所示。

表 16-4 水蚀强度级别分级标准

级别	平均侵蚀模数/[t/（km^2·a）]	平均流失厚度/（mm/a）
微度	＜200/500	＜0.15/0.37
轻度	500～2 500	0.37～1.9
中度	2 500～5 000	1.9～3.7
强度	5 000～8 000	3.7～5.9
极强度	8 000～15 000	5.9～11.1
剧烈	＞15 000	＞11.1

注：不同区域的阈值稍有不同。平均侵蚀模数：每年每平方千米土壤流失量。

5）湿地退化

湿地面积减少率（%）。

16.3.2.5 环境质量及其变化

1）地表水环境

河流Ⅲ类水体以上的比例，即河流监测断面中Ⅰ～Ⅲ类水质断面数占总监测断面数的百分比，反映河流生态系统受到的污染状况。主要湖库面积加权富营养化指数，计算公式为：

$$\mathrm{WEI}_i=\frac{\sum_k \mathrm{EI}_{ik}\times A_{ik}}{\sum_k A_{ik}}$$

式中，WEI_i——第 i 市湖库加权富营养化指数；

EI_{ik}——第 i 市第 k 湖富营养化指数，环境监测数据；

A_{ik}—— 第 i 市第 k 湖面积，来源于遥感影像。

2）空气环境

本专题衡量空气质量二级达标天数比例，指空气质量达到二级标准的天数占全年天数的百分比。

16.3.2.6 生态环境胁迫及其变化

1）人口密度

单位国土面积人口数（人/km^2），每平方千米的人口总数；人口密度的算法见《全国生态环境十年变化（2000—2010 年）遥感调查与评估项目技术要求》第 8 章。

2）大气污染

（1）CO_2 排放强度：指单位国土面积的 CO_2 排放量（kg/km^2）；SO_2 排放强度：指单位国土面积的 SO_2 排放量（kg/km^2）；烟粉尘排放强度：单位国土面积烟粉尘排放量（kg/km^2）。

计算方法：收集各县区 2000 年、2005 年和 2010 年 CO_2 排放量数据；计算各县区历年单位国土面积 CO_2 排放量。

$$\mathrm{CDOI}_{i,t}=\frac{\mathrm{CDO}_{i,t}}{A_i}\times 100\%$$

式中，$\mathrm{CDOI}_{i,t}$—— 第 i 个县区第 t 年单位国土面积 CO_2 排放量，t/km^2；

$\mathrm{CDO}_{i,t}$—— 第 i 个县区第 t 年 CO_2 排放总量，t；

A_i—— 第 i 个县区的国土面积，km^2。

（2）SO_2 排放强度：指单位国土面积的 SO_2 排放量（kg/km^2）。单位国土面积 SO_2 排放量的算法见《全国生态环境十年变化（2000—2010 年）遥感调查与评估项目技术要求》第 8 章。

（3）烟粉尘排放强度：单位国土面积烟粉尘排放量（kg/km^2）。计算方法：收集各县区 2000 年、2005 年和 2010 年烟粉尘排放量数据；计算各县区历年单位国土面积烟粉尘排放量。

$$\mathrm{SDEI}_{i,t}=\frac{\mathrm{SDE}_{i,t}}{A_i}\times 100\%$$

式中，$\mathrm{SDEI}_{i,t}$—— 第 i 个县区第 t 年单位国土面积烟粉尘排放量，t/km^2；

$\mathrm{SDE}_{i,t}$—— 第 i 个县区第 t 年烟粉尘排放总量，t；

A_i—— 第 i 个县区国土面积，km^2。

3）水污染

COD 排放强度：指单位国土面积的 COD 排放强量（kg/km^2）。国土面积的 COD 排放强量的算法见《全国生态环境十年变化（2000—2010 年）遥感调查与评估项目技术要求》第 8 章。

4）酸雨侵蚀

包括酸雨的量（mm/a）、强度（指年均酸雨 pH 值），频度（指酸雨年发生的总次数）。来源于环境统计数据。

16.4 数据源

分别针对调查中采用的遥感数据、空间基础地理数据、环境监测数据、社会统计数据，详细说明作业过程中采用的各类型数据的来源、属性以及密级等相关信息。

16.4.1 土地利用数据

土地利用数据，如表 16-5 所示。

表 16-5 土地利用数据

分类级数	分辨率/m	时间	区域
二级	30	2000、2005、2010	五大重点开发区

16.4.2 遥感反演参数

遥感反演参数，如表 16-6 所示。

表 16-6 遥感反演参数

名称	分辨率	时间
植被指数	30 m、250 m	2000、2005、2010
植被覆盖度	30 m、250 m	2000、2005、2010
生物量	30 m、250 m	2000、2005、2010

16.4.3 统计数据

统计数据，如表 16-7 所示。

表 16-7 统计数据

名称	时间	数据来源
国土面积	2000—2010	统计部门
人口	2000—2010	统计部门
城市化水平	2000—2010	统计部门
GDP	2000—2010	统计部门
工业、服务业 GDP	2000—2010	统计部门
全社会用水量	2000—2010	统计部门
水资源总量	2000—2010	统计部门
地表水资源总量	2000—2010	统计部门
全社会能源利用量	2000—2010	统计部门
固废排放量	2000—2010	统计部门

16.4.4 环境背景数据

环境背景数据，如表 16-8 所示。

表 16-8 环境背景数据

名称	时间	数据来源
河流监测断面水质与级别	2000—2010	环境监测部门
主要湖泊富营养化指数	2000—2010	环境监测部门
工业 COD 排放量	2000—2010	环境监测部门
生活 COD 排放量	2000—2010	环境监测部门
工业废水排放量	2000—2010	环境监测部门
生活污水排放量	2000—2010	环境监测部门
工业氨氮排放量	2000—2010	环境监测部门
生活氨氮排放量	2000—2010	环境监测部门
全年 API 指数小于（含等于）100 的天数（即优良天数）占全年天数的比例	2000—2010	环境监测部门
酸雨强度、频率	2000—2010	环境监测部门
工业废气排放量	2000—2010	环境监测部门
生活废气排放量	2000—2010	环境监测部门
工业氮氧化物排放物	2000—2010	环境监测部门
生活氮氧化物排放量	2000—2010	环境监测部门
工业 SO_2 排放量	2000—2010	环境监测部门
生活 SO_2 排放量	2000—2010	环境监测部门
工业 CO_2 排放量	2000—2010	环境监测部门
生活 CO_2 排放量	2000—2010	环境监测部门
烟、粉尘排放量	2000—2010	环境监测部门

16.5 评估技术方法

以县级行政边界为评价单元，综合评估各重点开发区开发强度、生态系统格局、生态承载力、生态环境质量及生态环境胁迫等内容。

16.5.1 开发强度及其十年变化

16.5.1.1 开发强度计算及统计

根据指标公式对各个区域指标进行计算并统计入表，具体统计见表 16-9，以环渤海沿海地区为例。

表 16-9 国家重点开发区的开发强度（以环渤海沿海地区为例）

涉及区域	年份	开发强度（依据开发区特色进行取舍）						
		经济活动强度/（万元/km^2）	土地开发强度/%	交通网络密度	水资源开发强度/%	土地城市化/%	围填海强度/（km/hm^2）	经济城市化
环渤海沿海地区	2000							
	2005							
	2010							
	2000—2005变动比例							
	2005—2010变动比例							
	2000—2010变动比例							

16.5.1.2 开发强度指标归一化处理

通过对开发强度指标进行极值归一化处理，将各个指标值统一到[0，1]范围内。极值归一化公式如下：

$$Y_i = \frac{X_i - X_{\min}}{X_{\max} - X_{\min}}$$

式中，X_i —— 指标原始值；

Y_i —— 对应 X_i 的极值归一化标准值；

$X_{\max}$ 与 $X_{\min}$ —— 分别为研究区内所有对应指标中的最大值和最小值。

16.5.1.3 开发强度综合评价

综合各种开发强度指数，建立开发强度综合指数，分析各研究区开发强度的分布特征。

采用主成分分析法评估各评估单元、不同时段开发强度的相对大小，确定 k 个主成分参量计算开发强度综合指数：

$$\mathrm{DII} = \sum_{g=1}^{k}\left(\lambda_g / \sum_{g=1}^{m}\lambda_g\right)F_g$$

式中，DII —— 开发强度综合指数；

λ —— 特征根；

F —— 主成分分量。

该指数计算可以利用 SPSS 软件等进行计算。打开 SPSS20.0，以某一年各地区某一指标原始值为一列，录入 2000 年、2005 年和 2010 年各地区各评估指标数据，沿着主菜单的 “Analyze→Dimension Reduction→Factor…” 的路径打开因子分析选项框，按步骤顺序操作，设置分析的变量，打开 Extraction 对话框，在 Method 栏中选择主成分分析法（Principal components）。设置需要提取的主成分数目，再单击 OK 按钮，便可得到各个变量的特征值、累计贡献率和主成分中各变量的得分系数，计算各地区各年人类胁迫综合指数。

对各开发区开发强度综合指数进行强度分级，分为小、较小、中、较大、大等 5 级（表 16-10），每级对应标准化取值分别为 0～0.2，0.2～0.4，0.4～0.6，0.6～0.8，0.8～1，统计每级的面积及比例，并对各等级成图。

不同级别 RGB 配色方案如表 16-11 所示。

表 16-10 开发强度分级统计（以环渤海沿海地区为例）

	年份	小	较小	中	较大	大
环渤海沿海地区	2000 比例					
	2005 比例					
	2010 比例					
	2000—2005 年变动比例					
	2005—2010 年变动比例					
	2000—2010 年变动比例					

表 16-11 开发区强度综合指数分级 RGB 配置

级别	R	G	B	图例
小	38	115	0	
较小	56	255	0	
中	209	225	115	
较大	255	235	175	
大	255	170	0	

16.5.2 生态系统格局变化及其影响

基于遥感解译得到的结果，采用生态系统转移矩阵分析方法和指数分析法，量化不同空间尺度上生态系统变化状况。采用格局指数方法，从单个斑块、斑块类型和景观镶嵌体三个层次上，重点分析 2000 年、2005 年和 2010 年生态系统景观结构组成特征、空间配置关系及其十年变化。采用的指数将包括形状指数、丰富度指数、多样性指数、聚集度指数、破碎度指数等。景观指数的计算将使用 Fragstats 软件程序。

具体评估方法参见《全国生态环境十年变化（2000—2010 年）遥感调查与评估项目技术要求》第 5 章。

16.5.3 生态承载力格局与变化

分析重点开发区综合生态承载力格局与变化，揭示社会经济发展与区域生态承载力的相互作用机理，辨识重点开发区综合生态承载力变化的主要驱动力，为区域战略发展规划提供科技支撑。利用生态承载力指数以及人口、消费结构等统计数据计算生态足迹，采用对比分析和多元统计分析法进行综合分析。国家重点开发区生态承载力格局变化主要通过以下基本公式进行评估和计算。

$$\Delta\bar{\mathrm{E}}\mathrm{C}=\sum_{n=1}^{5}\left[(A_{hni}\times \mathrm{EQ}_{hni}\times Y_{hni})-(A_{qni}\times \mathrm{EQ}_{qni}\times Y_{qni})\right]/5$$

式中，$\bar{\mathrm{E}}\mathrm{C}$——重点开发区平均生态承载力格局变化指数；

A_{hni}、EQ_{hni}和Y_{hni}——分别为第 n 个开发区后一时 i 类生态生产性土地面积、均衡因子以及不同类型生态生产性土地产量调整系数；

A_{qni}、EQ_{qni}和Y_{qni}——分别为第 n 个开发区前一时 i 类生态生产性土地面积、均衡因子以及不同类型生态生产性土地产量调整系数。

16.5.4 生态环境质量及胁迫评价

分析单元，涉及统计数据的部分，分析到地级市层次，基于遥感数据的部分需要分析到基于县和县级市的层次。构建 5 个综合指数对生态环境质量及胁迫进行评价，包括：生态质量指数（Ecosystem quality index，EQI）、环境质量指数（Environmental quality index，EHI）、资源效率指数（Resource efficiency index，REI）、生态环境胁迫指数（Eco-environmental stress index，EESI）和生态环境质量综合指数（Comprehensive eco-environmental quality index，CEQI），以反映重点开发区生态环境状况，指数分不同空间尺度。

1）生态质量指数（Ecosystem quality index，EQI）

用国家重点开发区评价指标体系中生态质量主题中的植被破碎化程度、植被覆盖、生物量、土地退化和湿地退化等指标和各指标在该主题中的相对权重，构建生态质量指数，用来反映各重点开发区生态质量状况。

$$\mathrm{EQI}_i=\sum_{j=1}^{n}\mathrm{EQ}w_j\ \mathrm{EQ}r_{ij}$$

式中，EQI_i——第 i 地区生态质量指数；

$\mathrm{EQ}w_j$——各指标相对权重；

$\mathrm{EQ}r_{ij}$——第 i 地区各指标的标准化值。

2）环境质量指数（Environmental quality index，EHI）

用指标体系中环境质量主题中的地表水环境、空气质量等指标和各指标在该主题中的相对权重，构建环境质量指数，用来反映各市环境质量状况。

$$\mathrm{EHI}_i=\sum_{j=1}^{n}\mathrm{EH}w_j\cdot \mathrm{EH}r_{ij}$$

式中，EHI_i——第 i 地区环境质量指数；

EHw_j —— 各指标相对权重；

EHr_{ij} —— 第 i 地区各指标的标准化值。

（注：计算方法见后面具体评估过程，未作评价无法给出具体权重。权重值获取方法采用主成分分析方法，具体方法同开发强度综合评价）

3）生态环境胁迫指数（Eco-environmental stress index，ESI）

用生态环境胁迫指标体系中人口密度、大气污染、水污染、酸雨侵蚀等指标和各指标在该主题中的相对权重，构建生态环境胁迫指数，用来反映各地区生态环境受胁迫状况。

$$ESI_i = \sum_{j=1}^{n} ESw_j \cdot ESr_{ij}$$

式中，$EESI_i$ —— 第 i 地区生态环境胁迫指数；

ESw_j —— 生态环境胁迫主题中各指标相对权重；

ESr_{ij} —— 第 i 地区各指标的标准化值。

4）生态环境质量综合指数（Comprehensive eco-environmental quality index，CEQI）

用生态质量和环境质量等指数，用来反映各地区生态环境综合质量状况。

$$CEQI_i = \sum_{j=1}^{n} CEQw_j \cdot CEQr_{ij}$$

式中，$CEQI_i$ —— 第 i 地区生态环境综合质量指数；

$CEQw_j$ —— 生态环境质量综合中各指标相对权重；

$CEQr_{ij}$ —— 第 i 地区各指标的标准化值。

具体评估过程：

（1）首先将前面计算的各个具体指数进行极值归一化处理，得到各地区各指标的标准化值，具体方法同开发强度指标归一化处理；

（2）权重值获取方法采用主成分分析方法，具体方法同开发强度综合评价；

（3）生态环境质量综合指数分级成图。

对开发区内生态环境质量综合指数进行分级，分为差、较差、中、较好、好 5 级（表 16-12），每级对应标准化取值分别为 0～0.2，0.2～0.4，0.4～0.6，0.6～0.8，0.8～1，统计每级的面积及比例，并对各等级成图。

表 16-12 国家开发区生态环境综合指数分级 RGB 配置

级别	R	G	B	图例
好	38	115	0	
较好	56	255	0	
中	209	225	115	
较差	255	235	175	
差	255	170	0	

5）指标统计

这些指数按照表 16-13 形式组织统计。

表 16-13 国家重点开发区生态质量及胁迫评价指标（仅作例表）

涉及区域	年份	生态质量指数	环境质量指数	资源效率指数	生态环境胁迫指数	生态环境质量综合指数
环渤海沿海地区	2000					
	2005					
	2010					
	2000—2005 变动比例					
	2005—2010 变动比例					
	2000—2010 变动比例					

17 城市化区域生态环境十年变化调查与评估

17.1 概述

城市化区域生态环境是指由城市内部及周边的水、土、气、生及高强度的人为活动相互作用所形成的复杂系统，城市化的生态环境调查评估主要从城市化强度、生态质量、环境质量、资源环境效率、生态环境胁迫五个方面对目标重点城市群和重点城市城区扩张、生态环境状况与质量进行调查和评价。

17.2 目标与任务

17.2.1 目标

从城市扩张、生态质量、环境质量、资源效率、生态环境胁迫五个方面对目标重点城市群和重点城市城区扩张、生态环境状况与质量进行调查和评价。旨在明确：

（1）重点城市群和重点城区生态系统与环境质量现状；

（2）重点城市群生态系统与环境状况的变化，重点城区扩展过程；

（3）重点城市群和重点城区城市化的生态环境胁迫与效应；

（4）重点城市群与重点城市的生态环境评价；

（5）城市化区域生态环境问题及对策。

17.2.2 范围

本次调查与评价根据我国城市发展与生态环境现状及格局，以及国家和地区相关发展规划，确定以京津唐、长江三角洲、珠江三角洲、长株潭城市群、成渝城市群、武汉城市群6个重点城市群为对象，调查评估城市化区域生态环境状况；以北京、天津、唐山、上海、苏州—无锡—常州、杭州、南京、广州—佛山、深圳、长沙、重庆、成都、武汉16个城市城区为重点调查对象，调查评价城市扩展过程及其生态效应，具体范围界定如表17-1所示。

17.2.3 工作任务

（1）重点城市群和重点城市的城市化状况、扩展过程、强度和影响；

（2）重点城市群和重点城市的生态系统与环境质量状况及变化；

（3）重点城市群和重点城市城市化的生态环境胁迫与效应；

（4）全国城市化趋势及其生态环境问题与对策。

表 17-1 调查与评价范围

城市化区	省	地级市	辖县（区、市、自治县）
京津唐城市群	北京		北京市市辖区、密云县、延庆县
	天津		天津市市辖区、宁河县、静海县、蓟县
	河北	唐山	唐山市市辖区、丰润县、滦县、滦南县、乐亭县、迁西县、玉田县、唐海县、遵化市、丰南市、迁安市
		保定	保定市市辖区、满城县、清苑县、涞水县、阜平县、徐水县、定兴县、唐县、高阳县、容城县、涞源县、望都县、安新县、易县、曲阳县、蠡县、顺平县、博野县、雄县、涿州市、定州市、安国市、高碑店市
		廊坊	廊坊市市辖区、固安县、永清县、大城县、文安县、霸州市
		秦皇岛	秦皇岛市市辖区、青龙满族自治县、昌黎县、抚宁县、卢龙县
		张家口	张家口市市辖区、宣化县、张北县、康保县、沽源县、尚义县、蔚县、阳原县、怀安县、万全县、怀来县、涿鹿县、赤城县、崇礼县
		承德	承德市市辖区、承德县、兴隆县、平泉县、滦平县、隆化县、丰宁满族自治县、宽城满族自治县、围场满族蒙古族自治县
		沧州	沧州市市辖区、沧县、青县、东光县、海兴县、盐山县、肃宁县、南皮县、吴桥县、献县、孟村回族自治县、泊头市、任丘市、黄骅市、河间市
		石家庄	石家庄市市辖区、高邑县、藁城市、行唐县、晋州市、井陉矿区、井陉县、灵寿县、鹿泉市、栾城县、平山县、深泽县、无极县、辛集市、新乐市、元氏县、赞皇县、赵县、正定县
		邢台	邢台市市辖区、柏乡县、广宗县、巨鹿县、临城县、临西县、隆尧县、南宫市、南和县、内丘县、宁晋县、平乡县、清河县、任县、沙河市、威县、新河县、邢台县
		邯郸	邯郸市市辖区、鸡泽县、邱县、永年县、曲周县、邯郸县、肥乡县、馆陶县、涉县、广平县、成安县、魏县、磁县、临漳县、大名县
长三角城市群	上海		上海市市辖区、崇明县
	江苏	南京	南京市市辖区、江浦县、六合县、溧水县、高淳县
		苏州	苏州市市辖区、常熟市、张家港市、昆山市、吴江市、太仓市
		无锡	无锡市市辖区、江阴市、宜兴市
		常州	苏州市市辖区、常熟市、张家港市、昆山市、吴江市、太仓市
		镇江	镇江市市辖区、丹徒县、丹阳市、扬中市、句容市
		南通	南通市市辖区、海安县、如东县、启东市、如皋市、通州市、海门市
		扬州	扬州市市辖区、宝应县、仪征市、高邮市、江都市
		泰州	泰州市市辖区、兴化市、靖江市、泰兴市、姜堰市
	浙江	杭州	杭州市市辖区、桐庐县、淳安县、建德市、富阳市、临安市
		宁波	宁波市市辖区、象山县、宁海县、鄞县、余姚市、慈溪市、奉化市
		湖州	湖州市市辖区、德清县、长兴县、安吉县
		嘉兴	嘉兴市市辖区、嘉善县、海盐县、海宁市、平湖市、桐乡市

城市化区	省	地级市	辖县（区、市、自治县）
长三角城市群	浙江	绍兴	绍兴市市辖区、绍兴县、新昌县、诸暨市、上虞市、嵊州市
		舟山	舟山市市辖区、岱山县、嵊泗县
珠三角城市群	广东	广州	广州市市辖区、增城市、从化市
		深圳	深圳市
		珠海	珠海市
		佛山	佛山市市辖区、顺德市、南海市、三水市、高明市
		江门	江门市市辖区、台山市、新会市、开平市、鹤山市、恩平市
		东莞	东莞市
		中山	中山市
		肇庆	肇庆市市辖区、广宁县、怀集县、封开县、德庆县、高要市、四会市
		惠州	惠州市市辖区、博罗县、惠东县、龙门县、惠阳市
长株潭城市群	湖南	长沙	长沙市市辖区、长沙县、望城县、宁乡县、浏阳市
		株洲	株洲市市辖区、株洲县、攸县、茶陵县、炎陵县、醴陵市
		湘潭	湘潭市市辖区、湘潭县、湘乡市、韶山市
成渝城市群	重庆		重庆市市辖区、綦江县、潼南县、铜梁县、大足县、荣昌县、璧山县、梁平县、丰都县、垫江县、武隆县、忠县、开县、云阳县、石柱土家族自治县、江津市、合川市、永川市、南川市、涪陵市、万县
	四川	成都	成都市市辖区、金堂县、双流县、温江县、郫县、大邑县、蒲江县、新津县、都江堰市、彭州市、邛崃市、崇州市
		德阳	德阳市市辖区、中江县、罗江县、广汉市、什邡市、绵竹市
		绵阳	绵阳市市辖区、三台县、盐亭县、安县、梓潼县、北川县、平武县、江油市
		眉山	眉山市市辖区、仁寿县、彭山县、洪雅县、丹棱县、青神县
		资阳	资阳市市辖区、安岳县、乐至县、简阳市
		遂宁	遂宁市市辖区、蓬溪县、射洪县、大英县
		乐山	乐山市市辖区、犍为县、井研县、夹江县、沐川县、峨边彝族自治县、马边彝族自治县、峨眉山市
		雅安	雅安市市辖区、名山县、荥经县、汉源县、石棉县、天全县、芦山县、宝兴县
		自贡	自贡市市辖区、荣县、富顺县
		泸州	泸州市市辖区、泸县、合江县、叙永县、古蔺县
		内江	内江市市辖区、威远县、资中县、隆昌县
		南充	南充市市辖区、南部县、营山县、蓬安县、仪陇县、西充县、阆中市
		宜宾	宜宾市市辖区、宜宾县、南溪县、江安县、长宁县、高县、珙县、筠连县、兴文县、屏山县
		达州	达州市市辖区、达县、宣汉县、开江县、大竹县、渠县、万源市
		广安	广安市市辖区、岳池县、武胜县、邻水县、华蓥市
武汉城市群	湖北	武汉	武汉市市辖区
		黄石	黄石市市辖区、大冶市、阳新县
		咸宁	咸宁市市辖区、赤壁市、嘉鱼县、通城县、崇阳县、通山县
		黄冈	黄冈市市辖区、麻城市、武穴市、团风县、红安县、罗田县、英山县、浠水县、蕲春县、黄梅县

城市化区	省	地级市	辖县（区、市、自治县）
武汉城市群	湖北	孝感	孝感市市辖区、应城市、安陆市、汉川市、孝昌县、大悟县、云梦县
		鄂州	鄂州市市辖区
		仙桃	仙桃市市辖区
		天门	天门市市辖区
		潜江	潜江市市辖区

17.3 指标体系

在调查指标的基础上，筛选一定数量的指标或组建一定数量的新指标来评价重点城市群区域与重点建成区的生态环境综合质量及其效应。指标框架包括城市扩张、生态质量、环境质量、资源效率、生态环境胁迫与城市化生态环境效应几个方面，详见表 17-2，表 17-3。

表 17-2 城市群生态环境评估内容与指标

序号	评价目标	评价内容	评价指标	数据来源
1	城市化强度	土地城市化	建成区面积及其占国土面积比例	遥感数据
		经济城市化	第一产业、第二产业和第三产业比例	统计数据
		人口城市化	城市化人口比例	统计数据
2	生态质量	植被破碎化程度	斑块密度	遥感数据
		植被覆盖	植被覆盖面积及其所占国土面积比例	遥感数据
		生物量	植被单位面积生物量	遥感数据
		土地退化	不同等级水土流失面积比例	遥感数据、统计数据
3	环境质量	地表水环境	河流III类水体以上的比例；主要湖库面积加权富营养化指数	环境监测数据
		空气环境	空气质量达二级标准的天数	环境监测数据
		酸雨强度与频度	年均降雨 pH 值、酸雨年发生频率	统计数据
4	资源环境效率	水资源利用效率	单位 GDP 水耗（不变价）	统计数据
		能源利用效率	单位 GDP 能耗（不变价）	统计数据
		环境利用效率	单位 GDP CO_2 排放量、单位 GDP SO_2 排放量、单位 GDP COD 排放量	统计数据
5	生态环境胁迫与城市化生态环境效应	人口密度	单位国土面积人口数	统计数据
		水资源开发强度	国民经济用水量占可利用水资源总量的比例	统计数据
		能源利用强度	单位国土面积能源消费量	统计数据
		大气污染	单位国土面积 CO_2 排放量、单位国土面积 SO_2 排放量、单位国土面积烟粉尘排放量	统计数据
		水污染	单位国土面积 COD 排放量	统计数据
		经济活动强度	单位国土面积 GDP	统计数据
		热岛效应	城乡温度差异	遥感数据＋气象数据

表 17-3 重点城市生态环境评估内容与指标

序号	评价目标	评价内容	评价指标	数据来源
1	城市化强度	土地城市化	不透水地表面积占建成区面积比例	遥感数据
		经济城市化	第一产业、第二产业和第三产业比例	统计数据
		人口城市化	建成区人口密度	遥感数据、统计数据
2	城市景观格局	地表覆盖比例	不同地表覆盖比例	遥感数据
		地表覆盖分布	斑块面积、边界密度	遥感数据
3	生态质量	绿地构成	城市建成区绿地面积比例、城市人均绿地面积	遥感数据
		绿地分布	绿地空间分布均匀性指数	遥感数据
4	环境质量	地表水环境	河流III类水体以上的比例；主要湖库面积加权富营养化指数	环境监测数据
		地下水环境	地下水水位	环境监测数据
		空气质量	空气质量达二级标准的天数比例	环境监测数据
		土壤质量	典型重金属浓度（铅、镉、铜、锌）	环境监测数据＋实地调查
		酸雨强度与频度	年均降雨 pH 值、酸雨年发生频率	统计数据
5	资源环境效率	水资源利用效率	单位 GDP 水耗（不变价）	统计数据
		能源利用效率	单位 GDP 能耗（不变价）	统计数据
		环境利用效率	单位 GDP CO_2 排放量、单位 GDP SO_2 排放量、单位 GDP 烟粉尘排放量、单位 GDP COD 排放量	统计数据
6	生态环境胁迫与城市化生态环境效应	人口密度	单位国土面积人口数	统计数据
		水资源开发强度	国民经济用水量占可利用水资源总量的比例	统计数据
		地下水利用强度	地下水用水量占可利用地下水水资源总量的比例；地下水水位	统计数据
		能源利用强度	单位国土面积能源消费量	统计数据
		大气污染	单位国土面积 CO_2 排放量、单位国土面积 SO_2 排放量、单位国土面积烟粉尘排放量、单位国土面积氮氧化物排放量	统计数据
		水污染物排放强度	单位国土面积 COD 排放量、单位国土面积氨氮排放量	统计数据
		固体废弃物	单位国土面积固体废弃物总量	遥感数据＋统计数据
		经济活动强度	单位国土面积 GDP	统计数据
		热岛效应	城乡温度差异、建成区地表温度差异	遥感数据

17.3.1 城市群主要评价指标的含义与计算方法

17.3.1.1 城市化强度

1）土地城市化

城市建成区面积及其占国土面积的百分比（%）。其中城市建成区面积指城市行政区内实际已成片开发建设、市政公用设施和公共设施基本具备的地区的面积。

2）经济城市化

第一产业、第二产业和第三产业比例（%）。

3）人口城市化

城市化人口比例（%），城市户籍人口占城市总人口的百分比。

17.3.1.2 生态质量

植被破碎化程度：用植被的斑块密度，即单位面积的植被斑块数目（个/km^2）来定量描述植被的破碎化程度。

17.3.1.3 环境质量

1）地表水环境

河流III类水体以上的比例，即河流监测断面中Ⅰ～III类水质断面数占总监测断面数的百分比，反映河流生态系统受到的污染状况。

主要湖库面积加权富营养化指数，计算方法为：

$$\mathrm{WEI}_i = \frac{\sum_k \mathrm{EI}_{ik} \times A_{ik}}{\sum_k A_{ik}}$$

式中，WEI_i——第 i 市湖库加权富营养化指数；

EI_{ik}——第 i 市第 k 湖富营养化指数，环境监测数据；

A_{ik}——第 i 市第 k 湖面积，来源于遥感影像。

2）空气环境

衡量空气质量二级达标天数比例，指空气质量达到二级标准的天数占全年天数的百分比。

3）酸雨强度与频度

酸雨强度指年均酸雨 pH 值，酸雨频度指酸雨年发生频率（总次数/a）。

17.3.1.4 资源环境效率

1）水资源利用效率

指单位 GDP 的用水量（t/万元）。

2）能源利用效率

指单位 GDP 的能源消耗量（标准煤）（t/万元）。

3）环境利用效率

单位 GDP CO_2 排放量（kg/万元）、单位 GDP SO_2 排放量（kg/万元）、单位 GDP CO 排放量（kg/万元）。

17.3.1.5 生态环境胁迫

1）人口密度

单位国土面积人口数（人/km^2），每平方千米的人口总数。

2）水资源开发强度

指用水量占可利用水资源总量的百分比（%）。

3）能源利用强度

指单位国土面积的能源消耗量（标准煤）（万 t/km^2）。能源消耗量来源于统计数据。

4）大气污染

①CO_2排放强度：指单位国土面积的CO_2排放量（kg/km^2）；②SO_2排放强度：指单位国土面积的 SO_2 排放量（kg/km^2）；③烟粉尘排放强度：单位国土面积烟粉尘排放量（kg/km^2）。

5）水污染

COD 排放强度：指单位国土面积的 COD 排放强量（kg/km^2）。

6）经济活动强度

单位国土面积 GDP（万元/km^2）。

7）热岛效应

①地表温度（K）：项目下发参数产品或者利用 TM 或者 MODIS 数据获取；②城市热岛强度：利用下面计算公式进行标准化：

$$T_{NORi}=(T_i-T_{min})/(T_{max}-T_{min})$$

式中，T_{NORi}——第 i 个像元标准化后的值，处于 0～1 之间；

T_i——第 i 个像元的绝对地表温度；

T_{min}——绝对地表温度的最小值；

T_{max}——绝对地表温度的最大值。

17.3.2 重点城市主要评价指标含义与计算方法

17.3.2.1 城市化强度

1）土地城市化

不透水地表面积占建成区面积比例（%）。

2）经济城市化

第一产业、第二产业和第三产业比例（%）。

3）人口城市化

建成区人口密度（人/km^2）。

17.3.2.2 城市景观格局

1）地表覆盖比例

不透水地表、植被、水体和裸地的覆盖比例（%）。

2）地表覆盖分布

不透水地表、植被、水体和裸地 4 种地表覆盖的平均斑块面积（km^2）和边界密度（m/km^2）。某一地表覆盖的边界密度是指单位面积内的该地表覆盖类型斑块的边界长度

（m/km²）。

17.3.2.3 生态质量

1）绿地构成

城市建成区绿地面积比例（%）、城市人均绿地面积（m²/人）。

2）绿地分布

利用洛伦茨曲线和基尼系数计算出城市绿地分布的集中程度（以基尼系数表示）。

以北京市为例，计算城市群的城市绿地，以每个城区的绿地累积比例为 Y 纵轴，城区面积占城市累积面积比例为 X 横轴，绘制散点图，并模拟出洛伦茨曲线（图 17-1 的红线），然后计算出基尼系数。

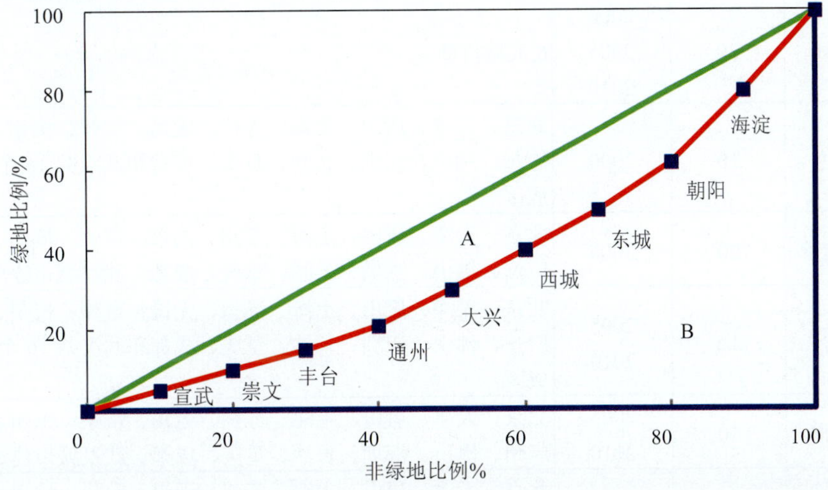

图 17-1 每个城区面积、绿地累积比例

基尼系数计算公式如下：

$$\mathrm{Gin}_i = \frac{A}{A+B}$$

17.3.2.4 环境质量

地下水环境：地下水水位。其他计算方法同上。

17.3.2.5 资源环境效率

计算方法同上。

17.3.2.6 生态环境胁迫

地下水利用强度：地下水用水量占可利用地下水水资源总量的比例（%）；地下水水位。其他指标计算方法同上。

17.4 数据源

主要包括遥感数据、空间基础地理数据、环境监测数据、社会统计数据。

17.4.1 遥感数据

城市群和重点城市遥感分析采用的不同分辨率的遥感数据，如表 17-4 所示。

表 17-4 遥感数据需求

卫星种类	分辨率/m	年份	区域
环境卫星/TM	30	2000 2005 2010	6 大城市群
SPOT2/4 全色	10	2000	北京、天津、唐山、上海、苏州、无锡、常州、杭州、南京、广州、佛山、深圳、长沙、重庆、成都和武汉共 16 个城市建成区
SPOT 2/4 多光谱	20	2000	北京、天津、唐山、上海、苏州、无锡、常州、杭州、南京、广州、佛山、深圳、长沙、重庆、成都、武汉城市建成区
SPOT5 全色	2.5	2005 2010	北京、天津、唐山、上海、苏州、无锡、常州、杭州、南京、广州、佛山、深圳、长沙、重庆、成都和武汉共 16 个城市建成区
SPOT5 多光谱	10	2005 2010	北京、天津、唐山、上海、苏州、无锡、常州、杭州、南京、广州、佛山、深圳、长沙、重庆、成都、武汉城市建成区
ALOS 全色	2.5	2010	北京、天津、唐山、上海、苏州、无锡、常州、杭州、南京、广州、佛山、深圳、长沙、重庆、成都和武汉共 16 个城市建成区
ALOS 多光谱	10	2010	北京、天津、唐山、上海、苏州、无锡、常州、杭州、南京、广州、佛山、深圳、长沙、重庆、成都和武汉共 16 个城市建成区

17.4.2 土地利用数据

土地利用数据，如表 17-5 所示。

表 17-5 土地利用数据

分类级数	分辨率/m	年份	区域
二级	30	2000、2005、2010	6 大城市群
二级	30	1984、1990	京津唐、长三角、珠三角

17.4.3 遥感反演参数

遥感反演参数，如表 17-6 所示。

表 17-6 遥感反演参数

名称	分辨率/m	年份
植被指数	30	2000、2005、2010
植被覆盖度	30	2000、2005、2010
生物量	30	2000、2005、2010
地表温度	120	2000、2005、2010

17.4.4 统计数据

统计数据，如表 17-7 所示。

表 17-7 统计数据

名称	年份	数据来源
国土面积	2000—2010	统计部门
人口	2000—2010	统计部门
城市化水平	2000—2010	统计部门
GDP	2000—2010	统计部门
工业、服务业 GDP	2000—2010	统计部门
全社会用水量	2000—2010	统计部门
水资源总量	2000—2010	统计部门
地表水资源总量	2000—2010	统计部门
全社会能源利用量	2000—2010	统计部门
固废排放量	2000—2010	统计部门

17.4.5 环境背景数据

环境背景数据，如表 17-8 所示。

表 17-8 环境背景数据

名称	年份	数据来源
河流监测断面水质与级别	2000—2010	环境监测部门
主要湖泊富营养化指数	2000—2010	环境监测部门
工业 COD 排放量	2000—2010	环境监测部门
生活 COD 排放量	2000—2010	环境监测部门
工业废水排放量	2000—2010	环境监测部门
生活污水排放量	2000—2010	环境监测部门

名称	年份	数据来源
工业氨氮排放量	2000—2010	环境监测部门
生活氨氮排放量	2000—2010	环境监测部门
全年 API 指数小于（含等于）100 的天数（即优良天数）占全年天数的比例	2000—2010	环境监测部门
酸雨强度、频率	2000—2010	环境监测部门
工业废气排放量	2000—2010	环境监测部门
生活废气排放量	2000—2010	环境监测部门
工业氮氧化物排放物	2000—2010	环境监测部门
生活氮氧化物排放量	2000—2010	环境监测部门
工业 SO_2 排放量	2000—2010	环境监测部门
生活 SO_2 排放量	2000—2010	环境监测部门
工业 CO_2 排放量	2000—2010	环境监测部门
生活 CO_2 排放量	2000—2010	环境监测部门
烟、粉尘排放量	2000—2010	环境监测部门

17.5 评估技术方法

调查评估的分析单元分为城市群和重点城市两个尺度。其中，对城市群分析，涉及统计数据的部分，分析到地级市层次，基于遥感数据的部分分析到县和县级市层次；对重点城市分析，基于遥感数据和统计数据的部分均分析到区县层次。

17.5.1 城市化的现状、扩展过程、强度及影响

17.5.1.1 城市化强度分析

采用土地城市化、经济城市化、人口城市化三个方面评价城市群和重点城市的城市化强度，统计例表如表 17-9、表 17-10 所示。

表 17-9 京津唐城市化强度（例表：城市群）

年份	土地城市化		经济城市化/%			人口城市化/%
	建成区面积/km^2	建成区国土面积比例/%	第一产业	第二产业	第三产业	
2000						
2005						
2010						
2000—2005 变动						
2005—2010 变动						
2000—2010 变动						

表 17-10 京津唐城市化强度（例表：重点城市）

重点城市	年份	土地城市化		经济城市化/%			人口城市化/%
		建成区面积/km²	建成区国土面积比例/%	第一产业	第二产业	第三产业	
北京市	2000						
	2005						
	2010						
	2000—2005 变动						
	2005—2010 变动						
	2000—2010 变动						
北京市建成区	同上						
海淀区	同上						

17.5.1.2 城市化进程分析

基于遥感解译得到的结果（项目下发的土地覆被数据产品），采用生态系统转移矩阵分析方法和指数分析法，量化重点城市群和城市建成区的状况、扩展速度和强度。方法与全国格局分析相同，分别统计到全国生态系统分类体系中的一级、二级、三级分类，分别计算转移矩阵与指数，主要分析城镇生态系统与其他生态系统类型的转换特征，分析城镇的扩张情况，评价重点城市群和重点城市的城市化进程。城市群以市为统计单元，重点城市以区县为统计单元。

17.5.1.3 城市群与重点城市的景观组成

首先，建立城市的生态系统分类体系。建成区包括城市生态系统中最基本的 4 种土地覆盖类型：不透水地表、植被、裸地和水体。建成区生态系统首先分为透水地面和不透水地面 2 个一级类别。透水地面进一步分为植被、裸地和水体 3 个二级类。

其次，基于高分辨率数据。采用基于回溯的土地覆盖变化检测和土地覆盖分类方法，完成城市建成区土地覆盖分类和生态系统遥感信息提取，并进行变化检测。分析 2000 年、2005 年和 2010 年重点城市群和重点城市建成区各生态系统类型的面积、比例、分布，及其在 2000—2005—2010 年的变化情况。不同年份建成区生态系统类型的变化将采用生态系统类型转移矩阵分析方法。评价单元按城市群和城市分类，前者分别以城市群、重点城市、城市建成区为评价单元，后者分别以重点城市、城市建成区、区县为评价单元（表 17-11）。

表 17-11 京津唐城市群和重点城市城市化状况、扩展过程、强度和影响分析（例表）

<table>
<tr><th rowspan="3">重点城市</th><th rowspan="3">年份</th><th colspan="4">地表覆盖比例</th><th colspan="8">地表覆盖分布</th></tr>
<tr><th rowspan="2">不透水</th><th rowspan="2">植被</th><th rowspan="2">水体</th><th rowspan="2">裸地</th><th colspan="2">不透水</th><th colspan="2">植被</th><th colspan="2">水体</th><th colspan="2">裸地</th></tr>
<tr><th>面积</th><th>边界</th><th>面积</th><th>边界</th><th>面积</th><th>边界</th><th>面积</th><th>边界</th></tr>
<tr><td rowspan="6">北京市</td><td>2000</td><td></td><td></td><td></td><td></td><td></td><td></td><td></td><td></td><td></td><td></td><td></td><td></td></tr>
<tr><td>2005</td><td></td><td></td><td></td><td></td><td></td><td></td><td></td><td></td><td></td><td></td><td></td><td></td></tr>
<tr><td>2010</td><td></td><td></td><td></td><td></td><td></td><td></td><td></td><td></td><td></td><td></td><td></td><td></td></tr>
<tr><td>2000—2005 变动</td><td></td><td></td><td></td><td></td><td></td><td></td><td></td><td></td><td></td><td></td><td></td><td></td></tr>
<tr><td>2005—2010 变动</td><td></td><td></td><td></td><td></td><td></td><td></td><td></td><td></td><td></td><td></td><td></td><td></td></tr>
<tr><td>2000—2010 变动</td><td></td><td></td><td></td><td></td><td></td><td></td><td></td><td></td><td></td><td></td><td></td><td></td></tr>
<tr><td>北京市建成区</td><td colspan="13">同上</td></tr>
<tr><td>海淀区</td><td colspan="13">同上</td></tr>
</table>

17.5.1.4 城市群与重点城市的景观格局分析

采用格局指数方法评价城市群和重点城市的景观格局特征，从单个斑块、斑块类型和景观镶嵌体三个层次上，重点分析 2000 年、2005 年和 2010 年重点城市群和城市生态系统景观结构组成特征、空间配置关系及其十年变化，并开展城市群之间和城市之间的对比研究。采用的指数包括形状指数、丰富度指数、多样性指数、聚集度指数、破碎度指数等。景观指数的计算将使用 Fragstats 软件程序。指数定义和计算方法如下所述。

1）形状指数（SHAPE）

通过计算某一斑块形状与相同面积的圆或正方形之间的偏离程度来测量形状复杂程度。具体分析评价时对区域全部类型斑块和绿地类型斑块分别进行区域平均。指标计算方法如下。

$$\mathrm{SHAPE}=\frac{P_{ij}}{\min P_{ij}}$$

式中，P_{ij}——斑块 ij 的周长；

$\min P_{ij}$——由栅格数目决定的斑块 ij 的最小周长。

SHAPE 等于斑块周长除以最小周长，斑块最小周长是对应斑块面积的最大紧凑斑块（正方形）。SHAPE≥1，无上限。当斑块是最大紧凑（即正方形或近似正方形）时，SHAPE=1，随着斑块形状越来越不规则，SHAPE 无上限增加。

2）丰富度指数（R，R_r，R_d）

指景观中斑块类型的总数，即：$R=m$，m 为景观中斑块类型的数目。在比较不同景观时，可采用相对丰富度和丰富度密度。

$$R_r=\frac{m}{m_{\max}}，\quad R_d=\frac{m}{A}$$

式中，R_r，R_d——相对丰富度和丰富度密度；

m_{max}——景观中斑块类型数的最大值；

A—景观面积。

3）香农多样性指数（SHDI）

SHDI 用于反映景观异质性，特别对景观中各拼块类型非均衡分布状况较为敏感，即强调稀有拼块类型对信息的贡献。适用于比较和分析不同景观或同一景观不同时期的多样性与异质性变化。

$$\mathrm{SHDI} = -\sum_{i=1}^{m} P_i \ln P_i$$

式中，P_i——第 i 类斑块所占整个景观面积的比例。

SHDI 在景观级别上等于各拼块类型的面积比乘以其值的自然对数之后的和的负值；SHDI=0 表明整个景观仅由一个拼块组成；SHDI 增大，说明拼块类型增加或各拼块类型在景观中呈均衡化趋势分布。如在一个景观系统中，土地利用越丰富，破碎化程度越高，其不确定性的信息含量也越大，SHDI 值越高。

4）聚集度指数（Rc）

反映景观中不同斑块类型的非随机性或聚集程度。

$$Rc=1-C/C_{max}$$

式中，Rc——相对聚集度指数，取值范围为 0～1；

C——复杂性指数；

C_{max}——C 的最大可能取值，C 和 C_{max} 的计算公式为：

$$C = -\sum_{i=1}^{m}\sum_{j=1}^{m} P(i,j)\ln P(i,j)$$

$$C_{max} = 2\ln m$$

式中，$P(i,j)$——生态系统 i 与生态系统 j 相邻的概率；

m——景观中生态系统类型总数。

在实际计算中，$P(i,j)$ 可由下式估计：

$$P(i,j)=E(i,j)/Nb$$

式中，$E(i,j)$——相邻生态系统 i 与 j 之间的共同边界长度；

Nb——景观中不同生态系统间边界的总长度。

Rc 的取值越大，代表景观由少数团聚的大斑块组成，Rc 值小，代表景观由许多小斑块组成。一般经过规划建设的城镇具有更高的景观聚集度，对生态系统的压力也相应较小。

5）破碎度指数

用格局分析中的平均斑块面积和平均边界密度表征。评价单元按城市群和城市分，前者分别以城市群、县级市为统计单元，后者分别以重点城市、区县为统计单元。景观格局分析例表如表 17-12 所示。

表 17-12 京津唐城市群重点城市城市景观格局

（例表，城市群和重点城市分别汇总）

城市	年份	形状指数	丰富度指数	多样性指数	聚集度指数	破碎度指数
京津唐城市群	2000					
	2005					
	2010					
北京市						
保定市						
海淀区						

17.5.2 生态系统与环境质量状况及十年变化

分别对 2000 年、2005 年和 2010 年城市群和重点城市的生态环境质量进行综合评价和变化分析，阐明城市群和重点城区生态环境质量特征及演变规律。主要评价方法为单指标分级法和综合指标法，综合指标权重通过层次分析方法确定；不同年份和不同城市之间生态环境质量的对比主要采用生态系统类型面积和百分比统计、生态系统转移矩阵分析以及生态系统动态度、变化速度等指数分析等方法。所用指标和最终结果汇总参照表 17-13～表 17-18。

表 17-13 京津唐城市群生态质量（例表）

年份	植被破碎化程度	植被覆盖	生物量	土地退化
2000				
2005				
2010				
2000—2005 变动				
2005—2010 变动				
2 000—2010 变动				

表 17-14 京津唐城市群重点城市生态质量（例表）

重点城市	年份	绿地构成		绿地分布
		绿地比例	人均绿地	
北京市	2000			
	2005			
	2010			
	2000—2005 变动			
	2005—2010 变动			
	2000—2010 变动			
北京市建成区	同上			
海淀区	同上			

表 17-15 京津唐城市群环境质量（例表）

<table>
<tr><th rowspan="2">年份</th><th colspan="2">地表水环境</th><th rowspan="2">空气质量</th><th colspan="2">酸雨</th></tr>
<tr><th>河流III类水以上比例</th><th>主要湖库富营养化指数</th><th>强度</th><th>频度</th></tr>
<tr><td>2000</td><td></td><td></td><td></td><td></td><td></td></tr>
<tr><td>2005</td><td></td><td></td><td></td><td></td><td></td></tr>
<tr><td>2010</td><td></td><td></td><td></td><td></td><td></td></tr>
<tr><td>2000—2005 变动</td><td></td><td></td><td></td><td></td><td></td></tr>
<tr><td>2005—2010 变动</td><td></td><td></td><td></td><td></td><td></td></tr>
<tr><td>2000—2010 变动</td><td></td><td></td><td></td><td></td><td></td></tr>
</table>

表 17-16 京津唐重点城市环境质量（例表）

<table>
<tr><th rowspan="2">重点城市</th><th rowspan="2">年份</th><th colspan="2">地表水环境</th><th rowspan="2">地下水环境</th><th rowspan="2">空气质量</th><th colspan="2">酸雨</th></tr>
<tr><th>河流III类水以上比例</th><th>主要湖库富营养化指数</th><th>强度</th><th>频度</th></tr>
<tr><td rowspan="6">北京市</td><td>2000</td><td></td><td></td><td></td><td></td><td></td><td></td></tr>
<tr><td>2005</td><td></td><td></td><td></td><td></td><td></td><td></td></tr>
<tr><td>2010</td><td></td><td></td><td></td><td></td><td></td><td></td></tr>
<tr><td>2000—2005 变动</td><td></td><td></td><td></td><td></td><td></td><td></td></tr>
<tr><td>2005—2010 变动</td><td></td><td></td><td></td><td></td><td></td><td></td></tr>
<tr><td>2000—2010 变动</td><td></td><td></td><td></td><td></td><td></td><td></td></tr>
<tr><td>北京市建成区</td><td colspan="7">同上</td></tr>
<tr><td>海淀区</td><td colspan="7">同上</td></tr>
</table>

表 17-17 京津唐城市群和重点城市生态类型面积统计

（例表，城市群和重点城市分别建表汇总） 单位：km^2

<table>
<tr><th>城市</th><th>年份</th><th>不透水</th><th>植被</th><th>裸地</th><th>水体</th><th>备注</th></tr>
<tr><td rowspan="3">京津唐城市群</td><td>2000</td><td></td><td></td><td></td><td></td><td></td></tr>
<tr><td>2005</td><td></td><td></td><td></td><td></td><td></td></tr>
<tr><td>2010</td><td></td><td></td><td></td><td></td><td></td></tr>
<tr><td>北京市</td><td></td><td></td><td></td><td></td><td></td><td></td></tr>
<tr><td>保定市</td><td></td><td></td><td></td><td></td><td></td><td></td></tr>
<tr><td>海淀区</td><td></td><td></td><td></td><td></td><td></td><td></td></tr>
</table>

表 17-18 2000—2005 年生态系统类型面积转移矩阵

（例表，城市群和重点城市分别建表汇总） 单位：km^2

<table>
<tr><th></th><th colspan="6">2000 年生态系统类型</th></tr>
<tr><td rowspan="6">2005 年生态系统类型</td><td></td><td>不透水</td><td>植被</td><td>裸地</td><td>水体</td><td>合计</td></tr>
<tr><td>不透水</td><td></td><td></td><td></td><td></td><td></td></tr>
<tr><td>植被</td><td></td><td></td><td></td><td></td><td></td></tr>
<tr><td>裸地</td><td></td><td></td><td></td><td></td><td></td></tr>
<tr><td>水体</td><td></td><td></td><td></td><td></td><td></td></tr>
<tr><td>合计</td><td></td><td></td><td></td><td></td><td></td></tr>
</table>

17.5.3 城市化的生态环境效应评估

17.5.3.1 资源环境效率指标分析

通过资源环境效率指标分析评价城市化的生态环境效应，主要方法为相关性和回归分析方法。具体而言，采用相关性分析衡量资源环境效率指标与城市化水平、经济发展水平之间相互关系，对调查评价指标中的资源环境效率指标与调查评价指标中的城市化水平、经济发展水平指标进行逐对分析，确定每对指标间的相关关系；利用多元回归分析方法研究城市化和经济发展水平对不同资源环境效率指标影响的重点程度，利用调查与评价指标中的城市化和经济发展水平指标与资源环境效率指标建立多元分析，确定不同指标的权重，量化城市化水平提高和 GDP 增长的生态环境效应。所用指标参照表 17-19、表 17-20 汇总。

表 17-19 京津唐城市群资源环境效率指标（例表）

年份	水资源利用效率	能源利用效率	环境利用效率		
			单位 GDP CO_2 排放量	单位 GDP SO_2 排放量	单位 GDP COD 排放量
2000					
2005					
2010					
2000—2005 变动					
2005—2010 变动					
2000—2010 变动					

表 17-20 京津唐城市群重点城市资源环境效率指标（例表）

重点城市	年份	水资源利用效率	能源利用效率	环境利用效率			
				单位 GDP CO_2 排放量	单位 GDP SO_2 排放量	单位 GDP 烟粉尘排放量	单位 GDP COD 排放量
北京市	2000						
	2005						
	2010						
	2000—2005 变动						
	2005—2010 变动						
	2000—2010 变动						
北京市建成区	同上						
海淀区	同上						

17.5.3.2　城市化效应指标动态分析与评估

通过对生态环境相关指标进行变化分析评估城市群和重点城市的城市化效应，具体计算生态质量、环境质量、资源环境效率、生态环境胁迫等指标前后年份的差值与前年数值的百分比值。如：

$$EQ_R = \frac{EQ_{2010} - EQ_{2000}}{EQ_{2000}}$$

式中，EQ_R——生态质量前后年份变化指标，%；

EQ_{2000} 和 EQ_{2010}——2000 年和 2010 年的生态质量数。

17.5.3.3　城市热岛效应评估

基于地表温度参数产品，评价城市热岛效应强度和幅度，强度以城市建成区平均温度与城市群平均温度的差值与地区平均温度的百分比值，幅度指城市热岛向城市外围扩张的程度。

17.5.4　城市群与重点城市的生态环境状况及胁迫评价

构建 6 个生态环境指数对生态环境质量及胁迫进行评价，量化城市化水平提高、经济增长对生态环境的胁迫效应，同时采用相关分析法，分析调查评估指标中的城市化水平和经济增长指标与生态环境胁迫指数的相关关系，以反映城市群生态环境状况和城市化效应。

具体包括：生态质量指数（Ecosystem quality index，EQI）、环境质量指数（Environmental quality index，EHI）、资源效率指数（Resource efficiency index，REI）、生态环境胁迫指数（Eco-environmental stress index，EESI）、生态环境质量综合指数（Comprehensive eco-environmental quality index，CEQI）和城市化的生态环境效应指数（Urbanization's eco-environmental effect index，UEEI）。在构建指数与对比分析前，需要将指标进行标准化处理，以保证各指标在参与指数计算时具有可比性，具体标准化和指数计算方法如下所述。

17.5.4.1　指标标准化

为了便于城市群和不同重点城市之间的比较，生态环境质量及胁迫采用归一法，即把不同的数据按照统一标准构建指数，去掉单位、量纲等的影响，直接反映问题的本质。具体计算方法为：将不同指标根据指标范围的最大值和最小值，统一做归一化处理到 0～1 的范围。标准化计算方法如下：

$$X_{ij} = (X_{ij} - X_{\min j}) / (X_{\max j} - X_{\min j})$$

式中，X_{ij}——第 i 年第 j 项单项指标标准化后的值和原始值；

$X_{\max j}$ 和 $X_{\min j}$——所有年份中第 j 项单项指标的最大值和最小值。

17.5.4.2 城市群指数计算方法

城市群指数的计算统一采用加权求和法，即：

$$A_i = \sum_{j=1}^{n} w_j r_{ij}$$

式中，A_i——第 i 市的生态质量指数、环境质量指数、资源效率指数、生态环境胁迫指数、生态环境质量综合指数、城市化的生态环境效应指数；

w_j——相应指数计算所使用的 j 指标的相对权重；

r_{ij}——第 i 市 j 指标的标准化值。

其中权重的确定首先将所有数据标准化到 0～1 的数值，然后利用主成分分析得到第一主成分的第一列，除以其特征根，得到每个指标的相应权重，最后根据实际情况对该权重进行小幅度的人为调整，得到最终的符合实际的权重。具体每个指数的计算所用指标参照如下说明。

1）生态质量指数（Ecosystem quality index，EQI）

用重点城市群评价指标体系中生态质量主题中的植被破碎化程度、植被覆盖、生物量和土地退化等指标和各指标在该主题中的相对权重，构建生态质量指数，反映城市群和各市生态质量状况。

2）环境质量指数（Environmental quality index，EHI）

用指标体系中环境质量主题中的地表水环境、空气质量和酸雨强度与频度等指标和各指标在该主题中的相对权重，构建环境质量指数，反映城市群和各市环境质量状况。

3）资源效率指数（Resource efficiency index，REI）

用指标体系中资源效率主题中水资源利用效率、能源利用效率和环境利用效率等指标在该主题中的相对权重，构建资源效率指数，反映城市群和各市资源利用效率状况。

4）生态环境胁迫指数（Eco-environmental stress index，EESI）

用指标体系生态环境胁迫主题中人口密度、水资源开发强度、能源利用强度、大气污染、水污染、经济活动强度和热岛效应等指标和各指标在该主题中的相对权重，构建生态环境胁迫指数，反映城市群和各市生态环境受胁迫状况。

5）生态环境质量综合指数（Comprehensive eco-environmental quality index，CEQI）

用城市化、生态质量和环境质量等指数，反映城市群和各市生态环境综合质量状况。

6）城市化的生态环境效应指数（Urbanization's eco-environmental effect index，UEEI）

用城市化、生态质量、环境质量、资源利用效率和生态环境胁迫效应指数，反映城市群城市化的生态环境效应状况。

17.5.4.3 重点城市指数计算方法

重点城市指数的计算统一采用加权求和法进行计算，即：

$$A_i = \sum_{j=1}^{n} w_j r_{ij}$$

式中，A_i——第 i 区县的生态质量指数、环境质量指数、资源效率指数、生态环境胁迫指数、生态环境质量综合指数、城市化的生态环境效应指数；

w_j——相应指数计算所使用的 j 指标的相对权重；

r_{ij}——第 i 区县 j 指标的标准化值。

其中各指标权重的确定方法与城市群指数计算方法相同。各指数计算所用指标参照如下说明。

1）生态质量指数（Ecosystem quality index，EQI）

用重点城市评价指标体系中城市景观格局评价指标、生态质量评价指标，构建生态质量指数，用来反映城市生态质量状况。

2）环境质量指数（Environmental quality index，EHI）

用指标体系中环境质量主题中的地表水环境、地下水环境、空气质量、土壤质量和酸雨强度与频度等指标和各指标在该主题中的相对权重，构建环境质量指数，用来反映城市环境质量状况。

3）资源效率指数（Resource efficiency index，REI）

用指标体系中资源效率主题中水资源利用效率、能源利用效率和环境利用效率等指标和各指标在该主题中的相对权重，构建资源效率指数，用来反映城市资源利用效率状况。

4）生态环境胁迫指数（Eco-environmental stress index，EESI）

用指标体系生态环境胁迫主题中人口密度、水资源开发强度、地下水利用强度、能源利用强度、大气污染排放强度、水污染排放强度、固废排放强度、经济活动强度和热岛效应等指标和各指标在该主题中的相对权重，构建生态环境胁迫指数，用来反映城市生态环境受胁迫状况。

5）生态环境质量综合指数（Comprehensive eco-environmental quality index，CEQI）

用城市景观格局、生态质量指数和环境质量指数，来反映城市生态环境综合质量状况。

6）城市化的生态环境效应指数（Urbanization's eco-environmental effect index，UEEI）

用城市化、生态质量、环境质量、资源利用效率和生态环境胁迫效应指数，来反映城市化的生态环境效应状况。

各项指标和指数汇总值例表如表 17-21～表 17-24 所示。

表 17-21　京津唐城市群生态环境胁迫（例表）

年份	人口密度	水资源开发强度	能源利用强度	大气污染			水污染	经济活动强度	热岛效应	
				CO_2 排放强度	SO_2 排放强度	烟粉尘排放强度			地表温度	强度
2000										
2005										
2010										
2000—2005 变动										
2005—2010 变动										
2000—2010 变动										

表 17-22　京津唐重点城市生态环境胁迫（例表）

<table>
<tr><th rowspan="2">重点城市</th><th rowspan="2">年份</th><th rowspan="2">人口密度</th><th rowspan="2">水资源开发强度</th><th colspan="2">地下水利用强度</th><th rowspan="2">能源利用强度</th><th colspan="4">大气污染</th><th colspan="2">水污染</th><th rowspan="2">经济活动强度</th><th colspan="2">热岛效应</th></tr>
<tr><th>地下水利用比例</th><th>地下水水位</th><th>CO_2 排放强度</th><th>SO_2 排放强度</th><th>烟粉尘排放强度</th><th>氮氧化物排放强度</th><th>COD 排放强度</th><th>氨氮化物排放强度</th><th>地表温度</th><th>强度</th></tr>
<tr><td rowspan="6">北京市</td><td>2000</td><td></td><td></td><td></td><td></td><td></td><td></td><td></td><td></td><td></td><td></td><td></td><td></td><td></td><td></td></tr>
<tr><td>2005</td><td></td><td></td><td></td><td></td><td></td><td></td><td></td><td></td><td></td><td></td><td></td><td></td><td></td><td></td></tr>
<tr><td>2010</td><td></td><td></td><td></td><td></td><td></td><td></td><td></td><td></td><td></td><td></td><td></td><td></td><td></td><td></td></tr>
<tr><td>2000—2005 变动</td><td></td><td></td><td></td><td></td><td></td><td></td><td></td><td></td><td></td><td></td><td></td><td></td><td></td><td></td></tr>
<tr><td>2005—2010 变动</td><td></td><td></td><td></td><td></td><td></td><td></td><td></td><td></td><td></td><td></td><td></td><td></td><td></td><td></td></tr>
<tr><td>2000—2010 变动</td><td></td><td></td><td></td><td></td><td></td><td></td><td></td><td></td><td></td><td></td><td></td><td></td><td></td><td></td></tr>
<tr><td>北京市建成区</td><td colspan="15">同上</td></tr>
<tr><td>海淀区</td><td colspan="15">同上</td></tr>
</table>

表 17-23　京津唐城市群生态质量及胁迫评价（例表）

评价指标	2000 年	2005 年	2010 年	备注
生态质量指数				
环境质量指数				
资源效率指数				
生态环境胁迫指数				
生态环境质量综合指数				
城市化的生态环境效应指数				

表 17-24　北京市生态质量及胁迫评价（例表）

评价指标	2000 年	2005 年	2010 年	备注
生态质量指数				
环境质量指数				
资源效率指数				
生态环境胁迫指数				
生态环境质量综合指数				
城市化的生态环境效应指数				

17.5.5 城市化生态环境问题及对策

通过开展城市群与城市之间的对比，分析重点城市群的生态环境问题，揭示城市化过程产生的共性生态环境问题和不同城市群的特性生态环境问题及其差异，辨识城市生态环境问题形成与发展的关键驱动力，提出相应的生态管理对策。主要方法为归纳法。

城市群生态环境管理对策：根据城市群中不同城市的城市化强度，指出不同城市所处的城市化阶段，并根据其生态质量、环境质量、资源环境效率和生态环境胁迫，对不同城市的发展策略提出针对性建议，并确定城市群的生态环境评价体系，从而为城市群的生态环境管理及其与城市化的协调发展提供有力保障。

重点城市发展战略对策：与城市群的生态环境管理对策类似，在重点城市内部，根据重点城市发展需求，针对重点城市不同功能区、区县的生态环境与城市化发展建立评价指标体系，为生态环境监管和绩效考核提供依据，并为重点城市内部的协调发展提供有力保障。

17.5.6 图件制作要求

17.5.6.1 分布图

（1）国家、直辖市、省、自治区、地级市、县的边界按照项目组统一制图要求配置样式配置，其中城市的环路 1 采用 Stacked Multi Roadway 3 号模式配置，其中内部使用灰色（R∶G∶B=156∶156∶156）1.5 号宽度，外面使用红色（R∶G∶B=255∶0∶0）3 号宽度。

（2）生态系统配色方案采用项目组制图要求配置颜色，对于高分影像所获取的四类地表配色方案，如表 17-25 所示。

表 17-25 生态系统配色方案

地表类型	Red	Green	Blue
不透水	225	225	225
裸地	115	0	76
植被	38	115	0
水体	0	200	255

其中图集中的建设用地分布图、绿地分布图中的配色建议建设用地使用裸地的配色方案，绿地使用植被的配色方案，如表 17-26 所示。

表 17-26 生态系统配色方案

地表类型	Red	Green	Blue
建设用地	115	0	76
绿地	38	115	0

分布图案例如图 17-2 所示。

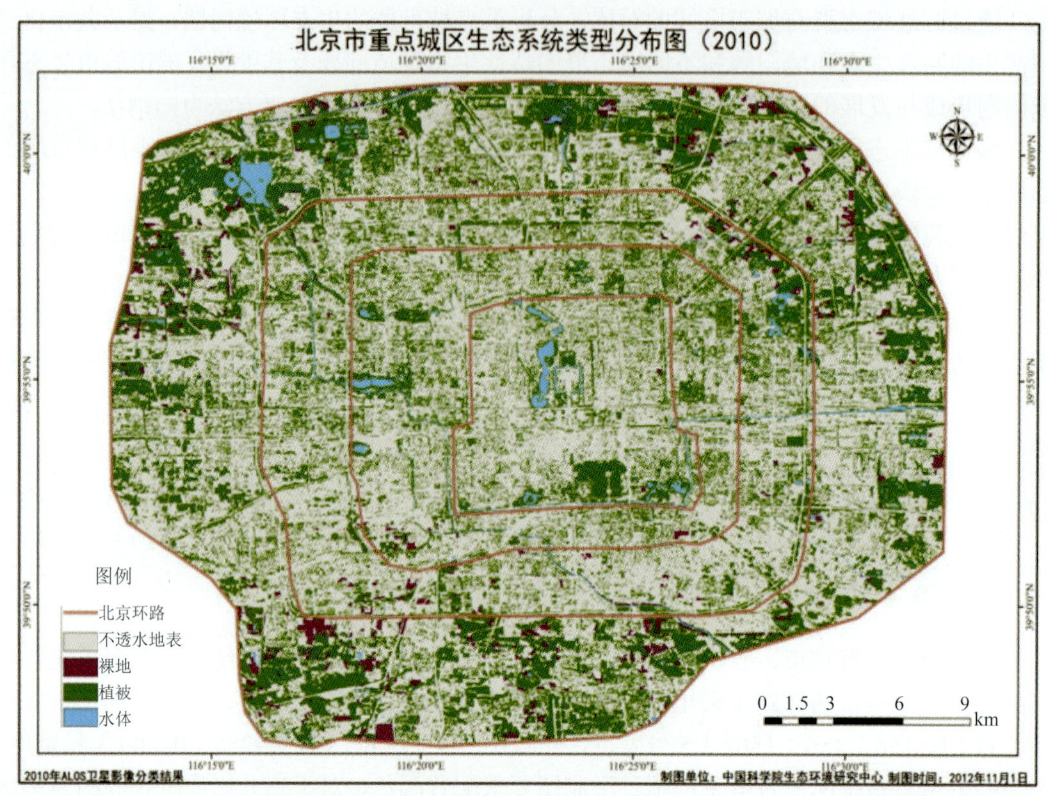

图 17-2 生态系统分布

（3）热岛效应的温度分布图应采用下例中从蓝色渐变至红色的渐变颜色，其他分级设色的原则由蓝色→绿色→黄色→橙色→红色表示程度越来越重或者数值越来越大或者城市扩张由最老城区到最新扩张区域。

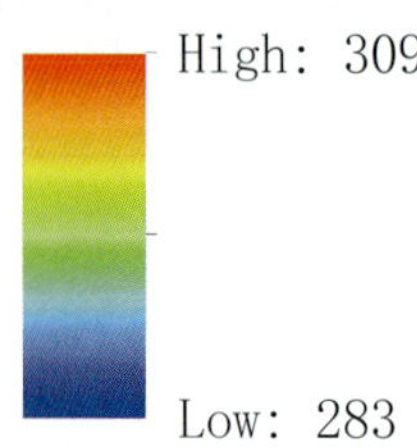

17.5.6.2 基于统计数据的空间分布图

图中选取典型年份：2000 年、2005 年和 2010 年数据做柱状图显示，三个颜色的柱状图按照时间依次为绿色 2000 年、黄色 2005 年和红色 2010 年，同时可在图幅下部（竖幅图时）或者右侧（横幅图时）添加每个城市十年的变动信息图，可采用 Excel 输出的蓝色柱状图。基于统计数据的图件案例见图 17-3。

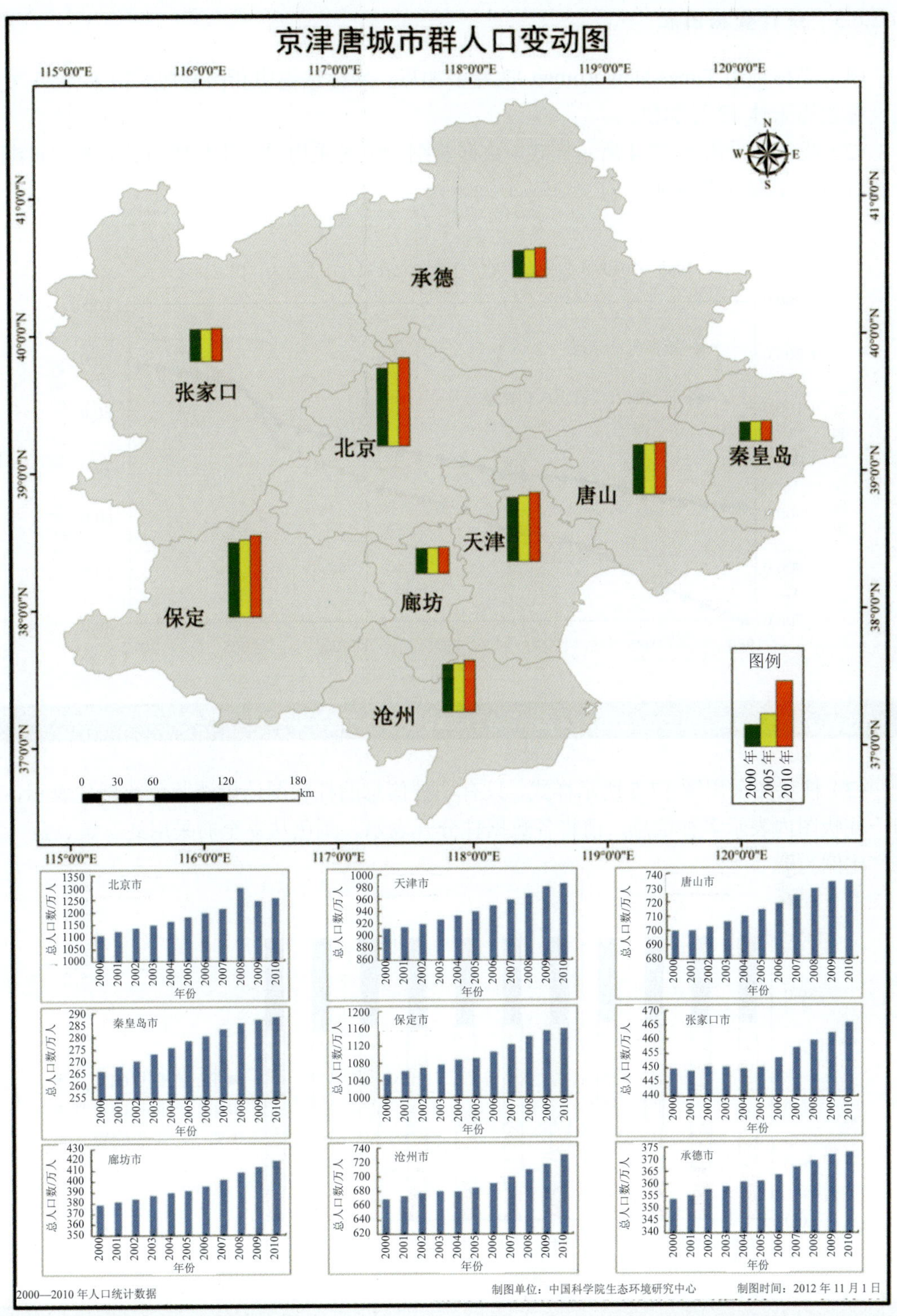

图 17-3　城市统计数据空间分布

17.5.6.3 统计数据图表

（1）坐标轴用 Times New Roman 12 号字加粗，坐标轴说明和图例均采用宋体 11 号加粗，标题用宋体 12 号加粗。

（2）线状图采用图 17-4 所示样式，数据量纲一致时采用单纵坐标轴方式，数据量纲不一致时请采用双纵坐标轴。

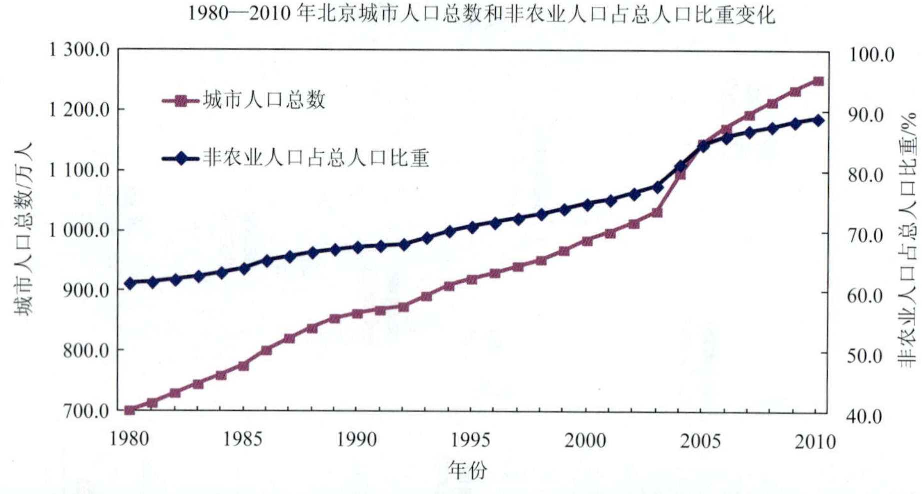

图 17-4 统计数据分布

（3）柱状图采用图 17-5 所示样式，只有一种信息的柱状图请用淡蓝色数据柱表示，若同一柱状图内表示多种信息，请将各数据柱分开表示，颜色从左至右采用红、黄、蓝（如三产比例）。

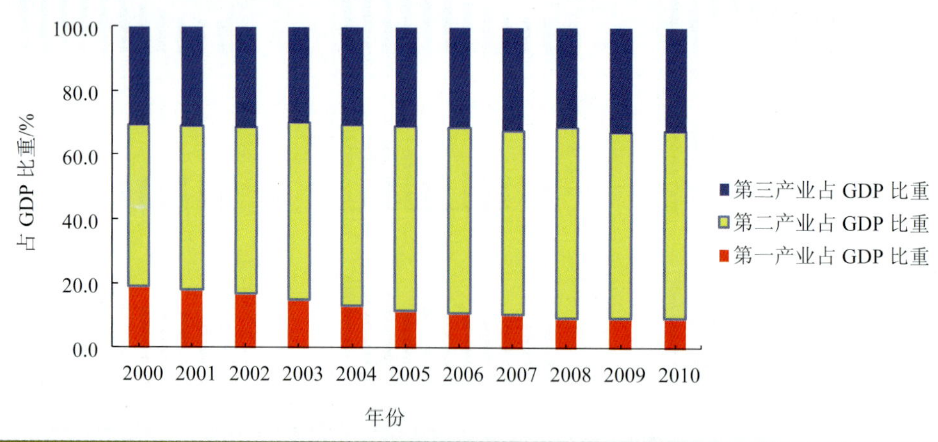

图 17-5 统计数据柱状分析

流域生态环境十年变化调查与评估

18.1 概述

流域是一个由于水的关系而形成的相对独立的自然地理单元，流域生态环境变化调查与评估就是以流域人类活动—土地利用变化—水环境变化、陆地—岸边带—水体、水资源开发利用—水文过程变化—生态系统退化的内在关系为主线构建“驱动力—压力—状态—响应”评估框架，研究流域土地覆盖格局、生态系统服务功能、岸边带质量、流域水文过程、水环境特征、水资源开发、污染物排放和社会经济发展特征及其变化。

18.2 目标与任务

18.2.1 目标

针对流域全部或部分存在的人类活动强度大、水资源短缺、生态退化严重、水环境污染、地下水超采等问题，通过调查评估明确全国七大流域 2000—2010 年陆地生态系统土地利用与生态系统服务功能变化特征、水资源与水环境变化特征以及流域生态环境变化的驱动因素。

18.2.2 范围

时间范围：2000—2010 年；

空间范围：长江流域、黄河流域、珠江流域、海河流域、淮河流域、松花江流域和辽河流域 7 个大型流域。

18.2.3 任务

（1）流域生态系统格局、分布及其变化情况；

（2）流域生态系统重要生态服务功能和生态承载力状况与变化；

（3）流域主要生态环境问题和环境胁迫特征以及流域生态系统变化趋势。

18.3 指标体系

基于“驱动力—压力—状态—响应”（Driving-Pressure-State-Response，DPSR）框架构

建流域生态调查评估指标体系，共有40个指标，主要包括土地开发强度、生态服务功能、岸边带质量、水文与水环境、水资源开发强度、污染物排放强度和社会经济特征等方面内容（表18-1）。

表18-1 流域生态环境十年变化调查评估指标体系

框架	内容	指标	参数
驱动力	土地利用变化	①各生态系统类型面积比例	各生态系统类型面积
		②类型相互转换强度	各生态系统类型面积与分布
		③生态系统综合变化率	各生态系统类型面积、评价区总面积
	人口增长	④人口增长率	人口增长率
	经济发展	⑤GDP	国内生产总值
		⑥经济产业结构	国内生产总值、第一/第二/第三产业产值
压力	土地开发	⑦流域农田、建设用地面积比例	农田面积、建设用地面积、评价区总面积
		⑧河/湖/库边500 m范围内农田与建设用地面积比例	农田/建设用地面积、评价区总面积
	水资源开发	⑨水资源利用强度	水资源量：水资源总量、地表水资源量、地下水资源量；水资源利用：年用水量/年供水量/工业、农业、生活、生态用水量
		⑩水电开发强度	评价区蕴藏发电量、实际装机容量
		⑪三级以上河流大坝密度	水电站数量、规模与分布
		⑫水库库容调节系数	水库数量、库容与分布；河流年径流量
	污染物排放	⑬废污水排放强度	工业废水排放量、生活污水排放量；流域总面积
		⑭流域COD排放强度	COD排放量；评价区总面积
		⑮氨氮排放强度	氨氮排放量；评价区总面积
		⑯化肥农药施用强度	化肥施用量、农药施用量
	社会经济发展	⑰人口密度	各县人口数量、行政区划图
		⑱单位国土面积第一、第二、第三产业产值	评价区第一、第二、第三产业产值，评价区域总面积
状态	水文	⑲主要河流径流量	主要河流径流量（逐月、逐年）
		⑳河流总输沙量	主要河流泥沙含量（逐月、逐年）
	水环境	㉑干流、主要支流和重要湖泊水质	干流、主要支流及重要湖泊pH及总氮、总磷等含量
	岸边带质量	㉒河/湖/库滨500 m范围内植被覆盖度	植被覆盖度
		㉓顺河向岸边带（河/湖/库）植被长度比例	顺河向岸边植被长度、河流岸边带总长度
	植被覆盖	㉔植被覆盖度	植被覆盖度
	生态系统格局	㉕自然生态系统面积比例	自然生态系统面积、评价区总面积
		㉖湿地面积及比例	湿地面积、评价区总面积
		㉗河网密度	III级以上河流总长度、评价区总面积
		㉘自然保护区面积及分布	自然保护区名称、类型、面积与分布

框架	内容	指标	参数
状态	生态系统服务	㉙农、林、牧、渔产品提供	粮食/农产品/畜牧产品/水产品/林产品产量
状态	生态系统服务	㉚土壤保持量与分布	降雨量、地形、土壤、生态系统类型、植被覆盖因子、土地管理因子
状态	生态系统服务	㉛总氮/总磷保持量与分布	降雨量、潜在蒸散量、生态系统类型、各生态系统总氮/总磷负荷
状态	生态系统服务	㉜水源涵养量与分布	植被类型、降雨量、各生态系统类型径流系数、裸地径流系数
状态	生态系统服务	㉝洪水调蓄量与分布	极端降雨量、湿地平均水深、湿地分布图、水系分布图
响应	河流自然化	㉞河流断流长度比例	河流断流长度、河流总长度
响应	水质	㉟优于Ⅱ级（含）水体的断面比例	Ⅱ级以上水体断面数、调查总断面数
响应	水质	㊱劣于Ⅳ级（含）水体的断面比例	Ⅳ级以下水体断面数、调查总断面数
响应	地下水位	㊲地下水位及分布	不同地下水位空间分布
响应	污染治理	㊳污水处理率	污水处理率
响应	污染治理	㊴功能区水质达标率	水功能区分布、功能区水质状况
响应	污染治理	㊵污染治理投资额	污染治理投资总额

指标定义与计算方法：

①～③各生态系统类型面积比例、类型相互转换强度、生态系统综合变化率计算方法同生态系统格局技术要求所述。

④人口增长率

一定时间内（通常为一年）人口增长数量与人口总数之比。人口增长率用千分数表示。计算公式为：“人口增长率=（年末人口数–年初人口数年）/平均人口数×1 000‰”。就一国或一地区来看，人口增长包括人口自然增长和人口机械增长。就全世界范围来看，人口增长只包括人口自然增长，人口增长率即人口净增率。

⑤GDP

GDP 即英文 gross domestic product 的缩写，也就是国内生产总值。通常对 GDP 的定义为：一定时期内（一个季度或一年），一个国家或地区的经济中所生产出的全部最终产品和提供劳务的市场价值的总值。

⑥经济产业结构

指评价区域内第一、第二、第三产业的产值及比例，数据来源于统计年鉴。

⑦流域农田与建设用地面积比例

指农田、建设用地面积占评价区总面积的比例，数据来源于土地覆盖遥感解译产品。

⑧河/湖/库边农田与建设用地面积比例

指河流、湖泊和水库岸边带（500～2 000 m）农田和建设用地面积占评价区总面积的比例，数据来源于土地覆盖遥感解译产品。

⑨水资源利用强度

定义：采用用水量与水资源总量的比值评价区域水资源利用状况。根据区域工业、农业、生活、环境等用水量占评价区域的水资源总量比值进行评价。

计算方法为：

$$\text{水资源利用强度指数（WRUI）}=\frac{\text{区域工业、农业、生活、环境等用水量}}{\text{评价区域水资源总量}}\times 100\%$$

其中，区域工业、农业、生活、环境等用水量：依据区域水资源公报获取数据；评价区域水资源总量：依据区域水资源公报获取数据。

评价区域内每年利用的水资源总量。数据通过统计年鉴和水资源公报获取。水资源总量是指某特定区域在一定时段内地表水资源与地下水资源补给的有效数量总和，即扣除河川径流与地下水重复计算部分。通过统计年鉴和水资源公报获取。

⑩水电开发强度

定义：评价区域内水电装机容量占水力资源理论蕴藏量的比例。

计算方法为：

$$\text{HPDI}=\frac{\text{IC}}{\text{TR}}\times 100\%$$

式中，HPDI——水电开发强度指数；

IC——装机容量；

TR——理论蕴藏量。

数据来源：统计资料。

⑪III级以上河流大坝密度

指III级以上河流中单位河流长度的大坝的数量。

⑫水库库容调节系数

流域内水库总库容占流域总径流量的比例。

⑬废污水排放强度

定义：区域废水排放强度与氨氮排放强度，反映水体污染胁迫的一个指标（sewage discharge intensity，SDI）。

计算公式为：

$$\text{单位国土面积污水排放量（SDI污水排放强度）}=\frac{\text{排放量}}{\text{评价区域面积}}$$

其中，污水/氨氮排放量：重点城市群城市统计年鉴，或环境年鉴直接获得省域或县域统计数据。评价区面积：来源于行政区划图。

⑭流域 COD 排放强度

定义：评价区域内 COD 排放强度（DI_{COD}）。

计算方法：COD 排放强度指单位地区面积的 COD 排放强量。环境年鉴直接获得省域或县域统计数据。评价区面积来源于行政区划图。

⑮氨氮排放强度

定义：区域废水排放强度与氨氮排放强度，反映水体污染胁迫的一个指标（sewage discharge intensity，SDI）。

计算公式为：

$$\text{单位国土面积污水排放量（SDI污水排放强度）}=\frac{\text{排放量}}{\text{评价区域面积}}$$

其中，污水/氨氮排放量：重点城市群城市统计年鉴，或环境年鉴直接获得省域或县域统计数据。评价区域面积：来源于行政区划图。

⑯化肥农药施用强度

定义：评价区域内单位面积的化肥使用量。农业化肥施用已经成为我国部分地区水环境污染物的主要来源，该指标用来评价化肥的过量施用给土壤和水生态系统带来的影响。

计算公式为：

$$\text{化肥施用强度（FUI）}=\frac{\text{化肥施用量}}{\text{评价区域面积}}$$

其中，化肥施用量：来源于县域统计年鉴；国土面积：来源于行政区划图。

定义：评价区域内单位面积的农药使用量。

计算公式为：

$$\text{农药施用强度（PUI）}=\frac{\text{农药施用量}}{\text{评价区域面积}}$$

其中，农药施用量：来源于县域统计年鉴；国土面积：来源于行政区划图。

⑰人口密度

定义：单位面积土地上居住的人口数，是表示某一地区范围内人口疏密程度的指标，可反映人口增长、迁徙给生态系统带来的压力。

计算公式为：

$$\mathrm{PD}_t=\frac{P_t}{A}$$

式中，PD_t——评价单元人口密度；

P_t——评价单元内总人口数，各省统计年鉴，重点城市群城市统计年鉴；

A——评价单元总面积，来源于行政区划图。

⑱单位国土面积第一、第二、第三产业产值

用来反映特定区域经济发展状况（$\mathrm{D_{GDP}}$）。

计算方法为：

单位国土面积第一、第二、第三产业产值=评价区域第一、第二、第三产业产值/评价区域面积

式中，第一、第二、第三产业产值：统计年鉴直接获得省域或县域统计数据；评价区域面积：来源于行政区划图。

评价区域内人均国内生产总值。数据来源于统计年鉴。

⑲主要河流径流量

指河流径流流量，数据来源于水文监测站。

⑳河流总输沙量

指河流泥沙输移量，数据来源于水文监测站。

㉑干流、主要支流和重要湖泊水质

根据水质常规监测各项指标：pH 值、溶解氧、高锰酸盐指数、BOD_5、氨氮、石油类、挥发酚、汞、铅等，确定河流监测断面水质与级别，数据来源于环境监测结果。

㉒河/湖/库滨 1 000 m 范围内植被覆盖度

评价区域内岸边带（1 000 m）植被覆盖度及其分布。数据来源于植被覆盖度分布图。

㉓顺河向岸边带（河/湖/库）植被长度比例

评价区域内岸边带（1 000 m）植被长度占岸边带总长度的比例。数据来源于土地覆盖遥感解译产品。

㉔植被覆盖度

同前所述。

㉕自然生态系统面积比例

自然生态系统包括土地覆盖分类体系一级分类中的森林、灌丛、湿地、草地 4 类生态系统。自然生态系统面积占国土面积的百分比计算如下：

$$\mathrm{NEA}=\frac{A_f+A_s+A_w+A_g}{S}\times 100\%$$

式中，NEA——评价单元中自然生态系统面积占国土面积的百分比；

A_f——评价单元中森林生态系统面积；

A_s——评价单元中灌丛生态系统面积；

A_w——评价单元中湿地生态系统面积；

A_g——评价单元中草地生态系统面积；

S——评价区域总面积。

㉖湿地面积及比例

评价区域内湿地面积占评价区域总面积的比例。数据来源于土地覆盖遥感解译产品。

㉗河网密度

评价区域内单位面积III级河流长度。

㉘自然保护区面积及分布

根据自然保护区规划要求，自然保护区范围一般包括核心区、缓冲区和试验区。收集各自然保护区资料，分别统计各自然保护区核心区、缓冲区和试验区的范围与面积。

㉙农、林、牧、渔产品提供

评价年份内评价区域农、牧、林、渔等不同行业的产量与总热量，数据来源于统计年鉴。

定义：县域生态系统提供的粮食和畜牧业产量（P_{food}）、木材（P_{wood}）和水产品产量（P_{water}）的总热量。

计算方法：以县为单元首先对各种粮食和畜牧业产量、木材和淡水资源量进行核算；然后，采用了食物供给热量的计算方法，将产品产量（t）统一转换为热量值（kcal），计算公式如下：

$$E_S = \sum_{i=1}^{n} E_i = \sum_{i=1}^{n} (100 \times M_i \times EP_i \times A_i)$$

式中，E_S——区县食物总供给热量，kcal；

E_i——第 i 类产品所提供的热量，kcal；

M_i——区县第 i 类产品的产量，t；

EP_i——第 i 类产品可食部的比例，%；

A_i——第 i 类产品每 100g 可食部中所含热量，kcal，i=1，2，3，…；

n——区县产品种类。其中各类产品每 100g 可食部中所含热量数据来源于中国食物成分表。

㉚土壤保持量与分布

同生态系统服务功能技术要求所述。

㉛总氮/总磷保持量与分布

水质净化功能评价主要基于污染物输出系数途径进行评价，在具体计算的时候，需要利用已有实测的土壤保持数据对模型模拟结果进行验证，并且修正参数。评价公式为：

$$\text{ALV}_x = \text{HSS}_x \cdot \text{pol}_x$$

式中，ALV_x——栅格 x 调节的载荷值；

pol_x——栅格 x 的输出系数；

HSS_x——栅格 x 的水文敏感性得分值。其计算方法为：

$$\text{HSS}_x = \frac{\lambda_x}{\overline{\lambda}_W}$$

其中，$\overline{\lambda}_W$——流域平均径流指数；

λ_x——栅格 x 的径流指数，其计算方法为：

$$\lambda_x = \lg \sum_U Y_u$$

其中，$\sum_U Y_u$——径流路径内 x 栅格以上栅格产水量的总和（包括栅格 x 的产水量）。

水量通过下述模型进行计算：

$$Y_{jx}=\left(1-\frac{\mathrm{AET}_{xj}}{P_{xj}}\right)\cdot P_{xj}$$

式中，Y_{jx}——第 j 土地利用类型栅格 x 的产水量；

AET_{xj}——第 j 土地利用类型栅格 x 的每年实际腾发量；

P_{xj}——第 j 土地利用类型栅格 x 的年降雨量。

$\frac{\mathrm{AET}_{xj}}{P_{xj}}$ 通过系数确定：

$$\frac{\mathrm{AET}_{xj}}{P_{xj}}=\frac{1+\omega_{xj}R_{xj}}{1+\omega_{xj}R_{xj}+\frac{1}{R_{xj}}}$$

式中，R_{xj}——量纲一的比例（即：腾发量与降雨量，土地利用 j 中栅格 x 的值）。

$$R_{xj}=\frac{k_j\cdot \mathrm{ETo}_x}{P_{xj}}$$

式中，ETo_x——栅格 x 的参考腾发量；

k_j——植物土地利用 j 栅格 x 的植物蒸腾系数；

ω_{jx}——量纲一的比例（即植物可获得的水分贮量与期望的降雨量）。

$$\omega_{xj}=Z\left(\frac{\mathrm{AWC}_x}{P_{xj}}\right)$$

式中，AWC_x——土壤中植物可获得水的体积，mm；

Z——用于每一同质流域的参数，主要取决于降雨量及其分布。

㉜水源涵养量与分布

同生态系统服务功能技术要求所述。

㉝洪水调蓄量与分布

用来评价流域尺度上，每一个栅格（土地利用类型）对流域汇流点洪峰削减的作用。基于每一栅格内降雨的量到达汇流点的时间不一致，以此评价每一栅格对削减洪峰的贡献值大小。考虑因素有：栅格在流域位置、地表粗糙度（地表覆被）、地形（坡度）。

$$T_y^c=\sum_{\forall y'\in c^y}\left(z_{y'}/\sqrt{\theta_{y'}^{\%}}\cdot r_{iy'}\right)$$

式中，$z_{y'}$——每个栅格到汇流点的长度；

$r_{iy'}$——每个栅格地表粗糙度；

$\theta_{y'}^{\%}$——坡度百分比；

$\forall y'\in c^y$——流域内所有栅格都能最终流到汇流点；

$\sqrt{\theta_{y'}^{\%}}\cdot r_{iy'}$——每一栅格相对于不同地表覆盖的流速方程。

假设 b 表示时间序列，那么 τ_b 可以用来表示每一个栅格到达汇流点的时间集。

$$\tau_b \in \left[\frac{(b-1)\times T_{\max}^{c}}{B}, \frac{b\times T_{\max}^{c}}{B}\right]$$

最后，根据上述参数，得出每一个栅格对于削减洪峰贡献的得分（无量纲）：

$$\mathrm{SPM}_{iy} = \max\left\{0, \frac{\min\left[\dfrac{F^{\iota b}}{\max(F^{\tau b})}\right], 2-\dfrac{F^{\tau b}}{\max(F^{\tau b})}}{r_{iy}\sqrt{\theta_{y}^{\%}}}\right\}$$

$$F^{\tau b} = \sum_{\forall T_y^c \in \tau_b} y$$

式中，$\forall T_y^c \in \tau_b$ ——流域内每一个栅格流动的时间都包含在时间集里。

主要参数包括：

参数一：2010 年、2005 年和 2000 年土地利用数据。

来源：遥感解译或其他。

参数二：平均单次暴雨降雨量。

来源：相关监测或新闻。

参数三：年暴雨次数。

来源：相关监测或新闻。

参数四：数字高程模型（DEM）。

来源：由基础地形图插值生成或网上免费下载。

参数五：水在不同生态系统流速。

来源：文献或专家咨询。

㉞河流断流长度比例

断流河段长度占评价区河段总长度的比值（P_{breaking}，%）。评价流域内III级河流断流长度，统计数据结合遥感影像判断。

㉟优于II级（含）水体的断面比例

评价区域内优于II级水体断面占总监测断面的比例。

㊱劣于IV级（含）水体的断面比例

评价区域内劣于IV级水体断面占总监测断面的比例。

㊲地下水位及分布

指地下水水位的时空分布状况。

㊳污水处理率

评价区域内，处理污水占污水排放总量的比例。

㊴功能区水质达标率

评价区域内水环境功能区水质监测断面中，水质达标断面占总断面的比例。数据来源于环境监测数据。

㊵污染治理投资额

指评价区域内每年用于环境污染治理的投资金额。数据来源于统计部门。

18.4 数据源

18.4.1 遥感数据

流域评价生态系统的数据与全国评价相同，主要是从流域角度进行分析和评价。

18.4.2 水文监测数据

收集 2000—2010 年逐月河流干流和一级、二级支流主要断面水文数据，包括径流量、泥沙含量。

18.4.3 水环境监测数据

收集 2000—2010 年逐月河流干流和一级、二级支流主要断面水环境监测数据，主要包括 COD，TN，TP 数据。断面选择应与水文监测数据断面一致。

18.4.4 社会经济统计数据

收集各流域以县为单元社会经济统计数据，主要包括人口、国民生产总值、用水量、化肥用量数据。

18.4.5 水利工程数据

收集 2000—2010 年各流域及其一级支流流域的水利工程数据，主要包括水库、库容、水电装机容量和发电量数据。

18.5 评估技术方法

18.5.1 流域生态系统格局、分布及其变化情况

18.5.1.1 小流域边界提取

小流域是具有相对完整自然生态过程的区域单元。基于 DEM 数据，运用 GIS 的基于数字地形分析功能，对流域进行小流域分割，建立流域生态系统评价分析单元——小流域。基于数字地形分析的流域分割步骤如下：

（1）流向判断。流向判断是建立在 3×3 个的 DEM 基础上，采用单流向法（DS 法）进行判断，假设单个网格中的水流只有 8 种可能的流向，即流入与之相邻的 8 个网格中。用最陡坡度法来确定水流的方向，即在 3×3 个的像元 DEM 网格上，计算中心网格与各相邻网格间的距离权落差（即网格中心点落差除以网格中心点之间的距离），取距离权落差

最大的网格为中心网格的流出网格，该方向即为中心网格的流向。

（2）河网提取。当栅格流向格网数据模型和水流聚集点格网数据模型建立之后，就可以用来生成流域河网。首先要给定最小水道上游汇集区面积闭值。上游积水区面积等于闭值面积的格网点为水道的起始点。流域内积水区面积超过阈值面积的格网点即定义为水道。

（3）流域划分和边界线确定。以干流上的每个支流为单元划分子流域，一旦河网定下来，就可以确定整个流域的界限并进行小流域的分割。确定流域界限必须先要确定整个流域的出口，并从流域的总出口沿河道向上游搜索每一条河道的积水区范围，对搜索到的所有栅格所占区域的边界进行勾画就可以确定总的流域界限。小流域的分割首先要确定小流域的出口位置。可以有两种方法：如果小流域出口点的地理位置坐标已知，可以手工添加小流域的流域出口，小流域的范围就是汇聚于该点的上游所有栅格单元所占区域；如果不知道小流域出口点的地理位置，那就以两个河道的交汇点作为流域出口，分别沿上游河道计算积水区面积来划分小流域。流域边界以县界基本重合，说明划分结果正确率较高。

18.5.1.2 生态系统类型、状况与分布现状

重点评价生态系统构成及格局、生态系统状况及岸边带的生态系统状况，其中，生态系统状况包括自然生态系统面积比例、自然保护区面积及分布、植被覆盖；岸边带的生态系统状况包括顺河向岸边带（河/湖/库）植被长度比例、河/湖/库 500 m 范围内植被覆盖度。具体指标分析方法如下：

1）生态系统构成及格局

生态系统构成及格局包括各生态系统类型面积比例、湿地面积及比例、河网密度。

各生态系统类型面积比例即分析一级生态系统构成分析和二级生态系统构成。面积比例为某类型面积/全部类型总面积。成果统计格式见表 18-2、表 18-3（以一级分类为例）。2000—2005 年、2005—2010 年、2000—2010 年一级、二级生态系统比例变化分析。

表 18-2 ××流域一级生态系统分布与构成特征

年份	统计参数	林地	草地	湿地	农田	人工表面	其他
2000	面积/km^2						
	比例/%						
2005	面积/km^2						
	比例/%						
2010	面积/km^2						
	比例/%						

注：保留一位小数。

表 18-3 ××流域二级生态系统构成特征

类型	2000 年		2005 年		2010 年	
	面积/km^2	比例/%	面积/km^2	比例/%	面积/km^2	比例/%
常绿阔叶林						
落叶阔叶林						
常绿针叶林						
落叶针叶林						
针阔混交林						
常绿阔叶灌木林						
…						

注：保留一位小数。

湿地面积及比例即评价区域内湿地面积占评价区域总面积的比例（表 18-4）。数据来源于土地覆盖遥感解译产品。

表 18-4 2000 年、2005 年、2010 年××流域湿地面积

	类型	2000 年		2005 年		2010 年	
		面积/km^2	比例/%	面积/km^2	比例/%	面积/km^2	比例/%
子流域 1	森林沼泽						
	灌丛沼泽						
	草本沼泽						
	湖泊						
	水库/坑塘						
……							
汇总							

注：保留一位小数。

河网密度即评价区域内单位面积内三级河流长度（表 18-5）。

表 18-5 2000 年、2005 年、2010 年××流域河网密度

	2000 年			2005 年			2010 年		
	三级河流长度/km	子流域面积/km^2	河网密度	三级河流长度/km	子流域面积/km^2	河网密度	三级河流长度/km	子流域面积/km^2	河网密度
子流域 1									
……									
汇总									

注：保留一位小数。

2）自然保护区面积及分布

根据自然保护区规划要求，自然保护区范围一般包括核心区、缓冲区和试验区。收集各自然保护区资料，分别统计各自然保护区核心区、缓冲区和试验区的范围与面积（表18-6）。

表 18-6 2000 年、2005 年、2010 年××流域保护区面积

单位：km^2

	2000 年			2005 年			2010 年		
	核心区面积	缓冲区面积	试验区面积	核心区面积	缓冲区面积	试验区面积	核心区面积	缓冲区面积	试验区面积
子流域 1									
子流域 2									
……									
汇总									

注：保留一位小数。

3）自然生态系统面积比例

××流域自然生态系统面积，如表 18-7 所示。

4）植被覆盖

计算各子流域内植被覆盖度，如表 18-8 所示。

表 18-7 2000 年、2005 年、2010 年××流域自然生态系统面积

自然生态系统汇总	2000 年		2005 年		2010 年	
	面积/km^2	比例/%	面积/km^2	比例/%	面积/km^2	比例/%
子流域 1						
子流域 2						
……						
汇总						

注：保留一位小数。

表 18-8 2000 年、2005 年、2010 年××流域植被覆盖度

	2000 年	2005 年	2010 年
子流域 1			
子流域 2			
……			
汇总			

5）顺河向岸边带（河/湖/库）植被长度比例

评价区域内岸边带（500 m）植被长度占岸边带总长度的比例。数据来源于土地覆盖遥感解译产品。

6）河/湖/库滨范围内植被覆盖度

评价区域内岸边带（500 m/1 000 m/2 000 m）植被覆盖度及其分布。数据来源于植被覆盖度分布图。

18.5.1.3 生态系统类型与格局变化

通过计算流域生态系统转移矩阵，重点分析一级生态系统类型相互转换强度与一级、二级生态系统综合变化率，具体与生态系统格局分析方法相同。转移矩阵与相关统计如表 18-9 所示。

表 18-9　××流域一级生态系统转移矩阵

单位：km^2

年代	类型	林地	草地	湿地	耕地	人工表面	其他
2000—2005 2005—2010 2000—2010	林地						
	草地						
	湿地						
	耕地						
	人工表面						
	其他						

注：保留一位小数。

流域生态系统相互转换强度计算结果描述，如表 18-10 所示。

表 18-10　××流域一级生态系统动态类型相互转化强度

单位：%

类型相互转化强度 *LCCI*	2005 年	2010 年
林地	−8.4	−0.7
草地		
湿地		
耕地		
人工表面		
其他		

注：保留一位小数。

生态系统综合变化率采用综合生态系统动态度这一指标描述，结果分一级、二级生态系统计算结果形式如表 18-11、表 18-12 所示。

表 18-11 流域一级综合生态系统动态度

单位：%

综合生态系统动态度	2005 年	2010 年
EC	4.0	1.3
……		

注：保留一位小数。

表 18-12 流域二级综合生态系统动态度

单位：%

综合生态系统动态度	2005 年	2010 年
EC	4.2	1.4

注：保留一位小数。

18.5.2 流域生态系统重要生态服务功能状况与变化分析

18.5.2.1 流域生态系统重要生态服务功能评估

根据流域特点，选择评价生态系统下述产品提供功能与调节功能，具体包括：产品提供功能、土壤保持功能、水质净化功能、水源涵养功能和洪水调蓄量功能。各功能评价分别通过统计分析农、林、牧、渔产品提供、土壤保持量与分布、总氮/总磷保持量与分布、水源涵养量与分布、洪水调蓄量与分布共 5 项指标实现。评估结果如表 18-13 所示。

表 18-13 2000 年、2005 年、2010 年流域单位面积生态系统服务功能特征

类型	产品提供功能/[kJ/（hm^2・a）]	土壤保持/[kg/（hm^2・a）]	总氮负荷/[kg/（hm^2・a）]	总磷负荷/[kg/（hm^2・a）]	水源涵养/（mm/a）	调蓄水量/[m^3/（hm^2・a）]
子流域 1						
子流域 2						
子流域 3						
……						

注：保留一位小数。

18.5.2.2 重要生态功能格局评估

重要生态功能景观斑块，是指在区域生态系统和生态环境中发挥重要保护作用和服务功能的景观斑块。包括乔木和高覆盖灌草地的景观斑块。选择重要生态功能景观斑块的生态类型重要值、重要生态功能景观斑块的生态类型破碎度指数来表征流域生态系统状况。其计算方法及意义如下。

1）重要生态功能景观斑块重要值

重要值是衡量组分在生态系统中重要地位的一种指标，其大小直接反映了该类土地覆盖类型在生态系统中的控制作用的大小，具有较大重要值的类型在生态系统中具有重要的作用。第 i 种生态功能景观斑块重要值 PP_i 计算公式为：

$$PP_i=（密度+比例）/2$$

式中，密度为重要生态功能景观斑块数/斑块总数×100%；比例为重要生态功能景观斑块面积比地总面积×100%。

2）重要生态功能景观斑块的破碎度指数

为维持生态系统的功能，重要生态功能景观斑块不仅应对生态系统具有较高的控制范围，而且需要有较强的连通性，才能为生物提供较好的生存空间。破碎度与连通性具有一定的相关性，破碎度高时则连通性低。采用重要生态功能景观斑块的破碎度指数指标衡量重要生态功能景观斑块的连通性，计算公式为：

$$\mathrm{FI} = \mathrm{MPS} \times (N_f - 1) N_c$$

式中，FI——重要生态功能景观斑块的破碎度指数；

MPS——各类斑块的平均斑块面积；

N_f——重要生态功能景观斑块的斑块数；

N_c——景观总面积。

3）生态功能景观连通性综合评估

对各类生态功能的破碎度指数以其重要值为权重进行加权平均，得到区域内综合生态功能景观破碎度指数，其值越大，代表景观连通性越差。

$$\mathrm{CFI} = \sum_{i=1}^{n} \mathrm{PP}_i \times \mathrm{FI}$$

式中，CFI——区域内综合生态功能景观破碎度指数；

PP_i——重要生态功能景观斑块重要性；

FI——重要生态功能景观斑块的破碎度指数。

18.5.2.3 生态弹性力评估

生态弹性力即生态系统弹性力，是指生态系统的自我维持、自我调节及其抵抗各种压力与扰动的能力的大小。一般情况下，系统组成越复杂、多样化，各构成类型的健康与安全状况就越好，系统的弹性范围就越大。

采用生态弹性度指标，通过生态系统的组成结构与各组成成分的情况来判断弹性度的大小与变化。计算方法如下：

$$\mathrm{ECO}_{RES} = D_i \sum S_i \times P_i = \left(-\sum S_i \log_2 S_i\right) \times \sum S_i \times P_i$$

式中，ECO_{RES}——生态弹性度大小；

S_i——地物 i 的覆盖面积；

P_i——地物 i 的弹性分值；

D_i——多样性指数。

ECO_{RES}越大，表明系统的生态弹性限度越高。

模型说明如下：

①由于在生态系统中，地面覆盖不一定是植被，因此模型中的 S_i 表示不同地物的面积，而非植被面积。

②土地覆被可分为五大类型：第一类为对流域生态弹性度有控制和决定意义的类型，主要包括各种密闭森林和水面等；第二类为对流域生态环境系统弹性度有较重要作用的类型，如灌木林地、开放森林、人工森林等；第三类为中间类型，对稳定流域生态环境系统和提高流域生态弹性限度有积极意义，但如果利用得不好，则很容易退化而使流域生态弹性限度降低，如开放灌木林、稀疏林地、草地、园地等；第四类为对区域生态环境系统弹性度起边缘效应的类型，必须慎重利用和管理，如旱地、水田等；第五类为对生态弹性度贡献很小和需要改造的类型，包括裸露地和人工表面等。

③P_i 表示某种地物覆盖的弹性分值，可通过覆盖度、生产力或专家评分的方法确定。对流域不同类型土地覆被赋予相应的弹性分值，可按照第一到第五类分别赋 10、8、6、4、1。

④生态环境系统的弹性限度大小除取决于地物的覆盖类型与等级状况外，还取决于地物类型的多样性，模型中引入多样性指数。

18.5.2.4 生态系统服务功能综合评估

综合分析流域内生态系统服务功能大小、生态功能景观连通性以及生态弹性，综合评价分析流域内的生态承载力变化情况。

18.5.2.5 流域生态系统重要生态服务功能变化分析

统计各年份各项生态系统服务功能最小和最大的统计单元，将生态系统服务功能（2000 年、2005 年和 2010 年三个时间点）的结果进行标准化。

$$SSC_i=(SC_x-SC_{min})/(SC_{max}-SC_{min})$$

式中：SSC——标准化之后的生态系统功能值；

SC_x——各评价单元生态系统功能值；

SC_{max} 和 SC_{min}——生态系统功能值最大值和最小值；

i——年份。

将标准化后的生态系统土壤保持功能评估单元划分为高[0.8～1.0]、较高[0.6～0.8)、中[0.4～0.6)、较低[0.2～0.4)、低[0～0.2）五个等级，统计不同生态系统服务功能各个级别的生态系统面积和比例（表 18-15）。

表 18-14 ××流域生态系统土壤保持功能分级特征

年份	统计参数	高	较高	中	较低	低
2000	面积/km^2					
	比例/%					
2005	面积/km^2					
	比例/%					
2010	面积/km^2					
	比例/%					

注：保留一位小数。

进一步计算不同级别土壤保持功能生态系统转移矩阵，分析十年间流域生态服务功能和生态承载力的变化。表 18-15 为土壤保持功能生态系统转移矩阵统计。

表 18-15 ××流域不同级别土壤保持功能生态系统转移矩阵

单位：%

年份	等级	高	较高	中	较低	低
2000—2005	高					
	较高					
	中					
	较低					
	低					
2005—2010	高					
	较高					
	中					
	较低					
	低					
2000—2010	高					
	较高					
	中					
	较低					
	低					

注：保留一位小数。

基于以上分析方法，对综合生态功能景观破碎度指数、生态弹性度指标进行标准化后分级，方法同上述生态功能值标准化和分级方法。分别统计两项指标的转移矩阵，方法相同。

18.5.3 流域生态承载力状况与变化分析

以水资源承载力评价流域生态承载力状况，水资源承载力是指在一个地区或流域范围内，在具体发展阶段和发展模式下，以生态需水为前提，当地水资源（环境）对经济发展和生活需求的支持能力。水资源承载力可以基于水足迹进行评价，水足迹涵盖了蓝色水和绿色水，拓宽了传统水资源评价体系的外延和内涵，将实物形态的水与虚拟形态的水联系起来，更能真实地反映对水资源的需求和占有状况。

18.5.3.1 水足迹计算方法

水足迹在水资源领域提供了评价一个国家或地区其生活消费类型与水资源利用定量关系的新方法，一般将用面积单位度量水足迹称为水资源生态足迹。水资源生态足迹（water resources ecological footprint）主要用来计算在一定的人口和经济规模条件下维持水资源消费和消纳水污染所必需的生物生产面积。根据水资源生态足迹的描述，水资源生态足迹账户将消耗的水资源转化为相应账户的生产面积——水资源生产用地面积，然后对其进行均衡化，最终得到可用于不同地区相互比较的均衡值。

流域水足迹等于生产该流域居民消费的产品和服务所直接或间接利用的水资源总量，一般可以通过自上而下和自下而上两种方法计算。可以从生产和消费两种不同的角度来理解这两种方法。自上而下法从水足迹的生产者角度考虑，将水足迹分解成内部水足迹和外部水足迹，应用这种方法需要有较详细的流入和流出研究区域的产品数据记录。自下而上法从消费者的角度入手，将流域居民所有消费的商品、服务与它们各自的虚拟水含量相乘加和得到，需要注意的是商品虚拟水含量会随地域和生产条件而变化，所需的消费量资料可以从统计年鉴中获得，但存在数据不全的缺陷。

方法一：自下而上方法

将该流域居民所消费的商品、服务数量与各自的单位商品虚拟水含量相乘求和得到，需要注意的是：商品虚拟水含量会随地域和生产条件而变化。用公式表示为：

$$\mathrm{WF}=\mathrm{DU}+\sum P_i \times \mathrm{VWC}_i$$

式中，DU——生活用水量；

P_i——第 i 种产品消费量；

VWC_i——第 i 种产品的单位产品的虚拟水量。

方法二：自上而下方法

水足迹（WFP）等于总的流域内水资源利用量加上流入该区域的虚拟水流量，再减去流出该流域的虚拟水流量，即由内部水足迹（IWFP）和外部水足迹（EWFP）构成（图 18-1）。其中，内部水足迹（IWFP）是指生产该地区居民所消费的商品与服务所利用的区域内水资源的总量，其数量等于国民经济部门的国内水资源利用总量减去通过产品贸易而出口给其他国家的虚拟水量。外部水足迹（EWFP）是指由其他地区生产并被本地区居民所消费的产品和服务所消耗的水量，等于出口虚拟水量（VWI，m^3/a）减去其他地区输出的进口产品再出口的虚拟水量 $\mathrm{VWE}_{\text{re-export}}$：

$$\mathrm{WFP}=\mathrm{IWFP}+\mathrm{EWFP}$$

$$\mathrm{IWFP}=\mathrm{AWU}+\mathrm{IWU}+\mathrm{DWU}-\mathrm{VWE}_{\mathrm{dom}}$$

$$\mathrm{EWFP}=\mathrm{VWI}-\mathrm{VWE}_{\text{re-export}}$$

式中，AWU 为农业耗水量，等于农作物需水量；IWU 和 DWU 分别为工业与家庭部门抽取水量；VWE_{dom} 为出口虚拟水量。这里的农业耗水量包括绿水利用量（将形成的土壤水）和蓝水利用量（灌溉水）。工业和生活用水量一般可以在《水资源公报》上查找。

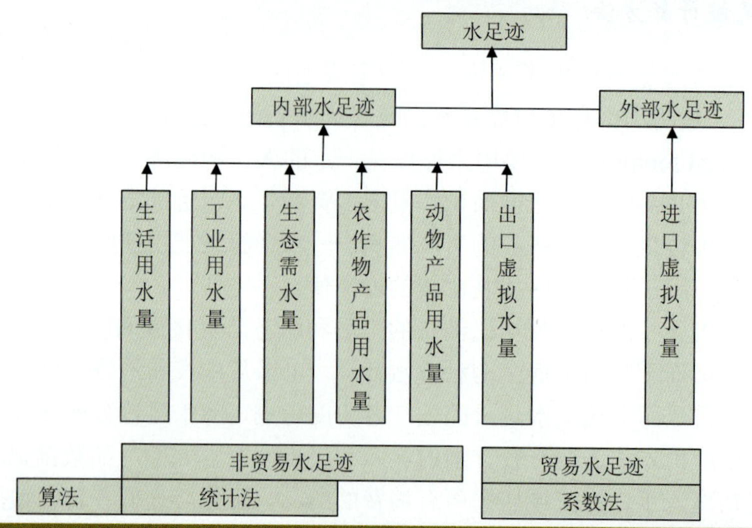

图 18-1 水足迹核算线路

18.5.3.2 流域生态承载力状况评估

1）流域生态承载力评价指标及计算方法

基于水足迹的流域生态承载力状况评价指标主要包括水资源压力指数、水资源进口依赖度、水资源自给率，指标计算方法以及评价结果解析如下所述。

（1）水资源压力指数。流域水资源压力指数（WSI）定义为流域居民消费的水足迹（WFP）与可更新水资源量（AW）的比值：

$$WSI=WFP/AW\times 100\%$$

如果满足流域居民消费所需产品和服务的需水量大于流域可更新资源量，那么该流域的水资源压力指数可能大于 100%。水资源压力指数越大，说明流域面临的缺水状况越严重。

（2）水资源进口依赖度。流域水资源进口依赖度（WD），定义为外部水足迹（EWFP）与总水足迹（WFP）的比率：

$$WD=EWEP/WFP\times 100\%$$

（3）水资源自给率。流域水资源自给率（WSS）定义为内部水足迹（IWFP）与总水足迹（WFP）的比率：

$$WSS=IWFP/WFP\times 100\%$$

如果所需的水都是可以取自自己的流域内，那么自给率为 100%。如果流域的商品和服务很大程度上依靠总虚拟水的进口，即外部水足迹远大于内部水足迹，那么水资源自给率接近 0。

2）流域生态承载力评估

对评价范围内的七大流域，以 2000 年、2005 年、2010 年为基准年，分别对各子流域计算上述评价指标，统计如表 18-16 所示。基于综合分析，评价流域内生态承载力状况。

表 18-16 ××流域生态承载力统计

类型	年份	内部水足迹（IWFP）	外部水足迹（EWFP）	水足迹（WFP）	水资源压力指数（WSI）	水资源进口依赖度（WD）	水资源自给率（WSS）
子流域 1	2000						
	2005						
	2010						
子流域 2	2000						
	2005						
	2010						
…							
流域汇总							

注：保留一位小数。

18.5.3.3 流域生态承载力变化分析

基于水资源压力指数（WSI）、水资源进口依赖度（WD）、水资源自给率（WSS）计算结果，比较 2000—2005 年、2005—2010 年、2000—2010 年的变化情况，并结合流域内社会、经济等统计数据进行解释与分析，评价流域内生态承载力的十年变化情况。

18.5.4 流域主要生态环境问题、胁迫特征分析

18.5.4.1 流域生态环境问题

流域主要环境问题识别以水为核心，主要从水文与水环境两个方面进行评价，具体指标为：河流断流长度比例、优于Ⅱ级（含）水体的断面比例以及劣于Ⅳ级（含）水体的断面比例。评估方法依据遥感影像和监测数据进行统计分析。具体评价结果如表 18-17 所示。

表 18-17 2000 年、2005 年、2010 年流域河流水文与水环境特征

类型	河流断流长度比例%	优于Ⅱ级（含）水体的断面比例%	劣于Ⅳ级（含）水体的断面比例%
子流域 1			
子流域 2			
子流域 3			
……			
流域汇总			

注：保留一位小数。

基于以上评价结果，辅助其他调查指标，识别流域内主要生态环境问题。

18.5.4.2 流域生态环境胁迫特征及其变化分析

通过对指标体系内指标进行主成分分析，建立人类胁迫综合指数，并将其标准化，进行流域生态环境胁迫综合分析。

1）流域生态环境胁迫因子分析

从土地开发（流域农田与建设用地面积比例；河/湖/库边（500 m 及 1 000 m）农田与建设用地面积比例）、水资源开发（水资源利用强度、水电开发强度、Ⅲ级以上河流大坝密度、水库库容调节系数）、污染物排放（废污水排放强度、COD 排放强度、氨氮排放强度、化肥施用强度）、社会经济发展（人口密度、单位国土面积第一、第二、第三产业产值）等方面评价流域生态环境胁迫状况，结果表述如表 18-18 所示。

表 18-18　2000 年、2005 年、2010 年流域生态环境胁迫特征

	子流域 1	子流域 2	子流域 3	…	流域汇总
农田与建设用地面积比例/%					
河/湖/库边（500 m）农田与建设用地面积比例/%					
水资源利用强度/%					
水电开发强度/%					
河流大坝密度/（座/km^2）					
水库库容调节系数/%					
废污水排放强度/（t/km^2）					
COD 排放强度/（t/km^2）					
氨氮排放强度/（kg/km^2）					
化肥施用强度/（t/km^2）					
人口密度/（capita/km^2）					
单位国土面积第一、第二、第三产业产值/（万元/km^2）					

注：保留一位小数。

基于流域内生态环境问题判断情况，选择重要的生态环境状况指标，与以上生态胁迫特征因子，进行相关性分析，可评价流域生态环境状况与人为胁迫的制约关系。

2）流域生态环境胁迫综合指数计算

在评估流域生态环境各胁迫因子基础上，可以开展流域生态环境胁迫综合评估，具体评估方法为：采用主成分分析法评估各评价单元、不同时段人类活动胁迫的相对大小。主成分分析的数理步骤如下：

①用 Z-score 法对历期流域生态环境胁迫指标数据进行标准化变换，将原始数据 $X\left\{x_{ij}\right\}_{n\times m}$ 转化成均值为 0，方差为 1 的标准数据 $Z\left\{z_{ij}\right\}_{n\times m}$，即：

$$Z_{ij}=(x_{ij}-\bar{x}_j)/S_j$$

式中，$\overline{x}_j$——x_{ij} 平均值；

S_j——标准差。

②计算指标数据的相关矩阵 $R=(r_{ij})_{m\times n}$

$$r_{jk}=\frac{1}{n-1}\sum_{i=1}^{n}\left[\frac{(x_{ij}-\overline{x}_j)^2}{S_j}\cdot\frac{(x_{jk}-\overline{x}_k)^2}{S_j}\right]$$

即，$r_{jk}=\frac{1}{n-1}\sum_{i=1}^{n}Z_{ij}Z_{jk}$

③求相关矩阵的特征根特征向量，确定主成分。

由特征方程式$|\lambda_{im}-R|=0$，可以求得 p 个特征根$\lambda_g(g=1,2,3,\cdots,\ m)$，将其按大小的顺序排列为$\lambda_1\geqslant\lambda_2\cdots\geqslant\lambda_m\geqslant 0$，它是主成分的方差，其大小描述了各个主成分在描述被评估对象上所起作用的大小。由特征方程式，每一个特征根对应一个特征向量 L_g（L_g=L_{g1}，L_{g2}，…，L_{gm}）。

将标准化后的指标变量转换成为主成分：

$$F_m=L_{g1}Z_1+L_{g2}Z_2+\cdots L_{gp}Z_m\ (g=1,2,\cdots,m)$$

式中，F_m——第 m 主成分。

④求方差贡献率，确定主成分个数

方差贡献率定义为：

$$S_g=\frac{\lambda_g}{\sum_{g=1}^{m}\lambda_g}$$

进行主成分分析时，总是希望取较少的主成分，同时还要使损失的信息量尽可能地小，即累计方差贡献率要达到一定水平，一般当累计方差贡献率$\sum_{g=1}^{k}\lambda_g/\sum_{g=1}^{m}\lambda_g\geqslant 85\%$即可，此时取 k 个主成分。

⑤对 k 个主成分进行综合评估，得到流域生态环境胁迫综合指数：

$$\mathrm{WSI}=\sum_{g=1}^{k}(\lambda_g/\sum_{g=1}^{m}\lambda_g)F_g$$

进行主成分分析也可以借助 SPSS、SAS、Metlab 等软件。以 SPSS20.0 为例，其分析步骤如下：

打开 SPSS20.00，以某一年各地区某一指标原始值为一列，录入 2000 年、2005 年和 2010 年各地区各评估指标数据，沿着主菜单的“Analyze→Dimension Reduction→Factor…”的路径打开因子分析选项框，按步骤顺序操作，设置分析的变量，打开 Extraction 对话框，在 Method 栏中选择主成分分析法（Principal components）。设置需要提取的主成分数目，单击 OK 按钮，得到各个变量的特征值、累计贡献率和主成分中各变量的得分系数，再根据上述公式，计算各地区各年生态环境胁迫综合指数。

3）流域生态环境胁迫状况和十年变化综合分析

采用极差标准化法，将历年流域生态环境胁迫综合指数转换到 0～100 分的分值尺度上，转换公式和统计如表 18-19 所示。

$$(\mathrm{WSI}_{\mathrm{score}})_{ij}=[\frac{(\mathrm{WSI})_{ij}-\min\limits_{1\leqslant i\leqslant n}(\mathrm{WSI})_{ij}}{\max\limits_{1\leqslant i\leqslant n}(\mathrm{WSI})_{ij}-\min\limits_{1\leqslant i\leqslant n}(\mathrm{WSI})_{ij}}]\times 100\quad (i=1,2,3;\ j=1,2,\cdots,m)$$

式中，$(\mathrm{WSI})_{ij}$——第 i 年第 j 子流域生态环境胁迫综合指数；

$(\mathrm{WSI}_{\mathrm{score}})_{ij}$——第 i 年第 j 子流域生态环胁迫综合得分值，得分越高，表明该年该评估单元受到的胁迫越大。

表 18-19 2000—2010 年流域生态环境胁迫综合指数（WSI）与排序

地区	2000 年			2005 年			2010 年			2000—2010 年
	WSI	得分	排序	WSI	得分	排序	WSI	得分	排序	WSI 净变化量
子流域 1										
子流域 2										
……										
子流域 n										
总流域										

注：①WSI 精确到小数点后四位；②WSI 得分值精确到小数点后两位；③WSI 排序越高，生态环境胁迫越大。

18.5.5 流域生态环境综合评估

18.5.5.1 评价指标标准化

对各个评价指标进行标准化处理，形成无量纲的数据结果。将评价指标分成具有积极或消极环境意义两类，采用极差标准化进行数据变换，每一评价指标标准化后的分级数值结果规定在 0 到 10 之间，处理公式如下：

具有积极健康意义：$\phi_{ij}=10\times\dfrac{X_{ij}-X_{j\min}}{X_{j\max}-X_{j\min}}$

具有消极健康意义：$\phi_{ij}=10\times\dfrac{X_{j\max}-X_{ij}}{X_{j\max}-X_{j\min}}$

18.5.5.2 生态系统评估综合指数计算

首先分别压力—状态—响应各类指标进行主成分分析计算，生成生态系统压力综合指数、状态综合指数、响应综合指数，然后将压力综合指数、状态综合指数、响应综合指数进行主成分分析，计算生态系统综合评价得分。主成分分析可采用 SPSS 软件，计算方法如下所述：

（1）求出已标准化的数据矩阵的相关矩阵。

（2）计算特征值和特征向量。

（3）计算贡献率和累积贡献率。根据所求出的各个主成分的特征值、贡献率和累积贡献率。当累积贡献率大于或等于 85%时，取前 k 个特征值，并计算相应的单位特征值，从而得到新的综合因子系。一般取前 2 个主成分作为新的综合因子系。

18.5.5.3 评估结果解析

为了保证所有指标评价标准的一致性，因此在对单指标和综合指标的分析中采用了相对评价的方法。按照综合评价的得分高低，从高到低排序，以反映生态系统状况从优到劣的变化，最终将流域生态系统状况分为五级，各级的含义如表 18-20 所示。

表 18-20 流域生态系统健康状况等级判别

等级	特征	指标特征
一级	优良	生态结构十分合理、系统活力极强，外界压力较小，无生态异常出现，生态系统的生态功能极其完善，系统极稳定，处于可持续状态。社会经济协调发展
二级	较好	生态结构比较合理、格局尚完美，系统活力较强，外界压力较小，无生态异常，生态系统生态功能较完善，无生态异常，系统尚稳定，生态系统可持续
三级	一般	生态结构完整，具有一定的系统活力，外界压力较大接近生态阈值，系统尚稳定，但敏感性强，已有少量的生态异常出现，可发挥基本的生态功能，生态系统可维持，生态问题显现
四级	较差	生态结构出现缺陷，系统活力较低，外界压力大，生态异常较多，生态功能已经不能满足维持生态系统的需要，生态系统开始退化。社会经济发展较落后
五级	恶劣	自然植被斑块破碎化严重，外界压力大，活力极低，生态异常大面积出现，生态系统已经受到严重破坏，系统结构不合理，残缺不全，功能丧失。社会经济水平相对非常落后

19 海岸带生态环境十年变化调查与评估

19.1 概述

海岸带地处海洋、陆地、大气三种介质相互交接、相互作用的地带，是海洋向陆地过渡的地带。三种介质不同性质使得海岸带成为能量和物质的重要集散地带，各种过程耦合多变，演变机制复杂多样，是响应全球变化最迅速、生态环境最敏感、最脆弱的地带，也是环境灾害多发的地带。随着大量人口的涌入、城市化的迅猛发展，海岸带资源开发利用强度大幅度增加，导致部分地区土地利用/土地覆盖格局变化强烈，生态环境质量逐年下降，生态环境污染加剧，各类生态问题随之出现。

19.2 目标与任务

19.2.1 目标

从海岸带区域土地利用状况、岸线变迁、潮间带滩涂变化、港口码头建设、城市扩张、围海造陆、风险源调查等方面，对海岸带区域进行调查和评价，探讨海岸带生态环境状况及十年变化。

19.2.2 范围

空间上以全国海岸带为调查评估对象，重点调查环渤海区域沿岸、长三角区域沿岸、杭州湾沿岸、珠三角区域沿岸等。在典型区域上，以大河河口海岸与华南红树林海岸为重点调查对象。在评价单元方面，出于对海岸带生态系统评估的目的，结合我国各地海岸带开发利用规划，确定以大陆岸线向陆侧纵深 10 km 范围、向海侧纵深一定距离的地理区域为基本调查和评价单元（不包括海岛）。时间范围为 2000—2010 年。

19.2.3 任务

（1）调查海岸带区域生态系统的景观格局，评价区域生态环境质量；

（2）分析海岸带区域生态系统景观格局的演变规律及变化驱动力；

（3）调查海岸带区域的生态服务功能现状特征及变化状况；

（4）分析海岸带区域的主要生态环境问题，识别主要胁迫因子；

（5）提出海岸带区域生态环境保护对策。

19.3 调查与评价指标

依据海岸带区域的调查评价内容，确定相应的调查评价指标和参数，主要从生态系统分布与格局、生态系统质量、生态系统服务功能、生态胁迫及环境问题四个方面构建调查评价指标体系。

19.3.1 海岸带生态系统格局及变化

海岸带区域生态系统格局调查评价指标，如表 19-1 所示。

表 19-1 海岸带区域生态系统格局调查评价指标

调查内容	调查指标
海岸类型	不同岸线类型比例
自然湿地变化	自然湿地面积比例
芦苇沼泽湿地变化	芦苇沼泽面积比例
翅碱蓬滩涂湿地变化	翅碱蓬滩涂面积比例
红树林滩涂变化	红树林面积
人工湿地变化	人工湿地面积比例
海岸稳定性	海岸动态度指数
滩涂动态度	滩涂围垦比例
	滩涂围垦速率

19.3.2 海岸带生态系统质量与服务功能

海岸带区域生态系统质量与服务功能评价指标，如表 19-2 所示。

表 19-2 海岸带区域生态系统质量与服务功能评价指标

评价内容	评价指标
植被覆盖度变化	植被覆盖度指数
生境质量	湿地生态系统生产力
生物多样性维持功能	生物生境质量指数
土壤保持功能	土壤保持量
生境质量变化	生境质量变化转移矩阵

19.3.3 海岸带生态环境胁迫特征

海岸带区域生态环境胁迫特征调查指标，如表 19-3 所示。

表 19-3　海岸带区域生态环境胁迫特征调查指标

一级指标	二级指标	三级指标
人类活动强度	社会经济活动强度	人口密度
		城镇人口密度
		GDP 密度
	开发建设活动强度	建设用地强度
		交通网络密度
		水资源利用强度
		围填海强度
	农业活动强度	农业用地强度
		水产养殖强度
	污染物排放强度	单位国土面积污水排放量
		单位国土面积 COD 排放量
		单位国土面积 SO_2 排放量

19.3.3.1　基于三级分类的各类生态系统面积比例计算

海岸带土地覆被分类系统中，基于三级分类的各类生态系统面积比例。计算公式为：

$$P'_{ij} = \frac{S'_{ij}}{\mathrm{TS}}$$

式中，P'_{ij}——土地覆被分类系统中基于三级分类的第 i 类生态系统在第 j 年的面积比例；

S'_{ij}——土地覆被分类系统中基于三级分类的第 i 类生态系统在第 j 年的面积；

TS——评价区域总面积。

19.3.3.2　海岸动态度计算

$$V_e = (S_t - S_0)/t$$

式中，V_e——海岸蚀退/淤进速率；

S_0、S_t——t 时段前后的海岸带陆地面积；

t——时段。

19.3.3.3　海岸线分维数

分形几何学提出了尺度变化下不变量——分形维数，由此为定量描述自然地理对象的特征属性与空间尺度之间的关系提供了理论依据。求解复杂曲线分形维数的基本模型为：

$$L_G = M \times G^{1-D}$$

式中，L_G——在标尺长度为 G 时所测的海岸线长度；

M——待定常量；

G——测量标尺长度；

D——被测海岸线的分形维数。两边取自然对数即可得到：

$$\ln L_G = (1-D)\ln G + C$$

式中，C——待定常数；该式斜率 k=1−D，可以根据（L_G，G）数组求得斜率 k，则可求得分维数 D=1−k。

19.3.3.4 入海径流量、输沙量年变化率

$$Vq=（Q_t-Q_{t'}）/Q_t$$

$$Vs=（S_t-S_{t'}）/S_t$$

式中，Vq 和 Vs——径流量和输沙量的年变化率；

Q_t 和 S_t——当前年入海径流量和输沙量；

$Q_{t'}$和 $S_{t'}$——上一时间段的年径流和输沙量。

19.3.3.5 生物多样性维持功能

主要从区域生境质量、生境稀缺性两个方面评价区域生物多样性维持功能，计算方法如下。

1）生境质量

采用生境质量指数评价生境质量：

$$Q_{xj} = H_j\left(1-\left(D_{xj}^z \big/ D_{xj}^z + k^z\right)\right)$$

式中，Q_{xj}——土地利用与土地覆盖 j 中栅格 x 的生境质量；

D_{xj}——土地利用与土地覆盖或生境类型 j 栅格 x 的生境胁迫水平：

$$D_{xj} = \sum_{r=1}^{R}\sum_{y=1}^{Yr}\left(w_r \Big/ \sum_{r=1}^{R} w_r\right) r_y i_{rxy} \beta_x S_{jr}$$

栅格 y 中胁迫因子 r（r_y）对栅格 x 中生境的胁迫作用为 i_{rxy}，

$$i_{rxy} = 1-\left(\frac{d_{xy}}{d_{r\max}}\right) \text{（线性）}$$

$$i_{rxy} = \exp\left(-\left(\frac{2.99}{d_{r\max}}\right)d_{xy}\right) \text{（指数）}$$

式中，d_{xy}——栅格 x 与栅格 y 之间的直线距离；

$d_{r\max}$——胁迫因子 r 的最大影响距离；

W_r——胁迫因子的权重，表明某一胁迫因子对所有生境的相对破坏力；

β_x——栅格 x 的可达性水平，1 表示极容易达到；

S_{jr}——土地利用与土地覆盖（或生境类型）j 对胁迫因子 r 的敏感性，该值越接近 1 表示越敏感；

K——半饱和常数，当 $1-\left(\frac{D_{xj}^z}{D_{xj}^z+k^z}\right)$=0.5 时，$k$ 值等于 D 值；

H_j——土地利用与土地覆盖 j 的生境适合性。

2）生境稀缺性。

$$R_x=\sum_{x=1}^{X}\sigma_{xj}R_j$$

式中，R_x——栅格 x 的稀缺性。如果栅格 x 在土地利用与土地覆盖 j 中，$\sigma_{xj}=1$。

$$R_j=1-\frac{N_j}{N_{j,baseline}}$$

土地利用与土地覆盖 R_j 值越接近 1，土地利用与土地覆盖受到保护的可能性越大，如果土地利用与土地覆盖 j 在基线景观格局下消失，则 R_j=0；N_j 为当前土地利用与土地覆盖 j 的栅格数；$N_{j,\ baseline}$ 基线景观格局下土地利用与土地覆盖 j 栅格数。

3）基本参数

（1）土地利用与土地覆盖类型：来源于遥感解译；

（2）不同胁迫因子（自然/人为因子）空间分布数据：来源于基础地形图、土地利用类型图。自然因子如自然灾害，滑坡、泥石流等；人为因子如道路、城镇居民点、农田等；

（3）不同胁迫因子对生境影响范围（km）：来源于文献或专家咨询；

（4）不同胁迫因子权重（0，1）：来源于文献或专家咨询；

（5）不同胁迫因子对生境影响递减指数（0，1）：来源于文献或专家咨询；

（6）保护区分布图：来源于资料收集；

（7）生境对每种胁迫因子敏感度指数（0，1）：来源于文献或专家咨询。

19.4 数据源

海岸生态环境状况与十年变化评价所需数据包括遥感数据、基础地理信息数据、环境监测数据、社会经济统计数据、地面调查数据以及文献数据。

19.4.1 遥感数据

主要遥感数据类型，如表 19-4 所示。

表 19-4 主要遥感数据类型

卫星种类	分辨率/m	时间	区域
HJ-1	30	2010	海岸带区域
TM/ETM+	30	2000、2005、2010	
CBERS 02-B	2.5	2009—2010	

2010年现状年：CBERS-02B 全色影像（2.36 m）+HJ-1/TM 多光谱融合（图 19-1），实现现状年海岸带土地覆盖数据高分辨率提取。2005 年：TM 遥感影像+部分地区的高分影像。2000 年：TM 多光谱（30 m）与全色波段融合（15 m）。

图 19-1 2010 年 CBERS-2B 与环境一号卫星融合影像（部分）

19.4.2 土地利用数据

土地利用数据类型，如表 19-5 所示。

表 19-5 主要土地利用数据类型

分类级数	时间	区域
三级	2000、2005、2010	海岸带区域

19.4.3 统计数据

社会经济统计数据类型，如表 19-6 所示。

表 19-6 主要社会经济统计数据类型

名称	时间	数据来源
人口	2000—2010	统计部门
城市化水平	2000—2010	统计部门
GDP	2000—2010	统计部门
工业、服务业 GDP	2000—2010	统计部门

19.5 评估技术方法

19.5.1 海岸带区域生态系统景观格局与质量调查评估

19.5.1.1 不同类型海岸线遥感提取

1）建立海岸线分类系统

针对海岸变化及其影响因素分析，将海岸线类型首先分为人工岸线和自然岸线两个一级类，在自然岸线和人工岸线的基础上进行详细划分如表 19-7 所示。经详细划分后的人工岸线与国家海洋局制定的海岸基本功能规划的海洋功能区类型（国家海洋局，2009）具有一致性，有利于监测海岸变化和海岸资源管理与规划。

表 19-7 海岸线分类

分类系统			说明
海岸线	自然岸线		未经人为因素干扰，受自然海陆作用状态下的海岸线
		淤泥质岸线	位于淤泥或粉砂质泥滩的海岸线
		沙砾质岸线	位于沙滩的海岸线
		基岩岸线	位于基岩海岸的海岸线
		生物岸线	由红树林、珊瑚礁和芦苇等组成海岸线
		河口	入海河口与海洋的界线（鉴于河口特殊性，后文详述）
	人工岸线		经人工改造后形成的事实海陆界线
		养殖围堤	由人工修筑的，用于养殖的堤坝
		盐田围堤	围垦用于盐碱晒制而围垦的堤坝
		农田围堤	用于农作物种植的人工堤坝
		码头岸线	修筑港口码头所形成的岸线
		建设围堤	用于城镇建设的围垦岸线
		交通围堤	用于交通建设的人工修筑堤坝

2）各类海岸线提取原则

由于潮位的升降和风引起的增水或减水作用，海岸线常在一定范围内往复波动（海岸线波动范围即潮间带）。不同区域的海岸地形特征和潮位差值不一，因此海岸线波动空间范围也不相同。我国国家标准将海岸线定义为“海岸线是海陆分界线，在我国系指多年大潮高潮位时海陆界线”，由此可以判断海岸线空间位置如图 19-2 所示。基于前述海岸带地表覆盖分类系统，对各海岸线类型进行遥感提取时应遵循以下原则。

（1）淤泥质岸线界定。淤泥质海岸主要受潮汐作用塑造的低平海岸，潮间带宽而平缓。在这种海岸的潮间带之上向陆一侧常有一条耐盐植物生长状况明显变化的界线，即为岸线。此外，受上冲流的影响，在上冲流的上限常有植物碎屑、贝壳碎片和杂物等分布的痕迹线，即是岸线所在。淤泥质海岸线位置及其遥感成像特征，如图 19-3 所示。

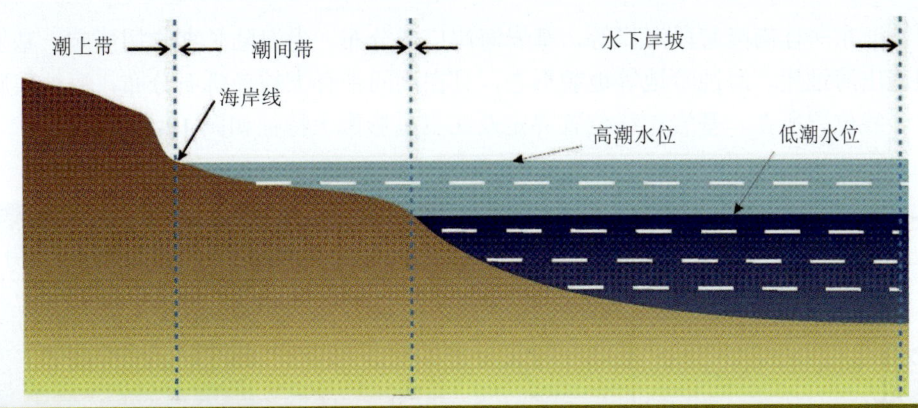

图 19-2 海岸线位置

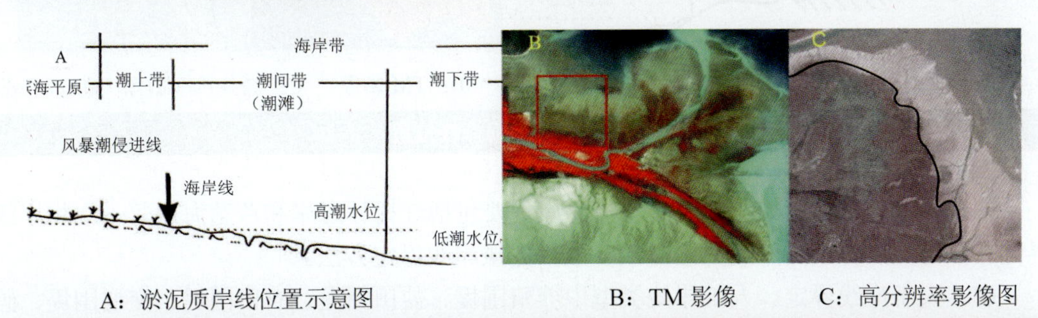

A：淤泥质岸线位置示意图 B：TM 影像 C：高分辨率影像图

图 19-3 淤泥质海岸线位置

（2）沙砾质岸线界定。沙砾质岸线多发育在上游与下游落差较大的入海河口两翼和基岩岬角之间的海湾顶部。沙砾质海岸线一般比较平直，在沙砾质海岸的海滩上部常常推成一条与岸平行的脊状沙砾质沉积，海岸线一般确定在现代滩脊的顶部向海一侧。有陡崖的沙砾质海岸的岸线界定：有陡崖的海滩一般无滩脊发育，海滩与基岩陡岸直接相接，崖下滩、崖的交接线即为岸线。在遥感影像沙滩往往反射率较高，呈亮白色，沙砾质海岸线位置及影像特征，如图 19-4 所示。

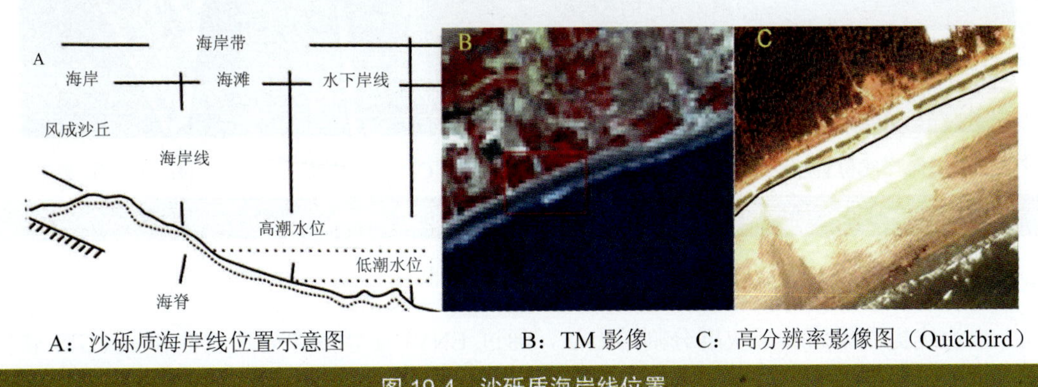

A：沙砾质海岸线位置示意图 B：TM 影像 C：高分辨率影像图（Quickbird）

图 19-4 沙砾质海岸线位置

（3）基岩岸线界定。基岩岸线多发育于隆起带的大陆边缘，如辽东半岛海岸、山东半岛海岸、浙东—桂南隆起段海岸等，基岩海岸广泛分布。受海陆长期作用影响，基岩海岸多被塑造出海蚀崖、海蚀阶地等地貌形态，且在潮间带有大粒径砾石分布，海蚀崖底部即是基岩岸线位置所在。基岩岸线位置界定及在卫星影像上特征如图 19-5 所示。

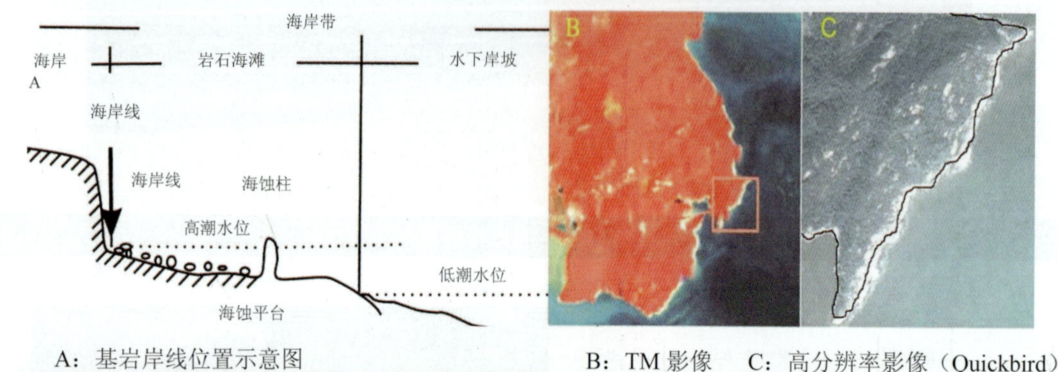

A：基岩岸线位置示意图　　B：TM 影像　　C：高分辨率影像（Quickbird）

图 19-5　基岩海岸线位置

（4）生物岸线界定。我国大陆生物海岸主要包括红树林海岸和芦苇海岸等。生物岸线界定方法与泥质海岸的岸线界定方法参照淤泥质岸线界定方法。

（5）人工岸线界定。人工岸线类型中养殖围堤、盐田围堤、农田围堤、交通围堤、码头岸线和建设围堤六类海岸线有着类似的结构：人工构筑物向陆一侧不存在平均大潮高潮时海水能达到的水域，人工构筑物向海一侧的水陆分界线即是海岸线。人工岸线在影像上反映为有明显的人工作用痕迹。岸线位置及在卫星影像上特征，如图 19-6 所示。

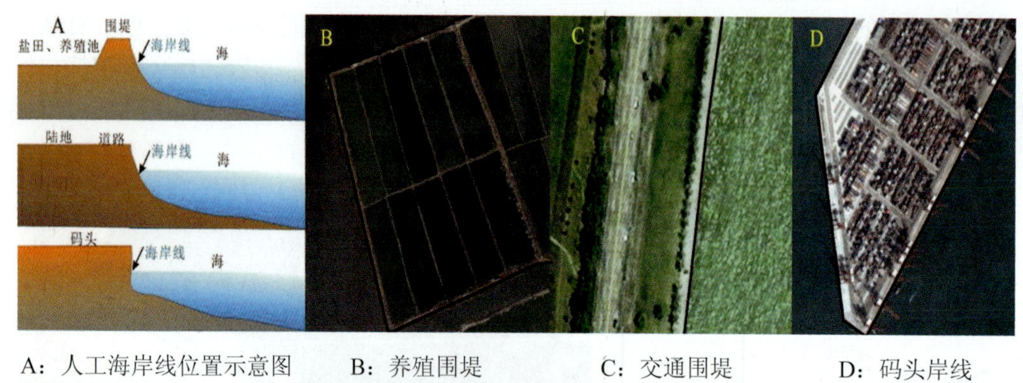

A：人工海岸线位置示意图　　B：养殖围堤　　C：交通围堤　　D：码头岸线

图 19-6　人工岸线位置

3）海岸线提取方法

水边线提取采用基于灰度分割的方法，通过 ENVI 遥感图像处理软件和 ArcGIS 软件处理完成，具体操作步骤为：

（1）用 ENVI 加载校正后的卫星遥感影像，分析中红外 1.55～1.75 μm 波段在水边线处灰度值范围，以确定灰度分割阈值；

（2）根据每景中红外 1.55～1.75 μm 波段水边线处分割阈值，对影像进行分割；

（3）利用非监督分类中 K-Means 方法对分类结果进行分类；

（4）将分类后的结果导出为矢量格式；

（5）在 ArcGIS 中处理矢量数据，包括碎多边形去除、平滑处理等操作；

（6）导出为线文件，并对线文件添加属性字段，叠加卫星影像，判读海岸线类型；

（7）检查海岸线数据的拓扑关系，排除数据冗余并保证海岸线数据的连续性。

19.5.1.2 海岸带区域生态系统格局及变化

1）建立海岸带土地覆盖三级分类系统

为准确反映海岸带狭长区域的土地覆被变化情况，在项目构建的土地覆盖分类系统二级分类水平的基础上，针对湿地类型增加了滨海滩涂类型，同时，结合遥感影像的分类精度，对部分二级类湿地进行细分，建立海岸带三级分类（表 19-8）。

表 19-8 海岸带生态系统三级分类系统

一级分类		二级分类		三级分类	
编码	名称	编码	名称	编码	名称
3	湿地	31	森林湿地		
		32	灌丛湿地		
		33	草本湿地	331	芦苇沼泽
				332	沼泽化草甸
		34	湖泊		
		35	水库/坑塘	351	水库
				352	坑塘
				353	养殖
				354	盐田
		36	河流	361	河流水面
				362	河漫滩
		37	运河/水渠		
		38	滨海滩涂	381	裸滩涂
				382	芦苇—翅碱蓬滩涂
				383	米草滩涂
				384	其他草本滩涂
				385	红树林滩涂

2）三级分类上湿地类型生态系统构成与比例

海岸带是一个狭长的区域，30 m 分辨率的遥感数据难以反映海岸带生态环境格局及变化；采用 CBERS-2B 高分全色影像与环境一号/TM 多光谱影像融合，进行现状年海岸带土地覆盖分类与信息提取。在此基础上，进行湿地生态系统三级分类格局与构成分析。成果统计格式见表 19-9（以三级分类为例），其中面积比例为某类型面积/全部类型总面积。

表 19-9 三级生态系统构成特征

类型	2000年		2005年		2010年	
	面积/km^2	比例/%	面积/km^2	比例/%	面积/km^2	比例/%
其他二级类型						
芦苇沼泽						
沼泽化草甸						
水库						
坑塘						
养殖						
盐田						
河流水面						
河漫滩						
裸滩涂						
芦苇—翅碱蓬滩涂						
米草滩涂						
其他草本滩涂						
红树林滩涂						

注：保留一位小数。

3）海岸带湿地生态系统质量

湿地生态系统采用年均净初级生产力（SD_AuN_i）、净初级生产力年总量（SD_ZN_i）、净初级生产力年变异系数（SD_CVN_i）、净初级生产力年均变异系数（SD_ACVN_i）等指标进行质量评估。

将 SD_AuN_i 分为低、较低、中、较高、高 5 级，每级对应取值为 0～6，6～12，12～18，18～24，24～∞，统计 2000—2010 年 SD_AuN_i 面积与比例（表 19-10），并将 SD_AuN_i 成图。

表 19-10 海岸湿地生态系统年均净初级生产力各等级面积及比例

年份	统计参数	低	较低	中	较高	高
2000	面积/km^2					
	比例/%					
2001	面积/km^2					
	比例/%					
2002	面积/km^2					
	比例/%					
2004	面积/km^2					
	比例/%					
2005	面积/km^2					
	比例/%					

年份	统计参数	低	较低	中	较高	高
2006	面积/km^2					
	比例/%					
2007	面积/km^2					
	比例/%					
2008	面积/km^2					
	比例/%					
2009	面积/km^2					
	比例/%					
2010	面积/km^2					
	比例/%					

19.5.2 海岸带区域生态系统景观格局的演变规律及变化驱动力分析

19.5.2.1 三级生态系统类型转换特征分析与评价

海岸带三级生态系统分布与构成转移矩阵，如表 19-11 所示。

表 19-11 海岸带三级生态系统分布与构成转移矩阵

单位：km^2

年代	类型	其他二级类型	芦苇沼泽	沼泽化草甸	水库	坑塘	养殖	盐田	河流水面	河漫滩	裸滩涂	芦苇—翅碱蓬滩涂	米草滩涂	其他草本滩涂	红树林滩涂	其他类型
2000—2005/2005—2010/2000—2010	其他二级类型															
	芦苇沼泽															
	沼泽化草甸															
	水库															
	坑塘															
	养殖															
	盐田															
	河流水面															
	河漫滩															
	裸滩涂															
	芦苇—翅碱蓬滩涂															
	米草滩涂															
	其他草本滩涂															
	红树林滩涂															
	其他类型															

注：保留一位小数。

综合生态系统动态度是根据生态系统三级分类构成变化分析与结果，进行综合分析，计算方法与生态系统格局分析时相同，结果统计见表 19-12。

表 19-12　三级综合生态系统动态度

单位：%

区域	综合生态系统动态度	2005 年	2010 年
黄海近海海岸	EC	4.0	1.3
环渤海近海海岸			
南海近海海岸			
汇总			

注：保留一位小数。

类型相互转化强度指数，土地覆被类型按照生态意义进行定级，并去除受人类活动影响变化较剧烈且无规律的耕地和人工表面，得到主要土地覆被类型的生态级别（表 19-13）。对土地覆被类型定级后，进行土地覆被类型变化前后级别相减，如果为正值则表示覆被类型转好，反之表示覆被类型转差。操作过程中，首先为每类生态系统按分级赋值，按指标计算类型相互转化强度，成果如表 19-14 所示。

表 19-13　海岸湿地三级生态系统类型分级标准

生态级别	1 级	2 级	3 级	4 级	5 级
三级生态系统类型	芦苇沼泽	米草滩涂	水库	养殖	其他非湿地类型
	河流水面	其他草本滩涂	坑塘	盐田	
	河漫滩	沼泽化草甸			
	裸滩涂				
	芦苇—翅碱蓬滩涂				
	红树林滩涂				

表 19-14　海岸带三级生态系统动态类型相互转化强度

单位：%

类型相互转化强度	2005 年	2010 年
芦苇沼泽 *LCCI*		
河流水面 *LCCI*		
……		

注：保留一位小数。

19.5.2.2　海岸带湿地生态系统质量变化分析

湿地生态系统质量变化情况采用净初级生产力年变异系数（$\mathrm{SD\_CVN}_i$）、净初级生产力年均变异系数（$\mathrm{SD\_ACVN}_i$）等指标进行评估。

将 $\mathrm{SD\_CVN}_i$ 按取值分为小、较小、中、较大、大等 5 级，各级别对应变异系数取值分别为 0～0.5，0.5～1，1～1.5，1.5～2，2～∞，统计每级变异系数面积及比例（表 19-15）。

表 19-15 湿地生态系统净初级生产力年变异系数各等级面积及比例

年份	统计参数	小	较小	中	较大	大
2000	面积/km^2					
	比例/%					
2001	面积/km^2					
	比例/%					
2002	面积/km^2					
	比例/%					
2004	面积/km^2					
	比例/%					
2005	面积/km^2					
	比例/%					
2006	面积/km^2					
	比例/%					
2007	面积/km^2					
	比例/%					
2008	面积/km^2					
	比例/%					
2009	面积/km^2					
	比例/%					
2010	面积/km^2					
	比例/%					

19.5.3 海岸带区域的生态服务功能现状及其变化分析

19.5.3.1 海岸带生态系统生物多样性维持功能及其十年变化

根据生境质量特征评估结果，将生境质量分为高、较高、中、较低、低五类，统计各类生境的面积及比例。将标准化后的生态系统生物多样性维持功能评估单元划分为高[0.8～1.0]、较高[0.6～0.8)、中[0.4～0.6)、较低[0.2～0.4)、低[0～0.2）五个等级，统计不同级别生态系统的面积及比例（表 19-16），并计算其转移矩阵（表 19-17），不同年份间转换分别制表。

表 19-16 海岸带生境质量分级特征

年份	统计参数	高	较高	中	较低	低
2000	面积/km^2					
	比例/%					
2005	面积/km^2					
	比例/%					
2010	面积/km^2					
	比例/%					

注：保留一位小数。

表 19-17 海岸带不同质量生境转移矩阵

单位：%

年代	等级	高	较高	中	较低	低
2000—2005	高					
	较高					
	中					
	较低					
	低					
2005—2010	高					
	较高					
	中					
	较低					
	低					
2000—2010	高					
	较高					
	中					
	较低					
	低					

注：保留一位小数。

19.5.3.2 海岸生态系统土壤保持功能及其十年变化

在各参数栅格图层基础上，使用 ArcGIS 中的栅格计算器（Raster calculator）计算得到土壤保持量 *SC*，单位为 t/（$hm^2 \cdot a$）。注意：在结果的统计和分析中有时需要将土壤保持量的单位转换为 t/（$km^2 \cdot a$），且参数中仅降雨侵蚀力和土壤可蚀性因子有量纲。

基于 2000 年、2005 年和 2010 年的土地覆盖以及植被覆盖度数据，计算相应年份生态系统土壤保持功能物质量。统计各年份土壤保持量最小和最大的栅格，将生态系统土壤保持功能（2000 年、2005 年和 2010 年三个时间点）的物质量评价结果进行标准化。

$$SSC_i=(SC_x-SC_{min})/(SC_{max}-SC_{min})$$

式中：SSC——标准化之后的生态系统土壤保持功能值；

SC_x——各评价单元（此处为栅格）生态系统土壤保持量；

SC_{max} 和 SC_{min}——生态系统土壤保持量的最大值和最小值；

i——年份。

将标准化后的生态系统土壤保持功能评估单元划分为高[0.8～1.0]、较高[0.6～0.8)、中[0.4～0.6)、较低[0.2～0.4)、低[0～0.2）五个等级，统计不同级别土壤保持功能生态系统的面积及比例（表 19-18）。

表 19-18 海岸带生态系统土壤保持功能分级特征

年份	统计参数	高	较高	中	较低	低
2000	面积/km^2					
	比例/%					
2005	面积/km^2					
	比例/%					
2010	面积/km^2					
	比例/%					

注：保留一位小数。

进一步，基于两个年份生态系统土壤保持功能分级数据，计算不同级别土壤保持功能生态系统转移矩阵（表 19-19）。

表 19-19 海岸带不同级别土壤保持功能生态系统转移矩阵

单位：%

年份	等级	高	较高	中	较低	低
2000—2005	高					
	较高					
	中					
	较低					
	低					
2005—2010	高					
	较高					
	中					
	较低					
	低					
2000—2010	高					
	较高					
	中					
	较低					
	低					

注：保留一位小数。

19.5.4 海岸带区域的主要生态环境问题及其胁迫因子分析

19.5.4.1 海岸带红树林分布十年变化分析

基于生态系统三级细化分类结果，统计并分析红树林面积及分布的变化，结合生态系统质量分析结果，总结红树林及其变化与生态环境的制约关系。

19.5.4.2 海岸带人工养殖、海港等生态影响及变化分析

基于生态系统三级细化分类结果，分析人工养殖、海港等典型人类活动的现状与十年变化，分析其对生态环境的影响。

19.5.4.3 人类活动胁迫综合评估分析

综合社会经济活动强度、开发建设活动强度、农业活动强度、污染物排放强度四类，建立人类活动胁迫综合指数，分析人类活动胁迫的强度特征。

采用主成分分析法评估各评估单元、不同时段人类活动胁迫的相对大小，确定 k 个主成分参量计算人类活动胁迫综合指数：

$$\text{HPI}=\sum_{g=1}^{k}(\lambda_g/\sum_{g=1}^{m}\lambda_g)F_g$$

式中，λ——特征根；

F——主成分分量。

该指数计算可以利用 SPSS 软件等进行计算。打开 SPSS20.00，以某一年各地区某一指标原始值为一列，录入 2000 年、2005 年和 2010 年各地区各评估指标数据，沿着主菜单的“Analyze→Dimension Reduction→Factor…”的路径打开因子分析选项框，按步骤顺序操作，设置分析的变量，打开 Extraction 对话框，在 Method 栏中选择主成分分析法（Principal components）。设置需要提取的主成分数目，再单击 OK 按钮，便可得到各个变量的特征值、累计贡献率和主成分中各变量的得分系数，计算各地区各年人类胁迫综合指数。

19.5.4.4 自然灾害胁迫综合评估分析

自然灾害胁迫分析采用自然灾害胁迫综合指数进行评价，指数综合考虑干旱、洪涝、地震、病虫草鼠和森林/草原火灾五种自然灾害发生强度。具体通过计算成灾和受损的农田、森林、灌丛、草地、湿地等生态系统面积与评估单元内这些生态系统总面积的比值得到，公式如下。

$$\text{NPI}_{i,t}=\frac{(A_d)_{i,t}+(A_{fl})_{i,t}+(A_b)_{i,t}+(A_f)_{i,t}+(A_e)_{i,t}}{(A_n)_{i,t}}$$

式中，$\text{NPI}_{i,t}$——第 i 评估单元第 t 年自然灾害胁迫综合指数；

$(A_d)_{i,t}$——第 i 评估单元第 t 年旱灾成灾面积，hm^2；

$(A_{fl})_{i,t}$——第 i 评估单元第 t 年洪涝灾害成灾面积，hm^2；

$(A_b)_{i,t}$——第 i 评估单元第 t 年病虫草鼠成灾面积，hm^2；

$(A_f)_{i,t}$——第 i 评估单元第 t 年森林/草地火灾火场面积，hm^2；

$(A_e)_{i,t}$——第 i 评估单元第 t 年地震受损生态系统总面积，hm^2；

$(A_n)_{i,t}$——第 i 评估单元第 t 年农田、森林、灌丛、草地、湿地等生态系统总面积，km^2。

19.5.5 海岸带区域生态环境保护对策

综合我国海岸带区域生态系统景观格局的演变规律及变化驱动力、生态环境综合质量评价、生态服务功能现状特征及变化、主要生态环境问题及胁迫因子等评估结果，提出海岸区域生态环境保护对策。

20 重大生态保护与建设工程区生态环境调查与评估

20.1 概述

评价全国重大生态建设工程区 2000—2010 年生态系统宏观结构、生态系统质量、防风固沙功能、水土保持功能、水源涵养功能、生物多样性保护功能、工程执行成效以及生态胁迫强度的变化特征，分析重大生态建设工程区十年生态变化，以便为我国生态建设工程的滚动实施提供决策依据。

20.2 目标与内容

20.2.1 目标

参照《全国生态环境建设规划》，对 2000 年以来实施的生态环境保护与建设重大工程，包括退耕还林还草、退牧还草、天然林保护、“三北”防护林、长江防护林、京津风沙源治理、三江源生态建设等工程，开展调查与评估。

20.2.2 范围

时间范围：2000 年、2005 年 2010 年。

空间范围：耕还林还草、退牧还草、天然林保护、“三北”防护林、长江防护林、京津风沙源治理、三江源生态建设等工程范围。

20.2.3 工作任务

（1）工程区森林、灌木、草地、荒漠、湿地等主要生态系统宏观格局与质量的十年变化；

（2）工程区水源涵养、水土保持、生物多样性保护与防风固沙等主要生态系统服务的变化；

（3）工程对生态系统宏观格局、质量和服务功能的影响；

（4）工程区预期目标的实现情况、取得的经验及存在的问题。

20.3 评估指标体系

依据重大生态建设工程的评估内容，确定相应的评估指标，主要涉及生态系统宏观格局、质量、服务功能、执行成效、胁迫因素五个方面，见表 20-1。

表 20-1 重大生态建设工程综合生态成效评估指标体系

调查内容	调查项目	评价指标	数据需求	数据来源
生态系统宏观格局	生态系统结构变化	生态系统类型面积变化率	各时段一级和二级各类生态系统面积	项目其他专题
	生态系统类型的转换特征	各生态系统类型变化方向	各时段一级和二级各类生态系统分布	
		综合生态系统动态度	各时段一级和二级各类生态系统分布	
		类型相互转化强度	各时段一级和二级各类生态系统分布	
	荒漠化蔓延趋势	荒漠生态系统面积变化	各时段各类荒漠生态系统面积	
	湿地与内陆水体萎缩或扩大	湿地、水体生态系统面积变化	各时段各类湿地生态系统面积	
生态系统质量	植物生物量的空间格局和十年变化	相对生物量密度	生态系统类型分布	项目其他专题
			生态系统生物量分布	
			各类生态系统调查样地实测生物量	
			生态区地带性顶级生态系统生物量	
	植被覆盖度的空间格局和十年变化	植被覆盖度	纯植被像元的 NDVI 值	
			完全无植被覆盖像元的 NDVI 值	
	生态系统初级生产力格局与十年变化	相对初级生产力	净初级生产力	
			生态区地带性顶级生态系统净初级生产力	
	荒漠生态系统	荒漠稳定度	干燥指数	
	湿地生态系统	断流/干枯时间	水文监测数据	
生态系统服务功能	防风固沙	风蚀模数	风速，空气相对湿度，植被盖度，人为地表结构破损率，颗粒平均粒径，土体硬度，坡度，距参照点距离，风蚀地形起伏度	项目其他专题
	水土保持	侵蚀模数	降雨侵蚀力，土壤可蚀性，坡度—坡长因子，植被覆盖因子，管理因子	
	水源涵养	调节水量	生态系统面积，多年均降雨总量，产流降雨量（$P>20$ mm），产流降雨量占降雨总量的比例，产流降雨条件下裸地、林地降雨径流率	
	生物多样性保护	生物生境质量指数	土地利用与土地覆盖或生境类型，不同胁迫因子（自然/人为因子）空间分布数据，不同胁迫因子对生境影响范围，不同胁迫因子权重，不同胁迫因子对生境影响递减指数，保护区分布图，生境对每种胁迫因子敏感度指数	
		生境稀缺性		

调查内容	调查项目	评价指标	数据需求	数据来源
生态工程执行成效	退耕还林率	已退面积/应退面积	预期退耕还林面积，实际退耕还林面积	本专题
	天然林保护覆盖率	实现保护面积/规划保护面积	预期天然林保护面积，实际天然林保护面积	
	天然林采伐调减量	天然林采伐量/总采伐量	各时段天然林采伐量占总采伐量的比例	
	封山育林率	生态公益林面积比例	各时段生态公益林面积、比例	
	林草覆盖增加	林草覆盖率	各时段林草覆盖面积、比例	
	宜林荒山荒地造林率	已造林面积/规划造林面积	各时段宜林荒山荒地范围，造林面积	
	草地围栏率	已围栏面积/规划围栏面积	各时段草地围栏面积、比例	
	退牧还草率	已退面积/应退面积	预期退牧还草面积，实际退牧还草面积	
	造林	森林覆盖率	各时段森林覆盖面积、比例	
		造林面积	各时段造林面积	
生态环境胁迫特征	自然条件	气象气候	温度、降水量、蒸发散量、相对湿度、风向风速、洪涝灾害、干旱指数年平均值、极端最高、极端最低值，年际变化	项目其他专题
		水文与水资源	水系、水位、可利用水资源量年平均值，年际变化，冰川、雪线及年际变化	
	社会经济状况	社会状况	总人口，人口密度，城市化水平，城镇建设用地	
		经济状况	GDP 年总量、人均量，农、牧、林、渔、工业年产值，年际变化，矿产开发强度，单位面积化肥使用量，单位草地面积羊单位等	
	人类活动	人类活动负向胁迫	建筑、道路密度，放牧强度，森林采伐强度等	
		人类活动正向胁迫（生态保护与修复工程）	工程投入、实施时间、实施区域、工程措施等	本专题

20.4 评估技术方法

20.4.1 生态系统宏观结构

20.4.1.1 基于一级分类的各类生态系统结构比例

指标含义：土地覆被分类系统中，基于一级分类的各类生态系统面积比例。

计算公式为：

$$P_{ij} = \frac{S_{ij}}{\text{TS}}$$

基本参数：P_{ij} 土地覆被分类系统中基于一级分类的第 i 类生态系统在第 j 年的面积比例；S_{ij} 土地覆被分类系统中基于一级分类的第 i 类生态系统在第 j 年的面积；TS 评价区域总面积。

20.4.1.2 基于二级分类的各类生态系统类型结构比例

指标含义：土地覆被分类系统中，基于二级分类的各类生态系统面积比例。

计算公式为：

$$P'_{ij} = \frac{S'_{ij}}{\mathrm{TS}}$$

20.4.1.3 基本参数

P'_{ij} 土地覆被分类系统中基于二级分类的第 i 类生态系统在第 j 年的面积比例；S'_{ij} 土地覆被分类系统中基于二级分类的第 i 类生态系统在第 j 年的面积；TS 评价区域总面积。生态系统类型面积变化率。

指标含义：研究区一定时间范围内某种生态系统类型的数量变化情况。

计算公式为：

$$E_V = \frac{\mathrm{EU}_b - \mathrm{EU}_a}{\mathrm{EU}_a} \times 100\%$$

基本参数：E_V 研究时段内某一生态系统类型的变化率；$\mathrm{EU}_a/\mathrm{EU}_b$ 研究期初及研究期末某一种生态系统类型的数量（例如，可以是面积、斑块数等）。

20.4.1.4 各生态系统类型变化方向（生态系统类型转移矩阵与转移比例）

指标含义：借助生态系统类型转移矩阵全面具体地分析区域生态系统变化的结构特征与各类型变化的方向。转移矩阵的意义在于它不但可以反映研究期初、研究期末的土地利用类型结构，而且还可以反映研究时段内各土地利用类型的转移变化情况，便于了解研究期初各类型土地的流失去向以及研究期末各土地利用类型的来源与构成。

计算方法：

ArcGIS9.2 软件平台下，利用 Arctoolbox 工具，选择 Spatial Analyst Tools-Zonal-Tabulate Area 工具即可实现。

在对生态系统类型转移矩阵计算的基础上，还可以计算生态系统类型转移比例，计算公式如下：

$$\begin{cases} A_{ij} = a_{ij} \times 100 / \sum_{j=1}^{n} a_{ij} \\ B_{ij} = a_{ij} \times 100 / \sum_{i=1}^{n} a_{ij} \\ \text{变化率}(\%) = \left(\sum_{i=1}^{n} a_{ij} \right) / \sum_{j=1}^{n} a_{ij} \end{cases}$$

基本参数：i 研究初期生态系统类型；j 研究末期生态系统类型；a_{ij} 表示生态系统类型的面积；A_{ij} 研究初期第 i 种生态系统类型转变为研究末期第 j 种生态系统类型的比例；B_{ij} 研究末期第 j 种生态系统类型中由研究初期的第 i 种生态系统类型转变而来的比例。

20.4.1.5 生态系统综合变化率

指标含义：定量描述生态系统的变化速度。生态系统综合变化率综合考虑了研究时段内生态系统类型间的转移，着眼于变化的过程而非变化结果，反映研究区生态系统类型变化的剧烈程度，便于在不同空间尺度上找出生态系统类型变化的热点区域。

计算公式为：

$$\mathrm{EC}=\frac{\sum_{i=1}^{n}\Delta\mathrm{ECO}_{i-j}}{2\sum_{i=1}^{n}\mathrm{ECO}_i}\times 100\%$$

基本参数：ECO_i 监测起始时间第 i 类生态系统类型面积；ECO_i 根据全国生态系统类型图矢量数据在 ArcGIS 平台下进行统计获取。$\Delta\mathrm{ECO}_{i\text{-}j}$ 监测时段内第 i 类生态系统类型转为非 i 类生态系统类型面积的绝对值；$\Delta\mathrm{ECO}_{i\text{-}j}$ 根据生态系统转移矩阵模型获取。

20.4.1.6 类型相互转化强度（土地覆被转类指数）

指标含义：反映土地覆被类型在特定时间内变化的总体趋势。

计算方法：

对本研究中定义的土地覆被类型按照一定的生态意义进行定级，并去除受人类活动影响变化较剧烈且无规律的农田 6 和城镇 7，得到全国主要土地覆被类型的生态级别。

对土地覆被类型定级后，进行土地覆被类型变化前后级别相减，如果为正值则表示覆被类型转好，反之表示覆被类型转差。并进一步定义土地覆被转类指数（Land Cover Chang Index，LCCI）：

$$\mathrm{LCCI}_{ij}=\frac{\sum[A_{ij}\times(D_a-D_b)]}{\sum A_{ij}}\times 100\%$$

LCCI_{ij} 值为正，表示此研究区总体上土地覆被类型转好；LCCI_{ij} 值为负，表示此研究区总体上土地覆被类型转差。

基本参数：LCCI_{ij} 某研究区土地覆被转类指数；i 研究区；j 土地覆被类型 j=1，…，n；A_{ij} 某研究区土地覆被一次转类的面积；D_a 转类前级别；D_b 转类后级别。

20.4.2 生态系统质量

20.4.2.1 相对生物量密度

指标含义：基于像元的（森林、草地、湿地、荒漠）生态系统生物量与该生态系统类型最大生物量的比值。

计算公式为：

$$\mathrm{RBD}_{ij}=\frac{B_{ij}}{\mathrm{CCB}_j}\times 100\%$$

基本参数：RBD_{ij}为j生态系统i像元相对生物量密度；B_{ij}为j生态系统i像元生物量，通过遥感获得；CCB_j为j类生态系统顶级群落每像元的生物量，运用生态系统长期定位观测数据，或样地调查数据。

20.4.2.2 植被覆盖度

指标含义：反映地表植被覆盖状况和监测生态环境的重要指标。

计算公式为：

$$F_c=\frac{\mathrm{NDVI}-\mathrm{NDVI}_{\mathrm{soil}}}{\mathrm{NDVI}_{\mathrm{veg}}-\mathrm{NDVI}_{\mathrm{soil}}}$$

植被指数与植被覆盖度有较好的相关性，可以用归一化植被指数（Normalized Difference Vegetation Index，NDVI）来计算植被覆盖度。根据像元二分模型理论，可以认为一个像元的NDVI值是由绿色植被部分贡献的信息与无植被覆盖部分贡献的信息组合而成，植被覆盖度可根据公式获得：

基本参数：F_c为植被覆盖度；NDVI 为通过遥感影像近红外波段与红光波段的发射率来计算。$\mathrm{NDVI}_{\mathrm{veg}}$为纯植被像元的 NDVI 值；$\mathrm{NDVI}_{\mathrm{soil}}$为完全无植被覆盖像元的 NDVI 值。

20.4.2.3 相对初级生产力

指标含义：基于像元的净（森林、草地）初级生产力与该生态系统类型最大净初级生产力的比值。

计算公式为：

$$\mathrm{NPPD}_i=\frac{\mathrm{NPP}_i}{\mathrm{MNPP}_j}$$

基本参数：NPPD_i为i像元净初级生产力指数；NPP_i为i像元净初级生产力，通过遥感获得；MNPP_j为j类生态系统顶级群落的净初级生产力，运用生态系统长期定位观测数据，或文献研究数据。

20.4.3 防风固沙功能

分别从面上风蚀量、风蚀敏感性与观测到的沙尘天气强度进行评价。

土壤风蚀强度的变化通过对比 2000 年、2005 年、2010 年风蚀模数的变化进行防风固沙功能的评价，采用中国专家董治宝先生建立的风蚀量统计模型估算风蚀强度。计算公式为：

$$Q=\iiint_{t\,x\,y}\left\{3.90\left(1.0413+0.0441\theta+0.0021\theta^2-0.0001\theta^3\right)\cdot\left[V^2\left(8.2\times10^{-5}\right)\cdot V_{CR}\cdot S_{DR}^2/\left(H^8\cdot d^2\cdot F\right)_{x,y,t}\right]\right\}d_x d_y d_t$$

基本参数：各变量量纲如下：Q为风蚀流失量，t；V为风速/（m/s）；H为空气相对湿度，%；V_{CR}为植被盖度，%；S_{DR}为人为地表结构破损率，%；d为颗粒平均粒径，mm；F为土体硬度，（N/cm^2）；θ为坡度，（°）；x为距参照点距离，km；y为距参照点距离，km；t为时间，s。

土壤风蚀敏感性参考环境保护部《生态功能区划暂行规程》的生态系统敏感性评价方法，风蚀敏感性的影响指标包括土壤质地、土壤可蚀性、地形起伏度、植被状况、风场强度和土壤表层湿度。获取上述影响指标的变化数据，从而估算风蚀敏感性程度，再根据敏感性程度的差异将每一种侵蚀类型细化为不敏感、轻度敏感、中度敏感、重度敏感四个等级。

沙尘天气天数是防风固沙功能最为直观的评价指标，数据主要来源于京津风沙源区内气象站点观测，通过分析 2000—2010 年的变化进行评价。

20.4.4 水土保持功能

分别从土壤水蚀类型、强度、敏感性以及水文站含沙量进行评价。

土壤水蚀强度的变化通过对比 2000 年、2005 年、2010 年水蚀模数的变化进行水土保持功能的评价。采用通用水土流失方程 USLE 进行评价，包括自然因子和管理因子两类。在具体计算的时候，需要利用已有实测的土壤保持数据对模型模拟结果进行验证，并且修正参数。

$$\mathrm{USLE}_x = R_x \cdot K_x \cdot LS_x \cdot C_x \cdot P_x$$

基本参数：USLE_x表示栅格 x 的土壤侵蚀量；R_x为降雨侵蚀力；K_x为土壤可蚀性；LS_x为坡度—坡长因子；C_x为植被覆盖因子；P_x为管理因子。

根据泥沙输移路径，每一栅格将持留部分泥沙，SEDR_x为栅格 x 土壤持留量；SE_x为栅格 x 的持留效率；USLE_y为上坡栅格 y 产生的泥沙量；SE_z为上坡栅格的泥沙持留量；

$$\mathrm{SEDR}_x = \mathrm{SE}_x \sum_{y=1}^{x-1} \mathrm{USLE}_y \prod_{z=y+1}^{x-1} (1-\mathrm{SE}_z)$$

潜在土壤保持量可以通过下述公式估计：

$$\mathrm{SEDRET}_{xD} = R_x \cdot K_x \cdot SL_x \cdot \left(1 - C_x \cdot P_x\right) + \mathrm{SEDR}_x$$

基本参数：土地覆被类型，来源于遥感解译或其他；降雨侵蚀力，来源：Fouriner 指数。

计算及获取方法：$R = 4.17 \cdot \sum_{i=1}^{12} \frac{j_i^2}{J} - 152$

式中，j表示月降水；J表示年降水；i表示月份。

土壤可蚀性因子：来源于土壤类型模型或文献。

计算及获取方法：

$$K = \frac{2.1 \cdot 10^{-4} \cdot (12-O) \cdot M^{1.14} + 3.25 \cdot (S-2) + 2.5 \cdot (P_j - 3)}{100} \cdot 0.131\,7$$

式中，K为土壤可蚀性因子；O为有机质含量百分比；M为土壤颗粒级配参数；S为土壤结构等级；P_j为渗透等级。

部分土壤类型 K 值，如表 20-2 所示。

表 20-2 部分土壤类型 K 值（文献来源）

土壤类型	K 值	土壤类型	K 值	土壤类型	K 值
草褐土	0.362 6	湿潮土	0.353 7	淋溶棕壤	0.240 2
潮土	0.340 1	石灰性褐土	0.349 6	沙姜潮土	0.340 1
粗草棕壤	0.240 2	山地草甸土	0.213 7	盐潮土	0.411 6
褐土	0.322 1	沼泽草甸土	0.213 6	生草棕壤	0.240 2
棕土	0.215 7				

地被物覆盖因子（C）：来源于文献或专家咨询；

人为管理措施因子（P）：来源于文献或专家咨询。

局部区域 CP 值，如表 20-3 所示。

表 20-3 局部区域 CP 值（文献来源）

	森林	灌丛	园地	水田	旱地	水域	建设用地	裸地	草地
C	0.005	0.099	0.18	0.18	0.228	0	0	1	0.112
P	1	1	0.69	0.15	0.352	0	0.01	1	1

地被物阻挡泥沙效率：来源于文献或专家咨询（天然植被最大可认为 100%）

坡长坡度因子：来源于通过下述模型从 DEM 中提取

计算及获取方法：

坡度因子：

$S = 10.8 \sin\theta + 0.03 \qquad \theta < 5^{\circ}$

$S = 16.8 \sin\theta - 0.5 \qquad 5 \leqslant \theta < 10^{\circ}$

$S = 21.91 \sin\theta - 0.96 \qquad \theta \geqslant 10^{\circ}$

θ：表示坡度（°）

坡长因子：

$$L = \left(\frac{\lambda}{72.1}\right)^{m}$$

$m = 0.2 \quad \theta \leqslant 1\%$

$m = 0.3 \quad 1\% < \theta \leqslant 3\%$

$m = 0.4 \quad 3\% < \theta \leqslant 5\%$

$m = 0.5 \quad \theta \geqslant 5\%$

θ：表示坡度百分比

土壤水蚀敏感性参考环境保护部《生态功能区划暂行规程》的生态系统敏感性评价方法，水蚀敏感性的影响指标包括降雨侵蚀力、土壤质地、土壤可蚀性、地形起伏度和植被状况。获取上述影响指标的变化数据，从而估算水蚀敏感性程度，再根据敏感性程度的差异将每种侵蚀类型细化为不敏感、轻度敏感、中度敏感、重度敏感四个等级。

选取工程区主要水文站分析含沙量变化，来间接反映生态系统的水土保持功能。

20.4.5 水源涵养功能

采用降水贮存量法，即用森林生态系统的蓄水效应来衡量其涵养水分的功能。计算公式为：

$$Q = A \cdot J \cdot R$$

$$J = J_0 \cdot K$$

$$R = R_0 - R_g$$

基本参数：Q：与裸地相比较，森林、草地、湿地、耕地、荒漠等生态系统涵养水分的增加量[mm/（hm^2/a）]；A：生态系统面积（hm^2）；J：计算区多年均产流降雨量（$P>20$ mm）（mm）；J_0：计算区多年均降雨总量（mm）；K：计算区产流降雨量占降雨总量的比例；R：与裸地（或皆伐迹地）比较，生态系统减少径流的效益系数；R_0：产流降雨条件下裸地降雨径流率；R_g：产流降雨条件下生态系统降雨径流率。K：根据赵同谦等以秦岭—淮河一线为界限将全国划分为北方区和南方区。而北方降雨较少，降雨主要集中于 6 — 9 月份，甚至一年的降雨量主要集中于一两次降雨中。南方区降雨次数多、强度大，主要集中于 4—9 月份。因此，建议北方区 K 取 0.4，南方区 K 取 0.6。R：根据已有的实测和研究成果，结合各种生态系统的分布、植被指数、土壤、地形特征以及对应裸地的相关数据，可确定全国主要生态系统类型的 R 值，表 20-4 是主要森林生态系统的 R 值。其他草地、灌木林、沼泽等生态系统的 R 值有待于进一步确定。

表 20-4 中国主要森林生态系统类型 R 值

森林类型	寒温带落叶松林	温带针叶林	温带亚、热带落叶阔叶林	温带落叶小叶疏林	亚热带常绿落叶阔叶混交林林	亚热带常绿阔叶林	亚热带、热带针叶林	亚热带热带竹林	热带雨林、季雨林
R 值	0.21	0.24	0.28	0.16	0.34	0.39	0.36	0.22	0.55

冰川、湖泊、河流、水库等湿地生态系统水源涵养量为系统平均储水（蓄水）量。

20.4.6 生物多样性保护功能

指标含义：主要从区域生境质量、生境稀缺性两个方面评价区域生物多样性维持功能。计算方法如下所述。

20.4.6.1 生境质量

采用生境质量指数评价生境质量：

$$Q_{xj} = H_j \left(1 - \left(D_{xj}^z \Big/ D_{xj}^z + k^z \right) \right)$$

式中，Q_{xj}——土地利用与土地覆盖 j 中栅格 x 的生境质量；

D_{xj}——土地利用与土地覆盖或生境类型 j 栅格 x 的生境胁迫水平：

$$D_{xj}=\sum_{r=1}^{R}\sum_{y=1}^{Y_r}\left(w_r \Big/ \sum_{r=1}^{R} w_r\right) r_y i_{rxy}\beta_x S_{jr}$$

式中，栅格 y 中胁迫因子 r（r_y）对栅格 x 中生境的胁迫作用为 i_{rxy}。

$$i_{rxy}=1-\left(\frac{d_{xy}}{d_{r\max}}\right)\text{（线性）}$$

$$i_{rxy}=\exp\left(-\left(\frac{2.99}{d_{r\max}}\right)d_{xy}\right)\text{（指数）}$$

式中，d_{xy}——栅格 x 与栅格 y 之间的直线距离；

$d_{r\max}$——胁迫因子 r 的最大影响距离；

W_r——胁迫因子的权重，表明某一胁迫因子对所有生境的相对破坏力；

β_x——栅格 x 的可达性水平，1 表示极容易达到；

S_{jr}——土地利用与土地覆盖（或生境类型）j 对胁迫因子 r 的敏感性，该值越接近 1 表示越敏感；

K——半饱和常数，当 $1-\left(D_{xj}^{z} \Big/ D_{xj}^{z}+k^{z}\right)=0.5$ 时，k 值等于 D 值；

H_j——土地利用与土地覆盖 j 的生境适合性。

20.4.6.2 生境稀缺性

$$R_x=\sum_{x=1}^{X}\sigma_{xj}R_j$$

式中，R_x——栅格 x 的稀缺性。

如果栅格 x 在土地利用与土地覆盖 j 中，$\sigma_{xj}=1$。

$$R_j=1-\frac{N_j}{N_{j,\text{baseline}}}$$

土地利用与土地覆盖 R_j 值越接近 1，土地利用与土地覆盖受到保护的可能性越大，如果土地利用与土地覆盖 j 在基线景观格局下消失，则 R_j=0；

式中，N_j——当前土地利用与土地覆盖 j 的栅格数；

$N_{j,\text{baseline}}$——基线景观格局下土地利用与土地覆盖 j 栅格数。

20.4.6.3 基本参数

（1）土地利用与土地覆盖或生境类型：来源于遥感解译；

（2）不同胁迫因子（自然/人为因子）空间分布数据：来源于基础地形图、土地利用类型图。自然因子如自然灾害、滑坡、泥石流等；人为因子如道路、城镇居民点、农田等；

（3）不同胁迫因子对生境影响范围（km）：来源于文献或专家咨询；

（4）不同胁迫因子权重（0，1）：来源于文献或专家咨询；

（5）不同胁迫因子对生境影响递减指数（0，1）：来源于文献或专家咨询；

（6）保护区分布图：来源于资料收集；

（7）生境对每种胁迫因子敏感度指数（0，1）：来源于文献或专家咨询。

20.4.7 工程执行成效评价

退耕还林率=实际退耕还林面积/预期退耕还林面积；

保护覆盖率=实际天然林保护面积/预期天然林保护面积；

天然林采伐调减量即各时段采伐天然林的比例是否有所下降，表示为天然林采伐量与总采伐量之比；

封山育林率即已封山育林面积与应封山育林面积之比，可用生态公益林面积比例表示；

宜林荒山荒地造林率=宜林区造林面积/宜林区应造林面积；

林草覆盖增加率是森林、草地覆盖比例，如退耕还林工程 2010 年目标之一是林草覆盖率增加 4.5 个百分点；

草地围栏率=已围栏草地面积/应围栏草地面积。

20.4.8 胁迫强度

20.4.8.1 城镇建设用地指数

指标含义：遥感解译得到的建设用地占评价单元的面积比例。

计算公式为：

$$\mathrm{USLI}=\frac{S_{\mathrm{USL}}}{\mathrm{TS}}\times 100\%$$

基本参数：建设用地参见“全国生态环境遥感调查土地覆被分类系统”。

20.4.8.2 交通用地强度指数

指标含义：根据评价区域内单位面积道路建设长度评价交通建设对生态系统的胁迫强度。

计算方法：根据道路建设长度与评价区域的总面积的比值进行评价。

基本参数：道路建设长度：遥感解译得到的道路长度。评价区域总面积：来源于行政区划图。

20.4.8.3 水资源利用强度指数

指标含义：采用用水量占水资源总量的比值评价区域水资源利用状况。

计算方法：

根据区域工业、农业、生活、环境等用水量占评价区域的水资源总量比值进行评价，评价方法如下：

$$\text{水资源利用强度指数}=\frac{\text{区域工业、农业、生活、环境等用水量}}{\text{评价区域水资源总量}}\times 100\%$$

基本参数：区域工业、农业、生活、环境等用水量：依据区域水资源公报获取数据；评价区域水资源总量：依据区域水资源公报获取数据。

20.4.8.4 人口密度

指标含义：单位面积土地上居住的人口数，是表示某一地区范围内人口疏密程度的指标，可反映人口增长、迁徙给生态系统带来的压力。

计算公式为：

$$\mathrm{PD}_t=\frac{P_t}{A}$$

基本参数：PD_t 为评价单元人口密度；P_t 为评价单元内总人口数，各省统计年鉴，重点城市群城市统计年鉴；A 为评价单元总面积，来源于行政区划图。

20.4.8.5 单位国土面积 GDP

指标含义：用来反映特定区域经济发展状况。

计算公式为：

$$\text{单位国土面积GDP}=\frac{\text{评价区域GDP}}{\text{评价区域面积}}\times 100\%$$

基本参数：GDP 为统计年鉴直接获得省域或县域统计数据；评价区域面积：来源于行政区划图。

21 质量控制与精度评估

21.1 概述

质量控制是为达到质量要求所采取的作业技术和活动，通过监视质量形成过程，消除质量环上所有阶段引起不合格或不满意效果的因素，以达到质量要求。质量评估是通过构建精度分析与质量评价体系，对调查评估成果的精度、可信度等进行评估。

21.2 目标与任务

目标：规定项目实施质量管理的工作要求，以及各个技术环节的质量实施标准，实现有效的调查评估质量控制与管理，保证项目的顺利进行，提高调查评估成果的精度与可信度。

任务：建立质量保障管理体系，构建各环节技术质量实施标准，实施全过程质量检查与监督评审，实施数据成果精度分析与质量评估。

21.3 质量保障体系

21.3.1 建立调查评估质量保证制度

对调查评估中的数据与专题产品实行过程检查和最终检查，实行“三级检查，两级验收”的检查验收制度。按照要求填写数据的质量跟踪卡。

21.3.1.1 实行“三级检查，两级验收”制度

对调查评估中的数据与专题产品实行过程检查和最终检查，建立“三级检查，两级验收”的成果检查验收制度。其中，过程检查包括作业人员的自检、互检、复检，每道工序检查合格后方可进入下道工序；最终检查包括专题验收与项目预验收，由项目质量实施小组配合实施管理组完成。具体任务如下所述。

1）三级检查

自检：由各个任务承担单位负责完成。课题/专题实施过程中，针对数据获取、处理与分析等作业任务，技术人员除按照相关的技术规范严格执行外，还要对处理结果进行自检，自检覆盖率必须在100%，数据质量合格率要求100%，不合格数据产品要重新返工。填写

质量跟踪卡和数据处理日志文件，随数据结果一并提交。

互检：由各个任务承担单位负责完成。课题/专题实施过程中，由任务承担人员之间或请其他单位第三方技术人员对数据处理、调查分析等结果进行交叉互检，互检覆盖率为100%，合格率要求100%，并填写质量跟踪卡和数据处理日志文件，把记录反馈给数据处理人员作为下一步工作的依据。

复检：分别由专题定期和质控小组不定期开展，各专题对下属课题成果进行汇总与质量检查，并形成修改意见交任务承担单位，相关单位对照意见和建议进行修改，不能修改的需书面说明理由。质控小组开展不定期评审，检查各个专题的任务完成与成果情况，检查内容包括技术操作规范性，文字资料、图件、数据集等成果质量，质量检查记录和疑难问题的解决情况等，形成评审与整改意见。

质量职责明确为：成果质量检查与监督由项目质控小组统一管理。专题承担单位对专题的成果质量负领导责任，对下属课题承担成果质量负有监督责任。课题承担单位对本单位承担任务的成果质量负领导责任。

2）两级验收

专题验收：项目层次上由质量实施小组审核专题成果，配合协助项目实施管理组完成对各个专题的验收。在此之前，由各专题负责单位、各省（自治区、直辖市）环保厅（局）负责完成专题及各省（自治区、直辖市）内下设全部课题的验收，并适时向实施管理组提出专题验收申请。

项目验收：通过专题验收的数据与成果经汇总与集成后形成项目层次的调查评估总报告、专题图集、数据集等成果，在项目正式验收前，质控小组组织专家进行预验收，对成果的质量进行再次确认和验收。

21.3.1.2 **数据与成果管理制度**

1）建立质量跟踪卡

对每套数据集、每幅图，均建立一个质量跟踪卡，在数据处理的各个环节对数据的基本信息、数据处理人、自检互检情况、复检情况、存在的问题做详细记录，从资料收集、资料预处理，直到数据验收，记录每一个工序进行的操作、存在的问题及处理方法等，由作业员及质量检查员签名，对存在的数据质量问题可以追溯到相关责任人。

2）成果管理与发布

各专题承担单位负责对本专题各阶段数据集、图集、报告等成果进行审核与上报，将不符合验收标准的成果进行汇总分类，并由返回任务负责人修正。

质控小组对项目实施不同阶段实施过程形成的记录、成果以及其他资料进行验收确认与汇总分析，编写项目成果质量实施与评价报告，纳入工作成果库存档。

对要公开发布的调查结果，统一进行审核与确认，包括涉密审查等，原则上须通过正式项目验收后由项目组织协调小组同意后统一发布。项目执行过程中以论文/专利等形式提前发表的成果需要报送组织实施管理组审核同意。

21.3.2 分环节制定质量实施标准

针对项目实施各个技术环节，规定质量实施措施和指标要求，主要包括数据与数据处理、野外调查/核查作业、土地覆盖产品生产、生态参量信息提取、调查精度评估分析、成果提交与确认等。

21.3.3 实施项目全流程管理

质量实施与管理范围贯穿项目实施的全过程，主要包括立项论证，技术培训，工作检查。

21.3.3.1 立项论证

设计审查由采取初审、审批的两级审查制度。

21.3.3.2 技术培训

由项目统一组织在全国层面开展，各省级专题在此基础上分别组织开展本省专题技术培训，培训内容主要为项目统一编制的系列调查评估技术要求与分环节的调查评估质量实施具体要求，保证项目各参加单位技术人员在统一的标准下开展工作。

21.3.3.3 工作检查

分别由实施管理组对各专题，各专题对各课题在项目和专题两个层次进行工作检查，依据各任务承担单位的任务合同书，进行技术核查与评审以及成果抽检。

其中，技术核查与评审通过定期召开评审会议、实地视察、审查成果等方式，对各专题、课题进行任务进度检查、技术规范监督、成果质量评估，确保各专题、课题按照项目实施总体要求和时间节点开展调查评估工作，各项作业流程按照相关技术要求规定的标准进行，经费使用符合项目《资金使用管理办法》规定，执行率与任务完成情况相互匹配。评审后形成评审报告返回相关任务承担单位，通知相关责任人针对提出的各类问题给出必要说明并及时采取有效的纠正措施，对于评审结果存在重大问题与风险的单位，单独进行再次评审。检查结束后由质量实施小组依据评审报告、整改措施落实情况与再审结果等形成评审与整改报告，上报实施管理组存档。

成果抽检，是对各专题提交的阶段性与最终成果，进行不定期的随机抽样检查，保证每个国家级专题、省级专题均有 30%的抽检数量。

21.4 数据处理质量要求

数据源的质量保证作为调查评估质量实施的基础工作，直接决定项目各尺度、各区域的调查与评估结果的精度与准确度。

21.4.1 遥感数据选取质量要求

卫星数据和辅助基础数据的质量实施主要包括噪声控制、时相选择、信息直观效果、视角选择、数据资料完备性等。具体质量技术要求指标如下：

（1）噪声控制方面，要求单景影像平均云量、雪量小于 10%（常年积雪地区对雪量覆盖不作要求），且不能覆盖重要地物；受人为干扰影响小、地表景观不易发生变化的区域，可适当放宽；受人为干扰影响大、地表景观易发生态变化的区域（如城乡结合部、开发区域等）要求尽量没有云、雪覆盖；影像中条纹或者环线面积要求小于全幅面积的 5%。

（2）时相选择方面，要求在遥感数据的时相选择按照全国南北纬度差异，地表景观季节差异、天气条件和地形状况进行选择，原则上，东北、内蒙古、西北和青藏高原地区采用的遥感图像时相要求在该年 6—9 月。华北、华中、华东等中部地带遥感图像时相要求在该年 5—10 月。华南地带植被覆盖全年变化不大，且受到云雨等影响遥感图像时相可放宽到冬季的 11 月—次年 1 月。受人为干扰影响小、地表景观不易发生变化的其他区域，时相可适当放宽。

（3）信息直观效果方面，要求选取的影像便于目视解译，目标地物的大小、形状、阴影、色调、纹理、图型等解译标志信息突出、明显，能够尽可能地反映和表现目标地物的各种特征。影像的覆盖范围应大于成图范围，景与景之间应有适度重叠，无漏洞或者裂缝。

（4）视角选择方面，要求山区影像侧视角不宜大于 16°，平地地区的影像侧视角不宜大于 20°。

（5）数据资料完备性方面，要求遥感数据包括：①数字影像数据；②遥感器参数，包括遥感器类型、扫描带宽、空间分辨率、光谱分辨率以及其他特征参数；③遥感数据获取时的参数，包括太阳高度角、轨道高度、太阳倾角、重复周期等；④其他说明。

21.4.2 遥感图像处理质量要求

遥感图像的数据处理过程，从原始影像开始，包括辐射校正、影像配准、几何纠正、影像增强、影像镶嵌、影像融合等。

21.4.2.1 辐射校正

包括遥感器校正、大气校正、太阳高度和地形校正等。遥感器校正算法方面遥感器校正所需定标系数采用相关网站发布的最新数据，对同种类型的遥感数据，保证定标系数的一致性。大气校正应以基于辐射传输模型的校正方法为主，地形起伏较大的区域还需要引入 DEM（数字高程模型）数据作为参考。纠正精度方面，要求影像辐射校正精度达到 85% 以上，光谱信息丰富，目标物清晰可见。

21.4.2.2 几何纠正

中分辨率遥感影像主要针对 Landsat5 TM 和环境卫星 CCD 数据，生成正射影像产品。中高分辨率遥感数据以 SPOT5 和 ALOS 数据（含全色波段和多光谱波段）为主，高分辨率遥感数据以 QB 和 WV（含全色波段和多光谱波段）为主，针对以上两种数据同时生产正射影像和融合影像。雷达数据以 ENVISAT-ASAR 数据为主，利用卫星参数进行后向散射系数计算以及正射校正，另外，由于雷达图像噪声较大，需要对图像进行滤波。具体要求如下所述。

1）控制资料要求

资料主要包括高精度参考影像库、高精度控制点库、1∶50 000 比例尺的地形图 DRG 库、野外高精度 GPS 点以及 DEM 数据等。其中，用于中分辨率遥感数据正射校正的 DEM 数据，分辨率应不低于 90 m，用于高分辨率遥感图像处理的 DEM 数据，分辨率应不低于 30 m。

2）控制点选取要求

要求在影像放大 2～3 倍的条件下完成控制点选取，一般选择在图像和地形图上都容易识别定位的明显地物点，如道路、河流等交叉点，田块拐角，桥头等，地物应不随时间的变化而变化；要求控制分布较均匀，个数可根据纠正模型和地形情况等条件确定：TM 一景不少于 12 个，环境卫星影像一景不少于 40 个。

3）校正模型选取、控制点残差及重采样要求

校正模型选取方面，中分辨率卫星影像应采用 TM 和环境卫星的物理成像模型，中高分辨率影像校正模型应采用物理成像模型或有理函数模型，高分辨率影像校正模型应采用 QB 的有理函数模型，雷达影像校正模型应采用 ENVISAT-ASAR 相应模式的物理成像模型。此外，对地形起伏较大或者影像侧视角大的地区，应采用由卫星星历、姿态角等精密参数构成的遥感物理模型或者函数模型并使用相应的数字高程模型进行纠正；对难以提供遥感平台参数和相应的数字高程模型地区，应采用平均海拔值或者低分辨率的数据高程模型进行二阶或者三阶几何多项式模型纠正。

控制点残差方面，中分辨率卫星影像应满足表 21-1 的要求，中高辨率卫星影像正射应满足表 21-2 的要求，高分辨率卫星影像满足表 21-3 的要求。雷达卫星影像正射纠正残差应满足表 21-4 的要求。对明显地物点稀疏的山区、沙漠、沼泽等，精度可放宽至原有精度的 2 倍。

重采样方面，结果影像采用原影像分辨率，重采样方法为双线性内插。

表 21-1 中分辨率影像控制点残差

数据类型	控制点残差（影像分辨率）	
	平原和丘陵	山地
待纠正影像	≤1 倍	≤2 倍

表 21-2 中高分辨率影像控制点残差

数据类型	控制点残差（影像分辨率）	
	平原和丘陵	山地
待纠正影像	≤1 倍	≤2 倍

表 21-3 高分辨率影像控制点残差

数据类型	控制点残差（影像分辨率）	
	平原和丘陵	山地
待纠正影像	≤1 倍	≤3 倍

表 21-4 雷达影像控制点残差

数据类型	控制点残差（影像分辨率）	
	平原和丘陵	山地
待纠正影像	≤2 倍	≤4 倍

4）结果图像要求

数学基础方面，坐标投影信息：大地基准，2000 国家大地坐标系；投影方式：全国采用 Albers 投影。高程基准：1985 国家高程基准。

校正精度方面，对正射纠正结果影像上的同名地物点相对于实地同名地物点的中误差进行要求，中分辨率卫星影像要求见表 21-5，中高分辨率卫星影像要求如表 21-6 所示。高分辨率卫星影像要求如表 21-7 所示。雷达卫星影像要求如表 21-8 所示。

表 21-5 中分辨率影像校正精度

地形类型	平原和丘陵	山地
点位中误差（影像分辨率）	≤2 倍	≤3 倍

表 21-6 中高分辨率影像校正精度

地形类型	平原和丘陵	山地
点位中误差（影像分辨率）	≤2 倍	≤5 倍

表 21-7 高分辨率影像校正精度

地形类型	平原和丘陵	山地
点位中误差（影像分辨率）	≤2 倍	≤10 倍

表 21-8 雷达影像校正精度

地形类型	平原和丘陵	山地
点位中误差（影像分辨率）	≤2 倍	≤4 倍

21.4.2.3 影像配准

对同步获取的全色与多光谱影像可以先作配准、融合，再进行几何纠正；对平台不一致或者获取时间差别较大的遥感影像，应先进行几何纠正作为配准底图。雷达数据需先进行粗配准，再依次进行像元级、成亚像元级配准。

为了保证动态信息提取精度，要求多时相（2000 年、2005 年、2010 年）卫星影像的配准精度要求平原为 1 个像元，山地 2 个像元，高山区可放宽到 3 个像元。雷达数据的亚像元级配准的精度偏差为 1/4 像元。

21.4.2.4 影像镶嵌

影像镶嵌以前，要求完成各波段影像的灰度匹配并进行接边纠正处理，使镶嵌边界达到平滑过渡，接边误差小于 1 倍像素分辨率；镶嵌时，避免利用建筑物、线性地物作为拼接边界，对于山区影像，应人工选取拼接边界，避免使用简单的矩形镶嵌；镶嵌后影像要求清晰、色彩均匀。完成校正、配准、镶嵌的遥感影像，需要完成校正、配准、镶嵌质量跟踪表。

21.4.2.5 影像融合

要求用于融合的两景影像的空间分辨率相差不能超过 4 倍。融合前，对全色及微波数据需进行局部反差增强和降噪处理，对多光谱数据进行色彩增强，融合时，要求保留原始数据的光谱信息和空间信息，算法的选择根据影像的灰度动态范围、拟提取信息的特征和要求确定，方法有 IHS 变换、PANSHARP、主成分分析、Brovey（颜色归一化）变换、小波变换以及合成变量比值变换等。

融合结果影像要求目视无重影、无模糊及光谱失真现象，边界清晰、无明显错位，能够反映细部特征。完成数据融合校正、配准、镶嵌的遥感影像，需要完成数据质量跟踪表。

21.4.3 其他数据处理质量要求

调查评估所需的其他数据包括专题空间数据、社会统计数据、环境监测数据、基础地理数据等，要加强对资料包括原始地图、表格、文档等的整理、誊写或清绘，并对所有数据的处理过程做好记录，对不符合技术要求的数据源进行特别修正处理，具体质量实施要求如下。

21.4.3.1 专题空间数据

对于栅格或矢量等类型数据，要求完成几何校正和投影/坐标信息转换，投影/坐标信息统一转换为 ALBERS/WGS84 系统，几何校正的精度要求为 0.5 个像元。并在此基础上进行数据空间离散和插值计算，转换为千米格网栅格数据。对于图片等类型专题数据，要求对其进行扫描后进行矢量化和几何校正，投影/坐标信息统一转换为 ALBERS/WGS84 系统，实施电子存储。

空间数据矢量化质量要求方面：一是保证线划质量，按底图进行要素的补绘、重绘、保持图面清洁、要素完整；二是保证添加点高程值正确性，通过加强 DEM 数据质量与地形图处理检查，控制添加点高程误差；三是保证接边质量，通过按规定逐条边进行相邻图幅要素接边，保证位置、属性完全一致。

21.4.3.2 社会统计数据和环境监测数据

需要完成分类存储和规范化处理。首先进行电子化录入，数据表格均以 Excel 的格式进行录入和存储，文档类的数据以扫描图片方式插图到Word中，并统一转换为PDF格式进行统一存储。其次，进行单位统一和标准化处理，将数据转换为国际标准计量单位，进行数据空间离散和插值计算，转换为千米格网栅格数据。

21.4.3.3 基础地理数据

对收集得到的基础地理数据需要完成几何校正、矢量化处理、投影/坐标信息转换等预处理，几何校正的精度要求为0.5个像元，投影/坐标信息统一转换为ALBERS/WGS84系统，再将矢量数据格式转换为千米格网栅格数据。其中，对其中地形图数据处理结果，要求线划无偏移、图面清洁、要素清晰、添加点高程值正确无误、接连处保证位置、属性完全一致。

21.4.4 质量控制实施

21.4.4.1 遥感数据质量检查

自查与互查时，完成所有影像的质量检查，按照类型、区域做好质量跟踪卡（表21-9）相关记录。复查时对所收集到的遥感影像进行质量检查，按照5%的比例进行随机抽样，检查云量等指标以及质量跟踪卡填写情况。对同一类型数据形成质量检查的文字报告，并及时将不合格的问题反馈各单位进行整改。中分辨率数据包括2000年、2005年、2010年TM和环境一号卫星影像，基中每一期全国分幅为770景。中高分辨率数据包括2000—2010年的MODIS数据。中高分辨率数据（10～1 m）包括SPOT-4、SPOT-5、ALOS、RapidEye、IRS-P5（全色）、IRS-P6、福卫-2、Kompsat-2、EROS-B（全色），全国共960幅影。

表21-9 遥感影像数据质量跟踪

作业区	数据类型	轨道号	获取时间	分辨率	侧视角	云量	质量问题	合格
作业员：		检查员：		负责人：		日期：		

21.4.4.2 数据处理结果影像质量检查

土地覆盖分类解译作业用影像必须是经几何精纠正和数字镶嵌质量合格后的栅格文件，使用前需要逐一进行质量检查，对于单张图像，检查点随机选取明显地物点，均匀布设，数量保证20～50个。

自查与互查时，完成质量检查，按照类型、区域做好质量跟踪卡（表21-10）相关记录，复查时需检查数据相应质量跟踪卡填写情况（表21-11），对同一单位生产的产品形成质量检查的文字报告，并及时将不合格的问题反馈各单位进行修改。

表 21-10 校正、配准、镶嵌质量跟踪

作业区	纠正模型	参考影像	DEM	控制点残差		接边
				纠正	配准	
问题记录：						
作业员		检查员		负责人		
日期		日期		日期		

表 21-11 数据融合质量跟踪

作业区	融合方法	全色数据融合前处理	多光谱数据融合前处理	配准精度	纹理	色彩	亮度对比度	层次
问题记录								
作业员		检查员		负责人				
日期		日期		日期				

对提交的影像数据及其处理质量进行评价可采用统计数据产品合格率的方法。

21.5 野外调查/核查质量要求

21.5.1 土地覆盖野外调查/核查质量要求

21.5.1.1 采样点样本量与空间分布要求

按照规定的土地覆盖分类体系，采用 1∶100 万地形图格网进行样点分布的控制，各土地覆盖类型样本量分配数量比例要求满足《野外调查技术手册》。

外业验证调查线路以及样点分布要求包括四个方面：一是空间的分布均等，样点在空间的分布应等概率出现，采用随机分布或等距离分布，保证在 1∶100 万地形图的每个格网（边境线上，国土面积占网格的 10%以上为有效格网）中，有较为均等的采样点数量；二是验证具有独立性，土地覆盖分类和土地覆盖验证分开进行，由不同团队开展工作，分类标定点与验证点不能重合；三是要求考虑环境梯度，根据生态环境的地域分异特征，样点应能代表库区不同地貌、气候、植被分异以及不同人类活动强度类型；四是要求考虑土地覆被空间分布，根据历史的资料，分析各土地覆被类型的空间分布，依据气候分区图和先验的土地覆盖图，保证每个气候区内应有合适的验证点数量，保证各土地覆盖类型有合理的样本数量及分布。

21.5.1.2 野外调查数据精度要求

地面调查 GPS 定位精度要求经纬度定位数据精度优于 2 m，高程数据精度优于 5 m。调查表格要求各项属性填写完整、正确，对漏测项进行解释说明，照片要求目标清晰且命名规范，空间数据格式按照《野外调查技术手册》规定。

21.5.2 生态系统参数野外观测质量要求

21.5.2.1 样点布设总体要求

要求根据调查区域的生态地理环境特征，选择具有代表性的样点，反映区域内的主要环境梯度；要求考虑自然地理单元的差异性，用尽可能少的点位获取最具有代表性的生态系统状况信息；要求样点内各生态要素须便于遥感解译识别和生态系统结构与功能判定。

21.5.2.2 样区样地校方设置具体要求

样区设置包括综合样区，典型样区及典型小样区。综合样区要求考虑我国地理与自然生态特征以及不同生态系统的复杂性。典型样区的位置选择要求以国家长期生态系统监测网络站位置为参考：一是要求布设地点代表性比较强，综合考虑了植被、气候及人类活动等各种因素影响，二是能够支持植被地表参量的遥感反演，有长期的水热通量等数据观测。典型小样区要求考虑生态系统的代表性、可到达性。

样地选择要求在生态系统类型一致的平地或相对均一的缓坡坡面上。对于样地的数量，典型综合样区中布设不低于 100 个，典型样区中不低于 25 个，类型按照面积体例分配，典型小样区不低于 3 个，类型为样区主要生态系统类型。

样方要求反映各个生态系统随地形、土壤和人为环境等的变化，每个样地保证有重复样方。

21.5.2.3 野外观测与采样

采样时要严格按照观测规范要求，在适当的采样时间进行采集，对采样人、采样方法、采样过程和样地环境状况作翔实的描述。

21.5.2.4 室内分析

针对可能对数据质量产生影响的因素，包括实验环境条件、仪器和各种实验耗材的性能和状态、试剂和药品的纯度、分析人员的实验素质、所采用的分析方法，以及分析数据的统计处理方法等。

21.5.2.5 数据记录、整理与存档

规范各种数据记录表格的设计和印制，按照制备的记录表格进行规范填写观测数据，对数据进行必要的整理和统计，并进行必要的补测和重测。

21.6 土地覆盖信息遥感提取质量要求

21.6.1 土地覆盖分类解译质量要求

21.6.1.1 影像分类作业分区要求

要求保证影像的完整性。分类作业分区划分为三级作业区：一级植被气候区划分区、二级影像分块、三级地形分形。一级分区把全国分为 9 个区，二级影像分块，设计为 200 km×200 km 大小，全国共计 250 块左右，每块单景影像 190MB。

21.6.1.2 影像派生参数数据及辅助信息数据完整

要求至少选择三期影像作为分析数据，分别是植被鼎盛月、植被枯萎月、第二季作物播种月或第一季作物播种月（限于一季作物），每期数据的成像间隔时间跨度≤2 年。

要求使用影像派生空间数据、辅助数据和对象信息进行辅助分类。影像派生空间数据采取数据压缩、提取有价值的派生参数，包括全年月平均硬面指数 BI、BB、NDVI、近红外；全年标准差的 BI、BB、NDVI、近红外；植被鼎盛月 BI、BB、NDVI、近红外；植被枯萎月的 BI、BB、NDVI、近红外。辅助数据包括高程、坡度、坡向、道路数据。

21.6.1.3 解译标志库建立要求

要求提交全国大约 200 个解译标志库，每个库存贮在每个分区块的分类数据工程文件包中，格式为.drp。生成最终分类需要的 24 类参数的采样点图谱信息。

21.6.1.4 影像分类解译精度要求

对图斑定位误差 RMS，一般情况要求几何纠正后 RMS≤1 个像元，相对高差大于 1 000 m 的山区要求 RMS≤2 个像元；DEM 空间格网精度不低于 30 m。

对影像分类解译定性精度，要求图斑属性符合分类系统的规定，其中每一个目标地类由三个层面构成，即地类界、地类属性赋码（三位组合编码）、重要线状地物及其属性代码（两位编码）；全国土地覆盖精度通过统计正确与错误的土地覆盖类型数量、比例获取，要求全国、样区尺度的土地覆盖的总体精度＞85%，一级分类精度＞95%，二级分类精度＞85%，变化检测总体精度＞85%。

对最小制图单元（最小图斑），要求 30 m 格网数据为 5 400 m^2（2×3 像元、线状地物 1×6 像元）；10 m 格网数据为 600 m^2（2×3 像元、线状地物 1×6 像元）。

对片区分类专题图的接边，要求接边精度＜60 m；图形两边的分类指标相同，要求两边分割的尺度相同，所得图斑密度相同，错码率不超过 30%。

21.6.1.5 后处理质量要求

要求完成图斑碎片整理与边界平滑。结果图像一是要求中不存在碎片，即图斑文件中一些面积没有达到制图精度要求最小面积的图块；二是要求边界平滑，消除锯齿形边界，通过去除多余的多边形节点，使图斑自然。

21.6.1.6 分区汇总与制图要求

分区汇总以省（直辖市、自治区）为基本单元，省（直辖市、自治区）边界以最新 1∶25 万地形图边界为准；行政区划到县级行政单位，编码执行国家标准《中华人民共和国行政区划代码》（GB/T 2260—2002）。

地图基础要求地理坐标系统：GCS_WGS84；大地基准面：D_WGS_1984；投影方式：Albers 椭球体；中央经度（E）：105°；纬向割线 1：25°；纬向割线 2：47°；原点纬度（N）：0°；北纬偏移：0 m；单位：m。

21.6.2 质量检查与结果修正

通过各专题、各省野外核查获得的实际土地覆盖信息，对土地覆盖进行检查与修正，提高信息提取准确度与精度。其中，各省外业核查点的结果一方面可修改更新解译标志库，参与修改版土地覆盖产品生产的自动分类过程，另一方面可作为人工进行产品修改的依据。由质控小组组织数据生产方与核查方交流，进行质量检查与完善，特别对类别判定不一致的点进行逐一讨论，统一概念并确定类别，完成对全部验证点进行检查后，由产品生产方进行结果修正与产品更新，给出产品质量说明书，对产品生产流程进行描述并分别给出全国各省区土地覆盖产品信息表和全国各省区土地覆盖产品质量表；质控小组针对修改版土地覆盖产品，抽取全部验证点的 5%进行质量检查。进行产品质量检查的重点内容如下所述。

21.6.2.1 验证数据检查

要求每个土地覆盖类别外业标定采样率平均每影像块（约 10 000 km^2）≥50 个点，每片区约 5 000 个点；野外调查与影像获取时间小于 2 年；外业标定空间定位精度优于 15 m。

21.6.2.2 解译标志库检查

在采样点视窗内显示每个采样点各参数的阈值范围、频度、方差，完成解译标志库检查。

21.6.2.3 土地覆盖产品检查

首先，针对两种矢量、栅格（30 m）两种格式数据，检查数据完整性及其投影等数学基础正确性。其次，针对矢量数据，检查图斑分类是否符合分类系统的规定，检查一级、二级分类属性是否正确，面积和周长是否合理，是否有遗漏、图斑边界勾绘是否正确等；检查县与县接边误差是否符合规定；检查分图幅之间各要素间衔接的连续性。针对栅格数据格式，检查像元的类型代码是否代表正确的一级和二级分类属性。

21.7 生态信息遥感提取质量要求

21.7.1 地表参数遥感反演质量要求

生态地表参数反演产品包括植被指数、植被覆盖度、净初级生产力、叶面积指数、生物量、地表温度、蒸散发。

21.7.1.1 地表生态参数产品指标定义一致

要求明确并统一各参数反演指标的生态学内涵。对于植被指数、植被覆盖度和叶面积指数存在明显季节性变化，计算生长期内月平均值/最大值；净初级生产力与地上生物量，依据生态系统类型进行，森林季节性变化相对较小，计算年地上生物量，草地、农田季节性变化显著，计算生长期内月平均值/最大值；地表温度决定植被生长期，季节变化剧烈，计算生长期内月平均值/最大值/累积值；蒸散量从水分胁迫角度直接影响植被生长，计算生长期内月平均值/最大值。

21.7.1.2 遥感反演算法适用性要求

上述地表生态参数反演算法依次采用波段计算、像元二分算法、CASA 模型、查找表法、基于 CASA 的统计模型、劈窗算法、ETWATCH 模型，要求在大规模进行产品生产前完成算法适用性检验与精度分析，针对每个待反演的参数，分别对其反演模型算法进行参数检验、模型拟合能力检验以及模型预测能力检验，要求算法通过置信度为 95%的假设检验。

21.7.1.3 生态参数产品精度要求

通过开展野外生态系统观测，获取各地表生态参数的地面观测值作为真值，对遥感反演结果进行质量检查与精度分析，遥感影像的参数反演精度要求，如表 21-12 所示。

表 21-12 生态参数反演精度列表

地表生态参数产品	精度要求
最大/平均植被覆盖度	85%
累积净初级生产力	80%
最大/平均叶面积指数	85%
蒸散发	85%
生物量	80%
逐月平均地表温度	1.5K

21.7.2 质量检查与结果修正

对植被覆盖度、净初级生产力、叶面积指数、生物量、地表温度和蒸散发 6 个地表参量反演结果，检查工作在遥感专题组、省级环保部门、项目总体三个层次上分别开展，并分别对参数产品进行质量检查，此外，可收集其他标准产品作为质量检查的依据。

首先，由遥感专题组完成产品结果的自查与互查，依据综合样区、典型样区调查结果，进行参数产品精度初步分析；其次，由省级环保部门进行复查，基于各省（市/区）部门对典型小样区调查结果，由质控组组织数据生产方与核查方交流，进行质量检查与完善，特别对存在差别的点进行逐一讨论，确定其属性真值，完成生态参数产品检查后由数据生产方即遥感专题组进行二次产品修订，并给出产品质量说明书；最后，项目总体进行核查确认与预验收，一方面在各专题、各省级调查的观测样本基础上，按一定的样本比例随机抽样，并结合收集到的其他已有相关地表参量标准产品，进行比对与交叉验证，产品达到质量要求后验收并统一下发各专题和各省（市/区）；此外，质控小组选择综合试验区并开展生态参数野外观测实验，其结果作为进行产品质量检查与评价的样本点。

21.8 调查评估精度分析

21.8.1 土地覆盖产品精度分析

21.8.1.1 精度评估方案

通过项目各专题及各省野外调查/核查的数据集，进行全国生态环境调查评估的土地覆盖核查与精度评估。其中，2010 年土地覆被验证采样方布设是基于样线的基础上进行补充，野外调查未能到达的地区的样本采用遥感高分辨率影像进行辅助抽样，建立用于核查的验证样本数据库，包括空间坐标、属性、照片等信息，辅助数据可选择 1 m 分辨率的遥感数据 QB、Wordview、Ikonos、Orbview 等，以及同年航片数据，一个样区一景数据，大小为 8 km×8 km。2000 年、2005 年的土地覆盖结果验证，收集相应年份 1～5 m 分辨率的卫星数据和航片数据进行验证，分类结果与同期 30 m 网格同等大小范围进行面积统计。

验证方法采用分层随机抽样方法，全国气候分区图为第一分层，土地利用图为第二分层，在气候分层的基础上，统计土地覆盖类型的面积比例。利用野外调查和高分辨率影像的真实数据进行样本抽查，将样本数据与土地覆盖数据进行空间叠加，判断正确与错误的土地覆盖类型数量、比例，得到各类型精度结果（图 21-1）。提供一级分类全区土地覆盖精度、二级分类全区土地覆盖精度、一级分类气候分区土地覆盖精度、二级分类气候分区土地覆盖精度 4 组精度分析，精度评估指标包括总体精度、用户精度、生产者精度、Kappa 系数。

全国尺度上，土地覆盖精度抽样检查抽取全部验证样点的 5%进行土地覆盖野外核查与室内高分辨率影像判读的辅助样点，获取各类型的精度，完成全国土地覆盖遥感解译产品的精度评估。

省级尺度上，精度评估基于全国土地覆盖评估的基础上进行细化，以各省样本为基础，辅以 2010 年高分辨率影像、2010 年 Google Earth 的土地覆盖类型，获取各省、各类型的精度，完成省级土地覆盖精度分析。

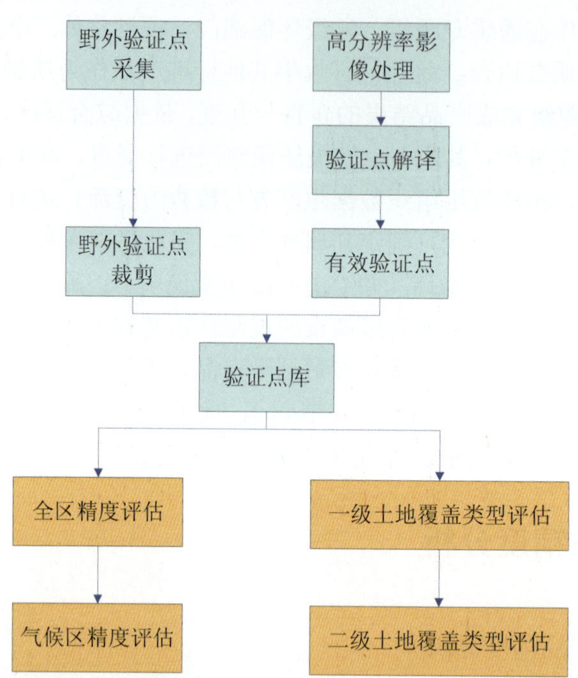

图 21-1 土地覆盖精度分析流程

典型区域尺度上，由专题分别完成对各自相关典型区域内的土地覆盖抽样检查与精度评估，完成对典型区域土地覆盖结果的野外核查点采集整理，提供相关专题典型区域土地覆盖解译精度分析。

21.8.1.2 土地覆盖精度分析方法

对分类结果进行精度评价采用的方法是混淆矩阵。根据混淆矩阵能够计算出总体精度和 Kappa 系数。Kappa 系数能够评价整个分类图的精度，条件 Kappa 系数能够评价单一类别的精度。具体流程如图 21-2 所示。

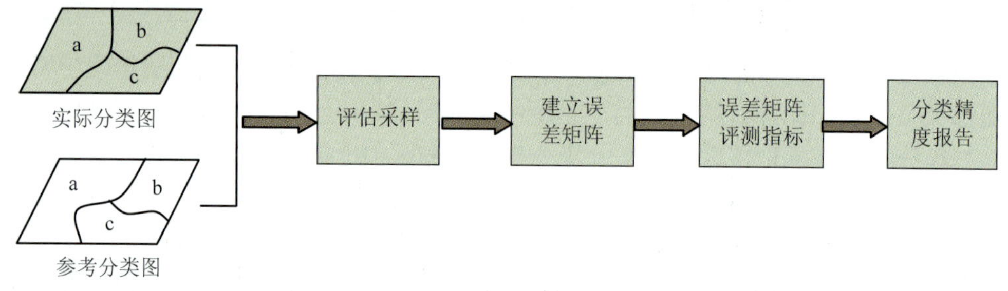

图 21-2 基于混淆矩阵方法的分类精度评估流程

1）混淆矩阵计算

混淆矩阵是由 n 行 n 列组成的矩阵，用来表示分类结果的精度，其中 n 代表类别数。混淆矩阵的列方向依次排列着实际类别的第 1 列，第 2 列，…，第 m 类的代码或者名称；

矩阵的行方向依次排列着分类结果各类别的第 1 列，第 2 列，…，第 m 类的代码或者名称。矩阵中的元素是分属于各类的图斑数或其所占图斑素的百分比。混淆矩阵可以提供三种描述性精度指标：总体精度、生产者精度、用户精度。总体精度是由误差矩阵中正确的样本总数与所有样本总数的比值计算而得的。它表明了每一个随机样本的分类结果与真实类型相一致的概率。生产者精度是用某一类别的正确的样点除以该类总参考样点个数；它表示实际的任意一个随机样本与标准图上同一地点的分类结果相一致的条件概率。用户精度是用一个类别的正确样点总数除以实际上被分到该类样点的总数；它表示从分类结果图中任取一个随机样本，其所具有的类型与地面实际类型相同条件下的概率。利用混淆矩阵法可计算各地的精度，具体说明如表 21-13 所示。

表 21-13　混淆矩阵计算示例

		野外核查验证结果					
		A	B	C	D	列总数	用户精度
分类结果	A	224	0	1	3	228	98.20%
	B	1	125	5	1	132	94.50%
	C	1	1	56	2	60	93.30%
	D	2	1	0	45	48	93.80%
	行总数	228	127	62	51	468	
	生产者精度	98.20%	98.40%	90.30%	88.20%		

对于某一样本 i，其解译的正确率计算式为：

$$P_i = \frac{R_{ai}}{R}$$

式中，p_a——解译正确的图斑数，

p——样本 i 中所包含的所有图斑数。

$$P_{all} = \sum_{i=1}^{m} \frac{R_{ai}}{R}$$

式中，m——混淆矩阵中总列数（即总的类别数）；

R_{ai}——第 i 地类判读正确的图斑数，即矩阵的对角线各元素；

R——样区总图斑数，表 21-13 中，总体精度为（224+125+56+45）/468=96.2%。

2）Kappa 系数分析

Kappa 系数不仅考虑了对角线被正确而分类的像素数量，而且考虑了不在对角线上的各种漏分和错分错误。Kappa 系数能够测定两幅图之间的吻合度，能够全面地反映图像分类的总体精度。Kappa 分析产生的评价指标被称为 K_{hat}，其计算公式为：

$$K_{\text{hat}} = \frac{N\sum_{i=1}^{m} x_{ii} - \sum_{i=1}^{r}(x_{i+}x_{+i})}{N^2 - \sum_{i=1}^{m}(x_{i+}x_{+i})}$$

式中，x——混淆矩阵中第 i 行、第 i 列上像素数量（即正确分类的数目）；

x_{i+}和 x_{+i}——第 i 行和第 i 列的总像素数量；

N——用于精度评估的总像素数量。Kappa 系数与分类精度的关系如表 21-14 所示。

表 21-14 Kappa 系数评价表

K_{hat}	分类质量
<0.00	很差
0.00～0.20	差
0.20～0.40	一般
0.40～0.60	好
0.60～0.80	很好
0.80～1.00	极好

最后，基于精度和 Kappa 系数的分析，得到本次土地覆盖精度的评价结果。

21.8.2 生态参数遥感反演产品精度评估

生态地表参数反演产品包括植被指数、植被覆盖度、净初级生产力、叶面积指数、生物量、地表温度、蒸散发，通过将地面调查数据与反演结果进行空间叠加，获取评价区内各类型地表参量的反演精度。具体的流程如下所述。

21.8.2.1 进行初步数据审核

针对不同的植被/地表生态参数确定验证样本，生成反演结果的数据统计图表，包括相对误差直方图、真值—反演值散点比较图，初步判定结果的异常情况，对于相对误差大于 50%的样本占多数的情况，直接将其列为不合格产品。

21.8.2.2 对反演模型进行统计分析与假设检验

针对每个待反演的参数，分别对其反演模型算法进行参数检验、模型拟合能力检验以及模型预测能力检验。

首先，将参与检验的实测数据分为两类：一类是统计模型建立时采用的建模数据（图 21-3），另一类是与之独立地用于分析模型预测能力的检验数据（图 21-4）。首先对模型进行相关分析，计算反演模型中各变量与反演结果的相关系数（r）、模型本身拟合决定系数（R^2）、模型预测的决定系数（R^2）。

其次，基于上述基本量进行假设检验。根据野外观测数据，执行与统计检验有关的计算，确定其相关系数与决定性系数的显著性水平，计算相关检验方法的值（以 F 检验为例，计算模型拟合决定系数的 F 检验值），记录结果如表 21-15 所示并得出模型的检验结论：

（1）模型中的各参数作为自变量，其相关性分析是否通过显著性检验。

（2）建模数据的模型检验，得到模型拟合能力分析结果，其确定系数是否通过置信度 95%（显著性水平 0.05）的检验。计算出相应检验方法的检验值（F 值）。

（3）验证数据的模型检验，得到模型预测能力分析结果，其确定系数是否通过置信度 95%（显著性水平 0.05）的检验。

（4）评估反演模型是否具有满足精度要求的反演能力，偏离是否可以接受，其反演是否具有足够的稳定性。

表 21-15　反演模型反演能力检查

反演参数模型描述	模型回归相关系数	模型拟合 R^2 值及显著性水平	显著性检验值（F 值）	实测验证点 R^2 值及显著性水平
叶面积指数				
生物量				
……				

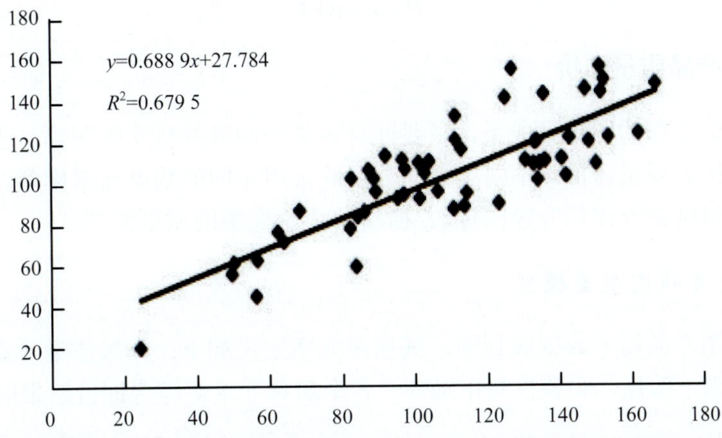

图 21-3　建模数据预测值与样地观测量的相关性分析

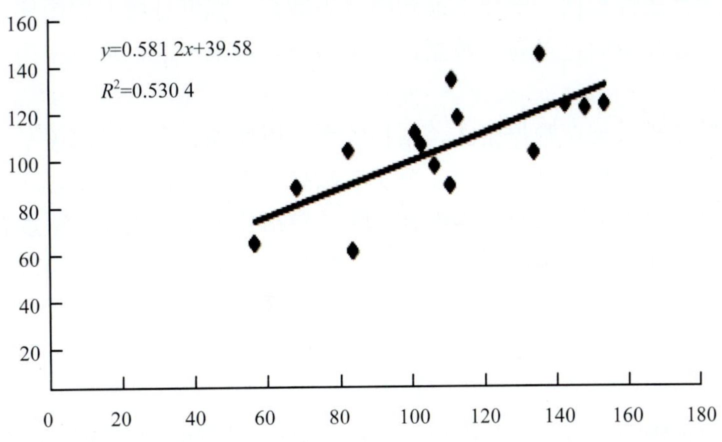

图 21-4　检验数据预测值与样地观测量的相关性分析

21.8.2.3 地表参量遥感反演精度评估

根据野外调查/核查数据，计算如下指标，RMSE 为平均绝对误差值，REE 为平均相对误差，P 为参量反演精度，以此评价模型反演的精度是否达到技术要求规定的阈值。

$$\text{RMSE}=\sqrt{\frac{\sum(\text{实测值}-\text{反演值})^2}{\text{验证点数}}}$$

$$\text{RMSE}=\sqrt{\frac{\sum\left[(\text{实测值}-\text{反演值})/\text{反演值}\right]^2}{\text{验证点数}}}$$

$$P=1-\text{REE}$$

21.8.3 图幅产品质量评价

对调查评估工作的图集类成果，主要针对各类空间数据格式的图幅，通过建立空间数据质量模型来进行质量评价，不同类型的数据应采用不同的数据质量模型，分别定义矢量专题图（主要包括调查评估专题图件）、栅格格式影像图的质量模型。

21.8.3.1 矢量专题图质量模型

矢量专题图产品属于数据线划图，其质量元素定义如下：一级质量元素分位置精度、属性精度、逻辑一致性、完整性与正确性。各个质量元素对综合评价结果的贡献大小采用权重系数表示。

位置精度除平面位置精度、高程精度外，不同图幅之间要素的接边精度还必须符合要求，以保持不同图幅之间的要素在平面位置、高程两方面完全一致。

属性数据可分为定性属性数据、定量属性数据，或区分为离散型属性数据、连续型属性数据。对于定性属性数据，例如土地利用分类数据、强度分级专题图等，一般采用正确率来衡量；对于连续型的定量属性数据，如生态参量反演产品，可以采用“平均精度”来衡量。

逻辑一致性是指数据在数据格式、拓扑关系、属性项组合、时间关系等方面是否存在逻辑错误。拓扑关系一致性是针对同一个层的数据，点、线、面要素之间的关系必须保持正确的拓扑关系。对于不同层的要素组合，除了要拓扑关系正确，各要素的组合还需要符合语义，即符合现实世界的实际情况。此外，数据的时间关系也必须符合逻辑关系。

矢量专题图产品除矢量数据文件外，还应包括元数据文件及文档簿（质量跟踪卡等）附件资料。元数据文件记录原始资料、经过的处理步骤及方法、成果精度、数据格式、坐标系统等信息，质量跟踪卡数据采集过程中存在的主要问题及处理方法、质量实施状况等信息。完整性与正确性检查数学基础质量，检查属性、时间、元数据、文档簿是否齐全正确，包括图廓边长度误差、对角线长度误差、格网间距误差，在不存在大错误的前提下检查是否存在符号不标准、图廓整饰不规范等质量问题以及线划存在打折、自相交、公共边不重合等，只存在正确与否、完整与否（表 21-16）。

表 21-16　矢量专题数据质量模型

一级质量元素	权值	二级质量元素	权值
位置精度	0.4	平面位置精度	0.8
		平面位置接边精度	0.2
属性精度	0.3	正确率/平均精度	1
逻辑一致性	0.15	拓扑语义一致性	0.1
		概念一致性	0.2
		值域一致性	0.4
		属性组合一致性	0.1
		同类数据时间关系一致性	0.1
		不同类数据时间关系一致性	0.1
完整性与正确性	0.15	数学基础完整性与正确性	0.1
		图形完整性与正确性	0.3
		属性完整性与正确性	0.3
		时间完整性与正确性	0.1
		元数据完整性与正确性	0.1
		文档簿完整性与正确性	0.1

21.8.3.2　栅格类影像数据质量模型

影像数据主要包括原始遥感影像、预处理遥感影像结果图以及分类解译遥感底图与指标参数反演结果图等，其质量问题包括空间精度和影像质量两个方面，此类产品包括影像文件，以及元数据文件、文档簿等附件资料。质量模型建立如表 21-17 所示。

表 21-17　栅格类型数据质量模型表

一级质量元素	权值	二级质量元素	权值
位置精度	0.4	平面位置精度	0.8
		平面位置接边精度	0.2
属性精度	0.3	属性值精度	0.8
		接边质量	0.2
逻辑一致性	0.15	数据格式一致性	1
完整性与正确性	0.15	数学基础完整性与正确性	0.3
		影像完整性与正确性	0.4
		时间完整性与正确性	0.1
		元数据完整性与正确性	0.1
		文档簿完整性与正确性	0.1

21.8.3.3　数据成果质量评价方法与评价标准

针对以上类型的数据成果，采用缺陷分类法进行成果质量评价，按照数据的质量模型，确定缺陷分类标准，明确单一产品的质量评价方法与标准。图幅质量评价采用如下公式进行综合质量评价：

$$S=\sum_{i=1}^{N}E_i\times P_i\text{，}\quad E_i=\sum_{i=1}^{n}e_i\times p_i$$

式中，S——图幅综合质量得分；

E_i——第一级质量元素综合评价得分；

P_i——第 i 个一级质量元素权值；

N——一级质量元素总个数；

e_i——第 i 个下一级质量元素得分；

p_i——第 i 个下一级质量元素权值；

n——下一级质量元素总个数。

e_i 包括位置精度、属性精度、逻辑一致性、完整性与正确性四项，将不符合质量标准的分类为严重缺陷、轻缺陷，相应的扣分值依次为 42 分、4 分，其中位置精度、属性精度分别参考质控指标标准，满足指标要求的划分为合格。统计各类缺陷总数，采用缺陷扣分法进行评价，公式如下：

$$e_i=100-(N_A\times 42+N_B\times 4)$$

式中，E——一级质量元素得分；

N_A、N_B——严重缺陷、轻缺陷的数量。

单位产品的每一个质量元素预置 100 分，若产品的一级质量元素得分小于 60 分，则判该单位产品为不合格品，若产品的一级质量元素大于或等于 60 分，且产品中未出现严重缺陷，则继续统计产品质量得分值，依据表 21-18 划分图幅质量等级。

表 21-18　产品质量评价分级

分值	[90，100]	[75，90]	[60，75]	[60，0]
等级	优	良	合格	不合格

21.9　调查评估成果提交与确认

对各个阶段形成的图幅、数据集等调查评估成果，提交前保证单位产品均经过三级检查的程序，提交时要求按照成果的类型进行分类汇总，提交后由接收单位负责进行成果确认。

21.9.1　数据与成果提交

数据与成果按照数据集成与成果提交技术要求进行提交，各单位汇总并提交成果前，需要对各环节的数据产品的命名规范、数据格式、数据文档的齐全性等进行检查并填写质量检查（表 21-19），并按照质量实施卡片汇总结果，结合统计分析学完成提交成果的质量实施综合分析，形成质量分析报告，与数据成果一并提交。

表 21-19 成果质量检查

作业区	信息管理文件		元数据		质量跟踪卡		图件等资料	
	数量	完整与否	数量	完整与否	数量	完整与否	数量	完整与否
备注：								
作业员		检查员		负责人				
日期		日期		日期				

21.9.2 成果验收与质量确认

21.9.2.1 单位产品检查与验收

单位产品主要包括土地覆盖遥感解译类成果质量验证与检查以及植被/地表生态参数遥感反演精度验证与评价以及综合分析与评估专题成果质量检查。

针对土地覆盖遥感解译产品，要求抽取整幅图像的 5%以上图斑获取评价区内各类型的精度。针对植被/地表生态参数遥感成果，要求抽取整幅图像的 5%以上像元获取评价区内各类型地表参量的反演精度。针对格局质量服务功能等综合分析与评估专题成果，要求逐一进行质量检查，将可获取样本数据与专题数据进行空间叠加，对结果合理性进行分析。对所有专题图产品，需要按照图幅成果的评估方法进行评分与级别划分，验收质量要求图幅质量评分为 75 分以上。

21.9.2.2 批量产品检查与验收

针对数量较多的同类型数据与产品等成果，包括用于分析的原始遥感影像以及预处理结果影像集、野外核查数据集、生态系统参数野外观测数据集以及收集到的环境监测数据等，在验收前先进行抽样检查。

22 调查与评估制图

22.1 概述

为加强对项目制图工作的指导，保证制图质量，推进项目制图成果标准化、规范化，从制图要素说明、制图资料、制图种类、制图技术流程等方面说明制图原则、要求和流程，规定图名、符号、注记及地图整饰等。

22.2 制图要素说明

22.2.1 地理底图

具备地图数学基础和简略的基本地理要素（水系、居民地、交通线、政区界、地形），用作专题地图的骨架和控制的统一地理基础的地图。

22.2.2 专题地图

着重表示自然或社会现象中的某一种或几种要素，即集中表现某种主题内容的地图。

22.2.3 地图版式

对数学要素、地理要素、专题要素和辅助要素（如图名、图例、插图、附图、文字说明等）所构成的地图内容，为地图输出所进行的规范化设计。

22.2.4 地图要素

构成地图内容的基本成分，一般包括数学基础、地理底图要素、辅助要素等。

22.2.5 地图投影

按一定数学法则将地球椭球面上的点、线相应地投影到平面上的理论和方法。

22.2.6 图例

图内所使用的图式符号的解释。

22.2.7 地图数学基础

指地图上各种地理要素与相应的地面景物之间保持一定对应关系的经纬网、坐标网、大地控制点、比例尺等数学要素。

22.2.8 注记

地图上文字和数字的通称，它与符号相配合用于说明地图各要素的名称、意义和数量特征。

22.2.9 环境质量

环境系统客观存在的一种本质属性，能用定性和定量的方法加以描述的环境系统所处状态。

22.2.10 环境统计

用数字反映并计量人类活动引起的环境变化和环境变化对人类的影响。

22.3 制图资料

22.3.1 影像数据

影像数据包括中分辨率卫星遥感数据、中高分辨率遥感数据以及亚米级高分辨率遥感数据。

中分辨率卫星遥感数据包括 MODIS 数据。中高分辨率遥感卫星数据包括环境一号（HJ1A、HJ1B）、Landsat TM/ETM 和 SPOT 数据、ALOS 数据等。亚米级高分辨率卫星影像包括 QuickBird、IKONOS、GeoEye-1、WorldView-1、WorldView-2 等数据。

22.3.2 空间基础地理数据

主要以全国 1∶25 万基础地理信息数据成果公众版（2009 版）数据为主。另外可根据需要，选择 1∶400 万、1∶100 万、1∶25 万（涉密版）和 1∶5 万的基础地理信息数据。若选用 1∶25 万（涉密版）和 1∶5 万比例尺数据，需注意保密。

22.3.3 各种专题地图

专题地图是以地理底图为地理基础，着重表示一切与地理位置直接或间接相关的各种环境要素中的某一种或几种，即集中表现某种环境主题内容的地图。如：土地利用数据、遥感反演参数分布（植被指数、植被覆盖度、生物量、地表温度等）。

22.3.4 文字资料

文字资料包括各种地理文献、地貌、水资源、气候、土壤、土地利用、植被、生物多样性、水土保持、生态水文等文献资料及各种专业部门的专著等。纸质资料作为参考使用时，制图前做好整理分类；纸质资料需要引用时，制图前要人工输入。

22.3.5 统计资料

统计资料包括全国生态环境十年变化调查与评估的统计结果，以及其他统计数据，如国土面积、人口、城市化水平、地表水资源总量、固废排放量等统计数据。

22.4 制图种类

22.4.1 分布图

分布图是表现一些现象空间分布位置与范围的图型，包括生态系统类型分布图、植被覆盖状况分布图、生态系统服务功能分布图等。

22.4.2 变化图

变化图是反映生态环境指标在某段时间内变化情况的图型，包括生态系统类型变化图、生态系统质量变化图、城市扩展图、海岸带土地利用类型转换图等。

22.4.3 评价图

评价图是基于生态环境指标体系开展的综合评价的图型，包括生态系统类型转换评价图、生态系统质量评价图、生态系统服务功能评价图、生态环境问题评价图、生态胁迫程度评价图、生态环境质量综合评价图等。

22.4.4 其他成果图件

其他成果图件，包括重大生态建设工程区地形、地貌图、海岸带区域数字高程模型（DEM）等。

22.5 制图规定

22.5.1 地图版式构成

22.5.1.1 主图

主图应以地图分析所需要表现的内容为主题信息，根据制图区域和制图对象的特点和分布规律，设置主题信息的分类、分级及符号化方法和合适的波段组合以及拉伸方式，并符合投影坐标系要求。以使主图内容醒目突出，图面主次分明。

主图在图面上始终占主要地位，幅面应占整个图幅的大部分版面，并在图幅的中心位置予以设置。

22.5.1.2 附图

为了更直观表述主图内容，根据专题图主题分析或定位需要，可适当配置形式多样的附图，并能对其进行适当的安排、组织和修饰。附图类型包括各种统计图表（柱形图、条形图、折线图、饼图）、位置子图、示意图、局部缩放图、影像图等。

附图上的所有信息都必须围绕主图进行，附图不可覆盖主图中主题要素信息，幅面不应该大于主图的幅面，根据需要可适度配置若干幅附图（注意：主图上覆盖南海诸岛区域，在附图中必须将南海诸岛和九段线表示出来）。

22.5.1.3 制图要素

地图制图要素包括图名、图例、图廓、比例尺、指北针、文字说明等信息。制图要素应注意符号风格、颜色、粗细等协调，简单精练。

22.5.2 数学基础

22.5.2.1 平面坐标系

采用“2000 国家大地坐标系”经纬度坐标。

22.5.2.2 地图投影

根据空间尺度可采用不同的投影方式，全国采用 Albers 投影，中央经线：110°，原点纬度：10°，标准纬线：北纬 25°、北纬 47°。区域采用高斯—克里格投影。

22.5.2.3 高程基准和深度基准

采用 1985 国家高程基准。

22.5.2.4 比例尺

根据地图的用途和复杂程度确定，尽量选取国家常用的标准比例尺。也可根据研究区大小范围，自行设置合适的比例尺。

若比例尺为国家常用标准比例尺，则宜用阿拉伯数字表示地图比例。若不是，则用图示比例尺。

22.5.2.5 地理格网

应根据实际需要确定，选用千米格网或经纬度间隔表示的格网。格网的疏密度根据实际的视图大小来确定。

22.5.3 图幅规格

图幅应尽可能设计为横幅，必要时根据区域特点也可设计直幅图。图幅形式以整幅图为主，根据具体情况可制作分幅图。制作分幅图时，应在图廓左上角配置接图表以反映该图幅与相邻图幅之间关系。

图按照设计幅面大小不同分为大图和小图：大图幅面设计为 A0，小图幅面设计为 A3。

22.5.4 地图整饰

地图整饰应针对图面的有效空间，在图幅和图廓、图廓和主图的相对位置形成后，须对制图要素进行合理配置，制图要素之间以重要性来决定安排的优先次序，分别为图名－>图例－>附图－>比例尺－>指北针－>文字说明。在对这些制图要素初步安排后，可做重复调整。

22.5.4.1 图名

图名配置在图廓外边正上方居中位置，二级或三级图名配置在图廓内居中位置，按先左后右，先上后下，并避免压盖专业内容的原则来选择位置。图名字体应醒目、庄重，字形保持严谨，不宜过分装饰。图名中文采用黑体。字的大小可根据具体情况进行调整。图名应确切、简明地表示图幅的区域范围以及专题图的主题内容。下面对每类图的图名分别说明。

针对分布图，图名表示为“区域范围+主题内容+分布图（时间范围）”。区域范围涉及全国范围用“中国”表示；各省、自治区、直辖市，用省、自治区、直辖市的全称表示，如“河北省”；各地级市、地区、自治州、盟，用“省级行政区划全称+地级行政区划全称”表示，如“内蒙古自治区呼和浩特市”；各市辖区、县级市、县、自治县、旗、自治旗、特区、林区，用“省级行政区划全称+地级行政区划全称+县级行政区划全称”，若无地级行政区划的，直接用“省级行政区划全称+县级行政区划全称”，如“北京市海淀区”；两个城市周边及之间的区域，可用这两个城市的简称表示，如“京津”、“成渝”。以上名称参考《中华人民共和国行政区划简册 2011》。

国家级自然保护区用“保护区名称+国家级自然保护区”表示，如“百花山国家级自然保护区”“北京松山国家级自然保护区”。保护区名称参考《全国自然保护区名录》。

例如：中国生态系统类型分布图（2010 年）

中国重大生态建设工程区生态工程分布图（2005 年）

京津风沙源治理工程区荒漠化趋势分布图（2000—2010 年）

青海省国家级自然保护区分布图（2000 年）

百花山国家级自然保护区人类活动分布图（2010 年）

针对评价图，图名表示为“区域范围+主题内容+评价图/评价分级图（时间范围）”。其中，区域范围的表达同分布图中区域范围。

例如：北京市热岛效应评价图（2000 年）

中国重点城市群地表水水质评价分级图（2010 年）。

针对变化图，图名一般表示为“区域范围+主题内容+变化图/变动图（时间范围）”。如：中国生态系统类型变化图(2000—2010 年)，成渝经济区植被覆盖度动态变化图(2000 —2010 年)。另外，对于城市扩展的图，可表示为“区域范围+城市扩展图（时间范围）”，如：北京市城市扩展图（2000—2010 年）。

针对状况图，图名表示为“区域范围+主题内容+状况图/情况图（时间范围）”。如：淮河流域生态赤字情况图（2000 年），大小兴安岭森林生态功能区生态环境胁迫状况图（2010 年）。

针对其他，根据具体情况命名，明确表示出区域范围和主题内容。如：三江源生态保护与建设工程区地形图。

22.5.4.2 图例

图例由图形符号与文字组成，文字是对图形的注释。

图例内容应包括图面所有要素的线划、符号、色彩。符号的图形、大小、颜色等严格保持同主图符号一致。图例应按照标准进行分类分级绘制，新扩充的图例在同一系列图中应统一。

地图图例一般放在图幅的下方，在地图左边位置表示。

图例中“图例”两字采用黑体。其他文字采用宋体。字号根据实际成图需要确定。

常用基础地理要素图式按照表 22-1，其他图式可参考《国家基本比例尺地图图式 第 3 部分：1∶25 000　1∶50 000　1∶100 000 地形图图式》（GB/T 20257.3—2006）（附件）标准。

表 22-1　基础地理要素图式

分类	名称	图式
定位基础	内图廓线	
	外图廓线	
	坐标网线	
境界	国界	
	省、自治区、直辖市界	
	地级市、自治州、盟界	
	县、自治区、旗、县级市界	
	特殊地区界	
居民地	首都	
	省级行政中心	
	地级市行政中心	

22.5.4.3 分级

分级设色的一般原则：由蓝色→绿色→黄色→橙色→红色表示程度越来越重或者数值越来越大。

可根据专题图表达需要，对此进行调整。

22.5.4.4 内外图廓

图廓是地图的边界线，分内图廓和外图廓。内图廓线是图的范围界线，外图廓线的主要作用在于整饰图面，内外图廓线要保持一定的距离。外图廓线是图幅的最外边界线，实际是图纸的装饰线，内外图廓线内可根据需要放置经纬网，经纬网间距视实际需要而定，粗细、线性根据图面大小确定。

22.5.4.5 方里网格

应根据空间参考系和实际需要确定，通常为千米格网或经纬度间隔表示的格网。方里格网的疏密度根据实际的视图大小来确定。宜采用的常用比例尺方里格网为：

——1∶100 000 方里网为 2 km

——1∶250 000 方里网为 4 km

——1∶500 000 方里网为 10 km

——1∶1 000 000 方里网为 20 km

22.5.4.6 经纬度标尺

内外图廓线内可根据实际图幅大小和比例尺情况标注经纬度信息。经纬度标注选用度分秒为单位，字体为 Times New Roman，字号视图幅大小而定，如图 22-1 所示。

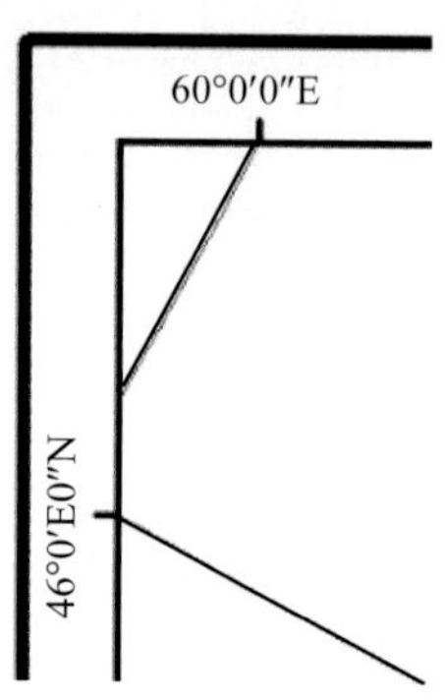

图 22-1　经纬度示意图

22.5.4.7 注记

注记包括地名、单位、水系、道路、地形注记等。注记选择与制图主题和影像匹配的字体、大小、颜色，风格应保持协调，不宜过于突出。应注意注记的大小及密度分布，以保持图面的美观。

注记使用简化字，采用宋体字，名称注记的副名采用比正名小二级的同体字，在正名正名下方或右方注出。注记可采用水平字列、垂直字列、雁行字列（用于山脉名称、河流名称）和屈曲字列（街道名称、说明注记）。字隔一般不超过字大的 5 倍。字向为字头朝北图廓；街道名称、公路等级等，字向如图 22-2 所示。居民地名称注记一般采用水平字列，必要时可采用垂直或雁行字列，其注法按图 22-3 次序表示。专有名称（学校、工厂、陵园、庙宇、宝塔等）、主要街道名称、特殊地区名称、各种说明注记（如湖水、泉水性质及物名、产品名的简注等）的字大等级按实际需要选择注出。海洋、湖泊、河川、岛屿、沙漠等名称使用相同字大注记。江河名称的字大，上游和支流不得大于下游和主流。独立高地、独立山、山隘等名称注记字大可分二级，按照山体大小和著名情况选择标出，山名用水平字列。各种数字注记的印色应与相应地形符号颜色一致。

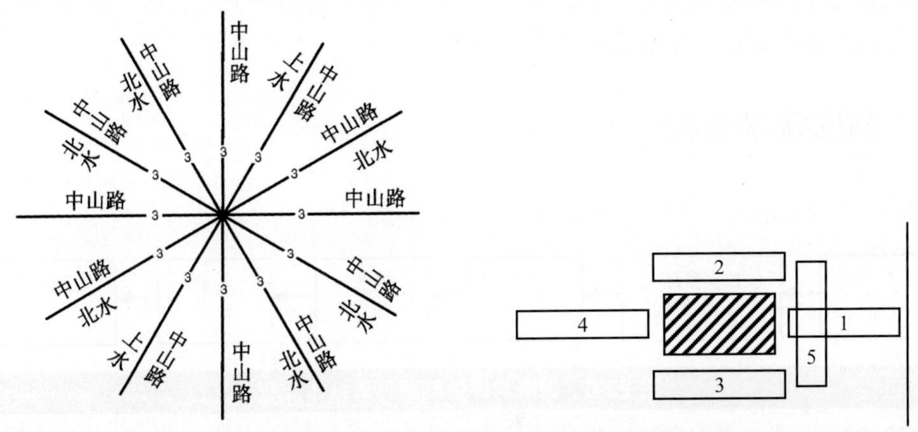

图 22-2　雁形字列示意图　　图 22-3　街道注记排列示意图

具体的字形、字体可参考 GB 12342—1990（附件）标准。

22.5.4.8　**指北针**

指北针标识在图像的左上方。黑色，大小视图幅大小而定。应标绘指北针，指北针头部应注“N”字。建议采用样式，如图 22-4 所示。

图 22-4　指北针

22.5.4.9 比例尺

如果是按照标准比例尺制图，可以使用文字比例尺和比例尺显示条（Bar）。若不是标准比例尺，则仅使用比例尺显示条，如图 22-5 所示。

图 22-5 比例尺显示条

22.5.4.10 文字说明

在主图下方空白处配置相关文字说明、附注等。包括制图单位、资料说明等内容。资料说明通常用来注明数据来源及相关信息。如：影像所采用的卫星名称，时相，波段以及应用的方法。制作时间一般标识在地图左下方。

22.6 制图技术流程

调查与评估制图总体技术流程，如图 22-6 所示。

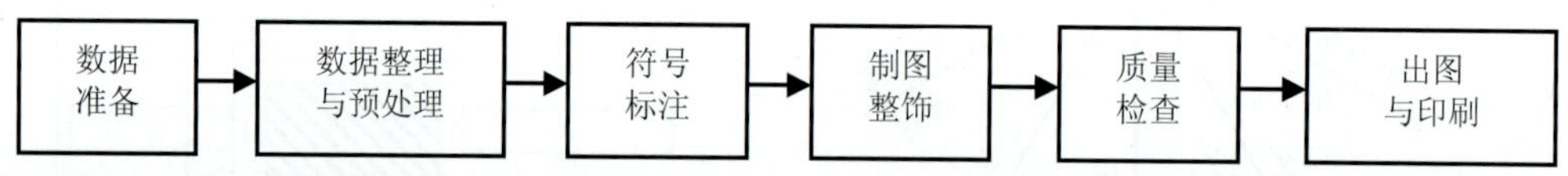

图 22-6 调查与评估制图总体技术流程

22.6.1 数据准备

矢量数据格式的数据可直接作为制图数据。

遥感影像尽可能选取制图区域时相最合适、波段最理想的数字遥感图像作为制图的基本资料。为保证整个图幅影像色调一致，应选用成像季节相近的图像，并要求影像层次丰富，图像清晰、色调均匀、反差适中。制作彩色遥感影像图要求选择不少于 3 个波段的多光谱图像。各波段影像的配准误差不大于 0.2 mm，图像套合误差不大于 0.3 mm。图像中云覆盖应少于 5%，且不能覆盖重要地物。分散的云层，其总和不应超过 15%。

对于纸质数据需先数字化。

22.6.2 数据整理与预处理

数字化信息输入计算机后要进行数据整理：对数字化信息本身做规范化处理，主要有数据的检查、纠正，必要时重新生成数字化文件，转换特征码，统一坐标原点，进行比例尺的变换，不同资料的数据合并归类等。

对于影像而言，需要对其进行去噪声、辐射纠正、几何纠正等预处理工作。根据出图需要，在影像上叠加道路、境界、河流等基础地理要素，制作专题遥感影像地图时，还需叠加专题信息，并按指定的专题信息表示方式展示。

22.6.3 符号标注

包括专业符号、图形和注记的设计绘制，专题图表示方式选择，图面符号加载。

22.6.4 制图整饰

参见前文所述地图整饰。

22.6.5 质量检查

地图制作完成后，应对图件进行质量检查，质量检查标准参考 GB/T 18316—2001 的规定，内容应包括：

检查各要素符号是否正确，尺寸是否符合标准规定；

检查各要素关系是否合理，是否有重叠、压盖现象；

检查各名称注记是否正确，位置是否合理，指向是否明确，字体、字号、字向是否符合规定；

检查注记是否压盖重要地物或点状符号；

检查图面配置、图廓内外整饰是否符合规定，是否正确、完整；

检查图面要素表示方法是否符合国家有关地图管理规定。

22.6.6 出图与印制

质量检查合格后，制图软件保存地图，输出地图。保证打印成图的清晰，大图（A0）输出分辨率为 150～300dpi；小图（A3）输出分辨率为 300dpi。

大图采用高光相纸进行打印，并亮光覆膜。小图采用 157g 铜版纸打印。

22.7 制图成果提交要求

专题图成果包括专题图纸质版和电子版、制作专题图的 mxd 文件。

专题图按照设计幅面大小不同分为大图和小图：大图幅面设计为 A0，输出分辨率为 150～200dpi；小图幅面设计为 A3，输出分辨率为 300dpi。提交成果时，要求大图和小图一并提交，要求电子版专题图格式为 jpg 格式，图形应清晰，无发糊虚断现象。

数据集成与成果汇总技术要求

23.1 概述

通过对数据内容、数据格式、提交要求以及质控措施等要求，开展原始数据、中间数据、成果数据的收集和整理，实现数据集成和成果的汇总。

23.2 数据内容

包括生态环境基础数据、生态遥感数据和野外调查数据、调查与评估成果数据等。

23.2.1 生态环境基础数据

生态环境基础数据包括基础地理数据、环境监测与统计数据、社会经济统计数据以及相关行业数据。

（1）基础地理数据：主要是国家测绘地理信息局发布的 1∶25 万数据，包括矢量数据和 DEM 数据。

（2）环境监测与统计数据：主要包括各级环境监测站利用专业监测仪器设备通过地面监测而获得的各站点环境监测数据，以及环境类（年度、季度等）统计数据。

（3）社会经济统计数据：主要包括与生态环境密切相关的社会、经济类的统计数据。

（4）相关行业数据：主要是与生态环境密切相关的农业、水利、国土、气象、水文等多个行业的专题数据。

23.2.2 生态遥感数据

生态遥感数据主要包括卫星遥感精校正影像、土地覆盖类型、生态系统参数、生态系统服务功能等数据。

（1）卫星遥感精校正数据：低分辨率卫星影像以 MODIS 为主，包括 2000—2010 年覆盖全国数据，数据类型主要为 250 m 分辨率的 16 天合成的 NDVI 数据（MOD13Q1）；中分辨率卫星影像以 TM 和 HJ-1 数据为主，包括 2000 年、2005 年和 2010 年三个时相，范围为覆盖全国。高分辨率卫星影像覆盖范围为部分面积较小的典型区域。

（2）土地覆盖数据：主要是基于生态系统类型分类体系，基于各类卫星遥感数据分类解译获取得到的 2000 年、2005 年和 2010 年三个时相的全国生态系统分类数据。

（3）生态系统参数数据：包括植被覆盖度、净初级生产力、植被生物量、叶面积指数、陆地表面温度、地表蒸散六类数据，主要是反映全国 2000—2010 年逐旬的 250 m 和 1 km 空间分辨率各类参量数据，以及 2000 年、2005 年、2010 年 30 m 空间分辨率各类参量数据，为全国及典型区域生态环境评价提供基础数据。

（4）生态系统服务功能数据：包括全国 90 m 分辨率栅格的生物多样性维持、土壤保持、水源涵养、防风固沙、碳固定和产品提供等数据。

23.2.3 地面野外调查/核查采集数据

（1）生态系统实地观测数据：主要包括土地覆盖类型地面核查数据、生态系统参数野外观测数据、典型区域生态实地调查数据。

（2）生态系统长期监测数据：主要是基于中国生态系统研究网络获取的生态系统碳水通量、大气沉降以及其他生态背景与要素观测数据。

23.2.4 调查与评估成果数据

包括遥感调查评估专题报告、专题图集、分析评价模型以及中间数据成果。

（1）专题报告：主要是各专题/课题按照任务分工，完成的全国、省及典型区域生态环境调查与综合评估报告。

（2）专题图集：主要包括全国、分省及各专题区域 2000 年、2005 年和 2010 年生态环境十年变化调查与评估空间状况图和变化分析图，涵盖生态系统分布、格局、质量、服务功能、胁迫和环境问题以及生态环境综合质量等。

（3）分析评价模型：主要分析与评价方法和模型以及指标体系等。

（4）中间数据：是指在全国、分省及典型区域生态环境调查评估过程中产生的中间过程数据。

（5）结果数据：是指在全国、分省及典型区域生态环境统计、评价产生的最后数据。

23.3 数据格式要求

23.3.1 基础数据

（1）地面野外调查/核查采集数据：依据野外数据采集模板，提交 Excel 格式的采集表格，同时提交附带的野外照片数据，照片名称应与 Excel 文件中的数据记录一致。

（2）全国生态系统长期监测数据：以数据表的形式提交。

（3）环境专题空间数据：环境专题空间数据分为矢量、栅格、表格三类方式提交。对于矢量数据，采用 arcgis shape（*.shp）格式；分幅存储的栅格数据采用标准 GeoTIFF 格式，超过 2GB 的栅格数据采用 Erdas IMG（*.img）格式；表格数据采用 Excel 格式，并应附带提供元数据说明文件。

（4）基础地理数据：1∶25 万基础地理数据采用 25 万国家基本比例尺标准分幅方式存储，矢量数据采用 arcgis shape（*.shp）格式；DEM 数据采用标准 GeoTIFF 格式。

（5）环境监测与统计数据：主要以文档、表格方式存在。文档格式数据采用 Word 格式，表格数据采用 Excel 格式，且都应附带提供元数据说明文件。

（6）社会经济统计数据：主要为文档、表格方式。文档格式数据采用 Word 格式，表格数据采用 Excel 格式，且都应附带提供元数据说明文件。

23.3.2 遥感相关数据

（1）卫星遥感数据：MODIS 卫星遥感数据采用标准的 HDF-EOS 格式提交，并应附带有元数据说明文件和缩略图文件。环境卫星和 Landsat TM 遥感影像等中分辨率卫星影像数据存储格式为 GeoTIFF 格式或 Erdas IMG 格式，分别采用标准分景、分省拼接、专题区域拼接以及全国拼接四种方式提交。高分辨率卫星遥感影像数据存储格式为 GeoTIFF 格式或 Erdas IMG 格式，分别采用标准分景、专题区域拼接两种方式提交。

（2）土地覆盖类型数据：采用 arcgis shape（*.shp）矢量格式，分为标准分景、分省拼接、分专题区域拼接以及全国拼接。

（3）生态系统参数数据：主要为栅格方式，分为标准分景、分省拼接、分专题区域拼接以及全国拼接等，其中标准分景数据采用 GeoTIFF 格式，分省拼接、分专题区域拼接以及全国拼接数据采用 Erdas IMG 格式。

（4）生态系统服务功能数据：主要为栅格方式，分为标准分景、分省拼接、分专题区域拼接以及全国拼接等，其中标准分景数据采用 GeoTIFF 格式，分省拼接、分专题区域拼接以及全国拼接数据采用 Erdas IMG 格式。

23.4 空间数据要求

（1）坐标系：平面坐标系采用 2000 国家大地坐标系经纬度坐标；1∶50 万以上空间数据使用统一的球面坐标；1∶1 万～1∶25 万空间数据使用统一的平面直角坐标；

（2）高程基准：采用“1985 国家高程基准”；

（3）投影方式：根据空间尺度可采用不同的投影方式，以 Albers 投影和经纬度投影为主，如区域范围较小也可采用高斯—克里格投影；

（4）分带方式：1∶5 000、1∶10 000 标准分幅数据按 3°分带。1∶5 万～1∶400 万标准分幅数据按 6°分带；

（5）分幅和编号：采用国家基本比例尺地形图的分幅和编号，具体见《国家基本比例尺地形图分幅和编号》（GB/T 13989）；

（6）主比例尺：省级数据主比例尺为 1∶25 万～1∶100 万；典型区域数据主比例尺为 1∶1 万～1∶100 万；全国级数据主比例尺为 1∶100 万～1∶400 万。

23.5 数据提交要求

专题需提交生态环境基础数据、生态遥感数据和野外调查数据、调查与评估成果等，具体为：

（1）专题数据：格式采用栅格、矢量方式，矢量方式采用 arcgis shape（*.shp）格式提交；栅格方式采用标准 GeoTIFF 和 Erdas IMG 格式提交。

（2）专题报告：以文档文件为主，为 Word 2003 的 DOC 格式。报告中的图片，分辨率不得低于 300dpi，需要单独提交电子版，电子版图片按照图片在文档中的图号进行命名。

（3）专题图集：以矢量和图片文件为主，矢量成果采用 arcgis shape（*.shp）格式，应同时提交全国、各省、各专题的最终制图成果，制图成果采用图片格式提交，成果转换为 JPEG 格式存储，输出分辨率不低于 1 200dpi。

专题、课题提交成果的电子数据以文件夹方式分类存放。其中每个省、每个专题的数据整合集成成果全部放入一个根文件夹内，命名为“×××省（典型区域）数据提交成果”；每类数据的集成成果放入一个次一级文件夹内，即二级文件夹，命名为“×××省×××数据提交成果”；矢量成果数据、栅格成果数据、表格数据、文档数据以及工作过程中的各类技术报告分别放入第三级文件夹内，分别命名为“矢量成果”“栅格成果”“专题报告”等。

报告编制

24.1 概述

报告编写包括报告编写工作流程、报告编写内容要求、报告编写格式要求、专题报告编写提纲以及报告编号等。

24.2 报告编写工作流程

24.2.1 工作启动

实施管理组统一下发的格式和内容要求，以及提交时间，各课题、专题参照执行。

24.2.2 报告编写

依据课题—专题—项目管理模式，分级编写，独立成册，逐级汇编，课题向专题提交报告，专题汇总课题报告，项目汇总专题报告。

24.2.3 报告提交

课题承担单位负责编写课题报告，由课题负责人审阅、签字并加盖单位公章报送专题承担单位；专题承担单位负责编写课题报告，由专题负责人审阅、签字并加盖单位公章报送实施管理组。

24.2.4 报告修订

专题报告提交项目实施管理组后，不得擅自修改、更换。专题确需修改的，应向实施管理组申请，经批准，完成修改后，重新加盖公章报送实施管理组。

24.2.5 报告存档

专题报告提交 4 份正式文档，包括工作报告、技术报告、数据报告、成果报告、成果图集等内容，由实施管理组存档两份，编写单位留存两份。

24.2.6 报告提交方式

专题报告提交电子版 Word 2010 文档，其中专题负责人签字页、盖章页需扫描，发至实施管理组邮箱；同时打印两份纸质报告，其中专题负责人签字页、盖章页，需扫描后彩色打印，邮寄至实施管理组。

24.3 报告编写内容要求

（1）报告编写须依据充分，内容真实，严禁弄虚作假。

（2）项目报告内容包括野外工作、数据收集与处理、调查与评估、对策建议等以及组织实施、质量控制等方面的内容。

（3）报告内容应做到内容翔实，层次清晰，文字通顺，条理性强，前后一致，文、表、图并茂。

（4）文字报告应用的数据、引用的资料需明确注明出处，统计分析和调查评估内容需有明确数据基础和说明。充分体现专题技术路线的科学性、实施过程的严谨性、所获取成果的可信性和权威性。

24.4 报告编写格式要求

24.4.1 专题报告的组成

（1）专题报告由封面、目录、正文、参考文献、后记等几部分组成。根据结构需要增加封一、封二，其中封一用于说明编委会组成，封二一般用于编写前言、序或者说明等。

（2）文字报告结构，一般按一级标题、二级标题、三级标题、四级标题层次进行编写。成果分析报告和专题研究汇编等可以增加章、节。

（3）正文由文字、表格、插图组成，正文后可以附图、表。

24.4.2 专题报告的排版要求

（1）文字报告应使用能够进行图、文、表格等混排的文字处理软件编写，上报的电子文档应能被 Microsoft Office2003 的 Word 读出。

（2）目录、正文，均应在奇数页码开头，页码在页面底端、居中、小五号。目录用小写罗马数字编排页码，正文从“1”开始用阿拉伯数字编排页码。偶数页码无文字可以空白。

（3）目录用宋体五号。正文中章用小二号宋体加粗，居中排列。正文中节用小三号黑体加粗，居中排列。一级标题编号采用“一、二、……”编号，用四号黑体加粗，首行缩进 2 个字符。二级标题编号采用“（一）、（二）、……”编号，四号黑体，首行缩进 2 个字符。三级标题编号采用“1、2、……”编号，四号宋体加粗，首行缩进 2 个字符。四级标题编号采用“（1）、（2）、……”编号，四号楷体加粗，首行缩进 2 个字符。二级以下标题后可加句号，并直接接正文。正文采用四号仿宋体，“两端对齐”，首行缩进 2 字符。

（4）正文中引用的各类图、表内容，应包括编号、名称、图表内容及注释等。其他内容根据需要增加。图、表可以统一按章编号，形式为“图 N—M”（意为第 N 章第 M 图）

或“表 N—M”（意为第 N 章第 M 表）。没有设章的，可以全文统一编号，形式为“图 M”（意为第 M 图）或“表 M”（意为第 M 表）。表的编号和名称统一置于表上方居中位置，图的编号和名称统一置于图下方居中位置。编号和名称中间空两字间距。文字内容在其所在单元格中垂直方向居中。数据内容水平方向右对齐，垂直方向居中。

（5）图表编号和名称用四号黑体，图表单位用五号宋体，图表项目用五号黑体，图表内容用五号宋体，注释内容用五号宋体。

（6）引用公文应当先引标题，后引发文字号。标题用书名号括起来，发文字号用圆括号括起来。

（7）所有文字报告用纸统一采用国际标准纸型 A4 型，要求格式统一，装订整齐、规范，打印文本纸面要清晰、干净。

（8）报告封面格式见附录 1、附录 2、附录 3；目录格式见附录 4；正文格式见附录 5；参考文献格式见附录 6；图表格式见附录 7。（附录 1～附录 7 略）

24.4.3 专题报告的数字用法

（1）正文中的数字、年份不可拆开回行。

（2）统计表中的数值，如正负整数、小数、百分比、分数、比例等，使用阿拉伯数字。如：48、−302、−125.03、34.05%、63%～68%、1/4、2/5、1∶500。

（3）定型的词、词组、成语、惯用语、缩略语或具有修辞色彩的词语中作为语素的数字，必须使用汉字。如：一律、一方面、“八五”计划、五省一市。

（4）带有“几”字的数字表示约数，使用汉字。如：几千年、十几天、一百几十次。

（5）正文中公历世纪、年代、年、月、日、时刻要求采用阿拉伯数字。年份不能简写。如：“2009 年”不可简称“零九年”或“09 年”。封面、正文结尾处年、月、日用汉字。如：二〇〇九年八月二十七日。

（6）表示长度、质量、时间、温度等物理量值，必须用阿拉伯数字，并正确使用法定计量单位。

（7）计量单位推荐使用中文符号。如：673.7 米^2；也可以使用单位符号。如：673.7m^2，但必须做到全文统一。

（8）阿拉伯数字书写的数值在表示范围时，使用浪纹式连接号“～”。

（9）代号、代码、文件编号、证件号码等，用阿拉伯数字。

24.5 专题报告编写提纲

各省专题报告

第 1 章　绪言

1.1　各省（市、区）的地理位置、自然环境概况、社会经济状况、生态环境的现状，以及在生态保护中存在的主要问题等，并说明此次工作对地方生态保护工作的积极意义。

1.2　各省专题背景、任务来源、工作内容和任务、承担单位及组织实施、技术路线，以往的工作基础。

第 2 章　专题概况

2.1　专题目标

2.2　主要任务

2.3　技术路线

第 3 章　数据收集与整理工作

第 4 章　野外地面调查工作

4.1　土地覆盖类型实地核查

4.2　生态系统参数野外观测

4.3　典型区域生态现场调查

第 5 章　生态环境十年变化遥感调查与评估

5.1　生态系统格局十年变化

5.2　生态系统质量十年变化

5.3　生态服务功能及其十年变化

5.4　生态环境问题及其十年变化

5.5　生态胁迫分析及其十年变化

5.6　生态质量综合评价及十年变化

第 6 章　典型区生态环境十年变化遥感调查与评估

6.1　重要生态功能区十年变化调查与评估

6.2　自然保护区十年变化调查与评估

6.3　矿产资源开发区十年变化调查与评估

6.4　城市区十年变化调查与评估

6.5　重大生态保护与建设工程区十年变化调查与评估

第 7 章　生态保护和管理对策建议